HISTOIRE NATURELLE ET MÉDICALE DES SUBSTANCES

EMPLOYÉES DANS LA

MÉDECINE DES ANIMAUX DOMESTIQUES

SUIVI D'UN TRAITÉ ÉLÉMENTAIRE

DE PHARMACIE VÉTÉRINAIRE.

Imprimerie de F. LOCQUIN, 16, rue Notre-Dame-des-Victoires.

TRAITÉ

DE L'HISTOIRE NATURELLE ET MÉDICALE DES SUBSTANCES

EMPLOYÉES DANS LA

MÉDECINE DES ANIMAUX DOMESTIQUES

SUIVI D'UN TRAITE ÉLÉMENTAIRE

DE

PHARMACIE VÉTÉRINAIRE

THÉORIQUE ET PRATIQUE,

PAR

MM. O. DELAFOND et J. L. LASSAIGNE,

Professeurs à l'Ecole royale vétérinaire d'Alfort, etc., etc.

PARIS

BECHET jeune et LABÉ,

LIBRAIRES DE LA FACULTÉ DE MÉDECINE DE PARIS,

Place de l'Ecole de médecine, 4.

1841

PRÉFACE.

Lorsque l'homme, par son esprit et son adresse, eut dompté les animaux sauvages qui aujourd'hui constituent nos espèces domestiques, qu'il put se nourrir de leur chair, de leur lait, se couvrir de leurs dépouilles, employer leurs forces pour la culture de la terre, les transports divers, les fatigues et les périls de la guerre; lorsqu'enfin il les eut réduits à la domesticité, et qu'ils lui devinrent utiles et indispensables, il pensa à leur conservation.

Exposées aux accidents divers, forcées de faire des courses fatigantes, de traîner de lourds fardeaux, de se nourrir d'aliments préparés par la main de l'homme, les espèces domestiques contractèrent des maladies. On pensa donc à la guérison de leurs maux, et de ce moment naquit la médecine vétérinaire.

L'intelligence humaine s'inquiéta donc des causes du mal pour le prévenir, des changements qu'il apporte dans les animaux pour le reconnaître, et des moyens de le guérir.

Quand le hasard et l'observation eurent appris que les substances prises parmi les animaux, comme le lait, la graisse, les œufs, le miel, la cire, etc., et parmi les végétaux, comme les gommes, les résines, le vin, pouvaient opérer la guérison d'une maladie, on s'occupa de la récolte, du choix de ces substances, de leur conservation, de leur mode d'administration, et dès lors aussi naquit la pharmacie.

Or, ne peut-on pas supposer que la pharmacie vétérinaire date de l'existence de la pathologie, ou de cette époque où l'homme eut l'idée de guérir les maladies des animaux?

En effet, l'origine des recettes se perd dans la nuit des

a

temps, et il faut arriver jusqu'à l'époque où vivait Aristote, pour avoir les premières notions sur l'antique pharmacie vétérinaire.

An 354 avant Jésus-Christ. Trois cent cinquante-quatre ans avant l'ère chrétienne, ou avant Jésus-Christ, le philosophe Aristote, l'instituteur d'Alexandre-le-Grand, composait son histoire des animaux. Aristote est considéré par les naturalistes, comme le père de l'histoire naturelle. Il peut aussi être regardé comme le premier auteur de l'antiquité qui ait écrit sur les maladies des principales espèces d'animaux domestiques(1). C'est dans le livre huitième que se trouvent indiquées les maladies des chevaux, des bœufs, des moutons, des porcs et des chiens, et où il fait connaître les remèdes pour les guérir.

An 40 après Jésus-Christ. Pline l'ancien a laissé un assez grand nombre de recettes bizarres et extraordinaires pour la guérison des maladies des animaux. Il conseille la verveine infusée dans le vin contre la fièvre; si la fièvre est tierce, il faut cueillir cette plante à trois nœuds, et, si elle est quarte, il faut la cueillir à quatre nœuds. On fait uriner les chevaux en leur frottant les parties sexuelles avec un ail pilé, ou en attachant une chauvesouris à quelqu'une des parties de leur corps.

Pour guérir les tranchées des chevaux, on prend un pigeon ramier et on lui fait faire trois tours aux environs des organes sexuels. Le cheval guérit, mais le ramier meurt.

On guérit toujours les ulcères du garrot par la poudre de fougère.

La farine d'ivraie combat la goutte des chevaux. La poudre de guimauve guérit les chevaux qui ne peuvent uriner que goutte à goutte. Pour exempter un chien de la rage, il faut lui donner le lait d'une nourrice qui soit accouchée d'un enfant mâle.

La lie de vin guérit l'hydrophobie. De petites branches

____

(1) *Histoire des animaux, d'Aristote* ; traduction française par Camus. — 1783.

de figuier, des noix vertes mâchées à jeun et appliquées sur la plaie donnent le même résultat.

On prévient la rage des chiens en leur ôtant un certain ver que les Grecs nommaient *lytta*, et qui se trouve sous leur langue.

On peut juger par ces citations ce qu'étaient du temps de Pline la pharmacie et la thérapeutique vétérinaires. Pline et Aristote sont cependant considérés comme les deux grands génies de l'antiquité. Aussi les compilateurs se sont-ils emparés des erreurs de Pline, pour donner à leurs citations le cachet de l'autorité.

A une époque moins reculée, Varron, Caton, et surtout **An 200 à 240.** Columelle, tout en donnant dans leurs écrits d'excellents préceptes sur l'agronomie et la conduite des troupeaux, ne négligeaient point la thérapeutique des maladies des chevaux et des bestiaux. Columelle, dans son ouvrage intitulé *De Re rustica*, après avoir parlé de l'*ignis sacer* des moutons, de la phthisie des bêtes bovines, de la peste des chèvres, du mentigo et de l'ostigo, etc., indique comme médicaments l'ers pilé avec du sel ; deux breuvages, l'un composé de suie de cheminée, d'huile d'olive et de vin ; l'autre formé de suc de racines de roseau et d'aubépine. Il préconise aussi la saumure de poisson salé ; un mélange de poix liquide et de saindoux ; enfin et surtout l'hellébore blanc.

A la fin du deuxième siècle et dans le commencement **An 300 à 330.** du troisième, l'art vétérinaire était cultivé en Grèce, et les hommes qui l'exerçaient portaient le titre de vétérinaires.

C'est à Constantin Porphyrogénète qu'on croit avoir l'obligation de la traduction en grec des écrits des vétérinaires, traduction qui fut ensuite reproduite en latin, en 1530, par le médecin Jean Ruel, d'après les ordres de François Ier, et mise en français par le médecin Jean Massé, en 1563.

Apsyrte, Eumèle, Théomneste, Hippocrate, Hiéroclès, Pelagonius, etc., sont les auteurs de cette collection précieuse, dans laquelle un grand nombre de maladies internes et externes sont décrites, et qui peut être considérée comme le premier fondement de la pathologie, de la pharmacie et de la thérapeutique vétérinaires. Après les descriptions, pour la plupart incomplètes et inexactes, d'un assez grand nombre de maladies, se trouvent exposés les remèdes, les recettes pour les guérir. Les substances médicamenteuses sont presque toutes puisées dans le règne végétal et dans le règne animal; le règne minéral ne pouvait fournir que ses produits naturels, puisqu'alors la minéralogie, la chimie, sciences aujourd'hui si vastes et si fécondes en découvertes utiles, étaient encore au berceau à cette époque.

Parmi les substances végétales, les gommes et les gommes-résines, comme le galbanum, l'euphorbe, l'opopanax, la térébenthine, le mastic, la myrrhe, l'encens, la scammonée, l'aloès, y sont fréquemment conseillées. Les plantes le plus souvent citées sont l'hellébore noir, le safran, l'origan, le mélilot, le raifort, la marjolaine, la mandragore, la gentiane, l'aristoloche, les baies de laurier, le concombre sauvage, les figues grasses; les produits végétaux, comme l'opium, le vin, le vinaigre, y sont aussi souvent indiqués; le lait, la graisse, le miel, la cire, les bouillons de viande de chien, de chat, de tortue, les limaçons les limaces, les cloportes, les excréments humains, l'urine, sont les substances auxquelles on avait aussi recours. Enfin, parmi les substances minérales, on ne voit figurer que le soufre, le sel ammoniac, la chaux, l'alun et quelques produits chimiques, tels que le vert de gris, la couperose verte et la céruse. Aucune description pharmaceutique n'est donnée de ces drogues, de même qu'il n'est nullement question de leur récolte, de leur choix, de leur conservation.

Apsyrte (1) nous a laissé beaucoup de formules de sa

(1) Apsyrte, selon l'historien Paulet, était un soldat de Nicomédie qui servait dans les troupes de l'empereur Constantin et qui s'acquit une grande réputation pour les maladies des chevaux.

composition. Dans le chapitre LXIX, il traite de la confection de plusieurs médicaments, et donne la formule et le mode de préparation d'infusions composées, de breuvages, de cataplasmes, de lavements, d'onguents, d'emplâtres, etc.; puis se trouvent inscrites les recettes capables de procurer la guérison des maladies telles que la rage, la gale, les coliques ou tranchées, les maladies du poumon, la cataracte, les piqûres des insectes et animaux venimeux, etc.

Cette dernière partie des œuvres des vétérinaires grecs est pour nous l'origine de la pharmacie vétérinaire. Dans la rédaction des formules on y trouve l'enfance de l'art pharmaceutique entouré de croyances absurdes et d'erreurs grossières. On y voit associées plusieurs drogues douées des mêmes vertus avec un grand nombre de substances possédant des propriétés diverses et conseillées pour la guérison de dix à quinze maladies de nature et de siège différents. A l'égard de quelques affections très graves et difficiles à guérir comme la rage, les tranchées rouges, les maladies de poitrine, on y voit prescrits les remèdes les plus extraordinaires, les plus bizarres et les plus dégoûtants. Et chose presque incroyable, ces remèdes furent copiés par la plupart des hippiatres qui se succédèrent en France et en Italie, dans le seizième et dans une partie du dix-septième siècle. Quoi qu'il en soit nous considérons que les vétérinaires grecs ont jeté les premiers fondements de la pharmacie vétérinaire dans leurs ouvrages sur les maladies des animaux.

Végèce (1) écrivait à peu près 50 ans après Apsyrte, Hiéroclès, Hippocrate (2), etc. Il cite souvent Apsyrte et ses

An 380.

(1) *Publius Vegetius Renatus*, *Artis veterinariæ sive mulo medicina*. *Basileæ* — 1528. — Il ne faut pas confondre, dit Huzard, ce Végèce avec un citoyen romain, comte de Constantinople, qui vivait dans le quatrième siècle, sous l'empereur Valentinien, et auteur du livre intitulé *De re militari*.

(2) Cet Hippocrate, hippiatre, doit être distingué d'Hippocrate le père de la médecine.

contemporains. L'ouvrage est divisé en quatre livres, les deux premiers traitent des maladies du cheval, le troisième de celles du bœuf et le quatrième est consacré à la préparation des médicaments. Végèce a rapporté dans ce livre beaucoup de formules pour la confection des potions, des clystères, des collyres, des cataplasmes, des onguents, imprimées dans les écrits des vétérinaires grecs. Végèce est précis et méthodique, il est le premier auteur qui ait donné une description assez détaillée des maladies des bêtes bovines et qui ait fait connaître des formules de médicaments propres à les combattre. On trouve, il est vrai, dans son formulaire, bon nombre de recettes bizarres et extraordinaires, mais cependant il a moins péché en ce sens que les vétérinaires grecs, et il a été beaucoup plus circonspect que les hippiatres français qui ont écrit long-temps après lui.

1530.

Jean Ruel dans sa Médecine vétérinaire (1) n'a fait que donner une traduction latine des ouvrages des vétérinaires grecs. On ne trouve rien de nouveau dans cet ouvrage, en ce qui regarde les maladies et la pharmacie vétérinaire.

1554.

Conrad Gesner, dans son Histoire des animaux (2) traite du cheval, de l'âne, du bœuf, du mouton, de la chèvre et du porc, donne une description succincte de leurs maladies et des remèdes pour les guérir. On trouve dans ce traité quelques bonnes formules pour la guérison de plusieurs maladies externes des chevaux et surtout des bestiaux.

563.

En 1563, Jean Massé, docteur en médecine, mit en français la traduction latine des vétérinaires grecs. A ce travail se trouve ajouté un petit traité d'hippiatrie, dans lequel on ne rencontre que des formules très compliquées

----

(1) *Joannis Ruelli. — Medicinæ veterinariæ.* vol. in-folio. — Paris. — 1530.

(2) *Historiæ animalium liber primus, de quadrupedibus viviparis.* vol. in-folio. — Tiguri. 1551.

et dégoûtantes, peu dignes d'un médecin et qui accusent une profonde ignorance des effets des médicaments.

Dans l'année 1598 parut l'ouvrage de Charles Ruini, sénateur à Bologne (1). Ce livre beaucoup plus complet que ceux qui avaient été publiés jusqu'alors, renferme l'anatomie du cheval, les maladies dont il peut être atteint et les remèdes pour les guérir. Le travail de Ruini fut très goûté pendant la moitié du seizième siècle. Son auteur devint l'oracle des hippiatres et des maréchaux, qui pour la plupart le copièrent. Après la description de chaque maladie Ruini fait connaître les médicaments qui ont le pouvoir d'en faire obtenir la guérison. A l'époque où écrivait Ruini, la chimie et la pharmacie avaient déjà fait quelques progrès et signalé de nouveaux remèdes; Jérôme Fracastor, le fameux Paracelse, Sylvius, Libavius, avaient inventé bon nombre de formules. Aussi trouve-t-on dans cet hippiatre italien non seulement une grande partie des formules connues jusqu'alors, mais encore de nouvelles recettes parmi lesquelles se trouvent l'huile rosat, le miel rosat, la scille, la thériaque, le diascordium inventé par Fracastor, le sang-dragon, la tutie, etc.

Horace de Francini (2), écuyer du roi et neveu de Ruini, traduisit littéralement en français, en 1607, l'ouvrage de son oncle, à l'exception de l'anatomie. Rien ne fut ajouté à cet ouvrage sous le rapport pharmaceutique.

En 1619 parut la première édition du *Maréchal expert*, par Beaugrand (3). Ce petit ouvrage ne traite généralement que des recettes ou remèdes propres à guérir les maladies du cheval.

Presque toutes les formules des hippiatres qui ont précédé Beaugrand, sont rapportées dans ce travail. Cepen-

---

(1) *Dell'anatomica e dell'infirmita del cavallo, del signor Carlo-Ruini senator Bolognese.* — Bologne. 1598. — Une autre édition a été publiée à Venise en 1618.

(2) Hippiatrique du sieur Horace de Francini. — Paris. 1607.

(3) Le Maréchal-Expert. — Paris. 1619.

dant on y lit quelques nouvelles préparations, telles que l'égyptiac qu'il distingue en noir et en rouge, l'onguent de pied, et d'assez bonnes formules astringentes pour la guérison de la gale, des dartres et des eaux aux jambes, etc. L'ouvrage de Beaugrand compte trois éditions ; la dernière est de 1639.

1646.   Le traité de *la Connaissance des chevaux*, par de Rouvray, parut en 1646. La troisième partie de ce travail traite des remèdes. On ne lit rien de nouveau dans ce livre, si ce n'est de longues et insignifiantes formules, la plupart composées avec des moyens excitants, irritants et astringents.

1647.   Jourdain consulta les vétérinaires et les hippiatres qui avaient écrit avant lui, et surtout les vétérinaires grecs dont il donne une traduction littérale. De même que Ruini, il décrit un grand nombre de maladies, et indique des recettes pour les guérir. La plupart des formules de Jourdain sont incorrectes et composées avec des substances échauffantes.

1654.   *Le Grand Maréchal français* (1) ; d'un mérite bien inférieur à l'ouvrage de Jourdain, renferme un très grand nombre de formules portant toutes le cachet de l'ignorance des effets des remèdes.

1658.   Delcampe, plus écuyer qu'hippiatre, donne, dans son *Art de monter à cheval,* des formules un peu moins incorrectes. Néanmoins, son livre ne fit faire aucun pas à la pharmacie.

1660.   De La Bussinière, écuyer et gentilhomme, fit paraître, en 1660, un ouvrage intitulé *Le nouveau parfait Maréchal,* enseignant et expliquant très clairement les maladies et les remèdes pour les guérir. Dans cet ouvrage se trouvent consignées toutes les recettes données par Beaugrand. Beaucoup d'autres non moins extraordinaires y furent ajoutées.

----

(1) Le *Grand-Maréchal-François* (2ᵉ édition). Paris. 1654. — Nous n'avons pu nous procurer la première, qui doit dater de 1630.

On y trouve la première formule de la poudre cordiale à
l'usage des animaux, de la poudre diurétique, de la pierre
admirable qui fut ensuite nommée pierre divine, de la poudre sympathique, de l'onguent vert. On y voit aussi figurer
des médicaments dont on n'avait rien dit jusqu'alors,
comme le mercure, le sublimé corrosif, l'antimoine, etc.
Enfin quelques formules de pilules purgatives, parais-
sant être de l'auteur, et qui pourraient mériter encore aujourd'hui l'approbation des praticiens.

On vit, dans l'année 1664, sortir de la presse la première   1664.
édition du *Parfait maréchal*, par l'écuyer de Solleysel;
puis, en 1693, 1705 et 1712, parurent de nouvelles éditions. Solleysel était un des écuyers instruits de son temps,
aimant les chevaux et la médecine hippiatrique. Cet écuyer
non seulement avait beaucoup vu et bien observé, mais
encore il avait lu les ouvrages de médecins illustres, tels
qu'Hippocrate, Van Helmont, Avicenne, etc., etc., dont il
cite souvent des passages dans son ouvrage. Il n'avait point
non plus négligé de consulter les travaux des vétérinaires
grecs et des hippiatres français dont il a été question,
comme aussi les ouvrages des écuyers et hippiatres ita-
liens, tels que Giordano, Ruffo, Pascal Caraciollo, Colom-
bro, Pietro Crescendo, Carlo Ruini, etc. Praticien in-
struit, observateur exact, il ne manquait à Solleysel que
des connaissances anatomiques et pharmaceutiques; aussi
doit-on regretter que cet hippiatre, qu'on a nommé illustre, n'ait pas étudié l'anatomie de Ruini, qui, quoique très
incomplète et très inexacte, aurait néanmoins eu l'avantage de l'empêcher d'écrire des erreurs capitales.

De Solleysel s'est montré le plus grand polypharmaque
parmi tous les hippiatres qui l'ont précédé et suivi jusqu'à l'époque où parut la Matière médicale de Bourgelat.
En effet, non seulement de Solleysel rapporte toutes les formules connues depuis les Grecs, mais encore il en ajoute
une foule d'autres qui lui appartiennent. Après la description de chaque maladie, on trouve une douzaine de recet-

tes pour la guérir, et, ce qu'il y a de fort remarquable, c'est qu'à l'occasion de la même maladie, selon qu'elle existe, soit aux membres antérieurs, soit aux membres postérieurs, comme par exemple les eaux aux jambes, les crevasses, les javarts divers, on y trouve des remèdes tout différents.

Solleysel s'est cependant montré un peu pharmacien; il décrit la préparation des recettes qu'il conseille, et fait connaître les précautions à prendre pour leur conservation et leur administration. Mais toutes ces formules démontrent la mesure de l'ignorance qui régnait alors sur les propriétés des médicaments, car dans la même formule se trouvent associés souvent des émollients, des excitants, des caustiques, des diurétiques, des diaphorétiques.... On y voit réunies des substances exerçant des réactions chimiques qui les dénaturent pour former de nouveaux composés possédant des vertus toutes nouvelles et parfois très nuisibles.

De Solleysel était persuadé que les remèdes rafraîchissants étaient préjudiciables aux chevaux malades. *Les remèdes échauffants*, dit-il, *ont de l'efficacité avec le tempérament des chevaux qu'ils n'échauffent que ce qu'ils ont besoin*. Aussi cet hippiatre s'est-il attaché à faire entrer dans toutes ses formules les aromatiques, les cordiaux, les sudorifiques et autres médicaments incendiaires, nuisibles dans le traitement d'un grand nombre de maladies inflammatoires.

De Solleysel, dans les diverses éditions de son ouvrage, s'est attaché à rapporter de nouvelles formules, soit qu'il les ait prises dans des traités d'hippiatrique contemporains, soit qu'elles lui aient été données par des écuyers ou des maréchaux. C'est ainsi qu'on voit successivement paraître le baume de madame Feuillet, l'onguent de maître Sicard, de Curty, de Barthélemy, de la comtesse, du chasseur, de Naples, du baron, du connestable; la rémolade de Bohême, la poudre de sympathie, les eaux d'arquebusades : toutes recettes fort vantées alors, toutes plus bizarres les unes que les autres, et qui accusent l'enfance de la pharmacie hippique. La chimie et la pharmacie, cultivée alors par Glauber, Glazer, Crolius, Hertmann, Minderer, Lemery, etc., etc., avaient découvert de nouveaux médicaments dont s'empara Solleysel, et qui augmentèrent d'autant la liste de ses formules déjà très nombreuses. Enfin, dans son ardeur pour la polypharmacie, Solleysel n'a pu se défendre de rapporter les recettes données par quelques hippiatres, dans lesquelles entrent des corps sales et dégoûtants que nous n'osons nommer.

Quoi qu'il en soit, beaucoup de formules de Solleysel sont parvenues jusqu'à nous, et les vétérinaires sont encore aujourd'hui heureux de les posséder. Nous pourrions même dire que bon nombre de recettes, prises dans Solleysel, ont été rajeunies de notre temps et données comme nouvelles.

Le sieur de la Bessée, écuyer, dans son *Maréchal méthodique*, et Charbon de Besgrières, capitaine de cavalerie, dans son *Manuel des écuyers*, ne donnent aucune formule nouvelle. Presque toutes sont extraites de l'ouvrage de Solleysel. 1677 à 1725.

De Saulnier fils, écuyer, publia en 1734 son ouvrage intitulé *la parfaite Connaissance des chevaux*. De Saulnier s'attache plus à décrire dans son livre les remèdes pour guérir les maladies que les symptômes qui les caractérisent. On y trouve presque toutes les vieilles formules de Solleysel. En général, et de Saulnier a cela de commun avec tous les autres hippiatres de son temps, c'est que pour ce qui regarde les maladies graves et la plupart incurables, comme la morve, la pousse, le farcin, la fluxion périodique, se trouvent prescrites des formules nombreuses de toute nature pour guérir ces maladies. De Saulnier est l'inventeur de la formule des quatre onguents, dans chacun desquels entrent vingt-cinq substances diverses. 1734.

Néanmoins cet écuyer a donné quelques bonnes formules simples, parmi lesquelles on peut compter des panades to-

niques et nourrissantes dont ses devanciers n'avaient point
parlé.

1744. De la Chaynaie fit paraître en 1744 son *Parfait Cocher*.
Dans ce petit travail, l'auteur décrit succinctement les maladies du cheval et les remèdes qui leur sont applicables. On
n'y trouve que des médicaments usuels et d'une facile préparation. En cela, de la Chaynaie a fait beaucoup mieux
que ses devanciers.

1751. De la Guérinière, écuyer, dans son ouvrage publié en
1751, et ayant pour titre *Ecole de cavalerie, contenant la
connaissance, l'instruction et la conservation du cheval*,
s'est plus appesanti sur le diagnostic et le pronostic des maladies que sur les nombreuses recettes préconisées jusqu'a-
lors pour les guérir.

« Nous avons choisi, dit de la Guérinière, parmi toutes
« les recettes ou formules connues, celles dont l'expérience
« nous a assuré les succès ; les plus simples, les plus com-
« modes et les moins chères, pour éviter autant que possi-
« ble les reproches que l'on a faits aux meilleurs ouvrages
« qui aient paru sur cette matière. »

De la Guérinière, en effet, est plus sage que ses devanciers ; il donne encore beaucoup de recettes, mais elles sont
simples et plus faciles à confectionner. Pour nous, de la
Guérinière a commencé à poser les fondements d'une pharmacopée hippique simple, dans laquelle on voit qu'il a
moins erré que ses devanciers dans la composition de remèdes propres à combattre les maladies des chevaux.

1755. Ce fut dans l'année 1755 que M. de Garsault, écuyer, mit
sous presse *le Nouveau parfait Maréchal*. Ouvrage
fort goûté et qui eut quatre éditions. La dernière est de
1771.

Le livre de Garsault est divisé en sept chapitres, et c'est
dans celui intitulé *de l'apothicaire* ou des *remèdes* que se
trouve la première pharmacopée vétérinaire. On trouve
dans ce travail des détails succincts sur la récolte, le choix,
la conservation des médicaments. Toutes les plantes médi-

cinales y sont figurées; les médicaments, tant exotiques qu'indigènes, y sont classés et décrits aux mots purgatifs, vomitifs, diurétiques, apéritifs, carminatifs, vermifuges, etc., etc. Garsault fait ensuite connaître les plantes qui peuvent être considérées comme poisons et indique leurs antidotes. Puis viennent les médicaments externes et enfin les remèdes intérieurs. Dans ces deux dernières parties Garsault donne des formules pour breuvages, pilules, gargarismes, onguents, charges, cataplasmes, emplâtres, bains, et rapporte diverses préparations pharmaceutiques telles que la teinture d'aloès, le digestif, l'eau d'alibour, etc., etc.

La pharmacopée de Garsault a été modelée sur les traités de pharmacie en médecine humaine d'alors; mais quoi qu'il en soit, Garsault ne s'est point montré polypharmaque comme tous ses devanciers. On doit seulement lui reprocher d'avoir voulu introduire dans la médecine vétérinaire tous les médicaments usités de son temps dans la médecine de l'homme. En effet Garsault décrit une foule de substances qui, actives chez l'homme, sont inactives sur les animaux. Sa posologie est généralement mauvaise, les doses y sont trop faibles pour le cheval. Néanmoins Garsault a retranché avec sagacité beaucoup de remèdes inutiles et dangereux, et certes son livre est bien préférable sous le rapport de la pathologie, de la pharmacie et de la matière médicale, à celui de Solleysel.

Le Suédois Frédéric Hastfer publia en 1756, une instruction sur la manière d'élever et de perfectionner les bêtes à laine, ouvrage qui fut traduit en français par Pohole, la même année. Hastfer, dans son livre, traite des maladies des bêtes à laine et des remèdes pour les guérir. Nous ne connaissons rien, soit en pathologie, soit en pharmacie, soit en matière médicale, de plus mauvais que ce qui est relaté dans cette instruction. Hastfer y rapporte une foule de recettes plus extravagantes les unes que les autres, et qu'il a puisées dans des livres populaires de son pays, tels que le *Guide fidèle des Bergers*, les *Arts secrets du Berger*, etc., etc. En résumé, il n'y a rien de bon dans la pharmacopée ovine d'Hastfer.

1763.   Les auteurs de la *Nouvelle Maison rustique*, publiée en 1763, ont donné la description des maladies des bêtes chevalines, bovines, ovines, caprines et porcines. Les formules des remèdes destinés à les combattre ont été prises dans tous les ouvrages qui avaient paru jusqu'alors. La pharmacie vétérinaire n'a rien acquis par la publication de ce travail, regardé cependant comme très utile sous beaucoup d'autres rapports.

Si nous n'avons pas mentionné jusqu'à présent les ouvrages de Lancisi (1716), Ramazzini (1716), Gœliche (1730), Sauvages (1746), Abraham Ens (1746), le recueil des remèdes de madame Fouquet (1746), les traités de Layard (1757), Reygnier (1762), Plenciz (1762), Leclerc (1766), Barberet (1766), et de Jean Barthelet (1766), c'est que tous ces auteurs ont écrit sur des maladies particulières; qu'ils n'ont donné que des formules plus ou moins incorrectes pour la guérison des maladies des animaux; enfin, que nous avons hâte d'arriver à la véritable époque de la création positive de la pharmacie vétérinaire.

1765.   Ce fut vers l'année 1760 qu'un avocat distingué par ses talents, abandonna le barreau avec humeur, honteux d'avoir gagné une mauvaise cause, et inconsolable d'en avoir perdu une excellente. Il revint alors au goût qui le dominait pour l'étude du cheval, et devint par les vastes connaissances qu'il sut acquérir non seulement le plus grand écuyer, mais le meilleur hippiatre de son temps. Cet homme était Bourgelat. Son nom sera toujours, sous tous les rapports, un objet d'émulation et de reconnaissance pour les vétérinaires.

L'illustre Bourgelat, ami de Bertin, obtint de ce ministre la permission de fonder une école vétérinaire à Lyon. Cette école ouvrit le 1er janvier 1762.

En 1765, Bourgelat fondait l'école royale vétérinaire d'Alfort.

Pendant son séjour à Lyon, Bourgelat s'occupa de publier des livres élémentaires, et dès l'année 1765, il donna à ses élèves la première édition de sa Matière médicale raisonnée, imprimée à Lyon. Cet ouvrage eut quatre éditions. La seconde parut en 1771, la troisième, en 1796, enfin la quatrième, de 1805 à 1808. Alors, un de ces hommes qui font époque dans un siècle, existait en Europe ; son génie vaste et élevé avait créé une théorie médicale, qui, donnant un libre cours à l'imagination, permettait à la pensée de tout expliquer. Boerrhave était cet homme ! Bourgelat adopta une grande partie de ses idées médicales. On les trouve exprimées unies à l'humorisme de Galien, dans ses articles de pathologie, imprimés dans l'*Encyclopédie* et dans l'explication qu'il donne des effets produits par les médicaments sur les animaux dans sa Matière médicale raisonnée. Ce dernier ouvrage est divisé en deux parties. Dans la première, Bourgelat rend compte des effets des médicaments ; dans la seconde, il donne connaissance de quelques drogues faisant partie des substances qui entraient alors dans les formules de l'école royale vétérinaire. Ici, Bourgelat trace l'histoire naturelle et médicale d'une centaine de substances médicinales, dont il avait constaté les bons effets sur les animaux. Toutes sont décrites par ordre alphabétique, leurs vertus exposées et dosées à l'usage des animaux ; c'est ce qu'il appelle le *Droguier*. Il définit ensuite ce qu'on nomme boissons, breuvages, gargarismes, poudres, bols, électuaires, onguents, pommades, etc., etc., et explique les moyens de se servir avec avantage de ces préparations. Il donne ensuite des détails sur plusieurs opérations pharmaceutiques, telles que la clarification, la congélation, l'évaporation, la fermentation, l'infusion, la décoction, etc., etc. Le formulaire qui fait suite se compose de trois cent quatre-vingt-quinze formules magistrales pour les médicaments internes et externes, et de cent trente - neuf préparations officinales classées selon leurs propriétés en purgatives, diurétiques, diaphorétiques, etc.

Le traité dont il s'agit renferme donc une véritable pharmacie vétérinaire, où toutes les matières sont classées avec ordre, méthode et clarté.

Bourgelat s'est montré très réservé dans le choix des médicaments qu'il a inscrits dans son Droguier; tous y sont décrits avec une grande exactitude et beaucoup de préci-sion. La posologie en est généralement bonne. On peut reprocher à Bourgelat d'avoir été peu circonspect dans son formulaire. En effet, beaucoup de formules sont ex-traites de la pharmacopée de Londres par James et de la pharmacie de Baumé, ouvrages qui alors étaient en grande réputation, et qu'il a dosées pour les animaux. Bourgelat assurément n'avait pu constater la valeur cu-rative de ces trois cent quatre-vingt-quinze formules, dans lesquelles d'ailleurs entrent des médicaments rares, chers, difficiles à se procurer, et qu'il avait eu soin cependant de ne point introduire dans son Droguier. Bour-gelat s'est en outre montré polypharmaque dans ses for-mules officinales, en y introduisant les deux catholicum, le baume de Fioraventi, l'esprit carminatif de Sylvius, les gouttes d'Angleterre, l'huile de scorpion, l'orviétan, la teinture de castoréum, le vinaigre thériacal, etc., prépa-rations surannées alors très chères, d'une difficile confec-tion, et dignes d'un éternel oubli. Bourgelat avait en quel-que sorte prévu les reproches qu'on pouvait lui adresser à cet égard, et avait hésité à donner toutes ces formules (1); mais voulant imiter le baron de Swieten et le célèbre Tis-sot, qui avaient commis cette faute avant lui, il oublia seulement alors que la médecine vétérinaire devait mar-cher guidée par l'observation et l'expérience.

Bourgelat mourut le 3 janvier 1771 et ses ouvrages devinrent la propriété de l'état. Deux éditions furent en-

____

(1) Voyez la préface de son livre.

core publiées l'une en 1796, l'autre de 1805 à 1808. Les éditeurs (1) ajoutèrent au Droguier près de trois cents médicaments. A la vérité beaucoup d'agents médicinaux simples et peu coûteux, faciles d'ailleurs à se procurer et que Bourgelat avait négligés, d'autres fort utiles, que la chimie avait découverts, prirent place à côté de ceux désignés par Bourgelat; mais aussi et à tort, beaucoup de substances chères et sans vertu curative jusqu'alors démontrée sur les animaux, vinrent grossir très inutilement le Droguier du fondateur des écoles vétérinaires. Les formules magistrales ne furent ni corrigées, ni diminuées; la réforme porta exclusivement sur les formules officinales dont bon nombre furent supprimées.

Bien qu'on ait critiqué l'édition de 1808 (2), de la Matière médicale, cet ouvrage est cependant resté classique dans les écoles vétérinaires, et si les éditeurs eussent changé la classification des médicaments, modifié le langage Boerhaavien et suranné de Bourgelat, et fait un choix judicieux dans les drogues et les préparations à l'usage des animaux, l'œuvre de cet illustre vétérinaire eût été dénaturée il est vrai, mais la pharmacie vétérinaire de Lebas ne l'aurait point remplacé comme livre classique. Les deux premières éditions seraient restées pour marquer les limites des progrès de la science pharmaceutique vétérinaire.

En résumé, si Garsault (3) doit être regardé comme l'hippiatre qui le premier ait eu l'heureuse idée de faire une pharmacie vétérinaire avec les pharmacies médicales à l'usage de l'homme, Bourgelat fut le vétérinaire qui posa les premiers fondements solides et durables de la pharmacie et de la matière médicale vétérinaires.

(1) Nous devrions plutôt dire l'éditeur Huzard.

(2) Voyez Grognier Notice sur Bourgelat, et 8ᵉ cahier de la bibliothèque physico-économique, un article sur la pharmacie de Lebas, signé Calvel.

(3) L'ouvrage de Garsault est antérieur de dix ans à celui de Bourgelat.

1766.   Lafosse fils, dans son premier ouvrage, intitulé le *Guide du Maréchal*, traite des maladies du cheval et des méthodes curatives pour les guérir; mais il n'est question ni de formules ni de recettes dans ce travail.

1766.   Nous ne dirons rien des remèdes conseillés par Boutrolle, dans son *Parfait Bouvier*.

1770.   Nous nous tairons également sur le *Traité des bêtes à laine*, de Carlier, où les maladies et les recettes sont extraites de l'ouvrage d'Hastfer.

1771.   Ce fut dans l'année 1771 que parut l'ouvrage du docteur Vitet, renfermant l'anatomie, la physiologie, la pathologie, la pharmacie, la matière médicale vétérinaire et l'analyse des ouvrages des auteurs vétérinaires depuis Végèce jusqu'à l'année 1769. Une nouvelle édition parut en 1783.

Le savant Bacon avait dit : « La multitude des médicaments et les formules compliquées sont les enfants de l'ignorance », et Vitet en plaçant cette maxime en tête de son ouvrage, donne une juste appréciation de son travail sur la pharmacie et la matière médicale. Vitet blâma sévèrement la polypharmacie, chercha à s'assurer par l'observation des effets des médicaments sur toutes les grandes espèces d'animaux domestiques, et les recherches auxquelles il se livra, lui permirent de se prononcer avec confiance sur les vertus de beaucoup de drogues vantées jusqu'alors comme purgatives, diurétiques, vomitives, etc. Après ces essais Vitet se posa comme réformateur, et dit dans la dernière édition de son ouvrage que beaucoup de drogues telles que le jalap, la scammonée, la coloquinte, l'agaric, l'élaterium, ne purgeaient point tous les grands animaux domestiques et particulièrement le cheval; que les baumes du Pérou, de tolu et autres, qui coûtent très chers, ne sont point préférables à la térébenthine qui est bon marché et qui se trouve partout. Les essais de Vitet firent sensation, et plus tard on vit Gilbert, Huzard, Daubenton, imiter ce médecin, chercher à s'assurer des effets des médicaments et de constater leur valeur thérapeutique. Ces recherches ont produit les meilleurs résultats.

On ne trouve dans l'ouvrage de Vitet qu'une description succincte et parfois très incomplète des substances médicamenteuses. Les préparations pharmaco-chimiques y sont généralement mal décrites et audessus de la portée des hommes pour lesquels Vitet avait fait son livre.

Les préparations essentiellement pharmaceutiques sont passablement bien décrites et formulées. En général elles sont simples et appliquées à toutes les espèces d'animaux domestiques, ce qu'aucun auteur n'avait fait avant Vitet. La posologie est bonne; mais généralement trop forte pour les bêtes bovines et ovines.

Lafosse fils fit paraître en 1772 son grand ouvrage in-folio, sur l'hippiatrique. De même que dans son Guide du Maréchal, la pharmacie et la pharmacologie n'y sont point traitées. 1772

L'anti-Maréchal, de Dutz, composé d'après de Solleysel, De la Guerinière, de Garsault et Lafosse, renferme encore beaucoup de recettes, quoique cet hippiatre se soit montré plus réservé que ses devanciers. 1773.

Ce fut en 1775 que Lafosse fils publia son *Dictionnaire d'Hippiatrique* et que, dans cet ouvrage et notamment dans son supplément, ce praticien si recommandable traça l'histoire d'un assez grand nombre de substances médicamenteuses parmi lesquelles nous citerons l'aloès, l'ammoniaque, la noix de galle, la manne, le miel, le quinquina, etc. Aux articles baumes, charges, dessiccatifs, digestifs, diurétiques, fébrifuges, purgatifs, résolutifs, vermifuges, onguents, etc., il donne des formules simples, bien composées et dignes de figurer encore aujourd'hui dans les meilleurs traités de pharmacie. Lafosse, dans tous ses ouvrages ne se montre point polypharmaque à la manière de Bourgelat. On voit que les formules de ce célèbre hippiatre sont tracées par la main d'un praticien 1775.

exercé et consciencieux qui a voulu et qui a su faire distinguer ses travaux de tous ceux qui l'ont précédé.

1776. Le célèbre Vicq d'Azyr, dans son exposé des moyens
curatifs et préservatifs contre les maladies pestilentielles
des bêtes à cornes, a consacré dans cet excellent travail
plusieurs feuilles à la pharmacie applicable au gros bétail.
Ce médecin a légué à la science d'excellentes formules rafraîchissantes acidules, amères, aromatiques, astringentes, purgatives, antiputrides, diaphorétiques, etc., etc.,
et de remèdes topiques ou externes. Toutes ces formules
sont composées de médicaments simples, indigènes, faciles
à se procurer et peu chers. Vicq d'Azyr, qui avait fait de
la médecine vétérinaire pendant trois ans, alors que le
gros bétail de la France était dévasté par le typhus contagieux, avait pu apprécier combien il importe toujours, et
notamment dans les temps d'épizooties, de se servir de remèdes simples et peu coûteux. Ces formules peuvent figurer dans les traités de pharmacie, et remplir une place di-
gne du savant qui les a composées.

1778 à 1800. Les Mémoires de Daubenton sur les remèdes qui peuvent être employés dans le traitement des bêtes à laine,
les Instructions vétérinaires, les Dictionnaires d'agricul-
ture, la Feuille du cultivateur, renferment quelques formules de Chabert, de Gilbert, de Huzard, etc.; mais toutes
ces formules dans lesquelles entrent beaucoup de drogues
appartiennent au règne de la polypharmacie.

1801. Nous ne dirons rien du manuel vétérinaire des plantes,
par Buchoz; cet ouvrage n'est qu'une compilation de la
Matière médicale de Bourgelat, de Vitet, et des ouvrages
de botanique publiés depuis celui de Linné.

1810 à 1815. L'Instruction sur les bêtes à laine de Tessier; le Traité
sur les porcs, par Viborg, renferment quelques bonnes
formules; nous en avons extrait celles qui nous ont paru
utiles à faire connaître.

1809. Ce fut dans l'année 1809 que M. Lebas, pharmacien, à
Paris, publia sa *Pharmacie vétérinaire, théorique et pra-*

tique, ouvrage qui compte aujourd'hui quatre éditions, publiées successivement en 1816, 1823 et 1836.

Jusqu'alors Bourgelat, Vitet, Vicq d'Azyr, avaient préparé tous les éléments convenables pour une pharmacie vétérinaire, un grand nombre de bonnes formules avaient été publiées; mais la science manquait d'un livre dans lequel les vétérinaires, peu instruits en chimie alors, pussent trouver des connaissances précises et raisonnées sur le choix des substances médicinales, leur conservation et la préparation magistrale et officinale des médicaments. M. Lebas en publiant son livre a rempli cette lacune. Sa Pharmacie a toujours été estimée et elle l'est encore aujourd'hui. La seconde édition fut adoptée comme classique dans les écoles vétérinaires, lorsque la dernière édition (1808) de la Matière médicale de Bourgelat fut épuisée. Elle a cessé d'être classique lors de la publication de la Matière médicale de Moiroud.

Les substances médicinales, les opérations chimico-pharmaceutiques, comme les breuvages, les onguents, les lavements, les gargarismes, etc., etc., sont rangées par ordre alphabétique. Certes pour les vétérinaires, les propriétaires de chevaux ou de bestiaux, les pharmaciens, cette méthode d'arrangement est commode et utile pour les recherches, les vérifications; mais elle ne peut être adoptée pour l'enseignement. Aussi est-ce le reproche qu'on a fait et que nous faisons encore aujourd'hui au livre de Lebas.

Assurément les praticiens vétérinaires n'ont eu qu'à se louer des formules de l'ouvrage de Lebas. Cependant, et bien que ce pharmacien ait revu et corrigé beaucoup de formules, nous les trouvons, et un grand nombre de vétérinaires les trouvent avec nous, beaucoup trop compliquées. Nous voudrions aussi ne point rencontrer dans cet ouvrage une multitude de formules surannées, plus ou moins modifiées ou travesties, puisées dans l'arsenal des hippiatres, les ouvrages de Bourgelat et de Vitet, et qui ne sont plus de notre époque. Quoi qu'il en soit, la Pharmacie de Lebas a rendu de grands services à la science, et elle a été d'une utilité incontestable aux vétérinaires.

1828.   M. Vatel, ancien professeur à l'école d'Alfort, publia, en 1828, des *Élements de pathologie vétérinaire*, suivis d'un formulaire pharmaceutique vétérinaire. M. Vatel, dans cet ouvrage, fait une histoire claire et très précise des substances médicamenteuses employées dans la médecine vétérinaire, en les examinant selon un ordre alphabétique. Dans son formulaire, il fait connaître un nombre assez grand de formules pour breuvages, lavements, bols, électuaires, onguents, emplâtres, etc., etc. Ce formulaire renferme de bonnes formules, d'une grande utilité pour les praticiens; mais, ainsi que la pharmacie de Lebas, il ne peut servir pour l'enseignement.

1831.   En 1831 parut le *Traité élémentaire de matière médicale et de pharmacologie vétérinaire*, par Moiroud, ancien professeur à l'école d'Alfort, et mort directeur de l'école de Toulouse, en 1838. A l'époque où Moiroud entreprit la rédaction de son ouvrage, la science vétérinaire ne possédait point encore le *Traité élémentaire de chimie* de l'un de nous (Lassaigne); elle était aussi dépourvue d'un traité de matière médicale, et elle en manquait depuis ceux publiés par Bourgelat et Vitet; elle désirait aussi un traité théorique et pratique de pharmacie. C'est en présence de ces besoins que Moiroud conçut le plan de son travail, et qu'il voulut réunir dans un seul livre l'histoire naturelle et médicale des médicaments tirés du règne animal; donner des détails chimiques assez étendus sur le mode d'obtention, de confection, de préparation des substances médicamenteuses simples et composées fournis par le règne minéral et animal; composer un formulaire pharmaceutique; enfin expliquer les effets des médicaments mis en contact avec les tissus vivants. L'idée de Moiroud suggérée, ainsi qu'il l'assure dans la préface de son ouvrage, par les circonstances, a été malheureuse; et il en est résulté que son livre n'a été ni une chimie, ni une matière médicale, ni une pharmacie, et qu'en définitive il n'a pu être très utile à la pratique et à l'enseignement.

Cependant le Traité élémentaire de matière médicale fut adopté comme classique dans les écoles vétérinaires, et l'édition se trouve épuisée aujourd'hui.

La pharmacie proprement dite de l'ouvrage de Moiroud sera toujours consultée avec avantage; car son auteur a laissé bien loin derrière lui le livre de Lebas, en ce sens qu'elle a été mise au niveau des connaissances pharmaceutiques d'alors, et qu'elle est coordonnée avec méthode pour servir à l'enseignement. Le formulaire est ce que la science possède de plus complet.

Si, dans cette préface, nous avons passé en revue tous les ouvrages qui ont traité d'une manière directe ou indirecte, incomplètement ou complètement de la pharmacie vétérinaire, notre but a été :

1° De faire l'histoire de la pharmacie vétérinaire en France, dont personne jusqu'à ce jour ne s'était occupé.

2° De constater que les véritables progrès de cette science ne datent que de l'époque de la fondation des écoles vétérinaires.

3° Que Bourgelat, Lafosse et Vitet, de 1765 à 1783, ont posé les véritables fondements de la pharmacie vétérinaire.

5° Que Lebas, Vatel et Moiroud ont élevé et agrandi cette science et l'ont perfectionnée jusqu'à nos jours.

Dans cette revue nous nous sommes fait un devoir de rendre honneur et justice à nos devanciers; nous avons approuvé ce qui nous a paru bon et utile, et blâmé ce que nous avons trouvé défectueux, mauvais et suranné. Notre impartialité, notre amour pour la science, nous y engageaient. Nous désirons qu'il en soit ainsi à notre égard; la médecine vétérinaire ne pourra qu'y gagner.

Le livre que nous imprimons aujourd'hui est un véritable Traité élémentaire théorique et pratique de pharmacie vétérinaire. En le publiant nous avons eu pour double but de le rendre utile à l'enseignement et à la pratique.

Nous n'avons point voulu imiter l'illustre fondateur des écoles vétérinaires, Vitet et Moiroud, et réunir dans un même travail la matière médicale et la pharmacie, qui sont deux sciences distinctes, quoique se touchant par beaucoup de points. Nous avons pensé aussi que ne devions point, à l'imitation de Lebas et de M. Vatel, étudier les substances médicamenteuses simples ou composées par ordre alphabétique, cette méthode n'offrant des avantages que pour faciliter les praticiens dans l'étude d'une seule substance isolée, ou dans le choix qu'ils veulent faire dans les préparations connues sous des noms différents. Nous avons cru aussi qu'il était très rationnel de n'entrer dans aucuns détails à l'égard des préparations chimiques des médicaments, car nous serions rentrés dans le domaine de la chimie, détails que nous regardons comme inutiles, puisque les vétérinaires ne peuvent point se livrer à la préparation des substances chimiques, et qui d'ailleurs sont consignés dans l'*Abrégé élémentaire de chimie*, de l'un de nous (Lassaigne).

Enfin, nous avons jugé convenable de n'assigner aucun caractère botanique aux plantes médicinales, cette étude étant du ressort de la botanique pratique.

Ainsi donc, dans la première comme dans la seconde partie de notre travail, nos lecteurs ne trouveront que de la pharmacie proprement dite, ou que ce qui est indispensable à l'élève et au vétérinaire. En un mot, nous avons limité le domaine de la pharmacie, en l'isolant de toutes les autres branches de la science médicale vétérinaire.

Notre travail est divisé en deux parties. Dans la première, nous traitons de la récolte, de la conservation, du choix des plantes médicamenteuses tant indigènes qu'exotiques, et de l'histoire naturelle et médicale de toutes les substances médicinales employées en médecine vétérinaire.

Considérant que, dans l'immense majorité des cas,

l'homme ne possède des animaux que parce qu'ils sont pour lui un objet de spéculation et que la médecine des animaux doit, autant que possible, se faire à bon marché, nous nous sommes attachés à signaler particulièrement les drogues qui coûtent peu cher, soit parce qu'elles sont indigènes, soit parce qu'elles sont fabriquées en grand dans l'industrie ou dans les fabriques de produits chimiques.

La classification des médicaments a fixé toute notre attention. Nous avons pensé qu'elle devait reposer et sur les effets que les médicaments provoquent dans les animaux, et, autant que possible, sur les maladies qu'ils étaient plus spécialement appelés à combattre. Cette classification, en outre, nous a permis de rattacher la pharmacie à la pathologie et surtout à la thérapeutique. Nous n'avons donc point hésité à l'adopter.

Relativement à l'importance des médicaments envisagés sous le point de vue d'application, nous avons classé d'abord les substances le plus souvent employées dans la pratique, et ensuite celles dont l'usage est moins fréquemment réclamé. Dans l histoire de chaque médicament, nous avons aussi accordé la priorité aux substances indigènes à cause de leur prix, la vertu étant égale d'ailleurs.

Dans l'histoire naturelle et médicale de chaque substance, nous nous sommes attachés exclusivement à faire connaître 1° ses propriétés physiques ; 2° ses propriétés chimiques les plus remarquables ; 3° sa composition intime ; 4° les éléments desquels elle tire sa vertu médicamenteuse ; 5° sa préparation, son choix, sa conservation et son emploi ; 6° ses vertus curatives spéciales ; 7° la dose dans les diverses espèces domestiques. Notre travail, sous ce rapport, diffère donc essentiellement de tous les traités de pharmacie publiés jusqu'à ce jour. Nous avons voulu en un mot qu'il fût une pharmacie, mais une pharmacie se rattachant et se confondant avec l'ensemble de la science médicale vétérinaire, dont elle est une branche importante. On n'y trouvera que les médicaments dont l'expérience des vétérinaires et la nôtre ont constaté l'efficacité. Nous abhorrons la polypharmacie ; nous savons que les praticiens les plus éclairés et les mieux expérimentés ne font pas usage de plus de cinquante espèces de médicaments et de plus de vingt à trente formules. A la vérité, chaque vétérinaire se crée une petite pharmacie ; tel praticien préfère l'aloès au séné, celui-ci l'extrait de genièvre à l'extrait de gentiane, celui-là l'écorce de saule au quinquina , celui-ci les vésicatoires aux sinapismes , l'onguent égyptiac à l'extrait de saturne, etc., mais toujours est-il que dans la pratique on est loin de faire usage, et avec raison, de ces nombreux médicaments, de toutes ces formules qu'on trouve dans les pharmacies publiées jusqu'à ce jour.

La deuxième partie de notre travail offre un exposé méthodique des procédés mis en usage pour la confection des médicaments simples et composés. Il diffère des formulaires qui ont été imprimés jusqu'à présent, à l'usage des élèves et des vétérinaires, par l'ordre qui y a été établi et que nous avons emprunté à différents traités de pharmacie humaine , tels que ceux de MM. Chevallier et Idt, Soubeiran, et en particulier à l'excellente *Pharmacopée raisonnée* de MM. Henry et Guibourt. C'est d'après la classification admise dans ce dernier ouvrage que depuis une dixaine d'années l'étude de la pharmacie est enseignée à l'école d'Alfort aux élèves du cours de la seconde année , aussi avons-nous dû , dans ce traité élémentaire spécial , examiner toutes les préparations pharmaceutiques usitées en médecine vétérinaire, suivant les principes admis dans cet ouvrage , dont le plan a été suivi par nous dans plusieurs points.

Dans la préparation des médicaments formés par réaction chimique ou combinaison, nous ne nous sommes étendus que sur le petit nombre de ceux qui peuvent être confectionnés facilement dans les laboratoires de pharmacie, à un prix peu élevé et souvent avec avantage. A l'égard des autres médicaments que le commerce tire des fabriques de produits chimiques, nous nous sommes contentés d'en rappeler en peu de mots la confection, dont l'exposé en détail rentre dans la préparation des études chimiques, qui, suivant nous, doivent précéder l'étude de la pharmacie proprement dite.

Cette dernière considération nous a donc dispensés de répéter les théories admises et les procédés qui sont décrits en particulier dans l'*Abrégé élémentaire de Chimie*, auquel nous renvoyons pour tous les détails pratiques. Parmi les formules que nous avons rapportées, les unes sont tirées des traités de pharmacie publiés jusqu'à ce jour, les autres ont été prises dans les ouvrages et les recueils de médecine vétérinaire ; nous en devons aussi quelques unes à l'obligeance de nos confrères ; enfin bon nombre nous sont propres. A côté du titre de chaque formule, nous avons eu soin de citer le nom de son auteur. Un choix judicieux a été fait, et nous n'avons voulu rapporter que celles dont l'efficacité a été sanctionnée par l'expérience. Nous avons repoussé, et toutes ces formules compliquées dignes d'une autre époque, et celles aussi dont l'emploi est difficile et l'usage très coûteux. Nous croyons donc devoir déclarer que nous avons mis tous nos soins pour faire un travail utile tout à la fois et aux élèves et aux vétérinaires. Toutefois, nous nous regarderons comme très récompensés si nos lecteurs le jugent ainsi.

INTRODUCTION.

Les animaux et les végétaux naissent, vivent, se multiplient et meurent.

Une force inconnue dans son essence préside à tous les actes de l'animalité; on l'appelle *force vitale, propriété vitale*. La mort est l'extinction de cette force.

L'intégrité des solides et des fluides qui forment l'édifice animal, l'exercice régulier et constant des organes qui remplissent les fonctions diverses de l'animalité, donnent la santé.

Le dérangement du principe vital, l'altération des solides et des fluides, le changement de forme, de position des organes, et le trouble apporté dans l'exercice régulier d'une ou de plusieurs fonctions, déterminent la maladie.

La science qui s'occupe de conserver la santé s'appelle hygiène.

Celle qui étudie les causes de la maladie, les changements apparents qui l'annoncent, son accroissement, sa terminaison, les altérations des parties vivantes après la mort, se nomme pathologie.

Celle qui s'applique à guérir les maladies est la

thérapeutique. La thérapeutique remédie aux maladies par le concours de la chirurgie et de la matière médicale. La chirurgie est l'application de la main seule ou armée d'instruments pour la guérison des maladies.

La matière médicale est l'appréciation des effets des médicaments et l'art d'en diriger l'emploi, selon les indications, pour la guérison des maladies, médicaments qui sont fournis par la pharmacie. La pharmacie est donc cette partie des sciences médicales, qui s'occupe de la préparation et de la composition des médicaments. Appliquée à la médecine de l'homme, prend le nom de pharmacie humaine; *étendue* à la médecine des animaux, elle reçoit celui de pharmacie vétérinaire.

PHARMACIE VÉTÉRINAIRE.

La pharmacie vétérinaire s'occupe de la *préparation* et de la *composition* des médicaments destinés à concourir à la guérison des maladies des animaux.

On donne le nom de médicaments à des agents qui, mis en contact avec les parties vivantes externes ou internes, opèrent la guérison des maladies ou concourent à la faire obtenir.

Les médicaments sont tirés du règne organique et du règne inorganique. Les premiers s'obtiennent des végétaux et des animaux, les seconds des minéraux.

Les médicaments fournis par le *règne végéta*, sont très nombreux et doués de propriétés fort variées. Seuls, ils pourraient presque fournir aux besoins de la thérapeutique pharmacologique. Beaucoup d'entre eux doivent leurs vertus médicinales à différents éléments fixes ou volatils, entrant dans la composition des végétaux qui les fournissent. Ainsi, les plantes inodores, d'une saveur douce et renfermant de la gomme, du sucre,

de la fécule, du mucilage, ont une vertu adoucissante et émolliente.

Celles qui sont odorantes, d'une saveur chaude,
piquante, excitant la salivation, et où l'analyse chimique démontre l'existence d'huiles essentielles,
ont des *vertus stimulantes.* Telles autres plantes ont
une odeur vireuse, une saveur nauséabonde et quelquefois âcre ; leurs principes actifs sont alcaloïdes
ou gommo-résineux ; ces plantes sont *anti-spasmo-
diques* et *narcotiques.* Celles qui ont une saveur
acerbe, styptique, sont astringentes, etc. En général,
et il sera facile de s'en convaincre en parcourant
les diverses classes des médicaments, la saveur et
l'odeur des plantes qui les fournissent décèlent,
à quelques exceptions près, leur vertu thérapeutique.

Les pharmaciens et les chimistes se sont beaucoup occupés, dans ces derniers temps, de séparer
les principes actifs des végétaux. Leurs pénibles
et savantes recherches ont prouvé que les vertus
médicinales des végétaux dépendent de l'existence,
dans leur trame organique, tantôt d'une seule substance fixe ou volatile, d'autres fois de l'association
de deux ou de plusieurs. Ainsi les quinquinas renferment la quinine et la cinchonine ; l'opium, la
morphine, la narcotine et la codéine ; l'ipécacuanha, l'émétine ; le vératre, la vératrine, etc., principes fixes, qui, employés isolément, décèlent

toutes les vertus de la plante qui les a fournis. Si la lavande , la térébenthine et la graine de moutarde sont douées d'énergiques propriétés excitantes, elles les doivent à des huiles essentielles, qui possèdent à un haut degré les vertus de ces substances pharmaceutiques.

Si la gentiane , plante dont la racine est souvent usitée comme tonique dans la médecine vétérinaire , recèle un principe amer , elle le doit au gentianin. (HENRY et CAVENTOU.)

Ces travaux intéressants, ces découvertes importantes, ont conduit à l'emploi isolé de ces principes, et la médecine humaine, ainsi que la médecine vétérinaire , ont été dotées de médicaments qui, à une dose très faible et facile à administrer, produisent, dans l'immense majorité des cas, de bons et constants effets curatifs. Malheureusement, la médecine vétérinaire ne pourra jamais largement utiliser ces principes végétaux ; leur extraction nécessitant des opérations chimiques souvent multipliées et dispendieuses, rend leur prix fort élevé.

La quantité et la qualité des principes actifs des plantes dépendent souvent du sol où elles croissent, de leur exposition au soleil ou à l'ombre et de l'époque de leur végétation. C'est ainsi que le pavot somnifère, de l'Orient, donne un suc plus abondant et plus actif que la même plante cultivée dans les parties méridionales de la France ;

que beaucoup de plantes de la famille des labiées, élevées dans un lieu chaud, et exposées aux rayons du soleil, renferment une bien plus grande portion d'huile *balsamique* que celles qui se trouvent placées dans des conditions opposées.

Nous ferons remarquer également que telle plante ne fournit qu'à diverses époques de la végétation, les principes médicamenteux auxquels elle doit ses propriétés; ainsi tel végétal donne ses fleurs, l'autre ses grains, à une certaine maturité; celui-là au printemps, celui-ci à l'automne.

Un choix judicieux doit donc être fait dans la récolte des plantes médicinales. Mais là ne se bornent point les devoirs du pharmacien, il doit surtout conserver aux médicaments, les propriétés dont ils sont doués. Aussi consacrons-nous un article spécial pour la récolte, le choix, la conservation des plantes médicinales.

Le règne animal fournit peu de médicaments actifs. La fibrine, l'albumine, la graisse, sont les éléments immédiats de tous les solides des animaux. La plupart sont doués de la vertu émolliente. Quelques produits sécrétés, comme le lait, qui fournit la crême, le beurre, le petit-lait, possèdent les mêmes propriétés. Cependant quelques animaux renferment des principes immédiats, volatils, âcres, très irritants et susceptibles de cristallisation, qui, appliqués à l'extérieur, déterminent de la rubéfaction, de la vésication, et à l'intérieur, une vive inflammation des muqueuses digestives et vésicales.

Les insectes du genre meloé, dans lequel se rangent les cantharides, sont dans ce cas. Les huiles pyrogéniques sont âcres et irritantes. En général les médicaments fournis par le règne animal, sont simples et d'un facile emploi ; ils nécessitent cependant des soins minutieux pour leur conservation. La plupart sont usités peu de temps après leur préparation.

Le règne minéral fournit de nombreuses armes à la thérapeutique pour combattre les maladies. Les composés que ce règne fournit, sont simples, non métalliques, simples et métalliques, alcalins et terreux. Leur combinaison chimique, donne naissance aux acides, aux sels, aux oxides, aux sulfures, aux chlorures, etc. Les médicaments qui sont fournis par le règne minéral, ont des propriétés très diverses. Ils sont généralement actifs, énergiques et puissants à combattre beaucoup de maladies. Tempérants, stimulants, toniques, diurétiques, antiseptiques, purgatifs, etc., etc. ; ils ne récèlent point la propriété émolliente qui n'appartient qu'aux règnes végétal et animal.

La préparation des médicaments fournis par le règne inorganique, réclame toujours des opérations chimiques plus ou moins compliquées, parfois même difficiles. Les combinaisons sont le plus souvent binaires ou ternaires, mais elles doivent être faites avec habileté et par une main expérimentée. Aussi les vétérinaires se livrent-ils rarement (pour ne pas dire jamais), à la préparation et à la confection de ces médicaments. Ils préfèrent les acheter chez les droguistes, les fabricants de produits chimiques, ou chez les pharmaciens qui vendent en gros et en détail.

Si la préparation des médicaments du règne inorganique est souvent difficile, leur conservation est plus facile. Beaucoup de composés sont inaltérables à l'air, à l'humidité et à l'action de la lumière. Cependant un assez grand nombre encore doivent être conservés avec soin pour éviter toute détérioration.

Les médicaments tels qu'ils sont fournis par les trois règnes de la nature, se distinguent en médicaments simples et en médicaments composés.

Les médicaments simples sont ceux qui sont employés comme la nature les présente, c'est à dire sans mélange, sans décomposition, ou après qu'on leur a fait subir quelques préparations simples. Les fleurs, les fruits, les feuilles, les tiges, les racines des végétaux qui sont usités en poudre, en infusion, en décoction, sont de ce nombre. On peut encore y rattacher les substances simples tirées des végétaux, comme les huiles fixes ou volatiles, l'amidon,

la gomme, le sucre; les principes résineux et gommo-résineux, comme l'aloès, la térébenthine ; les
principes alcaloïdes, comme la morphine, la quinine, la strychnine, etc. Parmi les substances animales, on peut classer aussi dans les médicaments
simples, les graisses, l'albumine, la gélatine, le lait,
le petit lait, le beurre, et enfin parmi les médicaments du règne minéral, quelques corps simples, comme le soufre, l'iode, le chlore, quelques
sulfures et chlorures naturels, tels que le sulfure
de mercure, le chlorure de *sodium* ou sel marin, etc.

Les médicaments composés résultent de la mixtion
ou de l'assemblage de plusieurs substances douées
de vertus diverses, ou bien de la combinaison de
différents corps simples entre eux, faits par la main
de l'homme. On associe divers médicaments dans
le but de diminuer ou d'augmenter leurs vertus.
Dans cette association, toutes les substances simples qu'on y assemble n'exercent aucune action dé-
composante les unes sur les autres. Quelquefois il
y a réaction des corps composants combinaisons
et formation d'un produit chimique nouveau qui
ne possède plus les mêmes propriétés. Cette partie
difficile de la pharmacie réclame du pharmacien
des connaissances chimiques indispensables pour
arriver à un bon résultat (Voyez la 2e partie de
cet ouvrage). Nous dirons seulement ici qu'autant qu'il le pourra, le pharmacien vétérinaire

devra s'attacher à préparer convenablement , et
à bien conserver les médicaments simples , attendu que le praticien doit, autant que possible ,
les employer de préférence aux médicaments
composés. Ici l'action est simple, pure et souvent curative, tandis que celle des médicaments
composés est souvent incertaine, irrégulière et
inefficace.

Considérations générales sur le choix , la récolte et la conservation des médicaments.

Les animaux domestiques peuvent être considérés comme des objets de luxe , de caprice ou d'u-
tilité. Les premiers, comme les chevaux de maître,
quelques espèces de ruminants de race étrangère,
les chiens de chasse, et toutes les espèces de chiens
d'appartement, ne se rencontrent que chez les personnes riches ou les amateurs. Dans la campagne,
on voit aussi des agriculteurs posséder des races d'a-
nimaux précieux qu'ils désirent acclimater pour en
propager l'espèce. Les propriétaires de semblables
animaux tiennent essentiellement à leur conservation; pour eux , ils feraient tous les sacrifices pos-
sibles , parce qu'ils les estiment pour leur beauté,
leurs qualités, leur valeur, ou parce qu'ils flattent
leur vanité. Si le vétérinaire est appelé pour guérir leurs maladies : soins assidus, emploi de médi-

caments d'un prix élevé , longueur de traitement,
dépenses de temps et d'argent, rien ne doit être
négligé ; sauver la vie à de tels animaux, conserver
leurs qualités, satisfaire le caprice du propriétaire,
c'est là tout. Il n'en est pas ainsi à l'égard des animaux essentiellement utiles à l'homme, soit par les
produits qu'il en retire, soit par les services qu'ils
lui rendent ; pour ceux-ci, la guérison de leurs maladies est soumise au calcul, et si les visites que fera
le vétérinaire, les opérations qu'il pratiquera , les
médicaments qu'il fournira ou qu'il fera acheter
chez le pharmacien , nécessitent une dépense qui,
comparée à la valeur de l'animal, aux produits qu'il
donne , et aux services qu'il rend , porte préjudice
aux intérêts du propriétaire, celui - ci négligera le
soin des maladies dont l'animal est atteint , et dé-
daignera sa conservation. Il est donc important, dans
cette dernière circonstance que les vétérinaires ,
qui calculent bien leurs intérêts , et ceux aussi des
personnes qui ont confiance en eux, de donner des
soins plus ou moins dispendieux aux animaux, selon leur valeur , le but pour lequel ils sont élevés
et conservés.

Ces réflexions doivent surtout être bien senties,
à l'égard des animaux qui vivent en troupeaux, et
lors de l'apparition de maladies enzootiques ou épizootiques, qui sévissent sur un très grand nombre
d'entre eux ; car le choix des médicaments, les ef-

fets qu'on en obtient, et leur prix, sont importants à considérer dans cette occurrence. Or, les médicaments exotiques, de même que ceux qui réclament pour leur préparation des opérations chimiques ou pharmaceutiques, sont toujours d'un prix élevé, et difficiles à se procurer souvent en quantité suffisante; tandis que les médicaments qui sont récoltés sur le sol de notre patrie, ou dans celle de nos voisins; ceux qui sont obtenus en grand dans les arts, qui proviennent de la fabrication de produits chimiques ou industriels, sont généralement nombreux, à bon marché, et se rencontrent partout. Assurément il existe des médicaments exotiques, comme les quinquinas, le camphre, l'opium, qui ne peuvent être remplacés avantageusement par des médicaments indigènes, parce que les effets qu'on en obtient, même à une petite dose, sont plus prompts, plus certains, et surtout plus efficaces; le praticien doit en préférer l'emploi, lorsque leur administration est impérieusement réclamée. Mais, dans combien d'autres circonstances, ne peut-on pas remplacer ces médicaments par d'autres drogues qui, à plus forte dose, peuvent remplir les mêmes indications? Ne peut-on pas trouver, à la portée des propriétaires pauvres, des substances médicamenteuses indigènes, capables de guérir les animaux qui font leur seule fortune?

Les mauves, l'orge, la réglisse, etc., ne peuvent-ils pas remplacer la gomme arabique , la gomme adragante , la poudre de guimauve , qui coûtent beaucoup plus chères? La gentiane, les baies de genièvre, l'aunée, la petite centaurée, les écorces de saule, de chêne , etc., ne sont-ils pas appelés, dans quelques circonstances, à produire des effets curatifs, semblables à ceux des quinquinas? Les nombreuses plantes aromatiques des *labiées* qui végètent dans nos bois, dans nos champs , au bord de nos ruisseaux , ne doivent-elles pas être préférées à la canelle, à la muscade, au girofle , etc. ? Le petit lait, la crême, le beurre, ne sont-ils point capables de produire , à l'égard de quelques maladies, les mêmes résultats que les graisses , les pommades composées de substances plus chères? Ces considérations ont donc engagé les auteurs de cet ouvrage à donner des notions générales sur la récolte, le choix, la préparation et la conservation des substances médicamenteuses indigènes, que le vétérinaire peut récolter et conserver dans la localité où il exerce. Nos devanciers, les auteurs de pharmacie et de matière médicale vétérinaire , ont négligé ou dédaigné de s'occuper spécialement de cette partie de la pharmacie , la regardant sans doute comme peu importante. Quant à nous, nous la considérons comme de la plus grande utilité. D'abord la médecine vétérinaire doit, autant que possible, se faire à bon marché, parce que, nous le répéterons encore, les animaux sont, pour la plupart, des objets de spéculation. Ensuite ne vaut-il pas mieux préférer les produits de notre sol, que d'aller chercher à l'étranger, au delà des mers et dans des localités fort éloignées, des médicaments qui peuvent nous manquer, ou nous coûter fort chers, soit pendant les temps de guerre, soit par des spéculations commerciales, et qui d'ailleurs sont souvent altérés ou sophistiqués dans le commerce de la droguerie ? Nous allons plus loin, nous voudrions voir les vétérinaires cultiver une foule de plantes, comme les labiées, les ombellifères, les crucifères, les composées, la rue, la sabine, les mauves, les guimauves, l'oseille, le fenouil, les pavots, le tabac, la digitale, la belladone, la stramoine, les ellébores, etc. ; récolter les fleurs de tilleul, l'ergot du seigle, l'écorce de saule, la racine de gentiane, les baies de genièvre, plutôt que d'aller acheter ces médicaments souvent vieux, altérés, dépourvus de vertus, chez les pharmaciens de province qui s'imaginent que ce qui est mauvais, est toujours assez bon pour les animaux. Ils y trouveront encore cet avantage, que, selon les saisons, ils pourront avoir des plantes fraîches, et possédant des vertus qu'elles n'ont point, lorsqu'elles sont desséchées. Enfin nous pouvons assurer aux vétérinaires qui auront la possibilité de se livrer à la culture, à la récolte, à la préparation et à la conservation des substances végétales médica-

menteuses indigènes, qu'ils y trouveront des avantages qui peuvent se résumer ainsi : *bonté*, *sûreté*,
du médicament, et enfin, ce qui doit être bien pris
en considération, *économie*.

Choix, récolte et conservation des substances médicamenteuses végétales.

La botanique apprend à connaître les caractères
qui font distinguer les diverses espèces des plantes
médicinales, et guide par conséquent le vétérinaire
dans la connaissance spéciale des plantes, des lieux
où elles croissent, de leur culture, de la durée de
leur vie, ainsi que des phénomènes végétatifs qui
s'y passent. La pharmacie s'empare ensuite des
plantes et leur fait subir diverses préparations pour
en confectionner les médicaments. En effet, on
réserve le nom de *drogues* aux substances naturelles
telles qu'elles existent dans la nature ou telles que
le commerce nous les présente, et celui de *médicaments* aux mêmes substances lorsqu'elles ont été
préparées pour l'usage médical (1).

____

(1) On distingue le droguiste et le pharmacien : le droguiste
vend des substances médicamenteuses ou des drogues qu'il
achète en gros dans le commerce ; le pharmacien ne vend que
des médicaments. Le vétérinaire doit être droguiste et pharmacien.

Choix des substances médicamenteuses.

« Le choix d'une drogue, disent MM. Guibourt
» et Henry, est l'action de prendre une drogue de
» préférence à une autre par la connaissance que
» l'on a qu'elle réunit à un plus haut degré les
» propriétés médicinales qu'elle doit posséder. »

Les lieux ou croissent les plantes, leur état naturel ou cultivé, leur âge, le temps ou on en fait la récolte apportant des différences notables dans leurs propriétés médicinales, il est important que le vétérinaire ait égard à ces diverses conditions dans leur choix et dans leur récolte. Aussi, à l'égard de chaque plante et selon les saisons de l'année indiquerons-nous le choix que l'on doit faire de nos végétaux indigènes pour en confectionner de bons médicaments.

Emondation. On nomme ainsi une opération qui consiste à retirer des végétaux les parties inertes qui pourraient nuire à leurs propriétés. Pour les racines, on les lave, afin de les débarrasser de la terre, on en enlève les radicules, on les coupe par morceaux si elles sont trop grosses, trop charnues pour en faciliter la dessiccation; pour les feuilles, on les sépare des tiges; les fleurs des pédoncules; les grains de péricarpes, etc. Enfin l'émondation consiste aussi à rejeter des fleurs, des feuilles, des racines, des sommités, des fruits, les parties gâtées ou altérées par les insectes.

Dessiccation. La dessiccation est une opération par laquelle on enlève aux drogues simples, l'humidité qui nuirait à leur conservation. Tous les végétaux renferment dans leur substance une certaine quantité d'eau qui dépend toujours et de leur espèce et du lieu humide ou sec où ils croissent. Cette eau a reçu le nom d'*eau de végétation*. Or, c'est cette eau dont il faut débarrasser les végétaux pour éviter toute altération putride de leurs principes constituants. Pour que la dessiccation des plantes soit convenable, il faut qu'elle s'opère à un courant d'air et à la chaleur naturelle ou artificielle. On regarde comme défectueux le procédé de dessiccation qu'emploient beaucoup d'herboristes, qui consiste à faire des guirlandes de plantes et de les exposer à la porte de leurs boutiques dans le double but de les faire sécher et de leur servir d'enseigne. La dessiccation opérée sur le dessus d'un four de boulanger est non moins défectueuse, parce que la température élevée de cet endroit sans aucun courant d'air, dessèche trop rapidement les plantes et nuit à leurs vertus.

Le moyen le plus économique et le meilleur est de faire sécher les plantes dans un grenier couvert soit en tuiles, soit en ardoises. On place plusieurs morceaux de bois debout à quelques distances les uns des autres, dans la longueur du grenier et on en dispose d'autres en travers et attachés aux premiers par des liens. On fait ainsi plusieurs étages sur lesquels on place des claies en osier, destinées à recevoir les plantes. On peut aussi à l'aide de ficelles faire des guirlandes de sommités, de fleurs, de feuilles, de racines, qu'on suspend aux combles ou à des perches en bois. L'essentiel est de laisser assez de distance entre les paquets de sommités, de feuilles, ou les racines, pour faciliter la circulation de l'air et favoriser la dessiccation. Pendant celle-ci on aura le soin d'ouvrir les fenêtres pour faciliter les courants d'air; d'éviter le contact des rayons du soleil sur les plantes; et enfin d'éviter toute humidité causée par la pluie.

Dans le cas où le vétérinaire n'aurait pas de grenier à sa disposition, il faut au moins que la pièce dont il veut faire un séchoir soit à un étage élevé et exposé au midi.

Conservation et préparation des racines, leur choix, récolte et conservation.

Les racines dont on se sert appartiennent généralement aux plantes bisannuelles ou vivaces. A l'égard des premières, la récolte ne doit en être faite que la seconde année. Récoltées dès la première année, ce racines ne renfermeraient que peu de principes médicamenteux , car c'est l'eau qui y domine; tandis que dans la seconde année, alors que la végétation est complète , que les sucs séjournent dans les racines et y acquièrent les propriétés dont ils sont doués , il faut récolter la racine médicinale bisannuelle. Au printemps, cette récolte est mauvaise, la racine est gorgée d'eau de végétation qui change la nature de ses principes et altère ses propriétés. Jamais les racines ne doivent être récoltées au printemps et pendant l'été, parce que alors toute la force de la végétation se porte aux tiges, aux feuilles, aux fleurs et aux fruits. La racine est ligneuse, souvent flétrie et sans suc. Règle générale , la récolte des racines se fera donc à l'automne ou depuis la fin de septembre jusqu'au mois de novembre.

La récolte des racines des *végétaux vivaces* doit toujours s'opérer après la chute des feuilles , et alors que les plantes sont encore jeunes et vigoureuses. Cependant nous ferons observer que beaucoup de racines peuvent être employées fraîches, avec avantage, pendant la belle saison. Nous citerons les racines de guimauve, de mauve, de persil, d'angélique, d'ellébore et de gentiane. Quelques unes même ne possèdent de vertus médicinales que pendant leur fraîcheur; nous citerons la racine de raifort sauvage qui perd la plupart de ses propriétés irritantes par la dessiccation, parce qu'elle entraîne la plus grande partie de l'huile volatile âcre qu'elle renferme.

Préparation et conservation.— On doit placer les racines dans des baquets ou des vases remplis d'eau froide, et les y agiter avec la main ou avec une pelle; il ne faut, ni les brosser ni les balayer, de peur d'en altérer l'écorce qui souvent est douée de beaucoup de vertus. On les prend une à une, on les débarrasse des radicules, des écailles, des feuilles qui peuvent encore être attachées au collet; on les coupe par morceaux si elles sont grosses, longues et charnues; on les étend sur des claies d'osier, ou bien on en fait des guirlandes pour les dessécher.

Récolte, choix et préparation des bulbes.

Les bulbes usités en pharmacie vétérinaire sont ceux d'ail, d'ognon, de colchique et de scille, tous doivent être récoltés en automne.

On choisit les bulbes les plus gros et les mieux nourris; on enlève les premières écailles, on les expose d'abord au soleil pendant quelques jours, ensuite on sépare les squames et on met sécher celles-ci sur des claies. (*Voyez* la scille et le colchique à l'article *Diurétique*).

Récolte des écorces.

Les écorces indigènes usitées en médecine vétérinaire, sont celles de chêne, de saule, de garou, de marronnier, de racine de grenadier, etc. On les récolte après la chute des feuilles ; on peut aussi s'en servir à l'état frais. On détache ces écorces de dessus les branches, soit en les divisant en lanières, soit en forme de rouleaux et on les fait sécher sous cette forme.

Récolte des feuilles et sommités ; règle générale.

Lorsque les feuilles doivent être récoltées isolément des autres parties du végétal, on devra toujours se livrer à cette opération avant la floraison. Pendant et après celle-ci, elles deviennent ligneuses et moins abondantes en suc. Les feuilles de mauve, de guimauve, de molène, de plantain vert, de belladone, de digitale, etc., sont dans ce cas. Si au contraire les feuilles possèdent avec la fleur des principes de même nature (huile essentielle), comme les labiées, les ombellifères , les composées, on doit récolter les feuilles et les fleurs ; et, comme ce sont les parties supérieures de la plante qui renferment le plus de principes balsamiques, on récolte les feuilles et les fleurs tout à la fois (*sommités fleuries*) ; mais il ne faut pas attendre plus longtemps, car le principe dont il s'agit diminuerait.

Moment de la récolte. — On devra la faire par un temps sec et doux, deux ou trois heures après le lever du soleil, et toujours lorsque la plante n'est plus recouverte d'humidité.

Choix.—On doit rejeter les feuilles qui sont jaunâtres, piquées par les vers, étiolées ou mal propres. Les sommités défleuries seront dédaignées.

Préparation.— On étend les grandes feuilles en couches peu épaisses, sur des claies d'osier. Les petites feuilles se réunissent en petits paquets dont on fait des guirlandes. On peut les faire sécher au soleil pour obtenir une prompte dessiccation. Les sommités aromatiques doivent être réunies en bottes légères et traitées de la même manière, seulement elles ne doivent pas être exposées au soleil.

Quant à la *menthe poivrée*, on doit en faire sécher les sommités dans de petits sacs de papier, parce que l'action de la lumière en décolore les feuilles.

Quelques autres plantes, comme les sommités de la petite centaurée, du mélilot, du millepertuis, de l'origan et autres qui sont faciles à se briser, on doit les récolter de la même manière que la menthe.

Récolte des fleurs.

Les fleurs indigènes que l'on conserve sont celles de roses rouges, de camomille, de matricaire, de tilleul, d'oranger, de mauve, de guimauve, d'arnica, etc. Toutes ces fleurs doivent être récoltées aussitôt leur épanouissement ; celles de roses rouges, cueillies en bouton prêt à éclore, sont même plus astringentes. On doit placer ces fleurs sur des feuilles de papier et les mettre à l'ombre pour les faire sécher. Lorsqu'elles sont simples, la dessiccation est rapide. Les fleurs composées, comme celles de camomille, réclament plus de temps pour se dessécher. On doit ensuite les conserver dans des bocaux bien bouchés.

Récolte des semences.

Les moutardes blanche et noire, les graines des plantes de la famille des ombellifères, la staphisaigre, le lin, le chanvre, etc., se récoltent avec la plante entière lorsqu'elle commence à être en bonne maturité. On la met sécher dans des greniers. Lorsque la dessiccation est achevée, on bat la plante avec des baguettes ou des bâtons, sur des draps étendus à terre. On vanne à un courant d'air ou avec le van, qui sépare la graine des débris de la plante, et on les conserve dans des vases bien bouchés pour éviter la piqûre des insectes.

Récolte de substances animales.

Comme substances animales, on ne recueille, en médecine vétérinaire, que les cantharides dont nous ferons connaître la récolte à l'article *Cantharides*.

CALENDRIER PHARMACEUTIQUE

Indiquant les mois où on doit récolter les différentes plantes indigènes.

Dans les mois de janvier, février, novembre et décembre, on ne fait aucune récolte de substances médicamenteuses indi-gènes.

MARS.

Les bourgeons de peuplier (*populus nigra*) (fin de mars et aussi en avril).
Fleurs de tussilage (*tussilago farfara*).
— de violette (*viola odorata*).

AVRIL.

Feuilles d'asarum (*asarum europæum*).
Fleurs de mandragore (*atropa mandragora*).

MAI.

Absinthe (*artemisia absinthium*). Première coupe.
Beccabunga (*veronica beccabunga*).
Ciguë grande (*cicuta major*).
Cochlearia (*cochlearia officinalis*).
Cresson (*sysimbrium nasturtium*).
Lierre terrestre (*glecoma hederacea*), et juin.
Pimprenelle petite (*poterium sanguisorba*).
Roses rouges (*rosa gallica*).

JUIN.

Feuilles et sommités.

Ache (*apium graveolens*).
Aneth (*anethum graveolens*).
Angelique (*angelica archangelica*), et juillet.

Armoise (*artemisia vulgaris*).
Belladone (*atropa belladona*).
Bourrache (*borago officinalis*).
Centaurée grande (*centaurea centaurium*) } et juillet.
Chamædris (*teucrium chamædris*)
Chamæpitis (*ajuga chamæpitis*)
Chicorée (*chicorium intybus*).
Digitale (*digitalis purpurea*) (les feuilles).
Fenouil (*anethum feniculum*).
Guimauve (*althea officinalis*).
Laitue vireuse (*lactuca virosa*).
Pariétaire (*parietaria officinalis*).
Plantain (*plantago medica*) les feuilles).
Ronce (*rubus fructicosus*).
Saponaire (*saponaria officinalis*).
Fleurs de coquelicot (*papaver rheas*).
   — de camomille vulgaire (*chamœmelum vulgare*).
   — de matricaire (*matricaria parthenium*).
   — d'oranger (*citrus aurantium*), et juillet.
   — de ptarmique (*achilla ptarmica*).
   — de sureau noir (*sambucus nigra*).

JUILLET.

Feuilles et sommités.

Absinthe (*artemisia absinthium*). Deuxième coupe
Centaurée petite (*erythræa centaurium*), et août.
Hyssope (*hyssopus spicata*).
Mauve (*malva sylvestris*).
Menthe crépue (*mentha crispa*).
Menthe poivrée (*mentha piperita*), et août.
Tabac (*nicotiana tabacum*).
Origan (*origanum vulgare*).
Romarin (*rosmarinus officinalis*).
Rue (*ruta graveolens*).
Sabine (*juniperus sabina*).
Sauge (*salvia officinalis*).
Tanaisie (*tanacetum vulgare*).
Thym (*thymus vulgaris*).

Lavande (*lavandula spica*).
Fleurs de tilleul (*tilia europœa*).
Capsules de pavot blanc (*papaver somniferum album*).
  —   de pavot noir (*nigrum*).

AOUT.

Feuilles et sommités.

Belladone (*atropa belladona*).
Menyanthe (*menyanthus trifoliata*).
Morelle noire (*solanum nigrum*).
Rue (*ruta graveolens*).
Stramoine (*datura stramonium*).
Cônes de houblon (*humulus lupulus*).

Fruits et semences.

Ammi (*ammi majus*).
Carvi (*carum carvi*).
Coriandre (*coriandrum sativum*).

SEPTEMBRE.

Fruits.

Nerprun (*rhamnus catharticus*).

Racines.

Angélique (*angelica archangelica*).
Bistorte (*polygonum bistorta*).
Roseau aquatique (*calamus aromaticus*).
Chiendent (gros et petit) (*cynodon dactylon et triticum repens*).
Veratre ou ellébore blanc (*veratrum album*).
Ellébore noir (*helleborus niger*).
Fenouil (*anethum fœniculum*).
Fougère mâle (*aspidium filix mas*).

Guimauve (*althea officinalis*).
Iris (*iris germanica*).
Patience (*rumex patientia*).
Persil (*apium petroselinum*).
Raifort sauvage (*cochlearia armoracia*).
Réglisse (*glycyrrhyza glabra*).
Valériane (*valeriana sylvestris*).
Tormentille (*tormentilla erecta*).
Bulbe de colchique (*colchicum autumnale*).
   — de scille (*scilla maritima*).
Miel nouveau et cire jaune.

OCTOBRE.

Ecorces.

Chêne (*quercus robur*).
Garou (*Daphne gnidium*).
Clematite brûlante (*clematis vitalba*).
Marronnier (*œsculus hypocastanum*).
Orme (*ulmus campestris*).
Baies de genièvre (*juniperus communis*).

Racines.

Aunée (*inula helenium*).
Bryone (*bryonia alba*).
Chardon-roland (*eryngium campestre*).
Chaussetrape (*calcitrapa stellata*).
Agaric de chêne ou bolet amadouvier (*boletus igniarius*).

Classification des médicaments

Les hippiatres aussi bien que les vétérinaires ont cherché à faire une classification des médicaments employés à la guérison des maladies. Si on réfléchit à toutes les classifications qui ont été faites jusqu'à ce jour, on s'aperçoit que les médecins, comme les pharmaciens, ont cherché à ranger à côté les unes des autres les drogues simples ou composées, auxquelles ils attribuaient les mêmes vertus curatives. Sans doute une idée fondamentale a présidé à cet arrangement, c'est celle de pouvoir offrir aux étudiants et aux praticiens, dans une distribution méthodique, les médicaments dont ils pourraient disposer pour la guérison des maladies.

Ainsi, quelles qu'aient été les diverses doctrines médicales émises depuis Hippocrate jusqu'à ce jour en médecine humaine, et depuis les hippiatres grecs et romains jusqu'à nous, vétérinaires, humoristes, solidistes, chimiâtres, brownistes, rasoristes, physiologistes, homœopathes, etc., tous ont cherché à classer les substances employées à la guérison des maladies d'après les effets qu'elles produisaient sur l'économie, et les résultats curatifs qu'elles faisaient obtenir. Les mots n'ont point man-

qué pour exprimer les effets et les résultats dont il s'agit, et chaque secte médicale en a créé tout exprès pour les agents dont elle avait reconnu les propriétés curatives. Ainsi le noms de *désobstruants*, d'*expectorants*, de *purgatifs*, de *sialagogues*, de *vomitifs*, de *débilitants*, d'*émollients*, etc., ont été donnés aux médicaments qui semblaient doués de la vertu de désobstruer les voies circulatoires, de faciliter l'expectoration, d'évacuer les humeurs, d'exciter la salivation, de provoquer le vomissement.

D'autres auteurs de matière médicale se sont attachés à classer les médicaments selon leur vertu spéciale, et ils ont créé les mots antidysentériques, antipsoriques, antifébriles, antiputrides, antivermineux, etc., qu'ils ont donnés aux diverses classes de médicaments auxquels ils attribuaient particulièrement la propriété de guérir la dysenterie, les maladies psoriques, les fièvres, les maladies putrides, vermineuses.

Ces classifications ont toutes des avantages et des inconvénients. Sans doute il est très important de classer les médicaments, en prenant pour base les effets qu'ils suscitent dans l'économie, parce que le praticien, selon qu'il veut débiliter, exciter, purger ou faire vomir, trouve rangés dans un même cadre tous les médicaments qui possèdent ces vertus.

Assurément, si tel ou tel médicament était doué exclusivement de la seule propriété de faire vomir, d'exciter la sécrétion de l'urine, de calmer la douleur, cette classification serait celle que tous les praticiens adopteraient; mais il n'en est pas ainsi. En effet, l'observation a démontré que, selon la dose, un médicament pouvait être tout à la fois calmant, stimulant ou anti-putride, et nous citerons le camphre; que tel autre était doué de la propriété de rubéfier la peau, de faire sécréter une plus grande quantité d'urine et de tuer les vers intestinaux, comme par exemple l'essence de térébenthine. Nous pourrions encore nommer l'opium, l'éther sulfurique, l'assa-fœtida, le mercure doux, etc., etc., si ces citations n'étaient pas suffisantes pour appuyer notre opinion. On voit donc que la classification des médicaments basée sur leurs effets n'est point exempte d'inconvénients.

Chercherons-nous à classer les médicaments en prenant pour base leur vertu curative? Assurément non; car tout médicament peut être employé dans plusieurs maladies de nature et de siège différents et dans toutes son emploi être suivi de succès. Nous citerons l'émétique, qu'on administre tout à la fois avec avantage dans la maladie dite des chiens, l'indigestion intestinale simple ou vertigineuse et la pneumonite aiguë; le sublimé corrosif, qui est employé pour cautériser les parties cariées, guérir les affections dartreuses, galeuses, farci-neuses, et tuer les épizoaires nuisibles aux ani-maux, etc. Ici donc se présentent des inconvénients sérieux pour classer les médicaments d'après leur vertu curative. Dans cet état de choses, que nous reste-t-il à faire? Expliquons toute notre pensée, et cherchons à rattacher nos idées au point de contact de la pharmacie avec la médecine pratique. Nous admettons, avec tous les pharmacologistes mo-dernes, deux propriétés aux médicaments : l'une qui est affaiblissante, et l'autre qui est excitante.

Ainsi, que les médicaments soient émollients, tempérants, purgatifs, sudorifiques, diurétiques, contre-stimulants ou homœopathes, ils se rattachent à l'une ou à l'autre de ces deux propriétés. Certes, ainsi que l'a fait Moiroud dans son *Traité de matière médicale vétérinaire*, nous approuverions cette méthode, si nous n'avions en vue qu'une simple classification des effets médicamenteux; mais tel n'a point été notre but.

Réfléchissant que toutes les maladies, excepté celles qui composent le domaine de la chirurgie, sont dues à une altération des solides et des fluides, à une perversion de cet agent inconnu qu'on ap-pelle fluide nerveux, à la présence de corps étran-gers animés ou inanimés, existant dans l'économie

nous avons pensé qu'une classification de médicaments qui embrasserait tout à la fois et les effets
que ces agents provoquent dans l'organisation pour
la guérison des maladies, et le large énoncé des
classes de maladies qu'une série de médicaments
est appelée à combattre, offrirait de grands avantages. En effet, en ce qui touche la science, elle
ferait connaître à l'élève qui commence par étudier
la pharmacie avant la pathologie, les divers médicaments dont il pourra se servir plus tard pour
combattre telle classe de maladies. En ce qui touche
la pratique, elle offrirait aux vétérinaires une liste
de médicaments, dans laquelle ils pourraient faire
un choix rationnel de ceux qui sont propres à
remplir les indications réclamées par la nature et
le siège de la maladie qu'ils seraient appelés à combattre. Enfin, rattachant la pharmacie (branche de
la thérapeutique), à l'étude de la pathologie, cette
classification démontrerait que les diverses branches de l'étude vétérinaire s'enchaînent mutuelle-
ment, et que toutes sont essentielles à connaître,
aussi bien en théorie qu'en application.

Nous n'avons donc point hésité à adopter cette
classification, et dès lors nous avons pensé que les
premières classes devaient être consacrées aux médicaments le plus souvent usités dans la pratique
pour combattre les maladies qui s'offrent fréquem-

ment aux praticiens ; et ensuite de classer successivement les médicaments dont l'emploi est moins
souvent réclamé.

Ce que nous avions fait pour chaque classe, nous
avons pensé le faire aussi dans l'arrangement des
médicaments composant chacune d'elles. Ici encore nous avons accordé la priorité aux médicaments, soit exotiques, soit indigènes, dont les vertus
sont généralement bien connues comme promptes
et efficaces.

Enfin nous avons rapporté encore dans chaque
classe les médicaments qui, selon la dose, remplissent diverses indications curatives. C'est ainsi,
par exemple, que le camphre qui est antispasmodique, stimulant ou antiputride, se trouve classé dans
les antispasmodiques, les stimulants et les antiseptiques ;—que l'essence de térébenthine occupe
la classe des excitants, des diurétiques, des antiseptiques et des anthelmintiques, etc., etc. Cet
arrangement nous a paru très convenable pour la
pratique. Telles sont les raisons qui nous ont engagé à adopter la classification qui fait le sujet du
tableau suivant.

TABLEAU SYNOPTIQUE

de la classification des médicaments.

1re CLASSE.
Médicaments propres à combattre les congestions et les inflammations. *Antiphlogistiques, Débilitants.* — Cette classe renferme quatre sections, qui sont :
1° les Emollients.
2° les Rafraîchissants.
3° les Réfrigérants.
4° les Astringents.

2e CLASSE.
Médicaments qui agissant sur le système nerveux, comprennent les agents concourant à combattre les inflammations en calmant la douleur qui les accompagne. — Quatre sections :
1° les Anodins.
2° les Stupéfiants.
3° les Narcotico-âcres.
4° les Excitants du système nerveux.

3e CLASSE.
Médicaments propres à détourner l'afflux sanguin et à dériver la douleur. *Révulsifs, Dérivatifs.* — Quatre sections :
1° les Rubéfiants.
2° les Trochisques irritants.
3° les Vésicants.
4° les Caustiques.

4e CLASSE.
Médicaments propres à exciter les solides organiques et à modifier l'état des liquides circulatoires *Excitants généraux.* — Trois sections :
1° les Stimulants.
2° les Toniques.
3° les Anti-putrides.

des liquides circulatoires *Excitants* { … | … | 1a les Anti-putrides.

Médicaments propres à exciter quel-
ques appareils d'organes, à spolier l'é-
conomie en excitant les sécrétions et
les exhalations diverses, et employés
pour combattre beaucoup de maladies. *Excitants speciaux.*

Cinq sections :

1° les Purgatifs.
2° les Vomitifs.
3° les Diurétiques.
4° les Expectorants et les diaphorétiques.
5° les Sudorifiques.

6ᵉ CLASSE.

Médicaments qui agissent en modifiant les éléments constituants des liquides ensuite la composition des
solides, et propres à combattre quelques maladies. *Altérants, fondants.*

Deux sections : les Altérants,

1° métalliques.
2° alcalins.

7ᵉ CLASSE.

Médicaments qui ont la propriété
d'exciter le canal intestinal et d'agir
spécialement sur l'utérus en provoquant le décolement et l'expulsion
des produits de la conception. *Utérins, Obstétricaux.*

8ᵉ CLASSE.

Médicaments qui ont la propriété
d'engourdir ou de tuer et d'expulser
les animaux parasites et les larves d'insectes qui vivent à l'intérieur et à l'extérieur des animaux domestiques.
Anthelmintiques.

Deux sections : les Anthelmintiques, pour combattre,

1° les Entozoaires.
2° les Epizoaires.

9ᵉ CLASSE.

Médicaments qui sont usités pour
arrêter les hémorrhagies capillaires.
Hémostatiques.

HISTOIRE ET DESCRIPTION

DES

MÉDICAMENTS.

—

Première classe.

MÉDICAMENTS PROPRES A COMBATTRE LES
CONGESTIONS ET LES INFLAMMATIONS.

Antiphlogistiques débilitants.

Cette classe renferme quatre sections, savoir : 1° les Emollients,
2° les Rafraîchissants, 3° les Réfrigérants, 4° les Astringents.

———

SECTION 1re.—ÉMOLLIENTS.

Considérations générales.

LES médicaments émollients, *medicamenta emollentia*,
encore appelés adoucissants, *medicamenta demulcentia*,
sont des agents pharmaceutiques doués de la vertu d'assouplir, de relâcher les parties vivantes et malades, et
surtout de ralentir, de diminuer les phénomènes pathologiques qui caractérisent les irritations et les inflammations.
Ces agents qui se rencontrent exclusivement dans le règne
végétal et le règne animal, sont très fréquemment employés dans la médecine vétérinaire. La facilité de se les
procurer ; la simplicité des opérations pharmaceutiques
qui précèdent leur emploi thérapeutique ; les bons effets
constants qu'ils produisent sur les parties enflammées ; les

incontestables et heureux résultats qu'ils procurent généralement dans la pratique, les font considérer avec juste raison comme devant occuper le premier rang parmi les moyens dont le praticien peut disposer pour la guérison d'un très grand nombre de maladies. Nous étudierons donc avec une sérieuse attention les agents doués de la vertu émolliente.

Les substances végétales émollientes sont composées de mucilage, de fécule, d'huile fixe, de gomme, et souvent de sucre. Les substances animales donnent à l'analyse chimique de la gélatine, de l'albumine et de la graisse.

Toutes sont inodores, insipides, ou bien elles portent un sentiment de fadeur et de viscosité. Excepté l'huile fixe, toutes sont solubles dans l'eau froide, et notamment dans l'eau chaude.

Nous allons faire connaître les propriétés physiques et chimiques qui appartiennent à ces divers éléments de toutes substances émollientes.

Du Mucilage, *Mucilago*, *Mucago*.

On donne le nom de mucilage à un principe végétal analogue à la gomme, par la plupart de ses propriétés. Ce principe existe dans les fleurs, les feuilles, les tiges, les racines de beaucoup de plantes, et particulièrement des mauves, des guimauves, dans la graine de lin, etc. Ce produit neutre qui renferme beaucoup d'autres produits neutres également, varie beaucoup dans sa composition chimique selon les végétaux qui le fournissent et selon les diverses époques de la végétation. En général il renferme de la gomme, de la fécule, de l'asparagine, et des sels organiques et inorganiques. Il est insipide, inodore, visqueux , et se dissout facilement dans l'eau chaude , dans laquelle, s'il est assez abondant , il s'épaissit , devient visqueux, et se prend en une sorte de gelée. Il est insoluble dans l'alcool, dans l'éther , et dans les huiles. L'alcool le précipite en flocons blancs, mous , opaques. Les acides végétaux , comme le vinaigre , ont la propriété de le dissoudre. Les alcalis le coagulent d'abord, pour en opérer ensuite la dissolution.

Le mucilage est le principe chimique le plus abondant dans la nature végétale. C'est la trame première de toutes les parties des plantes ; pendant les progrès de la végétation, il se transforme souvent en d'autres principes ; quelquefois il disparaît entièrement. Cependant quelques plantes, comme les mauves, les guimauves, le conservent en abondance pendant tout le temps de leur végétation.

Le mucilage uni à l'eau tiède ou froide , forme la base émolliente d'une foule de préparations magistrales, très fréquemment employées dans la médecine des animaux.

De l'Amidon ou Fécule amylacée, Amylum.

Ce produit immédiat neutre est moins abondant dans la nature que le mucilage. Il se rencontre abondamment dans les graines des céréales, un grand nombre de racines et de tubercules. La pomme de terre en fournit beaucoup.

L'amidon est une substance blanche, insipide, inodore, en petits grains blancs cristallisés dans la pomme de terre, et en poudre fine impalpable dans la graine du froment. Examiné au microscope, l'amidon présente une multitude de grains plus ou moins arrondis , transparents, formés d'un tégument extérieur qui enveloppe un principe immédiat, auquel Théodore de Saussure a donné le nom d'Ami-

dine. L'eau froide est sans action sur les petites ampoules, dont nous venons de parler, tandis que l'eau bouillante détermine la rupture du tégument externe et dissout la matière intérieure, où l'amidine, qui unie à l'eau, forme une gelée transparente désignée sous le nom d'*empois*, qui peut alors se dissoudre dans une grande quantité d'eau. Cette solution très étendue est incolore, et a pour caractère de former, avec la solution alcoolique d'iode, une belle couleur bleue-violet, due à la combinaison de l'iode et de l'amidon. La torréfaction modifie cette substance, et la rend soluble même dans l'eau froide.

Différents procédés sont employés pour obtenir l'amidon, soit des graines céréales, soit de la pomme de terre. Aujourd'hui, dans les arts, on obtient l'amidon en grand, et le commerce le livre à très bon marché. Aussi croyons-nous pouvoir nous dispenser de faire connaître les divers procédés employés pour l'obtenir.

Cette substance est souvent employée dans la médecine vétérinaire, soit unie à l'eau, soit associée au miel ou aux jaunes d'œufs. Quelque soit son mode d'emploi, l'amidon agit comme émollient. Transformé en partie en chyle par la digestion, il fournit des matériaux réparateurs à la nutrition. Il est fréquemment employé dans les maladies des intestins des jeunes animaux.

Des huiles fixes.

Les huiles sont des substances grasses, douces au toucher, plus légères que l'eau, d'une saveur fade, et liquides à la température ordinaire. Leur couleur varie du jaune au jaune verdâtre. Toutes sont plus légères que l'eau qu'elles surnagent. Non miscibles à ce liquide lorsqu'il est pur, elles sont cependant susceptibles de s'y mélanger par l'intermède d'un mucilage, et de former une *émulsion*. Exposées à l'air, elles se détériorent, prennent une odeur forte, deviennent *rances*, et perdent alors leur vertu émolliente.

Les huiles renferment deux principes : l'un blanc, inodore, insipide, cassant comme de la cire : c'est la *Stéarine*. Cette matière fond de 45 à 49° centigrades ; elle est insoluble dans l'eau, soluble dans l'alcool d'où elle se précipite par le réfroidissement.

L'autre est fluide à la température ordinaire et a l'aspect d'une huile : c'est l'*Oléine*. Cette substance se solidifie à $+7°$. Elle est insipide, incolore, sans action sur les matières colorantes, insoluble dans l'eau, plus soluble dans l'alcool que la Stéarine. MM Chevreul et Braconnot ont démontré que c'était au mélange de ces deux principes immédiats que les huiles devaient leurs principales propriétés.

La séparation de ces deux principes s'effectue d'elle-même par le réfroidissement de certaines huiles ; du reste, on les isole facilement en soumettant à une température de 0 de l'huile congelée à l'action de la presse entre plusieurs doubles de papier absorbant. L'oléine est absorbée par les pores du papier et la stéarine reste à la surface. Ces deux principes, unis à la soude et à la potasse qui les dissolvent se transforment en des produits nouveaux, savoir : l'acide *margarique*, l'acide *oléique*, et un principe neutre, doux et sucré, nommé *Glycérine*. Les deux premiers s'unissent pour former les savons, tandis que le troisième reste isolé et constitue un composé neutre.

Les huiles fixes sont très émollientes. Mises en contact avec la peau ou les muqueuses, elles pénètrent et ramollissent l'épiderme qui les recouvre, pour diminuer la tension, et partant la douleur dont elles sont le siège. Administrées pures à l'intérieur, elles résistent aux forces de l'estomac, passent dans l'intestin, et déterminent la purgation ; elles entrent dans la composition d'une foule de cérats, d'onguents et de pommades. Plusieurs espèces d'huiles fixes sont employées dans la médecine vétérinaire, les voici :

HUILE D'OLIVE (*oleum olivarum*). Cette huile est très claire, un peu jaunâtre, d'une saveur douce, agréable, qui rappelle un peu celle du fruit d'où elle a été retirée. On l'obtient des fruits de l'olivier (*olea Europea*), par la pression, et différents procédés que nous ne ferons point connaître. (Voyez, pour la pureté et la sophistication de cette huile, la seconde partie de cet ouvrage).

HUILE DE LAURIER (*Oleum fructuum lauri*). Elle est le produit immédiat des baies du *Laurier aromatique* (*Laurus nobilis*), connu sous le nom *Laurier franc* ou *Laurier sauce*, arbuste qui croît dans le midi de la France et dans tous les pays chauds. On extrait l'huile des baies par l'expression (Voyez la deuxième partie).

Cette huile est d'une couleur verte, pâle, tirant sur le jaune ; son odeur est désagréable ; sa consistance approche de celle de la graisse à moitié liquéfiée ; elle est souvent granulée.

L'huile de laurier possède des vertus émollientes. Elle a joui autrefois d'une grande réputation parmi nos célèbres hippiatres. Aujourd'hui, bien qu'elle soit encore fréquemment employée en embrocations comme émolliente et résolutive, les praticiens préfèrent l'emploi de l'huile d'olive dont la propriété adoucissante est plus constante.

HUILE DE PAVOTS (*Oleum papaverum*). Cette huile, improprement nommée huile d'œillet, s'obtient par la pression des graines du pavot blanc (*papaver somniferum*, Linn.), légèrement torréfiés, qu'on écrase et qu'on exprime. Le nord de la France livre cette huile au commerce.

Elle est blanche, jaunâtre, plus fluide que l'huile d'olive, d'une légère saveur douce, et reste liquide à 0. Exposée à l'air, elle s'épaissit et se dessèche ensuite. On l'ajoute souvent à l'huile d'olive, en raison de sa fluidité et de son insipidité ; mais on reconnaît cette fraude, en agitant l'huile d'olive dans une fiole qui en est à moitié remplie ; il se forme une file de bulles d'air qui disparaissent, si l'huile est pure, et persistent si l'huile est mélangée avec de l'huile d'œillet. Cette huile, exposé à l'air, s'épaissit et se dessèche ensuite ; elle est donc *siccative*.

Les huiles de *colza*, de *lin*, de *chenevis* et de *noix* s'obtiennent par les mêmes procédés que l'huile d'œillet, et en possèdent les mêmes propriétés. Toutes ces huiles sont émollientes ; elles ne sont cependant guère employées qu'à l'extérieur, pour assouplir la peau et les croûtes dont elle est recouverte dans quelques maladies cutanées. Leur propriété siccative les rend un peu dessiccatives. Aussi, on en fait un usage fréquent pour combattre les dartres croûteuses des jambes des chevaux, et les fissures de la peau du paturon et de la partie postérieure du boulet qu'on nomme *crevasses*.

On prépare avec les *tourteaux* ou *pains* provenant de la pression des graines de colza, de lin, de chenevis, et notamment de l'amande de la noix, des breuvages, des lavements, des lotions, très émollients, peu coûteux, et fréquemment employés en médecine vétérinaire. On fait bouillir une petite quantité de ces tourteaux dans de l'eau, et on obtient promptement une eau grasse très émolliente.

L'Huile d'amande douce (*Oleum amygdalarum dulcium*), à cause de son prix trop élevé, est peu usitée dans la médecine des animaux. Cependant on l'emploie avec avantage, comme adoucissante et calmante, dans les inflamations intestinales des jeunes chiens, et dans le début du catarrhe auriculaire causé par l'accumulation et la dessication de la matière sébacée et cérumineuse secrétée dans le fond de l'oreille externe.

Huile de pied de bœuf (*Oleum pedis bovum*). Cette huile, formée, comme tous les autres corps gras, de stéarine et d'oléine, se prépare en faisant cuire dans l'eau les pieds de bœuf écornés. Elle ne tarde pas à nager à la surface de la décoction d'où on la sépare pour la clarifier par le repos ou la filtration, à travers un tissu de laine sur lequel on a disposé une couche de charbon animal.

Caractères. Cette Huile purifiée est toujours jaunâtre, inodore ; elle diffère de la plupart des autres corps gras liquides, en ce qu'elle ne se congèle qu'à une très basse température.

Usage. Cette Huile est très adoucissante ; elle convient pour oindre la peau. Nous la faisons entrer quelquefois dans la composition de l'onguent de pied.

Du sucre, *Saccharum.*

Ce principe immédiat est très répandu dans le règne végétal. A l'état de pureté, il est inodore, blanc, d'une cassure cristalline ; sa saveur est douce et très sucrée ; il est très cassant et plus ou moins dur ; l'air ne lui fait éprouver aucune altération. Il se dissout facilement dans l'eau, et peu dans l'alcool. Sa dissolution dans l'eau peut être plus ou moins concentrée et aller jusqu'à la forme sirupeuse.

Le Sucre pur, très employé dans la médecine humaine, est d'un usage peu fréquent dans la médecine des animaux. On le remplace, à cause de son prix trop élevé, par le miel ou la mélasse, dont nous allons nous occuper.

Miel, *Mel.* Le miel est une substance sucrée, molle ou de consistance variable, d'une couleur blanche, jaune ou rousse, soluble dans l'eau en toute proportion, et fournie par les abeilles domestiques (*apis mellifica*), qui la retirent des nectaires des fleurs à l'aide de leur trompe. On prétend que le miel subit une élaboration particulière dans l'estomac des abeilles avant qu'elles ne le déposent dans les alvéoles de leurs gâteaux. Toutefois cette élaboration, si tant est qu'elle existe, est très légère, puisque le suc qui se rencontre dans les nectaires de certaines fleurs ressemble beaucoup, par ses propriétés, au miel récolté par les abeilles. Quoi qu'il en soit, les plantes sur lesquelles les abeilles vont recueillir le miel influent beaucoup sur sa qualité. C'est ainsi que celui récolté sur des plantes aromatiques de la famille des labiées est agréable au goût et à l'odorat, tandis que celui qui a été pris sur des plantes douées de propriétés narcotiques ou purgatives est nauséeux et possède plus ou moins des propriétés de ces plantes.

Relativement à la couleur du miel, on en distingue de deux espèces : le blanc et le jaune.

Le Miel blanc, encore appelé *Miel vierge*, se tire des gâteaux nouvellement pris dans les ruches. On expose ces gâteaux sur des claies ou nattes d'osier, on laisse découler le miel dans des vases qu'on met au dessous (miel de goutte). On tire encore un autre miel blanc en mettant les gâteaux à la presse; mais ce miel sent la cire et n'est pas si bon que le premier. Le plus beau miel est celui dit de Mahon, blanc, dur, d'un goût très agréable, il rappelle l'odeur de la rose. Celui de Narbonne, qui vient ensuite, a un arome qui tient de celui du romarin.

Quelques personnes, pour communiquer au miel blanc la saveur du miel de Narbonne, y mettent des branches de romarin et les y laissent quelques jours. On reconnaît facilement cette fraude en remuant le miel, car il y reste toujours quelques parties de romarin, soit des feuilles, soit des fleurs.

Le MIEL JAUNE se fait de toutes sortes de gâteaux qu'on soumet à la pression. Pour séparer le miel des matières étrangères et de la cire qu'il peut contenir après l'avoir chauffé, on le laisse reposer, on l'écume et on le décante. Ce miel est inférieur au miel blanc sous tous les rapports; mais la modicité de son prix fait qu'on lui donne généralement la préférence dans la médecine des animaux.

Les miels dont on fait la plus grande consommation dans la médecine vétérinaire nous viennent principalement de la Normandie, de la Picardie, de la Champagne, de la Bourgogne, de la Provence, du Languedoc et de la Bretagne, etc.

Choix. Ces miels doivent être choisis fermes, de couleur jaune peu foncée, d'un goût et d'une odeu agréables. Ils doivent se dissoudre entièrement dans l'eau.

Altération et falsification. On doit rejeter les miels qui ont plus d'un an et sont réduits en sirop, ou d'un goût vieux, piquant et acide. On rencontre souvent dans le commerce des vieux miels fermentés auxquels on a donné de la blancheur et de la consistance en y mêlant de la farine. Cette falsification est facile à reconnaître par le dépôt que fait la farine lorsqu'on délaie le miel dans l'eau froide, et par la couleur bleue que prend subitement ce dépôt quand on verse dessus un peu de teinture d'iode.

Composition. Les miels, à part les principes étrangers, comme la cire, les débris des alvéoles des ruches, qu'ils peuvent renfermer, sont formés de deux espèces de sucre : l'un soluble et cristallisable, analogue au sucre de raisin ; l'autre, incristallisable sous la forme d'un sirop épais. Ces deux principes constituent toutes les qualités du miel qu'on trouve dans le commerce. Le miel le plus pur, comme celui de Narbonne et du Gatinais, renferme plus de sucre cristallisable que les miels de Bourgogne, de Bretagne surtout, qui sont moins estimés.

Usages. Le miel est une des substances le plus employées dans la médecine des animaux. Il est émollient, pectoral et nourrissant. A grande dose (un demi-kilog.), il purge légèrement les jeunes chevaux. On le donne aux jeunes animaux qui sont atteints d'irritation des voies respiratoires qu'il calme très bien. Il entre comme substance édulcorante dans une foule de breuvages, et est l'intermède d'un très grand nombre d'électuaires, de pilules, de bols, etc.

CIRE D'ABEILLES, *cera*. Cette substance exsude du corps des abeilles par des anneaux placés sous leur ventre et forme la base des alvéoles construites par ces insectes pour y déposer leurs œufs ou leur miel. Sa formation résulte, ainsi que les expériences de Huber l'ont démontré, d'une élaboration dans l'estomac du miel ou de la matière sucrée que les abeilles ont récoltée sur les fleurs.

Préparation. On obtient la cire en fondant dans l'eau le marc provenant de l'expression des gâteaux de miel, et coulant la cire dans des vases de terre ou de bois. Cette cire brute est ensuite purifiée en la tenant fondue pendant quelque temps, et enlevant avec une écumoire les impuretés qui se rassemblent à sa surface. On la connaît alors sous le nom de *cire jaune*.

La cire jaune est fréquemment employée en médecine vétérinaire. Elle est ferme, jaune, d'une odeur agréable, et un peu plus légère que l'eau ; insoluble dans ce liquide, soluble en totalité dans les huiles et en partie seulement dans l'alcool et dans l'éther ; exposée à l'action de la chaleur, elle se ramollit à $+ 35°$, et est tout à fait liquide à $+ 68°$; par une température plus élevée, elle se décompose et donne tous les produits des substances végétales, des acides margarique, oléique, et une matière solide neutre.

CIRE BLANCHE. C'est la cire à l'état de pureté, ou débarrassée de la matière colorante qui lui donne la couleur jaune. On l'appelle encore *cire vierge*. Pour la blanchir, on la réduit en lames minces ou en rubans en la fondant et la faisant tomber par filets sur un cylindre de bois qui, en en partie plongé dans l'eau, tourne rapidement sur son axe, *cire en rubans*. La cire ainsi laminée est blanchie en l'exposant à l'action de la rosée sur le pré, ou en la plaçant sur des toiles tendues à un pied du sol et l'arrosant tous les matins avant le lever du soleil. Ce mode de blanchiment de la cire, très usité autrefois, est remplacé par un procédé moins long qui consiste à traiter à plusieurs reprises la cire jaune rubanée par une solution de chlore ou d'un chlorite alcalin, et à la fondre ensuite après l'avoir soumise à plusieurs lavages.

Composition de la cire. Les travaux de M. John et de MM. Félix Boudet et Boissenot ont trouvé que la cire était composée de deux principes différents, l'un soluble et l'autre insoluble; le premier a été désigné sous le nom de *cérine*, et l'autre sous celui de *myricine*.

La cérine est blanche, solide, fusible à + 63°, soluble à l'aide de la chaleur dans l'alcool, l'éther et l'essence de térébenthine; elle est transformée par la potasse caustique en une matière insoluble fusible à + 70°, volatile sans décomposition (nommée *céraïne*), et en une matière grasse, acide, formée d'acide margarique, stéarique et oléique.

La myricine est blanche, solide, fusible à + 65°, elle est à peine soluble dans l'alcool bouillant, inaltérable par les alcalis caustiques et volatilisée par le feu sans décomposition.

Ces deux principes sont à la cire ce que l'oléine et la stéarine sont aux huiles ou à certains corps gras. La cire doit donc être distinguée des espèces organiques, comme M. Chevreul l'avait conclu de ses expériences; elle semble se rapprocher du blanc de baleine par ses propriétés.

D'après MM. Thénard et Gay-Lussac, elle est formée de carbone d'hydrogène et d'oxigène.

Falsification. On falsifie la cire en y mêlant du suif et quelquefois de la fécule. Le goût et l'odorat font reconnaître facilement la fraude faite avec la première substance. Quant à la fécule, il faut traiter à chaud une petite portion de cire suspecte par l'essence de térébenthine qui dissout celle-ci et laisse intacte la fécule.

Usages. La cire est émolliente. Elle entre dans la composition des cérats et de beaucoup d'emplâtres et d'onguents employés en médecine vétérinaire.

LA MÉLASSE OU SIROP. On donne ce nom à un liquide épais, d'un rouge brun foncé, d'une saveur sucrée, mais un peu âcre, soluble dans l'eau et qui se sépare du sucre pendant sa cristallisation. Ce sirop est formé de sucre incristallisable.

La mélasse remplace le miel ; elle en a toutes les qualités sucrées, mais elle est moins aromatique, ce qui est indifférent eu égard aux animaux. On en fait un grand usage dans la médecine vétérinaire, surtout dans les départements du nord de la France, la Belgique et les colonies à sucre. On doit même la substituer au miel lorsqu'on est à portée de s'en procurer, parce qu'elle est toujours beaucoup moins chère, et que les animaux en sont friands. Aussi l'emploie-t-on avec succès pour leur faire manger des substances médicamenteuses qu'ils refuseraient certainement sans ce secours.

La mélasse est émolliente et pectorale comme le miel elle peut le remplacer comme excipient et comme intermède dans un grand nombre de préparations magistrales.

La Gomme, *Gummi.*

La GOMME est un suc végétal concret, souvent transparent, sans saveur ni odeur, infusible, brûlant, sans produire de flamme ; insoluble dans l'alcool, soluble dans l'eau dont elle ne trouble pas sensiblement la transparence, mais s'altérant assez rapidement au contact de l'air. Elle donne, en dernière analyse chimique, du carbone, de l'hydrogène et de l'oxigène.

neutres, désignés l'un sous le nom d'*arabine*, parce qu'il e,t abondant dans la gomme arabique, l'autre sous celui de *bassorine*, parce qu'on l'extrait de la gomme de Bassora. Ces deux principes se rencontrent dans beaucoup d'espèces de gommes étrangères et de notre pays. L'acide nitrique faible, mis en contact avec toutes les espèces de gomme, forme un composé nouveau appelé acide *mucique*.

Propriétés. Les principes gommeux employés presque toujours à l'intérieur, jouissent d'une grande vertu émolliente. Pris en breuvages, ils calment très bien les inflammations intestinales, ainsi que celles des voies respiratoires. Ils entrent dans la composition des potions huileuses. Cependant leur prix élevé fait qu'on ne les emploie point très fréquemment en médecine vétérinaire, si ce n'est à l'égard d'animaux de race distinguée et précieuse.

La gomme la plus usitée est :

La Gomme arabique, *Gummi arabicum*. Cette Gomme découle naturellement d'un arbre ou arbrisseau épineux, appelé *Acacia*, de la Haute Égypte et du Sénégal (*mimosa nilotica*).

Caractères. Elle est en petits morceaux arrondis d'un côté, et transparents de l'autre, friables, incolores, ou un peu colorés en jaune ; sa cassure est brillante, elle est fade et sans odeur. Elle se dissout entièrement dans l'eau chaude. On préfère, pour l'usage médicinal, la plus blanche, la plus transparente, et la moins salie par le mélange de corps étrangers. La gomme dont il s'agit renferme de l'*Arabine* presque à l'état de pureté.

Usages. Cette Gomme est très émolliente ; on l'emploie en poudre associée au miel dans les affections catarrhales des jeunes animaux ; on l'associe au lait, aux jaunes d'œuf pour composer des breuvages très adoucissants qui calment parfaitement les flux de ventre des poulains , des veaux et des agneaux ; maladies dont ils sont souvent atteints, après le sevrage. On l'associe aussi avec avantage à l'opium ou au sirop diacode, pour calmer les toux opiniâtres des chevaux. Sa dose varie depuis 8 - 16 grammes (de 2 à 4 gros), pour les petits animaux, et depuis 60 jusqu'à 120 grammes (2 à 4 onces) pour les grands.

Falsification. Le prix élevé de la gomme arabique fait qu'on ne l'emploie pas toujours dans la pratique , et qu'on lui substitue des médicaments moins chers, comme les poudres de réglisse et de guimauve. Dans le but de la livrer au consommateur, à meilleur marché, les fabricants de poudre la mélangent, soit avec de l'amidon, soit avec de la farine de froment. Il est facile de reconnaître cette falsification, en mettant un peu de poudre de gomme dans de l'eau froide, qui dissout la gomme, et laisse déposer la farine ; et d'ailleurs la teinture d'iode fait tout de suite naître une belle couleur bleue dans la portion de poudre qui est touchée par cette teinture.

La Gomme du Sénégal, *Gummi Senegale*, découle du *Mimosa Senegalensis* ; espèce d'acacia qui croît au Sénégal et dans une grande partie de l'intérieur de l'Afrique. La Gomme dont il s'agit est en masses irrégulièrement arrondies, du volume d'un œuf de pigeon, rouges ou blanchâtres, souvent opaques, associées à une petite quantité de sable et mélangées de Bdellium.

Cette Gomme possède toutes les propriétés émollientes ; seulement elle est un peu moins estimée, et sous ce rapport se vend à meilleur marché dans le commerce.

On la donne à la même dose et dans les mêmes circonstances que la gomme arabique.

La Gomme du Pays, *Gummi nostras*, découle spontanément de plusieurs arbres de la famille des Rosacées, comme le prunier, l'amandier, le pêcher, l'abricotier, le cerisier. Cette gomme est livrée dans le commerce en gros morceaux de forme variable, rougeâtres et demi-transparents, souvent très impurs ou salis par des débris d'écorces des arbres qui l'ont fournie. Cette gomme est molle et difficile à réduire en poudre ; elle est beaucoup moins soluble que la gomme arabique. Elle est bien meilleur marché ; mais comme elle ne peut être administrée, attendu la difficulté de la pulvériser que dissoute dans l'eau, elle est généralement peu usitée.

Gomme adraganthe. Cette gomme coule de *l'astragalus tragacantha et de l'astragalus verus*, arbrisseaux épineux de la famille des légumineuses qui végètent dans la Syrie.

On la trouve dans le commerce sous la forme de lanières blanches, flexibles, contournées sur elles-mêmes, insipides, inodores, se gonflant considérablement dans l'eau, et formant un mucilage épais qui ne se dissout qu'en partie dans l'eau. 4 grammes (1 gros) de cette substance, aussi incomplètement dissoute, peuvent rendre mucilagineuse 500 grammes ou une livre d'eau, ce que l'on ne pourrait obtenir qu'avec 60 grammes (2 onces) de gomme arabique. Cette gomme jouit de toutes les propriétés émollientes de la gomme arabique ; seulement, attendu la difficulté de la pulvériser, elle ne peut être employée qu'en breuvages, qui d'ailleurs sont très faciles à préparer, et moins coûteux que ceux de gomme arabique.

8 grammes (2 gros) de gomme adraganthe gonflée préalablement dans l'eau, 16 grammes de miel (1 demi-once) et un litre d'eau composent un excellent breuvage pour les chevaux atteints d'inflammation intestinale. Le quart ou la moitié de ces proportions convient pour les petits animaux.

Telles sont les diverses substances émollientes, simples, composées de principes immédiats, qui sont employées dans la médecine vétérinaire. Il nous reste à examiner maintenant les substances médicamenteuses émollientes fournies par le règne végétal, qui renferment différents principes immédiats, mucilagineux, amylacés , sucrés ou huileux. Nous les étudierons selon les familles naturelles dans lesquelles ces plantes ont été classées.

Considérations générales sur la préparation magistrale des plantes émollientes.

L'eau , dans beaucoup de circonstances, sert de véhicule aux principes émollients que renferment les plantes, et c'est à l'aide de la décoction, de l'infusion, de la macération, que ce liquide se trouve chargé de ces principes. Nous dirons donc ici un mot sur les principes généraux à suivre pour les préparations magistrales usuelles employées très fréquemment dans la pratique de la médecine vétérinaire. Mais avant d'aborder ce chapitre , nous dirons quelques mots sur les propriétés, la composition , les vertus médicinales de l'eau employée comme agent émollient.

EAU , *aqua*. L'eau pure est un liquide transparent , incolore, sans saveur, sans odeur, peu compressible, d'une densité variable , dilatable par la chaleur, entrant en ébullition à la température de 100° pour se transformer en vapeur, se congelant en se dilatant à la température de 0 pour former la glace. Les éléments qui la composent sont l'oxigène et l'hydrogène dont la proportion est en poids de :

Oxigène	88 90
Hydrogène	11 10
	100 00

L'eau liquide, qu'elle coule à la surface de la terre, ou qu'elle se trouve dans les puits, les fontaines, les citernes, renferme différentes substances salines, salino-terreuses, et quelquefois métalliques. On la prive de ces substances étrangères par la distillation.

L'eau de pluie est toujours pure.

L'eau des rivières, des fleuves, ou qui provient de la fonte des glaces ou des neiges, renferme toujours une certaine quantité d'air atmosphérique. Elle peut aussi contenir en dissolution, mais ordinairement en petite proportion, des matières salines ou salino-terreuses, qui ne l'empêchent point d'être potable pour l'homme ou les animaux, et être d'une grande utilité, comme agent dissolvant grand quantité de corps ; au contraire, l'eau distillée, et par conséquent privée d'air et de matières salines, quoique conservant sa propriété dissolvante, perd celle d'être bonne pour la santé de l'homme et des animaux. Elle résiste à la digestion. Les eaux qui renferment des substances salino-terreuses, comme le sulfate de chaux, le carbonate de chaux, sont nuisibles à la santé, et perdent la propriété de dissoudre les principes des plantes par l'ébullition ; ainsi, l'eau distillée pluviale, des fleuves, des rivières, des fontaines, et quelques eaux de puits, non chargées de sels terreux, et cuisant bien les légumes, dissolvant bien le savon, sans déterminer la formation de grumeaux, sont donc les seules qui peuvent servir dans la pharmacie, comme agents dissolvants, excipients ou intermèdes.

Usages. L'eau liquide, aérée, et à la température de 20 à 30°, possède des propriétés émollientes. Employée seule en bains, en lotion, en fomentation, elle jouit de la propriété d'assouplir les parties enflammées, de diminuer leur tension, et de calmer la douleur. Sous la forme de vapeur, associée à l'air atmosphérique et introduite dans les conduits respiratoires, elle assouplit les muqueuses enflammées en faisant cesser le mal ; étant absorbée, en passant dans le sang, elle rend ce liquide plus doux et moins excitant. Les mêmes effets se produisent pendant les bains de vapeur appliqués à la surface cutanée.

L'eau sert, avons-nous dit, d'agent dissolvant pour une grande quantité d'éléments simples ou composés. Elle dissout entre autres le mucilage, la gomme, la fécule, le sucre, principes adoucissants qui viennent ajouter à sa propriété émolliente. Nous devons donc faire connaître dans quelles conditions l'eau doit être placée pour dissoudre et conserver les principes émollients qui lui sont unis.

1° Autant que faire se pourra, on choisira de l'eau pluviale, de l'eau de rivière, à défaut de celle-ci, de l'eau de fontaine, de puits ou de citerne dissolvant bien le savon, pour dissoudre les éléments mucilagineux, amylacés sucrés ou gommeux des plantes émollientes.

2° Les plantes pourvues de beaucoup de mucilage, de fécule ou de sucre, pourront être traitées par décoction, c'est à dire en faisant bouillir, pendant un quart d'heure, une heure, deux heures au plus, les plantes ou les graines dans l'eau.

3° Les plantes seulement mucilagineuses comme les tiges, les feuilles, les racines de guimauves, les mauves, la graine de lin et sa farine, seront traitées peu de temps par décoction, l'ébullition prolongée de l'eau décomposant et altérant le mucilage qui a été dissous.

4° Les plantes ou les portions de plantes qui renferment un mucilage très fin comme les fleurs de guimauve, de violettes, de sureau, seront traitées par infusion seulement: c'est à dire en les projetant dans l'eau bouillante, cessant l'ébullition aussitôt pour laisser ensuite séjourner les plantes dans le liquide jusqu'à ce que l'eau soit chargée des principes émollients.

5° Les éléments mucilagineux sucrés, amylacés et gommeux unis à l'eau étant susceptibles de s'altérer au contact de l'air, devront toujours, pour conserver e   propriétés médicinales, être employés récemment préparés.

6° La macération ou le séjour prolongé des plantes mucilagineuses, amylacées ou sucrées, est une opération trop prolongée pour qu'on se permette de l'employer dans la pratique de la médecine vétérinaire.

7° L'association de matières sucrées comme le miel, de matières gommeuses aux principes mucilagineux, augmente leur vertu émolliente et leur donne la propriété d'être légèrement nourrissantes.

8° On associe aussi dans quelques circonstances à ces principes de l'acide acétique, alors cet acide ajoute à la propriété émolliente celle de rafraîchissante ou tempérante. C'est surtout dans les maladies qui s'accompagnent d'une soif très grande avec fièvre violente et continue qu'on agit ainsi avec de grands avantages.

SUBSTANCES ÉMOLLIENTES TIRÉES DU RÈGNE VÉGÉTAL.

Enumération. Ces substances sont les mauves, les guimauves, la graine de lin, la réglisse, les graines de quelques céréales comme l'orge, le riz, le chiendent, la carotte, la molène, les amandes douces, la bourrache, la consoude et la pulmonaire.

Famille des Malvacées.

La GRANDE MAUVE. *Malvæ vulgaris herba, flores. Malva sylvestris* (L.).

La PETITE MAUVE, ou Mauve à feuilles rondes, *Malva rotundifolia* (L.).

Ces deux plantes vivaces sont très communes et connues de tout le monde. Elles croissent dans les lieux incultes, et se trouvent dans tous les endroits habités par l'homme. Elle se plait au bord des chemins, des fossés, dans les cours des villages et autour des vieilles murailles.

Parties employées. Toutes les parties de la plante, mais particulièrement les tiges et les feuilles.

Ces plantes renferment une grande proportion de principes mucilagineux qu'on obtient très facilement par la décoction. Elles donnent à l'eau une douceur, une viscosité et une saveur douceâtre. Cette eau sert à confectionner des lavements et des breuvages excellents pour calmer les douleurs intestinales appelées coliques inflammatoires. On en fait aussi un fréquent usage externe pour adoucir l'inflammation des yeux, des plaies, des tumeurs inflammatoires résultant de contusions.

On confectionne avec les tiges et les feuilles hachées d'excellents cataplasmes émollients qui conviennent dans les engorgements chauds des membres, dans les furoncles (javarts cutanés) et dans les inflammations du pied.

On évite la dessiccation des cataplasmes et on augmente leurs propriétés en y ajoutant de la graisse.

En édulcorant avec un peu de miel et acidulant la décoction émolliente avec une petite quantité de vinaigre, on obtient des breuvages très rafraîchissants qu'on administre dans toutes les maladies qui s'accompagnent de fièvre intense, de chaleur à la peau et de sécheresse de la bouche.

La GUIMAUVE, *Althœœ Radix*, *folia*, *flores* ; *Althœa officinalis* (L.).

Cette plante indigène est cultivée dans les jardins et dans les champs pour les usages de la médecine. La pharmacie emploie toutes les parties de la plante ; mais particulièrement les fleurs et les racines. La guimauve est plus élevée que la mauve ; les feuilles sont cordiformes, molles, cotonneuses et douces au toucher.

Ses fleurs sont d'un blanc rosé, desséchées elles conservent une couleur pâle, elles sont inodores et sans saveur.

Les racines extraites de la terre sont de la grosseur du doigt, fusiformes, recouvertes d'un épiderme jaunàtre, blanches intérieurement, inodores, d'une saveur visqueuse, charnues et fibreuses.

La racine de Guimauve préparée pour la pharmacie et vendue dans le commerce est en morceaux de 4 à 5 pouces de longueur, de la grosseur du doigt, blanchâtres, fibreux, sans odeur, et d'une saveur douce. On doit préférer ceux qui sont peu fibreux et sans odeur de moisi.

On pulvérise ces morceaux de racine et la poudre est vendue sous le nom de *poudre de Guimauve*. Cette poudre est blanche, inodore, d'une saveur douceâtre comme la racine. On doit la choisir bien blanche et sans odeur.

Toutes les parties de cette plante renferment un abondant mucilage. La racine en contient surtout une grande proportion. D'après M. Bacon de Caen, cette racine renferme de la gomme, du sucre, une huile grasse, de l'amidon, une matière particulière cristalline d'un vert émeraude, inodore, peu sapide, qui ne paraît pas différer de l'*asparagine* d'après M. Plisson, et que M. Bacon a nommée *althéine;* de l'albumine et du ligneux. (*Journal de Chimie médicale*, p. 551, et Cahier de juin 1827).

On emploie les fleurs en décoction pour confectionner des lotions émollientes propres à calmer les inflammations des yeux. Avec les feuilles, les racines, on obtient des breuvages, des lavements très adoucissants, qu'on emploie dans les mêmes circonstances que les mauves.

La poudre de Guimauve se donne particulièrement aux chevaux unie au miel sous la forme d'électuaire, pour calmer les inflammations du larynx et du poumon, maladies qui s'accompagnent souvent de quintes de toux très pénibles. Cependant son prix un peu élevé lui fait préférer la poudre de réglisse.

Doses. La dose pour le cheval est de 60 à 120 grammes. (2 à 4 onces).

On livre dans le commerce la racine de la *mauve alcée* (*malva alcea.* L.) que l'on cultive dans les environs de Nîmes et dans quelques endroits de l'Allemagne. Cette racine est plus grosse que la racine de guimauve; elle a une odeur désagréable lorsqu'elle est fraîche, odeur qu'elle perd par la dessiccation (*Journal de pharmacie*, décembre 1823). Sa pulpe et sa poudre sont d'une grande blancheur. Dans le commerce, elle se vend sous le nom de racine de guimauve dont elle possède les mêmes propriétés.

Famille des Linées-caryophillées.

La graine de lin (*lini semina*), semences du *linum usitatissimum*.

La graine de lin est ovale, comprimée, d'un brun ou marron luisant à l'extérieur, lisse et glissante dans la main, blanche à l'intérieur, sans odeur et d'une saveur mucilagineuse.

La graine de lin contient une grande proportion de mucilage et d'huile. Le mucilage réside dans l'épisperme; il est épais, filant comme le blanc d'œuf. L'huile est grasse et siccative; elle réside dans l'amende. Le mucilage a été analysé par Vauquelin qui l'a trouvé composé de gomme dans laquelle il existe une matière animale ou azotée, de l'acide acétique, et des acétates, des phosphates de potasse, de chaux. D'après M. Léon Meyer de Kœnigsberg, elle renfermerait de plus un mucus végétal, un extractif doux, de l'amidon, de l'albumine végétale, du gluten, une résine molle, une matière colorante, etc.

La graine de lin, traitée par la décoction, donne une eau visqueuse d'une saveur douce, sans odeur et douée d'une grande vertu émolliente à laquelle s'ajoute la propriété diurétique. On l'administre avec beaucoup d'avantage à l'intérieur, soit en breuvages, soit en lavements, dans les phlegmasies du canal intestinal, qui si souvent dans l'espèce bovine sont compliquées de l'inflammation des reins et de la vessie (*gastro-entéro-néphrite*). On en confectionne aussi d'excellents breuvages qui, édulcorés avec un peu de miel, et unis à un jaune d'œuf, sont fort utiles dans les diarrhées inflammatoires des jeunes animaux. Nous ferons cependant observer que le liquide doit être peu chargé de principes mucilagineux attendu qu'ils sont difficilement digérés. C'est surtout dans les phlegmasies primitives des reins, de la vessie, avec pissement de sang, ou rétention d'urine, que les *breuvages* et les lavements de graine de lin produisent de bons effets.

La farine de graine de lin est très employée en médecine vétérinaire. Cent quatre-vingt grammes (six onces) de farine de lin délayée dans douze à quinze litres d'eau bouillante donnent à l'instant une eau mucilagineuse très émolliente, qu'on peut administrer en lavements et en breuvages après l'avoir passée dans un linge.

On confectionne aussi avec cette farine des cataplasmes émollients très précieux pour combattre les engorgements chauds des membres, les douleurs des articulations inférieures, et les inflammations des parties contenues dans le sabot avec claudication plus ou moins forte.

Falsification. Fréquemment cette poudre est falsifiée, ou d'une mauvaise qualité; elle provient de tourteaux de lin, ou bien elle est mêlée a du son, etc. Elle doit être choisie fraîche et grasse au toucher.

Huile de graine de lin. (Voyez la 2ᵉ partie).

Famille des Légumineuses.

La réglisse, glycyrrhisæ seu liquiritiæ radix, racine du *glycyrrhiza glabra L.*

La réglisse est une plante vivace qui croît spontanément dans les provinces méridionales, en Italie et en Espagne. On la cultive beaucoup dans le département de Maine-et-Loire, mais sa racine contient moins de principe sucré que celle qui nous arrive du midi, de l'Italie ou de l'Espagne.

Caractères. La racine de réglisse est longue, cylindrique, de la grosseur du doigt, d'un brun cendré extérieurement, jaune en dedans, d'une faible odeur et d'une saveur sucrée mêlée d'un peu d'âcreté. On doit rejeter celle qui a une teinte rousse ou grisâtre, cette couleur annonçant qu'elle est altérée par la vétusté ou par l'humidité.

M. Robiquet nous a fait connaître les principes constituants de cette racine. Il en a retiré 1° de l'amidon, 2° un principe, la *glycyrrhizine*, qui n'a du sucre que la saveur sucrée; soluble dans l'eau froide, très soluble dans l'eau bouillante et dans l'alcool, mais qui n'est pas susceptible d'éprouver la fermentation alcoolique; 3° une matière animale coagulable par la chaleur; 4° une huile résineuse, brune, épaisse, douée d'une grande âcreté, insoluble dans l'eau froide, mais soluble dans l'eau bouillante; 5° de l'*asparagine*; 6° enfin, différents sels, de chaux et de magnésie.

La racine de réglisse coupée par petits morceaux doit être traitée par l'eau froide (macération), ou par l'eau tiède qui en dissout son principe sucré (*glycyrrhizine*). L'eau bouillante dissout tout à la fois le principe sucré et la matière âcre, mais comme elle détruit en partie le principe sucré, il en résulte que la décoction a une âcreté désagréable, qui dénature la vertu adoucissante de la racine, et lui communique une tout autre propriété.

L'eau de réglisse convenablement préparée est très adoucissante et rafraîchissante. C'est surtout la poudre de racine de réglisse dont on fait usage dans notre médecine.

Poudre de réglisse. La poudre de réglisse est d'un jaune fauve, sans odeur, d'une saveur douce et légèrement âcre.

Cette poudre macérée dans l'eau tiède, donne rapidement une liqueur douce et très rafraîchissante ; on l'unit fréquemment au miel pour composer des électuaires très adoucissants, qu'on administre aux chevaux qui toussent, surtout lorsque la toux provient d'une inflammation du larynx ou des bronches. Les jeunes chevaux prennent surtout ces électuaires avec plaisir. Ce médicament est très peu cher dans le commerce de la droguerie. Il est à préférer sous ce dernier rapport à la poudre de guimauve. La dose est de 60 à 120 grammes (2 à 4 onces) pour les grands animaux.

Famille des Graminées.

ORGE. Semences de l'*Hordeum vulgare*, de l'*Hordeum hexasticon* et de l'*Hordeum distichon*. Les semences de l'Orge sont connues de tout le monde. Elles sont formées, comme toutes les graines des céréales, d'une enveloppe extérieure jaunâtre, dure, résistante et d'une amande intérieure blanchâtre, d'une saveur assez douce.

M. Proust, chimiste distingué, a découvert dans la farine de l'Orge une substance particulière qui se présente sous la forme d'une poudre rude au toucher, insoluble dans l'eau, même bouillante, tenant le milieu, par ses propriétés chimiques, entre l'amidon et le ligneux, qu'il a nommée *Hordéine*. M. Guibourt a examiné cette substance, et l'a regardée comme un mélange de fécule et de matière ligneuse qui provient du tégument des graines. (*Journal de Chimie médicale*, avril 1829.)

M. Raspail a été plus loin, il regarde l'*hordéine* comme du son, résultant des débris glumacés de l'Orge.

La farine d'orge renferme de plus une résine jaune, insoluble dans l'eau bouillante et soluble dans l'alcool ; enfin du sucre, de la gomme et du gluten.

Ce qu'il est très important de savoir, c'est que l'épisperme ou enveloppe des graines de l'orge contient une matière extractive jaune, d'une saveur amère, désagréable, soluble dans l'eau (Thomson, *Système de Chimie*, T. IV, p. 412) ; d'où il suit qu'il faut que l'orge soit dépouillée de son écorce, ou dépourvue de ce principe amer par une première ébullition, pour qu'elle conserve toute sa propriété émolliente.

La résine jaune et amère qui existe dans l'amande et l'hordéine ne nuisent point aux propriétés dont il s'agit, puisqu'elles ne sont point solubles dans l'eau. Il découle de ces connaissances un précepte important qu'on ne doit jamais oublier dans la confection des breuvages émollients avec le grain de l'orge, c'est qu'il faut toujours soumettre ce grain à une première ébullition, et jeter cette première eau, qui est âcre et mauvaise, parce qu'elle a dissout la matière âcre de son enveloppe.

La germination produit un changement remarquable dans les diverses proportions des principes constituants de l'orge. L'amidon, le sucre, la gomme, augmentent de quantité, tandis que le gluten et l'hordéine éprouvent une diminution considérable. Aussi M. Proust a-t-il conseillé avec raison de substituer l'orge germée à l'orge ordinaire, puisque, dans la première circonstance, les matières émollientes prédominent. Dans la médecine vétérinaire, nous croyons que la germination de l'orge serait une préparation qui ne pourrait offrir une économie assez forte pour compenser le temps et les soins que cette opération réclameraient.

5

Le grain de l'orge est d'une grande ressource dans le traitement des maladies inflammatoires des chevaux et bestiaux ; il se trouve partout et, ordinairement, à bon marché. On le traite par décoction : on fait bouillir un litre d'orge dans un seau d'eau ou quinze litres, on jette cette eau après le premier bouillon, on en met de nouveau la même quantité, et on laisse bouillir jusqu'à ce que le grain d'orge soit crevé. L'eau bouillante détruit les ampoules de l'amidon, met à nu l'*amidine* qui est soluble, dissout la gomme et la matière sucrée, et donne une eau d'une saveur douce, qui, édulcorée avec un demi-kilogramme de miel (une livre), donne des breuvages très émollients. Cette eau calme très bien les inflammations des intestins, les coliques, les diar-rhées, la dysenterie. On s'en sert aussi avec beaucoup d'avantage dans les maladies de poitrine des bêtes bovines. En mettant une plus grande proportion d'orge que celle que nous venons d'indiquer dans la même quantité d'eau, on obtient des breuvages qui , s'ils ne fatiguent point les forces digestives, deviennent nutritifs ou nourrissants. En hiver, c'est une précieuse ressource que l'orge dans la campagne, pour remplacer les tiges et les feuilles de mauve et de guimauve.

ORGE MONDÉ, *Hordeum mundatum*. L'orge mondé est le grain d'Orge dépouillé de son écorce.

L'ORGE PERLÉ, *Hordeum perlatum*, diffère de l'orge mondé en ce que les extrémités des grains ont été enlevées et arrondies par le jeu d'une meule.

L'ORGE GRUÉE ou CONCASSÉE est l'orge moulue grossiè-rement au moulin ou dans un appareil destiné à cet usage.

La FARINE D'ORGE est l'orge réduite en farine.

L'orge mondé est employé de préférence à l'orge privée de son écorce, pour la confection des breuvages, parce qu'il est inutile de jeter la première eau. Cependant l'orge mondé étant plus cher, et d'ailleurs vendu dans les officines, est peu employé dans la médecine vétérinaire. Il en est de même de l'orge perlé.

L'orge gruée ou concassée est peu employée comme médicament. On la donne, unie à l'eau et avec un peu de sel, comme substance nourrissante pendant la convalecence. En unissant à ce mélange des carottes hachées, on confectionne une excellente *mâche* pour les jeunes chevaux qui sont atteints de rhumes ou d'affections catarrhales des voies respiratoires.

L'orge moulue ou la farine d'orge délayée dans l'eau tiède ou froide, constitue une boisson rafraîchissante et nourrissante que les chevaux appètent beaucoup. Cependant, pendant le cours des maladies inflammatoires aiguës, comme dans la fourbure, les gastro-entérites, la pneumonie, etc., il faut être très sobre de farine d'orge : un kilogramme d'orge ou deux kilogrammes au plus, donnés deux fois par jour, sont suffisants pour donner une boisson délayante et encore assez nourrissante.

On ajoute souvent à ces boissons, soit une petite quantité de sel marin, pour les rendre plus faciles à digérer, soit cinquante à soixante grammes (deux onces) de nitrate de potasse (sel de nitre), pour leur donner la propriété diurétique.

Le SON DE BLÉ. On distingue plusieurs espèces de son. Le gros son est celui qui est composé presque entièrement de l'écorce du blé. Il se présente sous la forme de grosses pellicules jaunâtres coriaces et légères. Lorsqu'on plonge la main dans son intérieur, il ne la blanchit point, parce qu'il ne renferme que peu ou point de farine. Ce son ne possède que de très faibles propriétés médicinales ; il est peu nourrissant pour les animaux. Le Son de froment, analysé par M. Lassaigne, a fourni sur 100 parties, humidité , 10,48 ; farine , 17,48 ; albumine , 1,40 ; matière gommeuse sucrée, 9,60 ; matière regardée comme du ligneux, 60,041.

Le PETIT SON, les RECOUPES, sont composés de pellicules fines provenant de l'écorce, et associés à une plus ou moins grande quantité de farine. Ce son est beaucoup plus nourrissant que le premier , il renferme aussi une plus grande proportion de principes amylacés , qui augmentent ses vertus médicinales. On se sert plus particulièrement de ce son , en le faisant bouillir dans l'eau pour obtenir un décoctum blanchâtre, doux au toucher, et légèrement visqueux, avec lequel on confectionne des breuvages, et surtout d'excellents lavements émollients. On se sert fréquemment de ce liquide pour lotionner la peau, lorsqu'elle est enflammée, ou le siège d'irritations prurigineuses.

Le son cuit et associé à des mauves hachées et de la graisse , forme de très bons cataplasmes. On en entoure le sabot des animaux, lorsque cette partie est chaude , douloureuse, ou qu'elle a subi une opération grave.

Le PAIN ORDINAIRE. Le Pain bouilli dans l'eau cède à ce liquide des principes amylacés et sucrés. Le décoctum est doux, légèrement visqueux , très émollient et nourrissant. L'eau panée est d'un emploi très fréquent dans les maladies des poulains, des veaux et des agneaux. Coupée avec du lait, ou associée à un peu de crême , on obtient d'excellents breuvages émollients et nourrissants , qu'on emploie avec de très grands avantages dans les diarrhées, dont sont si fréquemment atteints les jeunes animaux, surtout à l'époque du sevrage. Ces mêmes breuvages sont très utiles pendant le premier temps de la convalescence des maladies aiguës, parce qu'ils sont nourrissants.

On confectionne aussi avec le pain bouilli et associé à de la graisse d'excellents cataplasmes émollients, dont on entoure les extrémités inférieures, lorsqu'elles sont chaudes, douloureuses, et attaquées par des furoncles (javarts cutanés).

Le Gruau, *Avena decorticata, Grutum, Grutellum*, semences de l'*Avena sativa* et de l'*A. nuda*, L., dépourvues de leur écorce. L'épisperme de l'avoine ou l'écorce renferme une matière résinoïde unie à un principe aromatique, rare, fugace, qui rappelle celui de la vanille, lorsqu'il est concentré. C'est à ces deux principes que l'avoine doit sa propriété excitante. L'amande renferme de la fécule, de l'albumine, en grande proportion, un peu de gomme, du sucre et un peu d'huile grasse unie à une petite quantité de principes amers. Le grain entier incinéré fournit du phosphate, du carbonate de chaux et de la silice. L'amande est la partie nourrissante, émolliente de l'avoine, et compose le gruau.

Le Gruau est généralement peu employé en médecine vétérinaire, et c'est à tort. On obtient, avec 60 grammes (2 onces) de gruau bouilli, pendant un quart d'heure, dans deux litres d'eau, d'excellents breuvages émollients et légèrement nourrissants. L'eau de gruau, unie au miel ou au lait, donne des breuvages délicieux pour les chevaux de race distinguée, atteints de légère irritation du canal intestinal. Un ou deux jaunes d'œufs, délayés dans la décoction dont il s'agit, donnent aux breuvages des propriétés très émollientes et nutritives, d'un utile secours durant la convalescence des maladies de poitrine. Mais c'est surtout dans les éruptions cutanées, comme la rougeole du porc, la clavelée confluente des moutons, que ces décoctions sont d'un puissant secours. Les ànimaux, du reste, les prennent avec plaisir.

Le Riz, *Oryzæ seminæ*, semences de l'*Oryza sativa*, L.

Le Riz est blanc, luisant, cassant sous le doigt, d'un blanc pâle en dedans, et d'une saveur douce. Il a été analysé par MM. Vauquelin, Vogel et Braconnot (*Journal de Pharmacie*, mai et juillet 1817). Sa farine renferme beaucoup de fécule, une matière animalisée en assez grande proportion, une matière gommeuse, du sucre incristallisable, de l'huile, et des sels à base de potasse et de chaux.

Le riz, traité par décoction, commence à se gonfler, s'attendrit, et bientôt chaque grain se crève; alors la fécule, les matières gommeuse et sucrée, sont dissoutes; la matière huileuse, soluble seulement dans l'alcool bouillant, reste dans la graine. Comme on le voit, l'eau de riz est donc chargée de principes émollients et nourrissants.

On confectionne, avec 30 grammes (une once) de riz dans un litre d'eau, d'excellents breuvages émollients pour tous les animaux, et notamment pour les chiens, les bêtes bovines et ovines. On les emploie surtout dans les diarrhées et la dyssenterie. Les succès, que ces boissons font obtenir pour faire cesser les flux morbides, avaient fait penser que l'eau de riz était astringente; mais, comme on sait aujourd'hui que ces flux sont, dans l'immense majorité des cas, le résultat d'une inflammation, on conçoit que la décoction de riz qui est émolliente ait la propriété de la faire cesser, et de faire disparaître le flux qui en est la conséquence. Les lavements d'eau de riz déterminent plus sûrement les mêmes effets.

Le CHIENDENT, *Graminis Radix*, *Grumes Canicum*, *racine du Triticum repens* (L.).

Plante vivace qui se multiplie avec une étonnante rapidité. On réserve aussi ce nom aux racines du *Panicum Dactylon* (L.). *Cynodon Dactylon* (Richard).

Caractères. La racine de chiendent est longue, cylindrique, petite, articulée, jaunâtre et inodore, sa saveur est douce, farineuse, légèrement sucrée.

Cette racine analysée par M. Chevallier a fourni du mucilage uni à un principe sucré. Ces principes sont abondants pendant l'automne et surtout pendant l'hiver; mais lors de l'évolution des tiges, la racine devient vide, rétrécie et ne renferme que peu ou point de principes émollients. Les racines de chiendent devront être récoltées après l'époque de la végétation pour être conservées.

60 grammes (2 onces) de la racine dont il s'agit, bouillie dans 2 litres d'eau pendant 25 minutes, fournit un breuvage très rafraîchissant qu'on emploie dans les inflammations de ventre et dans les maladies des organes génito-urinaires. Cependant cette racine est dédaignée par les praticiens vétérinaires, qui préfèrent des plantes qui, pour le même poids, renferment une plus grande proportion de principes mucilagineux et sucrés.

Famille des Ombellifères.

La CAROTTE, *Daucus Sativus*. La racine de cette plante cultivée pour les usages domestiques est conique, alongée, pivotante, rouge ou blanchâtre.

Margraff a retiré une assez grande quantité de sucre de la carotte, 14 p. 0/0 (*Eléments de chimie agricole*, par Davy). Elle fournit en outre du mucilage et une matière résineuse, insoluble dans l'eau.

La Carotte renferme donc beaucoup d'éléments tout à la fois émollients et nourrissants. On se sert de la racine crue ou cuite. Crue, elle est mangée avec beaucoup de plaisir par les chevaux. Elle leur donne un poil lustré et couché, diminue la dureté des matières excrémentitielles, fait cesser et devenir grasses les toux sèches et opiniâtres dont ils sont souvent atteints.

Coupée par morceaux et unies à la farine d'orge elle compose des mâches excellentes pour les chevaux qui ont souffert d'un long travail et dont la poitrine est délabrée. Cette racine est surtout très précieuse pendant l'hiver, elle peut très bien remplacer l'herbe fraîche qu'on donne si avantageusement au printemps pour les chevaux qui sont atteints de quelques maladies cutanées.

On peut aussi faire manger cette racine aux moutons pendant l'hiver. Elle introduit alors dans le sang de ces animaux un principe séreux qui, modifiant l'état albumino-fibrineux du sang, prévient souvent les congestions sanguines de la rate, des muqueuses intestinales et des reins, qu'on désigne sous les noms de *coup de sang*, de *sang de rate*.

La Carotte cuite, réduite en pulpe, délayée dans l'eau où elle a cuit, puis unie à la farine d'orge, au petit-lait, constitue une provende fort émolliente et un peu nourrissante que les porcs mangent avec délices. Elle convient surtout pour les jeunes porcs qui sont convalescents de la rougeole, de la variole, de l'angine couenneuse et d'inflammation des intestins.

Les carottes cuites avec une tête de mouton ou les pieds des mêmes animaux, composent un bouillon excellent pour les chiens atteints de bronchite, de pneumonite et de gastro-entérite.

La RACINE DU CHOU-NAVET, *Brassica Napus* (L.), et ses variétés qui se distinguent par la forme de la racine, donnée étant crue aux chevaux et bestiaux compose une alimentation émolliente et rafraîchissante qui convient particulièrement, ainsi que l'a observé Bourgelat, dans les inflammations du canal intestinal de tous les animaux domestiques et notamment des oiseaux de basse-cour.

Les navets cuits donnent ainsi que la carotte, une excellente alimentation émolliente qui, unie au son, à la farine d'orge, convient beaucoup dans les maladies de poitrine.

L'eau des navets traités par décoction est très adoucissante, édulcorée au miel, à la mélasse, on en compose des breuvages et des lavements qui sont très usités dans la médecine de la campagne pour calmer les coliques, les douleurs utérines, résultant de l'inflammation de la matrice.

Famille des Solanées.

Le BOUILLON BLANC ou *Molène, Verbascum thapsus*, dont les parties usitées sont les feuilles et les fleurs, est une plante à laquelle on accorde des propriétés émollientes ; mais qui n'en possède que fort peu. Les feuilles donnent une décoction plutôt astringente qu'émolliente, ainsi que la observé judicieusement Bourgelat, dans sa matièrc médicale. Les fleurs recèlent un peu plus de mucilage; mais sont généralement négligées. La molène n'est point en définitive à rechercher, comme plante émolliente. Elle est même à rejeter complètement.

Nous en dirons autant

De la BOURRACHE, *Borraginis herba flores*, *Borrago officinalis* (L.).

De la grande CONSOUDE, *Consolida major*, *Symphytum officinale* (L.).

De la PULMONAIRE, *Pulmonaria officinalis*. Des semences de melon, de courge, de citrouille (1); de la racine de scorsonère, des fleurs d'ortie blanche, etc.

Des substances émollientes tirées du règne animal.

Les substances émollientes tirées du règne animal sont l'albumine, la gélatine, le bouillon de viande blanche, la graisse, le lait, la crême, le beurre, le petit-lait et les œufs.

De L'ALBUMINE, *Albumen*. L'albumine est un principe immédiat qui forme la base du blanc de l'œuf, le serum du sang, le chyle, la synovie.

Caractères. L'albumine est incolore, visqueuse, filante, d'une saveur fade, mucilagineuse, plus pesante que l'eau, verdit le sirop de violettes par la petite quantité de soude libre qu'elle contient naturellement. Exposée à

____

(1) Nous ferons cependant observer que la pulpe ou la chair de la citrouille, comme celle de toutes les cucurbitacées, recèle beaucoup de principes mucilagineux. On fait avec cette pulpe, dans le Limousin, l'Agenais, etc., des soupes ou panades qu'on donne comme émollientes et nourrissantes aux bêtes bovines convalescentes soit de maladies de poitrine, soit de gastro-entérites.

l'action de la chaleur, elle se prend et se coagule, même à l'abri de l'air, en une masse blanche, opaque, insoluble dans l'eau. C'est sur cette coagulation qu'est fondé l'emploi qu'on en fait pour clarifier les sirops, le petit-lait, etc. Étendue d'une grande quantité d'eau, elle perd la propriété de se coaguler sans doute par la distance trop grande ou se trouvent alors ses particules.

L'alcool versé dans une dissolution d'albumine la précipite en flocons blancs.

Les acides minéraux concentrés, l'acide sulfurique, l'acide nitrique, l'acide hydrochlorique déterminent les mêmes effets.

Les oxides de potassium et de sodium jouissent de la propriété de s'y combiner, de s'opposer à sa coagulation par la chaleur et de la redissoudre même lorsqu'elle a été coagulée.

Le deuto-chlorure de mercure la précipite en formant un composé insoluble; il en est de même de l'infusion de noix de galles. La solution d'albumine s'altère et se putréfie rapidement au contact de l'air.

Usages. L'albumine agit sur les tissus vivants, comme une substance relâchante et émolliente. Le blanc d'œuf composé presque entièrement d'albumine est fréquemment employé en médecine vétérinaire (*Voyez* OEufs, page 83.)

M. Orfila a conseillé l'albumine, comme le meilleur antidote contre l'empoisonnement du sublimé corrosif.

De la Gélatine. *Gelatina.* La gélatine n'est plus considérée de nos jours comme un produit immédiat; mais comme le résultat de l'action de l'eau et de la chaleur sur la plupart des tissus des animaux. On l'obtient du parenchyme des os, de la peau, des cartilages, des tendons, et généralement de tous les tissus blancs, notamment lorsqu'ils proviennent de jeunes animaux.

Caractères. La gélatine à l'état de pûreté est solide, transparente, cassante, plus pesante que l'eau, inodore et insipide. L'eau froide n'a que peu d'action sur elle, mais l'eau chaude la dissout, et forme avec elle une liqueur qui, lorsqu'elle ne renferme que 0,025 de gélatine, se prend par le réfroidissement en une gelée tremblante, ferme et transparente. Sa solution aqueuse n'est précipitée ni par les acides, ni par les alcalis, mais par l'alcool et par l'infusion de noix de galle. Ce dernier précipité s'agglutine, se dessèche, devient imputrescible et inaltérable à l'eau.

Usages. La gélatine, mise en contact avec les tissus organiques frappés d'inflammation, exerce une action relâchante et émolliente. Elle diminue l'énergie de toute l'économie lorsqu'elle est administrée à l'intérieur. Donnée à grande dose aux herbivores surtout, elle résiste à la digestion, passe dans le canal intestinal, et détermine un effet laxatif. On avait beaucoup vanté ses propriétés alimentaires, mais l'expérience a appris qu'au contraire elle était inhabile à fournir des matériaux alibiles pour la nourriture des organes, notamment dans les animaux herbivores.

La gélatine fait partie des bouillons de viande que l'on donne comme émollients aux animaux, les voici :

Bouillons de tête, de pieds de mouton, de pieds de veau, de tripes.

En faisant bouillir à petit feu les parties dont il s'agit dans l'eau, celle-ci dissout les portions albumineuses et gélatineuses, et fait obtenir un liquide blanchâtre, inodore, d'un goût fade, à la surface duquel nage un peu de graisse.

Ce bouillon pour être bon , et jouir de propriétés émollientes, ne doit point être chargé d'une trop forte proportion de principes gélatineux, parce qu'alors il devient d'une assez difficile digestion, et que, s'il est digéré, il est trop nourrissant. Il sera donc très léger ou peu chargé des principes qui nous occupent.

Usages. Les bouillons de viandes gélatineuses sont d'un très utile secours en médecine vétérinaire, et ne sont pas généralement assez employés. Dans les inflammations aiguës du canal intestinal des bêtes bovines et ovines, ils font cesser les coliques; le ténesme rectal, et procurent de légères et faciles évacuations anales. Administrés vers la fin des maladies, ils deviennent tout à la fois émollients et nourrissants. On se trouve très bien aussi de ces bouillons dans les gastrites, les entérites, les bronchites, les pharyngites des porcs et des chiens. A l'extérieur, les bouillons de tripes sont souvent employés en lotions, en fomentations sur les parties du tissu cutané qui sont le siège d'irritation ancienne, d'endurcissement , de croûtes, comme dans les gales anciennes, et les dartres croûteuses du pli du genou et du jarret.

Le LAIT. *Lac*. Le lait est un liquide blanc opalin, d'une légère odeur particulière, d'une saveur douce et sucrée, sécrété par les glandes mammaires des femelles des *mammifères* , et qui est exclusivement destiné à nourrir leurs petits.

Le lait est d'une densité plus grande que celle de l'eau , rougit légèrement la teinture de tournesol et contient toujours, mais en proportions variables, de l'eau , du caseum, une matière grasse connue sous le nom de beurre, du sucre de lait, de l'acide lactique, et de quelques sels.

Ce lait abandonné à lui-même dans un vase ouvert à la température ordinaire se sépare peu à peu en trois parties distinctes : l'une supérieure, blanche, jaunâtre, onctueuse, d'une saveur douce, est la *crême*, qui est formée d'une grande quantité de matière butyreuse et de lait; la seconde d'un blanc mat opaque, sans matière grasse, est la matière *caséeuse*, ou le *caséum*; enfin, la troisième, liquide, transparente, légèrement verdâtre, d'une saveur douce, sucrée, sans aucune acidité au goût, renferme tous les éléments solubles du lait, c'est à dire le sucre de lait, une matière animale particulière, du chlorururc de potassium, du phosphate de potasse, est le *petit lait*.

Exposé à l'action de la chaleur, le lait forme bientôt à sa surface une pellicule blanche, composée de caséum, qui s'épaississant peu à peu, et empêchant l'eau de se vaporiser le fait boursoufler.

Le Lait se mêle en toute proportion avec l'eau.

L'alcool, en s'emparant de l'eau qu'il contient, le coagule à la température ordinaire. Tous les acides le coagulent également en s'unissant au caséum qu'ils précipitent en flocons caillebotés.

Le lait pur, la crême, le beurre et le petit lait étant employés en médecine, nous allons les étudier séparément.

Variétés de lait.

Les laits de chèvre et de brebis sont légèrement odorants, très crémeux, épais et gras. Ils donnent un beurre peu consistant et un caséum plus mou. Ils sont peu employés.

Celui de jument est peu épais, ne fournit point de beurre, et renferme beaucoup de caséum. Celui d'ânesse est plus épais, et donne une crême qui se convertit en un beurre mou. Ils ne sont que peu ou point usités.

LAIT DE VACHE. Le lait de vache est épais, d'une saveur douce, fournit beaucoup de matière butyreuse , épaisse et ferme en proportion très variable avec la matière caséeuse.

Dans la vache aussi bien que dans toutes les autres femelles domestiques, les proportions des trois matières formant le lait peuvent varier beaucoup, selon la nature des aliments , l'âge, l'état de santé ou de maladie ; certaines plantes lui communiquent des propriétés particulières; quelques médicaments en changent la nature ; plusieurs substances peuvent même lui donner des propriétés toxiques. Selon les conditions où se trouvent les femelles, le lait peut être chargé d'une plus ou moins grande proportion de principes butyreux ou aqueux, et par cela même posséder des propriétés plus ou moins émollientes.

Dans la vache, quarante jours avant le part, le fluide extrait des mamelles est, ainsi que l'un de nous (M. Lassaigne) l'a constaté, alcalin , très chargé d'albumine, de matière grasse, et ne renferme ni *caséum*, ni sucre de lait, ni acide lactique libre. La composition de ce fluide est la même pendant les trente jours qui suivent ; mais dix jours avant le part, il devient doux, un peu sucré, acide, et contient plus d'albumine ; enfin , quatre et six jours après la parturition, il a le caractère du lait ordinaire.

Falsification du lait. On étend souvent le lait avec de l'eau. C'est surtout aux environs de Paris et des grandes villes que les marchands de lait agissent ainsi. Souvent aussi , pour lui conserver sa blancheur et son opacité, on y ajoute de l'amidon dissous préalablement dans de l'eau.

On reconnaît cette fraude par la gustation et par la teinture d'iode qui donne au lait une couleur bleue.

Usages du lait. Le lait est employé à l'intérieur et à l'extérieur. A l'intérieur, il est émollient, tempérant et nutritif. Arrivé dans l'estomac, il se décompose par la présence du suc acide (suc gastrique) que renferme ce viscère, en caséeum et en petit lait. C'est ce dernier qui agit alors comme émollient et tempérant. La matière caséeuse digérée fournit des principes assimilables. On l'administre à toutes les espèces domestiques dans les inflammations du tube intestinal, dans les coliques violentes des bêtes bovines et ovines, dans la maladie dite des chiens. Il convient aussi beaucoup pour calmer les irritations du larynx et les toux opiniâtres. On l'unit souvent aux jaunes d'œufs, au miel, à l'amidon, à la gomme arabique, à l'eau de riz, pour augmenter ses vertus émollientes.

A l'extérieur, le lait pur est employé comme adoucissant. Ce n'est guère cependant que dans l'inflammation des mamelles qu'on en fait usage. On tire le lait de la glande malade et on s'en sert pour la bassiner. Uni à l'eau et à la farine de graine de lin, à la mie de pain, au son et à la graisse, il sert à confectionner d'excellents cataplasmes émollients qu'on emploie avec de grands avantages dans les phlegmasies et les furoncles des parties inférieures des membres des chevaux.

La crême, cremor, est une matière épaisse, grasse, d'une saveur douce, sucrée, qui renferme la matière butyreuse du lait. Cette substance fraîche jouit de grandes propriétés émollientes et rafraîchissantes. On l'emploie à l'extérieur pour combattre avec avantage les inflammations des yeux en la faisant pénétrer entre les paupières, les érysipèles simples, le catarrhe auriculaire récent des chiens. Toutefois, on devra avoir soin d'en renouveler souvent l'application, car au contact de l'air et de la chaleur des parties malades, elle se rancit et devient plutôt nuisible qu'utile.

A l'intérieur, unie aux carottes cuites, au pain, à la farine d'orge et quelquefois à un peu de farine d'avoine, elle concourt à perfectionner d'excellentes soupes ou panades que les bêtes à cornes et à laine, ainsi que les porcs mangent avec plaisir pendant les convalescences des maladies de la poitrine, et du tube intestinal. Dans les moutons, ces panades sont excellentes dans la convalescence de la clavelée confluente.

LE BEURRE, *butyrum*. On sait qu'on obtient le beurre en battant la crême dans un vaisseau de bois nommé baratte. Les molécules du beurre qui étaient divisées dans la crême par le petit lait, finissent par se réunir en une seule masse qui flotte dans un liquide trouble désigné sous le nom de lait de beurre. Ainsi obtenu, le beurre renferme toujours une petite quantité de caséum et de petit lait dont on le débarrasse par la fusion à une douce chaleur, ce qui permet alors de le conserver longtemps sans qu'il rancisse et contracte une saveur âcre.

Caractères. Le beurre est une substance onctueuse, solide, d'une couleur jaune tendre, d'une odeur et d'un goût agréables rappelant celui des noisettes; insoluble dans l'eau et dans l'alcool, soluble dans les huiles, susceptible de se rancir après un certain temps; il est composé de stéarine, d'oléine, de butyrine, d'acide butyrique et de matière colorante (Chevreul).

Usages. Le beurre est employé comme adoucissant dans

les conjonctivites récentes. On en fait des embrocations externes dans le cas de phlegmon et de furoncles. On peut aussi l'unir aux feuilles de guimauve et de mauve hachées pour confectionner de très bons cataplasmes émollients. Le beurre, de même que la crême, doit être renouvelé souvent sur les parties malades ; il a l'inconvénient de se rancir et de devenir irritant.

LE LAIT DE BEURRE. Le lait de beurre est le liquide qui s'échappe de la crême pendant la confection du beurre. Il est essentiellement composé de petit lait.

LE PETIT LAIT, *serum lactis.* Liquide clair, limpide, d'une couleur jaune verdâtre, d'une saveur douce et agréable, que l'on retire de la crême par la confection du beurre et par la coagulation naturelle du lait. C'est un composé très aqueux dans lequel se trouvent en dissolution le sucre de lait, une petite quantité d'acide butyrique, d'acide acétique, et un peu de caséum que ces acides rendent solubles dans l'eau, enfin les sels qui existaient dans le lait.

Dans les pharmacies et même à la campagne, au besoin, on peut obtenir artificiellement et très rapidement une grande quantité de petit lait. Pour avoir ce liquide, on met un litre de lait sur le feu et on y ajoute une cuillerée de vinaigre ; aussitôt il se forme au milieu du liquide une masse solide que l'on enlève : c'est le caséum coagulé par l'action du vinaigre. Le petit lait reste dans le vase, mais il est trouble. On le passe à travers une étamine ou un tamis de crin serré ; on peut alors se servir de ce liquide. Si on veut le clarifier parfaitement, on y ajoute un blanc d'œuf battu dans un demi-verre d'eau. En le remettant alors sur le feu et le faisant bouillir promptement, l'albumine se coagule et entraîne en se précipitant les portions de caséum qui troublaient le petit lait. On achève de le clarifier en le filtrant avec le papier joseph.

Usages. Le petit lait est un liquide d'un très utile secours dans la médecine des animaux ; tous le prennent avec plaisir. Il est émollient et très rafraîchissant, ou tempérant. Dans les localités où on fait beaucoup de beurre et de fromage, le petit lait doit remplacer toutes les boissons tempérantes que le vétérinaire peut avoir à sa disposition. Il calme la soif, fait cesser les douleurs intestinales, la constipation, et introduit dans le sang des principes aqueux qui tendent à diminuer l'excitation générale et à calmer beaucoup la fièvre de réaction. Aussi fait-on usage de ce précieux liquide dans toutes les inflammations des intestins, dans le pissement de sang, et dans toutes les phlegmasies qui s'accompagnent de fièvre vive, comme dans la fourbure et après les opérations douloureuses. On donne le petit lait en breuvages et en lavements. La dose en est variable selon l'espèce de l'animal et la maladie. Les indications fournies par la maladie en désignent surtout l'emploi.

LES OEUFS *des oiseaux de basse-cour, ovum.*

Le blanc et le jaune d'œuf sont des composés émollients

Le blanc est composé d'albumine presque pure, d'eau, et de quelques sels.

Le blanc d'œuf battu avec de l'eau simple ou mucilagineuse forme une émulsion très émolliente, que l'on peut rendre très calmante en y ajoutant soit quelques gouttes d'huile opiacée, soit deux à trois cuillerées d'une décoction concentrée de têtes de pavot.

Le jaune d'œuf, composé d'albumine modifiée, et associé à une huile douce jaune, à du soufre, à de l'eau, etc., est beaucoup plus émollient que le blanc. Délayé dans du lait tiède, dans une boisson gommeuse, mucilagineuse, miellée ou amylacée, il compose une excellent breuvage pour calmer les toux laryngienne, bronchique ou pectorale des jeunes animaux. Ces mêmes breuvages conviennent aussi beaucoup pour combattre les diarrhées qui suivent le sevrage des poulains, des veaux, et des agneaux.

On casse souvent des œufs dans la bouche des jeunes veaux pour remplir le même but.

Le jaune d'œuf est d'ailleurs employé en pharmacie pour suspendre dans des boissons aqueuses les résines, la térébenthine, le camphre et les huiles. Uni à la térébenthine claire, il constitue l'onguent digestif.

SANGSUE, *Hirudo-Sanguisuga*. Rangées dans la classe des *annelides abranches*, par l'immortel Cuvier, les sangsues sont des vers aquatiques suceurs, qu'on emploie quelquefois en médecine vétérinaire pour obtenir des saignées locales.

Caractères génériques. Le corps des sangsues est oblong, déprimé, ridé transversalement et formé de segments qui sont susceptibles de se rétracter en se rapprochant de manière à donner à l'animal la forme d'une olive. L'une des extrémités se termine en une pointe mousse, qui constitue la tête. Celle-ci est pourvue d'une ouverture, véritable ventouse, dilatable et préhensible, qui permet à l'animal de s'attacher fortement aux objets sur lesquels il s'applique, et qui sert à sa reptation. La bouche est placée au fond de cette ventouse ; elle est pourvue de trois rangs de dents fortement aiguës. L'extrémité postérieure porte également une ventouse qui sert à fixer l'animal et à la base de laquelle s'ouvre l'anus.

On voit au dessous du corps deux séries de pores, orifices d'autant de petites poches intérieures dont l'usage n'est pas connu.

Un certain nombre de petites taches qu'on observe sur l'extrémité antérieure de la face dorsale du corps, paraissent être des yeux rudimentaires.

Le canal intestinal est droit, boursouflé d'espace en espace jusqu'aux deux tiers de sa longueur, où il a deux cœcums. Le sang s'y conserve rouge et sans altération pendant plusieurs semaines.

Les sangsues sont hermaphrodites. Une grande verge sort sous le tiers antérieur du corps, et la vulve est un peu plus en arrière. Il paraît que quelques espèces sont vivipares.

Une seule espèce de sangsue est employée dans la thérapeutique c'est la *Sangsue médicinale*.

SANGSUE MEDICINALE, *Sanguisuga medicinalis, hirudo medicinalis*. On l'appelle encore Sangsue verte.

Caractères particuliers. Elle a le corps d'un vert foncé ; son dos est convexe et marqué de six bandes de couleur ferrugineuse, assez claires, maculées de taches noires le plus souvent triangulaires ; son ventre est plat, *jaunâtre, tacheté de noir* ; sa ventouse buccale est ovale, oblique, armée d'une triple mâchoire fortement dentelée et formant une sorte de trèfle. Elle se nourrit du sang des animaux, qu'elle suce après avoir fait une incision triangulaire à la peau.

Cette espèce est la plus commune chez nous ; on la trouve dans les eaux stagnantes et herbeuses des marais, des étangs et des rivières.

Une autre espèce est employée notamment dans le midi de la France : c'est la *Sangsue officinale*.

Sangsue officinale, *Sanguisuga officinalis, hirudo provincialis*.

Caractères particuliers. Cette espèce est celle qui offre les plus grandes dimensions, de quatre à sept pouces; son corps est ou verdâtre ou d'un vert noirâtre peu foncé, le dos est marqué de six bandes longitudinales de couleur ferrugineuse, mouchetées de points noirs à leur partie moyenne et sur leurs bords; le ventre est *vert jaunâtre sans taches, mais bordé d'une large bande noire*. Elle est commune dans le midi de la France. Nous devons aussi faire mention ici de la sangsue de cheval.

Sangsue de cheval, *Hirudo vorax*. Cette Sangsue habite les marais vaseux principalement; on la trouve aussi sous les pierres dans les rivières. Elle est très grande, et *toute d'un noir verdâtre*.

On a attribué à la piqûre de cette sangsue les accidents inflammatoires très douloureux qui suivent quelquefois l'application des sangsues; mais notre confrère, M. Huzard fils, a prouvé que cette sangsue n'a point de dents incisives comme les sangsues que nous avons décrites; que bien loin de faire une plaie dangereuse, elle ne pouvait pas même mordre et qu'elle est par conséquent tout à fait impropre à l'usage thérapeutique.

Récolte et conservation des Sangsues. C'est pendant toute la belle saison que l'on procède à la récolte des sangsues. Les hommes qui se livrent au commerce des sangsues se mettent les jambes dans les marais jusqu'aux genoux; ils troublent l'eau en remuant la vase et les herbes dans lesquelles se tiennent ces annelides, qui viennent bientôt de toutes parts en nageant pour s'attacher à la peau des jambes et la sucer. On les attrape alors, soit avec la main, lorsqu'elles s'attachent aux jambes, soit avec de petits filets de toile en crin à mailles assez longs, tendus sur un cercle d'un diamètre proportionné, auquel sont attachés, de distance en distance, des poids en plomb; cet appareil est suspendu par quatre chaînes de fil de laiton, fixées par l'une de leurs extrémités à une perche. Ce moyen est le plus généralement employé.

Quelques pêcheurs de sangsues jettent dans les étangs, les mares, les fossés, les foies d'animaux dont ils font des chapelets fort longs; les sangsues avides de sang y adhèrent, et le lendemain on les détachent de ces appâts. Ce moyen est très mauvais : les sangsues se gorgent de sang, se déchirent les dents, et dans l'un comme dans l'autre état elles ne peuvent servir à l'usage auquel on les destinent.

Lorsque les sangues ont été prises, on les met alors dans des sachets mouillés pour les transporter, les conserver et les livrer au commerce.

Conservation. La première attention à prendre consiste à s'assurer si les sangsues que l'on désire conserver sont de la même espèce, car en réunissant des espèces différentes, il en résulte des combats meurtriers qui amènent leur destruction successive. Quand le triage est opéré on met ces animaux dans des vases de grès à demi-plein d'eau de rivière et bouchés par une toile claire ou par une feuille de parchemin percée de beaucoup de petits trous destinés au passage de l'air. Ces vases doivent être placés dans un lieu où la température n'est susceptible d'aucune transition brusque.

On doit renouveler souvent l'eau où vivent ces animaux, et n'en jamais placer un trop grand nombre dans le même vase. On doit aussi avoir le plus grand soin de retirer les sangsues qui sont mortes ou languissantes ; autrement, se putréfiant assez rapidement, elles infectent l'eau et suscitent la mort d'autres individus. On ne doit jamais non plus réunir des sangsues qui ont été gorgées de sang avec des sangsues affamées. Celles-ci attaquent les premières, les sucent et les font périr.

Quant à la manière de poser les sangsues, aux moyens employés pour les faire mordre afin d'obtenir des saignées locales, etc., etc, ces détails appartiennent à la chirurgie vétérinaire. Nous ne nous en occuperons donc pas ici.

2ᵉ SECTION.—MÉDICAMENTS TEMPÉRANTS OU RAFRAICHISSANTS.

Il existe une grande série de maladies dans les animaux, pendant le cours desquelles on remarque une élévation de température à la peau, de la force et de la fréquence dans le pouls, de la rougeur aux muqueuses apparentes, de la chaleur et de la sécheresse dans la bouche, une soif très grande, de la constipation, etc. Or, parmi les moyens thérapeutiques dont le vétérinaire peut disposer pour diminuer ou faire cesser les symptômes dont il s'agit, et combattre même la maladie dont ils sont l'expression, il est une classe d'agents pharmaceutiques qui font arriver à ce but. Les agents qui possèdent cette précieuse vertu ont reçu les noms de *tempérants, medicamenta temperantia*, du verbe *temperare*, tempérer, modérer, régler, parce qu'ils servent à modérer l'agitation du sang et les mouvements trop rapides du système circulatoire ; de *rafraîchissants, refrigerantia*, parce qu'ils diminuent la chaleur générale ; d'*antiphlogistiques, antiphlogistica*, parce qu'ils sont employés plus spécialement pour combattre les inflammations ou phlogoses; enfin *acidules*, *acidula*, parce qu'ils procurent le sentiment de l'acidité sur l'organe du goût, et que d'ailleurs des éléments acides font partie de leur composition.

Les médicaments rafraîchissants sont très employés en médecine vétérinaire. C'est surtout dans le début des maladies inflammatoires du tube digestif, et notamment dans celles dues aux effets irritants des plantes âcres ou narcotico-âcres; des organes génito-urinaires, dans la fourbure, et pendant le cours de la fièvre de réaction qui suit les opérations graves, qu'on en fait particulièrement usage. Dans quelques maladies très graves qui sont la conséquence d'une altération du sang, comme dans les maladies charbonneuses et typhoïdes, les acidules sont encore d'un puissant secours. Les médicaments rafraîchissants sont d'ailleurs faciles à se procurer, ils se préparent avec facilité et promptitude, et, si nous ajoutons que leurs effets sont prompts et puissants, nous aurons fait sentir l'utilité de bien étudier la classé d'agents médicinaux qui nous occupe.

Les acides végétaux ou minéraux forment la composition principale des médicaments rafraîchissants. On les unit au miel, au sirop et à l'eau, pour les rendre plus agréables aux animaux.

Enumération des substances tempérantes.

Les agents médicamenteux tempérants sont tirés du règne végétal et du règne animal. Tous ont une saveur fraîche, acide, aiguisent la membrane de la bouche, en excitant la sécrétion muqueuse dont elle est le siège. Ce sont l'oseille, l'oxalis surelle, les acides acétique, tartrique, borique, sulfurique , hydrochlorique, le tartrate et l'acétate de potasse.

Famille des Polygonées.

OSEILLE , *acetosæ folia*, du *rumex acetosa*, L., ou du *rumex scutatus*, L., oseille ronde, et du *rumex acetosella*, petite oseille.

L'oseille est une plante vivace qui croît dans les prairies naturellement et que l'on cultive dans les jardins, pour la nourriture de l'homme. Cette plante fournit pour les animaux des principes qui possèdent les mêmes vertus que ceux renfermés dans les oranges et les citrons dont on se sert dans la médecine humaine.

Les feuilles et les tiges de l'oseille sont employées. Elles ont une saveur aigrelette et agréable , qui est due au suroxalate de potasse qu'elles renferment.

L'oseille renferme , indépendamment de cet acide , de l'acide tartrique , du mucilage et de la fécule, dont l'iode décèle la présence.

Cette plante se trouve abondamment répandue dans la campagne, soit dans les jardins, soit dans les prairies. En traitant les feuilles par décoction, on obtient un liquide acidule qui porte le nom de *bouillon aux herbes* en pharmacie humaine.

Ce liquide uni au lait, au petit lait, à la crême, donne des breuvages très rafraîchissants et peu chers , qu'on administre à toutes les espèces d'animaux domestiques. Ces breuvages calment la soif, modèrent l'ardeur fébrile, diminuent la chaleur intérieure, et favorisent la sécrétion urinaire. Donnés à grandes doses aux jeunes bêtes à cornes, à laine , et aux chiens , ils provoquent même une légère

purgation. Aussi les emploie-t-on avec succès dans les inflammations du tube digestif. On doit les rejeter dans les
phlegmasies de la poitrine, parce qu'ils excitent la toux.

Famille des Oxalidées.

SURELLE ACIDE , *oxalis acetosella*, L. , nom vulgaire ;
alleluia, pain de coucou, etc.

Les feuilles de cette petite plante qui croît dans les bois
ombragés et humides, ont une saveur qui rappelle celle de
l'oseille. De même que , dans cette dernière , cette saveur
est due à la présence du sur-oxalate de potasse. Aussi ces
feuilles jouissent-elles des mêmes propriétés , et sont-elles
employées dans les mêmes circonstances. En Suisse , en
Souabe, on cultive cette plante en grand, pour en retirer
l'oxalate acide de potasse , qui est connu dans le commerce sous le nom de *sel d'oseille*.

LE VINAIGRE , OU ACIDE ACÉTIQUE, *Acetum vini, acidum aceticum.*

Le vinaigre s'obtient par la distillation des végétaux, et
à la suite de fermentations particulières ; il se forme peu
à peu dans le vin qui s'aigrit à l'air. Dans les arts , on fabrique aujourd'hui en grand le vinaigre par la fermentation acéteuse du vin, au moyen d'appareils dont nous ne
nous occuperons point.

Caractères. Le vinaigre est blanc ou rouge, selon la
couleur du vin que l'on emploie. Son odeur est piquante,
suave, et sa saveur très prononcée. Il est volatil, sans se
décomposer , soluble dans l'eau et dans l'alcool ; il attire
peu l'humidité de l'air. Il conserve du vin la matière colorante, un principe muqueux, et du sur-tartrate de potasse
et de chaux.

Ce produit distillé donne un vinaigre plus fort qui est employé dans les laboratoires pour former l'éther acétique, et les divers acétates de potasse, de chaux, de cuivre, etc., sels tous solubles.

En combinant l'acide acétique avec le cuivre, et en décomposant celui-ci dans une cornue par la chaleur, on obtient *l'acide acétique pur* ou *concentré*, encore appelé *vinaigre radical*. Cet acide est liquide à la température ordinaire, d'une odeur piquante très forte, sa saveur est acide et caustique, sa densité est un peu supérieure à celle de l'eau, son affinité pour l'eau est si grande qu'il attire celle qui est contenue dans l'atmosphère et augmente peu à peu de densité. C'est avec lui qu'on forme le *sel de vinaigre*.

ACIDE PYROLIGNEUX, *vinaigre de bois*. Cet acide, qui s'obtient en grand par la combustion du bois et par différentes réactions chimiques, est incolore, d'une odeur agréable, et jouit de toutes les propriétés chimiques et médicales de l'acide acétique.

Sophistication. Les vinaigres du commerce sont quelquefois altérés par la présence de l'oxide de plomb ou de cuivre, formant les vases dans lequels ils ont été préparés ou conservés, et par l'acide sulfurique qu'on y ajoute pour les rendre plus forts. Le cuivre se reconnaît par le prussiate de potasse ou par une lame de fer décapée ; le plomb, par l'acide hydrosulfurique ; l'acide sulfurique par l'hydrochlorate de baryte.

Usages. L'acide acétique pur n'est point employé en médecine vétérinaire. Il agit avec violence sur les tissus organiques qu'il rubéfie violemment en déterminant une vcive cuisson et beaucoup de chaleur. Pris pur à l'intérieur il peut occasionner la mort.

Le vinaigre du commerce est au contraire très rafraîh issant, très fréquemment employé. C'est un liquide pré cieux pour la médecine vétérinaire.

Etendu d'eau dans une proportion telle qu'il n'ait qu'une saveur aigrelette et agréable, il forme des breuvages qui portent le nom d'*oxicrat*, dont on fait un grand usage dans les inflammations de la bouche et du canal intestinal. A l'extérieur, ce mélange s'emploie en lotions, en applications dans les contusions, les érysipèles, la piqûres des abeilles, des guêpes, etc.

Si on ajoute à l'oxicrat une certaine quantité de miel, on compose l'oximel (voyez *Oximel*) qui forme de très précieux breuvages pour les animaux qui sont atteints de fièvre de réaction intense, de pissement de sang, ou de fourbure.

Le vinaigre pur, froid, et surtout chaud, est souvent employé comme révulsif (voyez *Médicaments révulsifs*).

Administré à l'intérieur à des doses assez fortes et en fumigations, il agit comme antiseptique (voyez *Antiseptiques*); on le donne aussi souvent avec avantage quelque temps après les empoisonnements par la ciguë, la belladone, la jusquiame, les euphorbes, les renoncules (Voyez ces noms à la table).

Le vinaigre est aussi employé pour composer différentes préparations pharmaceutiques.

ACIDE SULFURIQUE. En versant une petite quantité d'acide sulfurique dans de l'eau de rivière ou très potable, jusqu'à agréable acidité, on obtient une liqueur acidulée dont l'usage n'est peut-être pas assez répandu dans la médecine des animaux. Ces breuvages reviennent à très bas prix ; on les emploie surtout dans toutes les circonstances où les breuvages vinaigrés sont indiqués.

Nous en dirons autant de l'ACIDE HYDROCHLORIQUE et de l'EAU DE RABEL. Cette dernière surtout, non seulement procure des effets tempérants, mais en outre elle tend à augmenter la coagulation du sang et à modifier ses altérations septiques. Aussi est-elle très utile dans les affections charbonneuses et gangréneuses.

Les acides TARTRIQUE OU TARTARIQUE, *acidum tartaricum;* BORIQUE OU BORACIQUE, *acidum boracicum* ; CITRIQUE et OXALIQUE, qui sont employés comme tempérants dans la médecine humaine, sont négligés dans la médecine des animaux à cause de leur prix élevé. Nous ne nous en occuperons pas.

L'ACÉTATE DE POTASSE, le TARTRATE ACIDE DE POTASSE SOLUBLE, (*crème de tartre rafraîchissante*), le NITRATE DE POTASSE (*sel de nitre*), sont des sels solubles d'une saveur fraîche, qui, à petites doses et en solution dans l'eau pure, ou dans les oximels, ajoutent beaucoup à la vertu tempérante des breuvages. L'acétate et le nitrate de potasse leur font acquérir une vertu diurétique qu'il importe de bien apprécier dans les inflammations où les urines sont rares et irritantes (voyez *Médicaments diurétiques*).

La crème de tartre soluble, indépendamment de sa propriété tempérante, possède une vertu purgative très recommandable dans les affections bilieuses qui compliquent les phlegmasies intestinales.

TROISIÈME SECTION.—MÉDICAMENT SRÉFRIGÉRANTS.

Nous donnons le nom de *médicaments réfrigérants*

aux agents qui, étant appliqués sur les tissus vivants, ont la propriété d'enlever leur calorique en s'en emparant; de pâlir les tissus en repoussant le sang qui est contenu ou qui aborde dans leurs capillaires; enfin de resserrer et de rapprocher les fibres élémentaires dont ils sont composés. Ces agents ne possèdent pas essentiellement ces propriétés, ou, en d'autres termes, elles ne leur sont pont inhérentes ils ne les acquièrent que par le froid dont ils sont pénétrés et par le calorique qu'ils enlèvent aux parties vivantes et malades.

Ces médicaments sont la glace, la neige, l'eau glacée ou l'eau très froide.

GLACE, *Glacies*. L'eau exposée au froid porté à la température de 0 perd tout le calorique qu'elle possédait, se congèle ou se cristallise pour former une masse compacte assez résistante qui porte le nom de *Glace*.

La Glace pour redevenir liquide, a besoin d'absorber de nouveau une quantité de calorique égale à celle qu'elle a perdue pendant sa solidification. En effet les physiciens ont prouvé rigoureusement qu'il fallait un demi-kilogram. d'eau a +75° pour fondre complètement une livre de glace, et que les deux liquides du poids de 1 kilogr. avaient la température de 0. Or, de cette propriété que possède la glace de s'emparer du calorique des parties vivantes pour se liquéfier, résulte sa vertu réfrigérante.

La NEIGE, *Nix*, n'est autre chose que la cristallisation de la vapeur d'eau contenue dans l'air. L'eau provenant de la neige, de la glace fondue et à la température de 0; l'eau très froide, sont aussi des réfrigérants qui agissent à la manière de la glace sur les tissus vivants.

La glace s'emploie en applications sur la tête des chevaux

qui sont atteints de vertige idiopathique ou symptômatique ; sur les sabots qui sont affectés de congestions san -
guines appelées fourbures ; sur les flancs des animaux atteints de météorisation ; sur les tumeurs provenant de contusions récentes, etc., la neige, l'eau glacée, s'emploient
dans les mêmes circonstances. Les bains d'eau glacée sont
surtout utiles dans le cas de fourbure et d'entorse récentes
du boulet.

Dans le but d'abaisser la température de l'eau froide, on
la dirige souvent avec une seringue (douches), ou on en
fait des ablutions sur les parties qu'on veut modifier. Souvent aussi on ajoute à la glace ou à la neige fondante une
certaine quantité de sel marin (chlorure de sodium).
Ce mélange qui abaisse encore la température de la glace
est rarement mis en pratique dans la médecine vétérinaire.

QUATRIÈME SECTION. — MÉDICAMENTS ASTRINGENTS.

Les médicaments astringents sont ceux qui étant appliqués sur les tissus vivants sont doués de la propriété de
produire une astriction fibrillaire ; d'effacer le diamètre de
leurs interstices organiques; de diminuer le calibre de leurs
vaisseaux capillaires et d'en repousser le sang ; de tarir les
sécrétions et les exhalations dont ils peuvent être le siège ;
enfin d'y produire de la pâleur, du refroidissement, de
la raideur et de l'engourdissement. Les astringents diffèrent donc essentiellement des réfrigérants.

Les astringents sont puisés dans le règne végétal et dans
le règne minéral. Ce sont pour les substances végétales,
l'écorce de chêne, la noix de galle, les feuilles de noyer,
les écorces de noix vertes, la suie de cheminée, l'eau-de-

vie étendue d'eau, la bistorte, la tormentille, le sang-dragon ; et parmi les substances minérales, le sulfate d'alumine et de potasse, le sulfate de zinc, le deuto-sulfate de fer, les sels de plomb, l'acétate de chaux, l'acétate de cuivre, la chaux hydratée, l'onguent égyptien, l'eau céleste, l'acétate de cuivre miellé, etc.

Substances végétales astringentes.

Les substances astringentes végétales ont toutes pour principe actif l'acide tannique.

ACIDE TANNIQUE. Cet acide se trouve dans toutes les substances végétales astringentes. Il a été regardé d'abord comme un principe immédiat neutre qu'on a désigné sous le nom de *tannin*, parce qu'il jouit de la propriété de se combiner au derme et de tanner la peau ; mais on le range aujourd'hui au nombre des acides organiques.

Propriétés. L'acide tannique, à l'état de pureté, est incolore, inodore et incristallisable ; il possède une saveur astringente au plus haut degré ; mis dans la bouche, il produit une forte astriction qui semble rétrécir subitement l'étendue de cette cavité ; l'alcool le dissout en grande quantité. Sa solution rougit la teinture de tournesol, décompose avec effervescence les carbonates, et précipite la plupart des oxides métalliques.

Son caractère distinctif est de précipiter la solution de gélatine en flocons blancs, et les sels de peroxide de fer en bleu foncé.

La solubilité de l'Acide tannique, et partant, la facilité de son administration, l'ont fait employer en médecine humaine, dans tous les cas où les astringents sont conseillés. Dans la médecine vétérinaire, la difficulté de se procurer cet acide, et sa cherté, en font rejeter l'emploi. On préfère les substances astringentes végétales qui le renferment, et dont l'expérience a sanctionné l'efficacité. Les substances astringentes renferment encore deux autres acides, l'un découvert par le chimiste suédois Scheèle, c'est l'acide *gallique*, l'autre, observé récemment par MM. Chevreul et Braconnot, c'est l'Acide *éllagique*. Ces deux Acides se rencontrent particulièrement dans la noix de galle. Ils sont toujours unis à l'acide tannique ou tannin.

L'*Acide gallique*, à l'état de pureté, est en aiguilles blanches, soyeuses, inaltérables à l'air; sa saveur est faiblement acide, et laisse dans la bouche un arrière-goût sucré. L'eau à la température ordinaire en dissout un vingtième de son poids, et l'eau bouillante un tiers; l'alcool en dissout une grande quantité. Il précipite les sels de fer en noir, et entre dans la composition de l'encre.

L'*Acide éllagique* se présente sous la forme d'une poudre blanche avec une légère nuance fauve. Il est insipide et peu soluble dans l'eau bouillante, ce qui le distingue de l'Acide gallique. Cet acide prend une couleur rouge de sang dans l'Acide nitrique. Ces deux acides ne sont point employés en médecine vétérinaire.

CHENE, *Cortex querci*. Ecorce du *quercus robur* L., et du *quercus ragemosa* Lamarck. La partie employée est l'écorce. On conseille de choisir celle de jeunes rameaux de trois à quatre ans, de la prendre au printemps et de soigner la dessiccation. Cette écorce est lisse en dessus, couverte d'un épiderme gris blanc; elle est d'un rouge pâle en dedans. On peut aussi l'employer fraiche. Broyée, moulue, et réduite en poudre, elle sert au tannage des cuirs. Tamisée, on la trouve dans les pharmacies sous le nom de *fleurs de*

tan. Cette poudre est d'un rouge fauve et d'une saveur légére-
ment astringente ; elle renferme beaucoup d'acide tannique
uni à du ligneux et à un principe qu'on a nommé extractif.
C'est à l'acide tannique qu'elle doit ses propriétés astringentes. Traitée par décoction, dans l'eau, elle laisse dissoudre
son principe styptique pour donner au liquide la propriété
astringente.

Usages. On confectionne avec l'écorce de chêne des
breuvages et des lavements astringents qu'on administre
aux animaux qui sont atteints de diarrhée séreuse due à
une débilité du canal digestif, comme on l'observe dans
les jeunes bêtes affaiblies par une nourriture aqueuse ou
peu substantielle.

L'écorce pulvérisée (tan) est très employée par tous les
praticiens instruits. A l'intérieur, nous en recommandons
fortement l'usage à la dose, pour les grands animaux, de
64 à 128 grammes (2 à 4 onces), et pour les moutons, à
celle de 32 grammes (1 once), dans toutes les maladies
cachectiques, putrides et typhoïdes, comme la pourriture,
le charbon, le coryza gangréneux, le typhus contagieux. A
l'extérieur, le tan produit d'excellents effets dans les plaies
qui tendent à prendre un caractère gangréneux, et dans
toutes les gangrènes septiques.

Le tan est un médicament indigène précieux dans la médecine vétérinaire. Il se trouve partout, est peu cher et d'un
emploi aussi facile que très utile. Aussi, nous le répétons,
le recommanderons-nous à tous les praticiens l'écorce qui
nous occupe.

La NOIX DE GALLE, *Galla turcica*, *Galla tinctoria*.
On appelle Noix de galle une excroissance végétale que
l'on récolte sur les jeunes rameaux du *quercus infectoria*,

arbrisseau de quatre à six pieds, qui est très commun dans l'Asie mineure, et qu'Olivier, célèbre naturaliste, et ancien professeur à l'école d'Alfort, a particulièrement fait connaître (Voyez, Voyage dans l'empire Ottoman). Ces excrois= sances sont produites par la piqûre d'un insecte, le *Diplolepis Gallæ tinctoriæ*, insecte du genre *Cynips*. La femelle de cet insecte pique, à l'aide d'une tarière en spirale, qu'elle porte sous l'abdomen, les bourgeons et les jeunes branches de l'année, et y dépose ses œufs. Autour du point piqué se déposent des sucs acerbes dont toutes les parties de l'arbre sont remplies, lesquels donnent lieu à la formation d'une protubérance ou galle, au milieu de laquelle les œufs éclosent, et produisent une larve qui vit, croît et se métamorphose dans la galle. Lorsque l'insecte est parfait, il perce la galle et s'échappe de sa prison.

Caractères. Les galles du commerce sont globuleuses, dures, cornées, ligneuses, de la grosseur d'une cerise à peu près, inodores et d'une saveur styptique. Leur surface est raboteuse, d'un gris jaunâtre ou noirâtre. Leur tissu est légèrement spongieux, et offre à l'intérieur plusieurs petites loges qui ont servi d'habitation à la larve du Cynips.

On appelle *galles blanches* celles qui sont percées d'un ou plusieurs trous faits par les insectes pour s'échapper de leur berceau. Ces galles sont légères et peu estimées.

On nomme *galles vertes ou noires* celles qui ne sont point percées et qui ont été recueillies avant la sortie de l'insecte. Ces galles sont pesantes et choisies de préférence aux premières.

Analyse. La noix de galle renferme beaucoup de tannin ou acide tannique, de l'acide gallique, de l'acide ellagique, et quelques matières salines.

Propriétés médicinales. Elle est très astringente ; on en fait des décoctions, à l'aide desquelles on pratique des injections, des lotions, sur les parties qui sont le siège d'altérations pathologiques anciennes, comme dans les cas de catarrhe nasal chronique, d'eaux aux jambes, d'ulcères anciens du tissu cutané. Ce n'est qu'avec beaucoup de précaution qu'on fait usage de cette substance à l'intérieur. L'astriction très grande qu'elle opère sur le canal intestinal provoque toujours des effets fâcheux.

Famille des Juglandées.

NOYER, *Juglans regia*, L.

Grand et bel arbre, originaire de la Perse ; le noyer fournit à la thérapeutique vétérinaire ses feuilles et l'écorce de sa noix.

Feuilles. Les feuilles connues de tout le monde ont une odeur forte, désagréable, qui déplaît beaucoup aux insectes diptères. Elles renferment une grande quantité d'acide tannique et d'acide gallique.

ÉCORCES DE NOIX VERTE OU BROU DE NOIX. Ces écorces sont d'un vert foncé en dehors, et blanches en dedans. Détachées de la noix, elles noircissent, au contact de l'air. Le suc qu'elles renferment se combine avec l'épiderme de la peau de l'homme, et lui donne une couleur jaune, fauve ou de bistre, qui ne disparaît qu'après un temps fort long.

La substance de ce péricarpe renferme, d'après M. Braconnot, les acides tannique gallique, malique et citrique, associés à une matière âcre et fort amère.

Les feuilles de noyer et l'écorce des noix bouillies dans l'eau pendant une heure, donnent un liquide amer, acerbe, et très astringent. L'écorce verte de la noix pelée ou rapée unie à l'eau donne un liquide également très styptique.

On se sert de ces deux préparations pour confectionner des cataplasmes astringents, dont on entoure le pied des animaux fourbus. On en lotionne les eaux aux jambes, les crevasses du paturon ; on en fait des injections dans les naseaux des chevaux pour tarir et supprimer le flux catarrhal ancien dont ils sont le siège. En attachant des branches de noyer pourvues de leurs feuilles vertes aux diverses parties du harnachement des animaux, pendant l'été, on éloigne les mouches et taons qui viennent les attaquer. En mouillant légèrement, avec une éponge, la peau des animaux, on obtient le même effet pendant plusieurs heures, ou jusqu'au moment où la chaleur a volatilisé l'eau et détruit le principe astringent qu'elle recélait.

Famille des Rosacées.

TORMENTILLE, racine du *Tormentilla erecta, potentilla erecta*, L. Cette plante vivace, très commune dans les bois et dans les pâturages ombragés, a une racine épaisse, oblongue, tuberculée, noueuse, brune au dehors, rouge à l'intérieur, d'une odeur faible, légèrement aromatique, d'une saveur astringente et amère. Cette racine contient près d'un cinquième de son poids d'acide tannique, et trois dixièmes à peu près de gomme ; aussi s'en sert-on dans beaucoup de pays pour tanner les cuirs.

On l'emploie en décoction, en poudre, dans les maladies dont nous avons déjà parlé.

Doses. 32 à 64 grammes (1 à 2 onces) en poudre pour grands animaux ; 8 à 12 grammes (2 à 3 gros) pour les petits. Mêmes doses en décoction dans un litre d'eau réduit aux deux tiers.

Famille des Polygonées.

BISTORTE, *Bistorta radix*, racine du *polygonum Bistorta*.

Caractères. La racine est de la grosseur du doigt environ, légèrement comprimée, contournée plusieurs fois sur elle-même, ridée et rayée par anneaux, cassante et de texture ligneuse. Sa couleur est brunâtre en dehors, et rougeâtre en dedans. Elle est inodore et d'une saveur acerbe.

Analyse. Elle renferme les acides tannique et gallique, de l'acide oxalique, d'après Scheèle, et beaucoup d'amidon.

Usages. La bistorte constitue un bon médicament astringent, indigène. Ainsi que le fait observer Moiroud (*Matière médicale vétérin.*), la grande quantité d'amidon qu'elle contient mitige ses propriétés d'une manière avantageuse, aussi obtient-elle la préférence sur les substances précédentes, pour l'usage interne.

Doses. Même dose que pour la tormentille.

Famille des Légumineuses.

GOMME KINO, *Gummi Kino*.

Cette substance est en petits fragments opaques, très fragiles, dont la cassure est brillante et d'un rouge noir, d'une saveur fortement astringente, suivie d'un goût douceâtre. Cette substance se dissout en grande partie dans l'eau chaude. Elle est produite par plusieurs arbres du genre pterocarpus. Suivant M. Guibourt, tout le kino qui est fourni dans le commerce aujourd'hui, provient du *Coccoloba uvifera* qui croît dans les Antilles et dans l'Amérique du Sud.

Sang-Dragon, *Sanguis Draconis.*

Le sang-dragon est un suc résineux fourni par différents arbres qui croissent dans l'Amérique Méridionale. Ce suc nous arrive en petites masses de forme ovale, en cylindres comprimés, ou en morceaux uniformes. Dur, opaque, fragile, d'un rouge brun ; le sang de dragon donne, par la trituration, une poudre sans odeur, sans saveur, d'un rouge vif. L'eau n'a point d'action sur cette substance. L'alcool la dissout pour former un solutum d'une belle couleur rouge.

Les deux substances ci-dessus, surtout la première, possèdent des propriétés astringentes. Elles sont généralement négligées, et méritent de l'être sous tous les rapports.

Suie de cheminée, *Fuligo.* La suie de cheminée est une substance légère, d'un roux noirâtre, d'une saveur très amère, d'une odeur d'empyreume désagréable, provenant de la combustion du bois. Cette matière se condense et se rassemble dans l'intérieur des cheminées, des tuyaux de poêle. Elle renferme de l'acide pyroligneux, un principe amer, de l'huile empyreumatique de la créosote et quelques sels à base alcaline.

Usages. La Suie à la dose de 128 grammes (4 onces) dissoute dans un litre d'eau et passée à travers un linge ou un tamis, donne une solution brunâtre très amère. On l'emploie à l'intérieur contre les maladies vermineuses déterminées par l'ascaride lombricoïde. A l'extérieur l'usage de la suie est très fréquent. On la délaie dans du vinaigre avec de la terre alumineuse, et on en confectionne ainsi d'excellents cataplasmes astringents qu'on met autour du pied des animaux qui sont atteints de fourbure récente. A la surface des plaies anciennes elle tarit la sécrétion dont elles sont le siège et en procure une prompte guérison.

Unie à la graisse dans la proportion de quatre parties de suie sur une de graisse, elle compose une pommade très bonne pour combattre les dartres et la gale récente.

Plusieurs plantes et divers produits sont encore considérés comme astringents. On s'en sert souvent pour confectionner quelques décoctions astringentes légères, propres à combattre de légères inflammations externes, telles que celles des yeux, de la peau des mamelles, etc. Nous mentionnerons ici les feuilles du *Grand Plantain, Plantago major* (L). Les feuilles de la *Ronce commune, Rubus fructicosus* (L.). Les feuilles de *Roses rouges* (Roses de Provins), *Rosa Gallica, Rosa Canina.* Les feuilles d'*Aigremoine, Agrimonia Eupatoria.* L'écorce de la racine de *Ratanhia, Krameria triandra* (Ruez), etc.

Substances minérales astringentes.

SULFATE D'ALUMINE ET DE POTASSE, ALUN. *Alumen.*
Caractères. Ce sel double qui existe à l'état natif dans les terrains volcaniques d'où on l'extrait en les calcinant et les lessivant ensuite, est blanc, inodore, d'une saveur d'abord sucrée et ensuite astringente. Il est légèrement efflorescent et rougit la teinture de Tournesol. L'eau bouillante en dissout moins que son poids ou 0,75°, tandis que l'eau à la température de $+15°$ en dissout la dix-huitième partie. En se séparant de l'eau il cristallise le plus ordinairement en octaèdres transparents et retient de l'eau combinée dont la proportion s'élève à 45°. A une chaleur au dessus de 100° il entre en fusion dans cette eau et se

prend par le refroidissement en une masse demi-transparente, désignée autrefois sous le nom d'*Alun de Roche*. Par une chaleur plus élevée il laisse dégager toute son eau de cristallisation en se boursouflant beaucoup et se transforme en une matière légère très poreuse, d'un blanc mat, qui porte le nom d'*Alun calciné*.

Propriétés médicinales. L'Alun est très usité dans la médecine vétérinaire à l'extérieur et très peu à l'intérieur. Dissous dans l'eau dans diverses proportions, il est très bon pour combattre les ophthalmies externes récentes ou anciennes; tarir les anciens flux des cavités nasales; arrêter la sécrétion des eaux aux jambes, et des récents ou anciens catarrhes auriculaires. A l'intérieur on ne l'administre guère que dans les diarrhées chroniques et dans le pissement de sang.

Dose. De 16 à 32 grammes (1/2 once à 1 once) pour les grands animaux, et de 8 à 12 grammes (2 à 3 gros) pour les petits.

Cet astringent se rencontre partout et à bon marché. On devrait dans beaucoup de cas lui accorder la préférence sur d'autres astringents. Associé au vinaigre et au miel, il convient de l'employer dans le début des inflammations couenneuses du pharynx des porcs et dans le chancre ou muguet des agneaux.

L'alun calciné est très usité pour dessécher et cautériser légèrement quelques ulcérations cutanées. On l'insuffle aussi dans les yeux des bêtes qui sont atteintes de taies ou d'un commencement de ptérygion.

Le SULFATE DE ZINC. *Vitriol blanc, couperose blanche, Sulfas Zincœ.*

Caractères. Le sulfate de zinc cristallise en prismes à

quatre pans terminés par des pyramides à quatre faces ; il est blanc transparent lorsqu'il n'a point été exposé au contact de l'air, autrement il se couvre d'une poussière blanchâtre ; sa saveur est styptique et très astringente. Il est très soluble ; l'eau en dissout deux fois et demie son poids.

Le sulfate de zinc du commerce se trouve quelquefois tout formé dans la nature, mais alors il contient un peu de sulfate de fer et de sulfate de cuivre. Il est donc préférable de se servir de celui qui a été purifié dans les officines.

Usages. La couperose blanche est un astringent puissant, qui devient même légèrement caustique s'il est employé en poudre ou en gros morceaux appliqués sur la peau ou les muqueuses apparentes.

A l'intérieur, le sulfate de zinc, à la dose de 32 grammes (1 once) est un poison.

A l'extérieur, le sulfate de zinc, dissous dans l'eau dans des proportions variables, donne un liquide astringent excellent pour lotionner les yeux des animaux atteints d'ophthalmies récentes. On s'en sert également dans les périodes de sécrétion séreuse et purulente des eaux aux jambes.

L'OXIDE DE ZINC est généralement peu employé si ce n'est dans les taies des yeux.

PROTO-SULFATE DE FER. *Vitriol vert, vitriol de mars, couperose verte. Sulfate ferré.*

Caractères. Le proto-sulfate de fer est d'un vert d'émeraude en cristaux rhomboïdaux demi-transparents. Il a une saveur âcre et très styptique. Exposé à l'air il s'effleurit un peu et se recouvre au bout d'un certain temps d'une poussière jaunâtre.

Il est soluble dans deux parties d'eau froide et dans les trois quarts de son poids d'eau bouillante. Cette dissolution précipite en noir par les substances astringentes végétales.

Usages. Ce sulfate est rarement employé à l'intérieur. Il irrite vivement le canal intestinal qu'il enflamme et gangrène.

A l'extérieur on le dissout dans l'eau pour en faire des bains de pieds pour les chevaux récemments fourbus. On l'unit aussi à la terre alumineuse, à la suie de cheminée et au vinaigre, pour composer d'excellents cataplasmes astringents dont on entoure les pieds de tous les animaux domestiques qui sont atteints de fourbure.

ACÉTATES DE PLOMB. Deux acétates sont employés en médecine : le proto-acétate et le sous-proto-acétate.

1° PROTO-ACÉTATE, encore appelé *acétate acide, sel de Saturne, sucre de Saturne, sucre de plomb, acétate de plomb cristallisé.*

Ce sel est blanc, d'une saveur sucrée et ensuite astringente ; il cristallise en petites aiguilles satinées ayant la forme de prismes tétraèdres, aplatis, terminés par des sommets dièdres. Il se dissout à la température ordinaire.

L'eau bouillante en dissout un peu plus.

Usages. Ce sel est très peu employé en médecine vétérinaire. Cependant nous en avons quelquefois fait usage avec succès dans les flux chroniques des cavités nasales, dans le traitement des dartres humides des chiens, et dans le catarrhe auriculaire du même animal.

2° SOUS-PROTO-ACETATE DE PLOMB. *Sous-acétate de plomb, extrait de Saturne, acétate de plomb liquide, vinaigre de Saturne, extrait de Goulard.*

Ce sel est très employé en médecine vétérinaire. Nous devons nous y attacher.

Caractères. Ce sous-acétate connu dans les pharmacies sous le nom d'*extrait de Saturne*, est un liquide transparent, jaunâtre ou incolore, doué de la même saveur et à peu près des mêmes propriétés chimiques que le précédent. Mis en contact avec l'eau distillée, il est décomposé peu à peu, se transforme en acétate neutre et en sous-acétate, contenant plus d'oxide. L'eau de rivière produit un autre effet ; elle le décompose en partie par les carbonates et les sulfates qu'elle contient, et donne un liquide blanc, laiteux, connu sous les noms d'*eau blanche*, d'*eau végéto-minérale*, d'*eau de Goulard* (Voyez pour la préparation du sous-proto-acétate de plomb et l'eau de Goulard la 2e partie).

Usages. Le sous-acétate de plomb s'emploie souvent pur dans la médecine vétérinaire, dans le traitement des eaux aux jambes récentes ou anciennes, dans les gerçures du pli du jarret, les dartres humides et les fistules anciennes, dans le catarrhe auriculaire.

L'eau de Goulard est aussi d'une très grande utilité dans le traitement des érysipèles, de dartres furfuracées ou légèrement humides, qui surviennent à la tête des chiens et des moutons ; les décollements récents de la corne, soit par le piétin ou les maladies aphtheuses ; la fourbure récente du porc, du chien, et même du cheval ; les brûlures. On s'en sert aussi, avec beaucoup de succès, en injection dans les cavités nasales, pour combattre les anciens jetages ; enfin dans les ophthalmies récentes et anciennes.

Les deux acétates que nous venons d'examiner, administrés à la dose de 32 grammes (1 once), sont des poisons.

ACÉTATE DE CUIVRE. On emploie, en médecine vétérinaire, deux acétates de cuivre : le *sous-deuto-acétate* et le *deuto-acétate neutre*.

1° SOUS-DEUTO-ACETATE. *Caractères*. Ce sel encore appelé *vert de gris* est sous la forme d'une matière pulvérulente bleuâtre, ou d'un vert bleuâtre, inaltérable à l'air, mais décomposable par la chaleur. Mis en contact avec une grande quantité d'eau, il est transformé en acétate neutre qui se dissout, et en hydrate de deutoxide de cuivre insoluble.

Usages. Le vert de gris est très souvent employé dans la médecine des animaux. C'est un excellent dessiccatif dont on fait usage à l'état pulvérulent dans le traitement du piétin, dans les dartres ulcéreuses et croûteuses. Uni à la graisse ou au miel, il compose une pommade très astringente, excellente pour tarir l'écoulement séreux des eaux aux jambes (voy. cette pommade). Ce sel n'est jamais employé à l'intérieur.

2° DEUTO-ACÉTATE DE CUIVRE. *Verdet cristallisé*, *cristaux de Vénus*. Ce sel est en très beaux cristaux rhomboïdaux, groupés les uns sur les autres, d'une belle couleur vert bleuâtre, d'une saveur sucrée et styptique. A l'air, ce sel s'effleurit un peu. Il est très soluble dans l'eau, et produit une solution d'un vert bleuâtre employé sous le nom de *vert d'eau*. Il sert à confectionner le *vinaigre radical*. Ce sel est plus rarement employé que le précédent ; étant plus soluble, il est beaucoup plus dangereux, parce qu'il peut être absorbé, et susciter l'empoisonnement.

ACÉTATE DE CHAUX. Ce sel à l'état de pureté est cristallisé en aiguilles blanches, prismatiques, très brillantes. Sa saveur est âcre et piquante, il est inaltérable à l'air et se dissout dans l'eau avec facilité. On le produit dans les arts en saturant le produit de la distillation du bois par le carbonate de chaux.

Usages. Ce sel est à très bon marché et jouit d'une grande vertu astringente. Nous l'avons employé toujours avec succès pour tarir des flux anciens ou des sécrétions morbides. Cependant il doit être usité avec quelque précaution, car la dessiccation qu'il produit est si prompte qu'il peut occasionner des répercussions souvent funestes.

On emploie aussi comme astringent le mélange de *craie, blanc d'Espagne*, avec le vinaigre. Cette facile et très peu coûteuse préparation astringente se fait en mélangeant la craie dans du vinaigre et en y ajoutant un blanc d'œuf pour lui donner de la viscosité. On s'en sert souvent dans les engorgements récents du testicule, les œdèmes froids ou peu chauds des membres, des articulations, les gonflements synoviaux, enfin dans l'engorgement laiteux des mamelles.

Les mélanges de vinaigre et d'alumine, ou terre argileuse, argile, jouissent aussi d'une propriété astringente très employée dans la médecine vétérinaire de la campagne, dans tous les cas que nous venons de nommer.

L'onguent ægyptiac, l'eau céleste, la pierre divine, sont encore des préparations pharmaceutiques usitées comme astringentes (Voyez ces préparations, 2° partie).

Deuxième classe.

MÉDICAMENTS QUI AGISSENT SUR LE SYSTÈME NERVEUX.

CLASSIFICATION ET ÉNUMÉRATION DE CES MÉDICAMENTS.

PREMIÈRE SECTION.

Médicaments propres à diminuer ou à faire cesser la douleur en engourdissant le système nerveux. *Anodins, antispasmodiques, calmants.*

- Valériane.
- Fleurs de tilleuls.
- Fleurs d'oranger.
- Têtes de pavots.
- Asa-fœtida.
- Laitue commune.
- Laitue vireuse.
- Morelle.
- Morelle douce-amère.
- Amandes amères.
- Préparations végétales. { Camphre. Ether. Onguent populéum.
- Gom. ammoniaque, sagapenum Opopanax, Galbanum, etc.

DEUXIÈME SECTION.

Médicaments propres à stupéfier le système nerveux sans s irriter le canal intestinal, *Stupéfiants, narcotiques proprement dits.*

- Opium.
- Morphine.
- Codéine.
- Acétate de morphine.
- Acide hydrocyanique.
- Cyanures.

TROISIÈME SECTION.

Médicaments qui agissent en stupéfiant le système nerveux, mais en irritant le canal intestinal, *Narcotico-acres.*

- Belladone.
- Stramoine.
- Jusquiame.
- Tabac.
- Mandragore.
- Aconit.
- Ciguë.
- Ciguë vireuse.
- Ciguë aquatique.
- Petite Ciguë.

QUATRIÈME SECTION.

Médicaments qui stupéfient instantanément le système nerveux sans produire d'irritation sensible.

- Acide hydrocyanique.
- Hydrocyanates.

CINQUIÈME SECTION.

Excitants du système nerveux.

A. Médicaments qui excitent énergiquement le système nerveux.

- Noix vomique.
- Eupas tieuté, etc.

B. Médicaments qui agissent sur le système nerveux en augmentant, puis en ralentissant les mouvements du cœur.

- Digitale pourprée.

PREMIÈRE SECTION. — MÉDICAMENTS ANODINS.— ANTI-
SPASMODIQUES. — CALMANTS. — SÉDATIFS.

On donne le nom d'anodins, d'antispasmodiques, à des médicaments simples ou composés qui étant pris intérieurement ont la propriété d'engourdir le système nerveux et de le rendre moins impressionnable à la douleur pathologique. Le même nom est encore réservé aux médicaments qui, appliqués immédiatement sur des parties malades et endolories, ont la propriété de calmer l'irritation nerveuse qui cause des douleurs plus ou moins vives et qu'il est important de diminuer ou de faire cesser. Le mode d'emploi, la dose de ces médicaments, varient selon les cas maladifs dans lesquels ils sont indiqués. Cependant on peut dire d'une manière générale qu'ils sont administrés à petites doses et généralement employés dans les affections nerveuses ou dans les maladies qui s'accompagnent de beaucoup de douleur.

Famille des Valérianées.

La VALÉRIANE SAUVAGE. *Valériane des bois*, *petite Valériane*. *Valeriana sylvestris*. *Valeriana officinalis* (L). On emploie la racine. *Radix valerianæ sylvestris minoris*.

Caractères. La racine de valériane est composée d'un grand nombre de fibrilles cylindriques alongés, d'un gris jaunâtre en dehors, blanches en dedans, elle est presque inodore lorsqu'elle est fraîche; mais elle acquiert par la dessiccation une odeur pénétrante désagréable, difficile à définir, et sa saveur est âcre, amère et nauséeuse.

Analysée par Tromsdorff, professeur de chimie à Erfurt

en 1809, ce chimiste a découvert qu'elle renfermait beaucoup d'eau, de résine noire, d'extrait gommeux, de fécule et d'une huile volatile très liquide, d'un blanc verdâtre, d'une odeur forte, pénétrante et camphrée. Cette huile recèle un principe particulier appelé *Acide valérianique*. Cet acide est pur et incolore; il a une odeur forte et désagréable de valériane. Il est susceptible de se combiner avec des bases alcalines (1).

La valériane doit être récoltée pour être de bonne qualité dans les pays montagneux et sur des terrains secs. On ne doit prendre que les racines qui ont deux ou trois ans d'existence. Toujours on les arrachera avant le printemps ou à l'automne. Les racines ayant beaucoup moins de vertu lors de l'évolution de la tige ou lorsque la plante est en fleurs ou en graines. On les desséchera promptement et on les tiendra dans un vase bien fermé.

L'arome de la valériane produit sur les chats un effet singulier. Ces animaux recherchent et approchent cette racine avec plaisir, ils la flairent, se roulent dessus; mais bientôt ils salivent abondamment et restent dans un état de torpeur qui ne les quitte qu'après un certain temps.

Propriétés. La valériane jouit d'une grande vertu antispasmodique. On l'administre dans le tétanos, la danse de Saint-Guy, l'épilepsie idiopathique, les convulsions chroniques des chiens qui sont atteints de la maladie dite des chiens. On l'a conseillée aussi dans l'amaurose, les affections vermineuses du canal intestinal, mais ses effets curatifs sont loin d'être aussi bien constatés qu'à l'égard des maladies ci-dessus énoncées.

____

(1) *Bulletin de pharmacie*, t. 1.

Dose. La valériane s'administre en électuaire, en bols ou en décoction assez prolongée. La poudre jouit de plus grandes vertus que la décoction. Pour le cheval, les bêtes bovines, on la donne en pilules à la dose de 32 à 124 gram. (2 à 4 onces) et pour le chien à celle de 16 à 32 grammes (1 once).

Famille des Tiliacées.

Le Tilleul d'europe, *Tilia Europea* (L.). Les fleurs sont employées. *Tilia hortensis*.

Les fleurs de tilleul sont connues de tout le monde. Elles ont une odeur douce, légèrement aromatique. On doit les choisir d'une belle couleur jaune, ou blanc jaunâtre. Leur saveur est presque nulle.

Préparation. On doit recueillir ces fleurs lorsque la corolle est épanouie et qu'elles laissent exhaler une odeur suave. On doit les débarrasser de leur pédoncule et de leur bractées, les sécher promptement, puis les envelopper dans un sac de papier collé et les déposer dans une armoire bien sèche. L'humidité fait perdre à ces fleurs une partie de leur propriété.

Usages. Les fleurs de tilleul s'emploient en infusion dans l'eau, à la dose de 8 grammes (2 gros) dans un demi-litre d'eau. Cette infusion est rarement employée seule, le plus souvent elle sert de véhicule à une préparation calmante composée avec l'éther sulfurique, le sirop diacode ou la décoction concentrée de têtes de pavot. On la donne dans les coliques sanguines, les affections cérébrales, les légères diarrhées.

Famille des Aurantiacées.

FLEURS D'ORANGER, *Aurantii flores ; Naphœ flores.*
Fleurs du *Cetrus Aurantium* (L.).

Partie employée, les pétales. Ces pétales sont très odorants, ridés et d'une couleur blanchâtre. Ils ont une légère
amertume. On en retire une eau distillée que l'on emploie
fréquemment en médecine. *Eau de fleurs d'oranger, aqua
naphœ.* Les fleurs d'oranger contiennent une huile volatile
nommée *essence de néroli.* M. Boullay a trouvé en outre
un principe jaune amer, soluble dans l'eau, dans l'alcool
et insoluble dans l'éther ; une matière gommeuse, de l'albumine, de l'acétate de chaux, de l'acide acétique en excès.
(*Bulletin de pharmacie*, t. I.) Le même pharmacien chimiste a découvert aussi dans l'huile volatile une matière
concrète comme le blanc de baleine qui n'a ni saveur ni
odeur (*Journal de pharmacie*, t. XIV, p. 497).

Usages. On traite les pétales par l'infusion et on obtient
une eau qui renferme le principe aromatique. La dose est
de 16 grammes (1/2 once) dans un litre d'eau pour les
grands animaux, et de 4 à 8 grammes (1 à 2 gros) pour
les petits. On l'emploie dans les mêmes circonstances que
l'infusion de fleurs de tilleul. Cependant on la dédaigne
parce qu'elle coûte beaucoup plus cher.

Famille des Papavéracées.

PAVOT. *Tête de Pavot. Papaveris capitulum.* Fruit
capsulaire du *Papaver somniferum.* Cette plante annuelle
indigène dans le midi de l'Europe et dans l'orient est cultivée dans nos provinces du nord pour ses fruits. On en distingue deux espèces, le *Pavot noir* et le *Pavot blanc.*

Le pavot noir a une capsule globuleuse qui renferme des semences noires. Le pavot blanc porte une capsule ovoïde et des graines blanches. Ces capsules sont jaunâtres, inodores, et d'une saveur un peu amère; pour qu'elles soient de bonne qualité il faut qu'elles aient été récoltées un peu avant la maturité complète et qu'elles n'aient pas vieilli dans les magasins.

Les graines que renferment les capsules sont recueillies dans la Belgique et le nord de la France pour faire de l'huile d'œillette, principe mucilagineux, huileux et partant émollient, qui ne renferme aucun des principes contenus dans la capsule. De celle-ci, si on l'incise lorsqu'elle est verte, il en découle un suc blanchâtre laiteux qui devient brun en séchant à l'air. M. Vauquelin a analysé ce produit et il y a trouvé de la morphine, de l'acide méconique, une substance extractive huileuse, etc. (*Annales de chimie*, t. IX, p. 282). M. Tilloy, pharmacien à Dijon, vient d'extraire des capsules sèches de pavots indigènes les mêmes produits constatés déjà par Vauquelin. C'est de ces capsules à l'état vert que l'on retire aujourd'hui l'opium indigène, duquel on obtient la morphine dans la plupart des officines.

Les têtes du pavot blanc sont très employées dans la médecine vétérinaire. On en retire les graines et on traite ces capsules par décoction. Le décoctum renferme tous les principes antispasmodiques de la capsule. Concentré, il peut acquérir des propriétés narcotiques. On le confectionne ordinairement en mettant de trois à cinq têtes dans un litre de liquide que l'on fait réduire au trois quarts.

On donne cette décoction en lavements et en breuvages

à l'intérieur dans les coliques nerveuses , néphrétiques, dans les diarrhées muqueuses. A l'extérieur on en lotionne les plaies douloureuses. On l'emploie aussi comme collyre dans les maladies des yeux.

On confectionnait autrefois avec le suc qui découle de ces capsules, le sirop *diacode*. Aujourd'hui on se sert avec plus d'avantage de l'opium thébaïcum pour confectionner ce sirop (sirop d'opium).

Les capsules de *Pavot rouge*, *Pavot coquelicot*, *Papaver rheas*, renferment aussi étant vertes des éléments narcotiques; mais ils sont en faible proportion. Cependant en l'absence des capsules du *Papaver somniferum*, on pourrait les employer avec quelque avantage.

Famille des Ombellifères.

Asa-foetida, *Gummi resina Asa-fœtida*, suc gommo-résineux qui découle du *Ferula Asa-fœtida*, plante vivace qui croit en Perse et dans la Libye.

La racine du ferula asa-fœtida est analogue à celle du panais, mais tantôt simple tantôt rameuse, noire extérieurement, blanche intérieurement, lactescente et fétide. D'après Kempfer, c'est par des incisions que l'on pratique au collet de cette racine que s'écoule l'asa-fœtida, qui d'abord est liquide, épais, blanc comme de la crême et couvre bientôt la plaie; puis par l'influence de l'air et du soleil, ce liquide devient blanc jaunâtre et ne tarde pas à se concréter. Celui qui nous est apporté par le commerce, est en masses informes, de consistance ferme , de couleur fauve ou brun chocolat, parsemées de larmes roussâtres à l'extérieur; intérieurement on y remarque des points d'un blanc sale que l'action de l'air et de la lumière fait pro tement passer au rose ou rouge vif, au violet, et enfin au brun.

L'asa-fœtida répand une odeur forte et puante qui se rapproche de celle de l'ail. Sa saveur est âcre et amère. Exposé à l'action d'une douce chaleur, il se ramollit, son odeur devient plus forte, et si la température est plus élevée, il brûle avec flamme. Il se réduit difficilement en poudre. Pour faciliter sa pulvérisation on y ajoute un peu de carbonate d'ammoniaque. Broyé dans l'eau ou dans l'alcool, il se dissout incomplètement et forme une espèce d'émulsion laiteuse. Son agent dissolvant par excellence est l'acide acétique ou le vinaigre. Le jaune d'œuf, l'huile, en opèrent aussi très bien la dissolution.

D'après l'analyse qui a été faite de l'asa-fœtida, par M. Pelletier, cette gomme-résine serait composée d'une résine particulière qui se colore en rouge par son exposition à la lumière. Cette résine ne conserve l'odeur de l'asa-fœtida qu'autant qu'elle reste imprégnée d'une portion d'huile essentielle qui se distingue par une odeur aromatique qui serait agréable si elle était isolée ; d'huile volatile à laquelle l'asa-fœtida doit son odeur et son âcreté ; d'une gomme semblable à la gomme arabique ; d'une gomme semblable à la gomme de Bassora, enfin, des traces de malate acide de chaux (*Bulletin de pharmacie*, t. III).

Falsification. Dans le pays même on mêle à l'asa-fœtida une pâte faite avec de la farine de fèves ; on y trouve aussi de la terre, des pierres et plus souvent des débris de joncs provenant des enveloppes qui le contenait.

Choix. Il faut en général préférer l'asa-fœtida qui contient beaucoup de larmes, qui est sec, d'une couleur roussâtre ou fauve, d'une odeur forte, piquante et non fétide.

Usages. Cette gomme-résine, qui pour nous est si repoussante, est pour les habitants de la Perse un condiment extrêmement recherché qu'ils mélangent à leurs boissons et à leurs aliments, afin de les rendre plus agréables et plus savoureux.

Dans la médecine vétérinaire, l'asa-fœtida est fréquemment employé comme *antispasmodique* lorsqu'il est administré à petites doses à l'intérieur. On en fait surtout usage dans la danse de Saint-Guy. Dans les quintes de toux, qui résultent d'une bronchite ou d'une laryngite aiguë on fait avec l'asa-fœtida, l'ail, le sel et le poivre, des mastigadours, qu'on force les animaux à mâcher lorsqu'ils sont dégoûtés, que les digestions sont venteuses et qu'il y a dépréciation du goût. Ils produisent alors de bons effets. On a exagéré les vertus de cette substance dans les maladies typhoïdes et charbonneuses.

Dose. La dose, comme *antispasmodique*, pour les grands animaux est de 4 à 8 grammes (1 à 2 gros), unies au miel et au jaune d'œuf et administrées sous la forme de pilules. Pour les chiens, elle est de 2 à 4 grammes (1/2 gros à 2 gros).

Famille des Synanthérées.

LAITUE COMMUNE. *Lactuca sativa* et la LAITUE VIREUSE *Lactuca virosa*. La première de ces laitues est cultivée dans les jardins et mangée par l'homme, cuite ou crue. Elle est connue sous le nom de salade. Cette plante renferme un principe *antispasmodique* ; bouillie dans l'eau, elle donne une décoction qui, concentrée, peut être donnée comme calmante aux animaux. On en fait surtout usage dans les jeunes agneaux, les jeunes veaux, les petits chiens, qui sont atteints d'inflammations intestinales.

Cuite et réduite en bouillie, on en confectionne des cataplasmes calmants, qui sont fort bons dans les engorgements douloureux des testicules.

Le suc laiteux que renferme les tiges de la laitue, recueilli et conservé, a reçu de M. François le nom de *thrydace*, suc dont a beaucoup exagéré les propriétés calmantes et narcotiques. Ce suc n'est point employé en médecine vétérinaire.

LAITUE VIREUSE. *Lactuca virosa*. C'est une espèce bisannuelle vigoureuse, haute de 4 à 6 pieds, qui croît spontanément dans toutes les parties de l'Europe. Lorsqu'elle est en fleurs, sa tige est remplie d'un suc laiteux très âcre, plus abondant et plus actif que celui de la laitue cultivée. L'analyse chimique y a fait découvrir un principe amer, de la résine et une matière analogue au caoutchouc.

Cette laitue jouit de plus grandes vertus *antispasmodiques* que la laitue cultivée. On lui avait attribué des propriétés délétères, mais les expériences de M. Orfila faites sur des chiens ont démontré qu'on les avait beaucoup exagérées.

Usages. On emploie la laitue vireuse à la même dose et sous la même forme que la laitue cultivée. Cependant l'usage doit en être fait avec plus de circonspection.

Famille des Solanées.

MORELLE NOIRE. *Solanum nigrum*. Cette plante, qui croît dans les jardins, le long des haies, au bord des murailles, porte des fleurs blanches et des baies noires à l'époque de leur maturité. Ces baies, analysées par M. Desfosses, ont fourni une substance alcaline combinée à de l'acide malique en excès, blanche, pulvérulente, amère, que ce chimiste a nommée *solanine*, substance du reste qui existe aussi, d'après M. le docteur Otto, dans les germes de la pomme de terre.

La morelle noire jouit de propriétés calmantes bien démontrées. Ses baies sont même stupéfiantes et dangereuses pour les bêtes à laine, d'après M. Bourgogne (*Journal de Chimie médicale*, novembre 1827). La morelle n'est guère employée qu'à l'extérieur en cataplasmes calmants contre les inflammations si douloureuses des mamelles et des testicules. Elle entre dans la composition de l'onguent populéum.

MORELLE DOUCE AMÈRE. *Solanum dulcamara*. Les jeunes rameaux de l'année de cette plante sarmenteuse sont employés. Ils sont ligneux, effilés, grêles, longs d'un pouce à deux ; leur saveur d'abord douce est ensuite d'une amertume assez intense. De là le nom vulgaire de *douce amère* donné à cette plante.

Choix. Il faut choisir les tiges bien pleines et rejeter celles qui n'ont point de moelle ou qui sont privées de leur suc propre.

M. Carrère assure que la douce amère (*Traité de la douce amère*) a plus d'odeur et d'énergie dans les pays méridionaux que dans les contrées du nord ; lorsqu'elle croît dans un terrain sec et montueux que dans les lieux humides.

Les feuilles et les tiges renferment de la solanine, à laquelle la douce amère doit ses vertus et un principe sucré qui a été isolé par Pfaff, qui lui a donné le nom de *picroglycion*. Les baies rouges de cette plante, qui ont été regardées pendant longtemps comme dangereuses, sont, d'après Duncan, fort innocentes.

Usages. On fait avec les tiges de la douce amère, à la dose de 32 à 64 grammes (1 à 2 onces) pour le cheval et de 16 à 32 grammes (1/2 once à 1 once) pour le chien et le mouton, des décoctions qui sont employées avec avantage dans le farcin, la gale et les dartres anciennes. On la donne aussi dans les dysenteries qui s'accompagnent de douleurs intestinales et d'épreintes pénibles.

LES AMANDES AMÈRES qui, d'après M. Vogel (*Journal de Pharmacie*, 1827), renferment de l'acide hydrocyanique et une huile volatile amère (1), qui leur donne une propriété calmante, ne sont point employées dans la médecine vétérinaire.

Famille des Amentacées.

PEUPLIER NOIR, *Populus nigra* (L). Arbre abondamment répandu aujourd'hui en France. Il donne à la pharmacie ses bourgeons.

Récolte. Il faut cueillir les bourgeons de peuplier avant le développement de la feuille, et dans le moment où ils ont acquis leur plus grand degré d'accroissement. Plus tôt ou plus tard, ils possèdent moins de propriétés antispasmodiques.

Caractères. Ces bourgeons sont oblongs, pointus, longs d'environ six lignes, épais de deux lignes, d'un vert jaunâtre, et enduits d'une matière résineuse s'attachant aux doigts et d'une odeur agréable. Cette matière n'a point encore été complètement analysée. C'est à cette substance résineuse que ces bourgeons doivent la propriété dont

____

(1) Ces principes d'après M. Guibourt seraient formés par la présence de l'eau.

ils jouissent. Il importe donc, comme nous l'avons dit, de les récolter lorsqu'ils en sont chargés.

Conservation. Quelques pharmaciens pensent qu'il faut faire bouillir ces bourgeons dans de la graisse et les conserver dans celle-ci jusqu'à ce qu'ils soient employés pour confectionner l'onguent *populeum* ou de *peuplier* ; d'autres regardent cette attention comme inutile et se contentent de les faire sécher au grand air et de les conserver dans un lieu très sec. Ce dernier procédé de conservation est celui qui est généralement employé.

Usages. Ces bourgeons sont exclusivement usités dans la médecine vétérinaire à la confection de l'onguent populéum. (Voyez pommade de peuplier.)

Famille des Laurinées.

Le Camphre. *Camphora.* Huile volatile concrète que l'on retire du *laurus camphora*, arbre abondant au *Japon* et à *Ceylan*. On extrait aussi à Sumatra, à Bornéo et à Malaca, un camphre suave très pénétrant du *pterygium teres correa*, arbre de la famille des laurinées (Virey, *Journal de Pharmacie*, t. VII). On le retire aussi de l'exposition à l'air de plusieurs huiles essentielles, telles que celles de sauge, de marjolaine, de romarin de lavande, etc. Cette dernière, d'après Proust, peut en fournir jusqu'à 0,25 de son poids.

Préparation. L'extraction du camphre du *Laurus camphora* est très simple. On réduit en morceaux menus son tronc, ses branches, et on les place avec une petite quantité d'eau dans de grandes cucurbites de fonte surmontées d'un chapiteau de terre, garni intérieurement d'un réseau fait en paille de riz. En chauffant légèrement, le camphre se volatilise et se condense sur les cordes de riz en petits grains grisâtres. C'est sous cet état qu'il est apporté du Japon en Europe où on le raffine en le mêlant avec une petite quantité de chaux et le sublimant de nouveau sur un bain de sable dans des matras de verre à fond plat. Le camphre ainsi sublimé a la forme hémisphérique du vase dans lequel l'opération a été faite. Les Hollandais seuls possédaient le procédé du raffinage du camphre dont ils faisaient un secret. Aujourd'hui ce raffinage est connu dans toute l'Europe. Paris est la ville qui est reconnue pour posséder les meilleurs procédés du raffinage du camphre.

Propriétés. Le camphre se trouve dans le commerce de la droguerie sous forme de pains circulaires convexes d'un côté, concaves de l'autre. Dans son état de pureté il est solide, blanc, doux et comme gras au toucher, demi-transparent, d'une contexture lamelleuse et flexible. Sa pesanteur spécifique est de 0,988. Son odeur est forte et pénétrante, sa saveur âcre, piquante et accompagnée d'une sensation de fraîcheur qui paraît être due à l'évaporation d'une partie de la substance. Exposé à l'action de la chaleur dans un vase fermé il fond à $+ 175°$ et bout à $+ 204°$; il est si combustible qu'il s'enflamme à l'approche d'un corps en combustion et continue de brûler à la manière des huiles volatiles en produisant une fumée noirâtre.

Mis en contact avec l'eau, le camphre présente un phénomène singulier. Si on plonge en partie un petit cylindre de camphre dans l'eau, ce liquide est repoussé tout à coup et revient ensuite sur lui-même en produisant l'image d'un flux et d'un reflux autour du camphre. Un effet non moins surprenant se manifeste quand on râcle, à la surface de l'eau avec un canif, un morceau de camphre. Chaque petite masse détachée flottant sur l'eau, prend un mouvement de rotation très rapide sur elle-même. Ce tournoiement est anéanti à l'instant où l'on vient à toucher un point de la surface de l'eau avec une pointe d'aiguille trempée dans une huile fixe. Ces effets sont dus à la volatilité du camphre.

L'eau n'a que peu d'action sur le camphre ; cependant elle en dissout assez pour en acquérir l'odeur particulière. Les véritables dissolvants de ce corps sont ceux des huiles volatiles, c'est à dire l'alcool, l'éther. Le premier en dissout les trois quarts de son poids. Les huiles volatiles et les huiles fixes le dissolvent aussi.

La solution alcoolique de camphre, mêlée à l'eau, est décomposée sur le champ ; le camphre en est précipité en flocons blancs, grenus, par suite de l'union de l'alcool et de l'eau.

Traité convenablement par l'acide nitrique, il se transforme en un acide appelé *camphorique*, susceptible de former des sels qui portent le nom de *camphorates*.

L'acide sulfurique le décompose, isole une partie du carbone et le transforme en une matière soluble dans l'eau qui jouit des propriétés du *tannin* (*tannin artificiel*).

Les éléments du camphre, d'après de Saussure et de Liebig, sont formés de carbone pour les trois quarts de son poids et d'une petite quantité d'hydrogène et d'oxigène. Ces analyses prouvent que le camphre est une véritable *huile volatile concrète*.

Usages. Le camphre uni à l'alcool, à l'eau-de-vie, à l'huile, forme l'alcool camphré, l'eau-de-vie camphrée et l'huile camphrée. Ces préparations sont employées à l'extérieur comme réfrigérantes et calmantes. Uni au jaune d'œuf, à une huile fixe, à l'eau-de-vie, on l'administre à l'intérieur, à *petite dose* (comme antispasmodique) dans le tétanos, les crampes, le vertige, et les douleurs urinaires produites par l'action des cantharides.

Dose. La dose est, pour les grands animaux, de deux à quatre grammes (1/2 gros à 1 gros), et, pour les petits, de un à deux grammes au plus.

Préparations antispasmodiques.

Ces préparations sont l'éther sulfurique, la liqueur anodine d'Hoffmann, le sirop d'opium, l'onguent populéum, le baume tranquille, l'huile opiacée, etc., etc.

L'ETHER SULFURIQUE (*Æther sulfuricus, Æther vitriolicus*). Résultant de la réaction de l'alcool et de l'acide sulfurique, l'éther sulfurique est un liquide incolore, très léger, d'une odeur suave et pénétrante, d'une saveur fraîche d'abord, chaude et piquante ensuite. Exposé à l'air il se vaporise promptement en refroidissant les corps avec lesquels il est en contact. Sa combustibilité est si grande qu'il brûle avec une flamme intense par l'approche d'un corps en combustion. Il est beaucoup plus léger que l'eau. Sa densité est de 0,7155 à $+$ 20°. Il entre en ébullition à $+$ 35,6° sous la pression de $0^m,76$.

Agité avec de l'eau, l'éther sulfurique s'en sépare promptement et vient se rassembler au dessus de la masse liquide; il en reste cependant en dissolution une petite quantité que l'on a évaluée à un quatorzième de son poids, tandis que, de son côté, l'éther retient un trentième d'eau environ. Au contraire il est miscible en toute proportion avec l'alcool et l'acide acétique.

Il dissout un très grand nombre de corps médicamenteux,

comme les résines, le camphre, les huiles, l'iode, le phosphore, le deuto-chlorure de mercure, etc.

L'éther sulfurique s'obtient par le mélange et la distillation de l'alcool et de l'acide sulfurique. Nous ne ferons point connaître ce procédé, les vétérinaires n'étant point appelés à préparer l'éther, substance d'ailleurs qu'ils devront plutôt acheter toute préparée chez les droguistes ou les pharmaciens. Nous ferons cependant observer que l'éther doit être choisi nouvellement préparé, attendu qu'en veillissant il devient toujours acide. On a recommandé pour prévenir cette altération d'y ajouter une petite quantité de magnésie qui sature l'acide à mesure qu'il se forme.

Usages. L'éther est un médicament antispasmodique ou calmant, très précieux dans la médecine vétérinaire. On le donne dans les grands animaux, et surtout le cheval, à la dose de 2 à 4 grammes (1/2 gros à 1 gros). On l'associe aux breuvages émollients et calmants. C'est surtout dans les coliques dues à des indigestions gazeuses que l'éther produit de bons effets; il est aussi d'un utile secours dans les météorisations des ruminants. Nous le recommandons également à la dose de 8 à 16 grammes (2 gros à 1/2 once) dans une décoction de racine de fougère, contre les vers du canal intestinal du cheval.

A une plus grande dose, l'éther agit comme un puissant excitant diffusible dans les animaux, alors il produit de l'excitation et des sueurs abondantes.

Quant à la liqueur *anodine d'Hoffmann, Æther sulfuricus alcoolisatus, liquor mineralis anodinus Hoffmanni* le sirop d'éther, l'onguent populéum, l'huile opiacée, qui sont d'excellents antispasmodiques employés tant à l'extérieur qu'à l'intérieur, nous renvoyons à la composition de ces préparations pharmaceutiques (Voyez la seconde partie).

Le SAGAPENUM, suc gommo-résineux fourni par le *ferula persica*, arbre qui croît dans la Libye.

La GOMME AMMONIAQUE *gummi ammoniacum*, gomme-résine qui découle du *ferula ammonifera*, qui croît en Afrique et en Perse.

Le GALBANUM, *galbani gummi*, suc également gommo-résineux que l'on retire du *bubon galbanum*. L. Arbre qui croît dans l'Asie et dans l'Afrique.

L'OPOPANAX, *gummi opopanax*, qui provient du *pastinaca opopanax*. L. Toutes ces gommes-résines ne sont point employées aujourd'hui dans la médecine vétérinaire, l'effet en étant incertain et très inconstant : ces drogues sont d'ailleurs d'un prix élevé.

DEUXIÈME SECTION.—MÉDICAMENTS PROPRES A STUPÉFIER LE SYSTÈME NERVEUX, SANS IRRITER LE CANAL INTESTINAL.

Narcotiques proprement dits.

Nous désignons sous le nom de médicaments *stupéfiants* ou de *narcotiques proprement dits*, les agents qui étant appliqués à l'extérieur, ont pour principale propriété d'engourdir et de plonger dans un état de torpeur les animaux qui sont soumis à leur influence, et si la dose est trop élevée de déterminer l'empoisonnement (narcotisme) et plus tard la mort. Ces agents en passant dans le canal intestinal ne déterminent aucune irritation et partant nul phénomène inflammatoire, circonstance qui les distingue des *narco-tico-âcres*. Leur principale action se passe sur le système nerveux.

Ces agents médicamenteux sont : l'opium et ses composés, la morphine, le sulfate, l'acétate, l'hydrochlorate de morphine, la codéine, la narcotine, l'acide hydrocyanique et les cyanures.

Famille des Papavéracées.

Opium, *opium, opium thebaicum*. Suc épaissi, d'une nature chimique particulière, que fournissent les capsules du *papaver somniferum*. L.

Histoire et extraction. On cultive dans la Perse, dans l'Egypte et dans l'Inde le papaver sommiferum destiné à la récolte de l'opium.

La manière d'obtenir ce suc est très simple : on pratique vers le soir avec un instrument de fer muni de cinq petites lames, cinq incisions parallèles dans l'épaisseur des capsules du pavot avant qu'elles aient atteint leur entière maturité. Il découle de ces plaies un suc blanchâtre, laiteux qui s'épaissit un peu pendant la nuit et que l'on recueille le lendemain matin pour le déposer dans des pots. On l'expose ensuite au soleil, il acquiert de la consistance, devient brunâtre et est dans cet état roulé en pains orbiculaires pour être livré au commerce sous le nom *d'opium brut*.

On laisse aussi se concréter le suc après la capsule qui a été incisée, et on obtient par sa dessiccation des larmes d'opium jaunâtres, nauséeuses, c'est *l'opium en larmes* qui assurément est le plus pur et aussi le plus estimé.

Beaucoup d'auteurs en pharmacie assurent que l'opium qu'on nous expédie se prépare avec le suc exprimé de la plante : on pile les capsules et les parties supérieures des tiges, on les presse pour en obtenir le suc, que l'on fait ensuite évaporer jusqu'à consistance d'extrait solide. Cet extrait constitue l'*opium brut* du commerce appelé par les anciens *meconium*.

En soumettant à l'action de l'eau bouillante les capsules et les tiges qui ont été pressées, on obtient par la concentration une troisième espèce d'opium connu sous nom de *poust*.

L'opium qui se consomme en France nous vient principalement du Levant par la voie de Marseille.

Caractères. L'opium du commerce est sous la forme de pains orbiculaires ou en masses arrondies du poids de 125 grammes jusqu'à un demi-kilogr. Ils sont enveloppés dans des pétales et dans des feuilles de pavot, de tabac ou de rumex. Ces masses sont sèches, susceptibles de se briser par le choc du marteau ou du pilon. Ces morceaux doivent se ramollir facilement sous les doigts. Leur couleur est d'un beau brun, leur odeur vireuse, désagréable, leur saveur amère, nauséabonde et persistante.

La pesanteur spécifique de l'opium est un peu supérieure à celle de l'eau, 1,33. Il se dissout en grande partie dans ce liquide ainsi que dans l'alcool.

La chaleur du climat paraît avoir une influence très grande sur la formation et sur la vertu de l'opium. D'après M. Olivier, en Perse, l'opium le plus estimé est celui que l'on récolte dans les provinces méridionales. (*Voyage dans l'empire ottoman, l'Egypte et la Perse*, t. III, p. 155.)

Sophistication. Le commerce offre fréquemment un opium altéré par la cupidité des marchands. On y mêle, soit dans le Levant, soit en France, des extraits de laitue vireuse, de réglisse, de l'extrait des feuilles de pavot, même de la terre glaise, du sable, des petits graviers, etc.

Choix. Il faut choisir les morceaux d'opium vendus dans

les officines d'une médiocre grosseur, très secs ; les plus
compactes, les plus durs, sont ceux qui contiennent le moins
de corps étrangers.

Analyse chimique de l'opium. Depuis 1813, MM. Seguin en France, Sertuerner dans le royaume d'Hanovre
(1817), et plus tard les pharmaciens français Pelletier et
Couerbe ont donné une analyse complète de l'opium. Les
substances qu'on y a rencontrées sont au nombre de 15,
savoir :

    1 La morphine,
    2 La codéine,
    3 La narcotine,
    4 L'acide méconique,
    5 Un acide brun extractif,
    6 De la résine azotée,
    7 Une huile grasse acide,
    8 La thébaïne ou paramorphine,
    9 La méconine,
    10 La narcéine,
    11 La bassorine,
    12 La gomme,
    13 Du caoutchouc,
    14 Du ligneux,
    15 Un principe vireux volatil.

Parmi ces substances constituantes de l'opium, trois
sont alcalines, la morphine, la codéine, la narcotine. Nous
examinerons seulement ces trois substances qui ont été
employées en médecine.

Usages. L'opium brut s'emploie dans les maladies des
animaux, qui s'accompagnent de vives douleurs, et dans
toutes les affections cérébrales avec vertiges. On l'admi-

nistre aussi avec succès dans le tétanos, la danse de Saint-Guy, la dysenterie, la diarrhée et les toux quinteuses. On en prépare pour faciliter l'administration des teintures, des extraits, des solutions dans l'eau, le vin, l'acide acétique affaibli (Voyez *préparations d'opium*, 2ᵉ partie).

Dose. Sa dose, dans les grands animaux, est de 8 grammes jusqu'à 32 grammes (2 gros à 1 once), et, pour les petits, de 0,5 à 4 grammes (10 grains à 1 gros).

Morphine. Cet alcali végétal a été découvert par MM. Seguin et Sertuerner.

Propriétés. La morphine à l'état de pureté est en petites aiguilles blanches, prismatiques, très légères ; elle est inodore ; sa saveur est légèrement amère. Exposée à l'action du feu, elle fond, et prend en refroidissant une forme cristalline rayonnée ; à une température plus élevée, elle se décompose et fournit un charbon léger et boursoufflé qui brûle à l'air sans résidu. Elle est très soluble dans l'eau, car ce liquide à + 100° n'en dissout qu'un 82ᵉ de son poids qu'il laisse précipiter en partie par son refroidissement. Toutes les solutions de morphine verdissent le sirop de violettes, et ramènent au bleu le tournesol rougi. Les acides s'unissent facilement à la morphine et forment avec elle des sels neutres solubles, cristallisables et généralement très actifs. C'est cette base salifiable qui communique à l'opium ses propriétés médicinales les plus remarquables.

Usages. La morphine est rarement usitée pure ; on l'emploie ordinairement sous forme de sel ou combinée aux acides acétique, sulfurique et hydrochlorique.

Acétate de morphine. Cette combinaison s'obtient en faisant dissoudre la morphine dans le vinaigre distillé et

évaporant en consistance sirupeuse la dissolution. L'acétate cristallise, mais difficilement au bout de quelques jours,
en une masse confuse, mamelonnée; mais pour l'usage médical, on évapore à siccité la dissolution et l'on recueille le
résidu grisâtre qui en provient. Ce sel attire un peu l'humidité de l'air, il se dissout dans son propre poids d'eau
distillée à la température ordinaire.

Sulfate de morphine. Obtenu en saturant l'acide sulfurique faible par la morphine, et faisant concentrer la dissolution. Ce sel est cristallisé en prismes ou en aiguilles
déliées qui se groupent en houppes rayonnées; il est
inaltérable à l'air et soluble dans deux fois son poids
d'eau.

Hydrochlorate de morphine résultant de la combinaison de l'acide hydrochlorique avec la morphine. Ce sel
cristallise en aiguilles radiées, très belles, inaltérables à
l'air; il est un peu moins soluble dans l'eau que le précédent.

Usages et Doses. Ces sels sont employés dans les mêmes
cas maladifs que l'opium. Leur dose est infiniment plus petite; elle doit être avec celle de l'extrait aqueux d'opium à
peu près dans les rapports de deux à un; on les administre
aux grands animaux à la dose de 0,25 à 4 grammes (5 grains
à 1 gros), et, pour les petits, de 5 à 10 centigrammes
(1 grain à 2 grains). Souvent on fait absorber ces sels en
les appliquant sur la peau dénudée de son épiderme par
l'action d'un vésicatoire. On a aussi conseillé de les injec-
ter dans les veines, mais nous croyons ce mode d'administration très incertain et trop dangereux.

Codéine. Cet alcaloïde a été découvert en 1832 par M. Ro
biquet dans l'opium. Il se présente à l'état de pureté en

longues aiguilles déliées, d'une grande blancheur ; il est plus soluble dans l'eau que la morphine ; sa solution bleuit fortement le papier de tournesol rougi.

La codéine n'a point encore été employée que nous le sachions dans la médecine vétérinaire. D'après *M. Barbier* (*d'Amiens*), qui a expérimenté sur la codéine, il paraîtrait qu'elle agit d'une manière spéciale sur les plexus nerveux du grand sympathique, ce qui la rendrait utile, selon ce pharmacologiste, dans le traitement des douleurs nerveuses du tube digestif.

Narcotine. Cet alcali a été découvert en 1804 par M. Derosne et désigné à cette époque sous le nom de *sel de Derosne, sel cristallisable de l'opium*.

Caractères. La narcotine se présente en prismes droits à bases rhomboïdales, en aiguilles ou en paillettes nacrées, sans saveur ; elle est insoluble dans l'eau froide et très peu soluble dans l'eau chaude, ses véritables dissolvants sont l'alcool, l'éther et les huiles fixes et volatiles. Regardée successivement comme aussi active que la morphine, puis comme la partie irritante de l'opium, la narcotine est aujourd'hui rangée parmi les substances à peu près inertes. Les expériences de M. Bally ne laissent aucun doute à cet égard.

Préparations d'opium.

Ces préparations sont : les extraits aqueux d'opium exotique et indigène, le laudanum de Sydenham, le sirop d'opium, le sirop diacode, l'huile opiacée, la teinture alcoolique d'opium, etc. (Voyez ces préparations dans la seconde partie).

TROISIÈMU SECTION. — MÉDICAMENTS QUI AGISSENT EN STUPÉFIANT LE SYSTÈME NERVEUX, MAIS EN IRRITANT LE CANAL INTESTINAL. — *Narticoco-âcres.*

Les médicaments dont nous allons tracer l'histoire renferment dans leur composition deux éléments dont l'action est différente : l'un agit à la manière de l'opium, en frappant d'engourdissement le système nerveux et produisant la stupéfaction ou le narcotisme; l'autre, âcre et irritant, suscite une irritation et une inflammation du canal intestinal. Ces agents, à des doses variables, peuvent susciter des phénomènes toxiques, l'empoisonnement et la mort. Ce seul énoncé suffira, nous l'espérons, pour bien faire concevoir combien l'étude des narcotico-âcres est sérieuse sous le rapport pharmaceutique, et si importante sous le point de vue thérapeutique. Cependant nous nous empressons de dire que ces médicaments sont en général employés dans les mêmes circonstances que l'opium, et comme l'effet de ce dernier médicament est beaucoup mieux connu dans son mode d'action, le vétérinaire prudent devra autant que possible lui accorder la préférence, si ce n'est pour remplir quelques médications spéciales. Les agents dont nous allons nous occuper sont : la belladone, la stramoine, la jusquiame, le tabac, la mandragore, l'aconit, la ciguë vireuse, la ciguë aquatique, la petite ciguë, le laurier cerise, etc., etc.

Famille des Solanées.

BELLADONE, *belladonna, radix, folia, banœ,* racine, feuilles et baies de l'*atropa belladona.* L. Plante vivace qui croît au bord des bois montueux, le long des fossés, des décombres en France, en Allemagne, en Italie. La racine, les feuilles, les baies, sont employées.

Racine. La racine est vivace, épaisse, charnue, jaune brunâtre extérieurement, blanche en dedans. Elle répand une odeur vireuse désagréable. Dès la deuxième année elle peut être employée en médecine. Il convient de la cueillir en automne et de soigner sa dessiccation.

Feuilles. Les feuilles sont larges, d'une forme ovale, épaisses et velues. D'une odeur herbacée, nauséeuse et d'une saveur un peu âcre. On ne doit les récolter qu'au moment où la plante est en fleurs. Ces feuilles, lorsqu'on les fait dessécher, exhalent une odeur vireuse désagréable, qui, respirée par l'homme pendant longtemps, peut causer de la céphalalgie et une sorte d'ivresse.

Baies. Les baies sont arrondies, déprimées, de la grosseur d'une cerise d'abord verte, puis rouge, et enfin presque noire ; elles sont enchatonnées à la base par le calice. Leur saveur est douce et fade. Mangées par les enfants, elles peuvent causer l'empoisonnement. Vauquelin a analysé le suc de cette plante : il a trouvé qu'il contenait :

1° Une substance animale dont une partie se coagule par la chaleur, et dont une autre reste en dissolution dans le liquide à la faveur d'un excès d'acide acétique ;

2° Une *substance soluble dans l'alcool qui a une saveur amère et nauséabonde* ;

3° Du nitrate, du sulfate, de l'acétate de potasse, etc. (*Annales de chimie*, t. 2).

Le chimiste Brandes, qui ultérieurement analysa cette plante, en a retiré une base salifiable végétale particulière qu'il a nommée *atropine*, qui paraîtrait exister en combinaison avec l'acide malique.

L'atropine se présente sous la forme de petits cristaux d'un blanc éblouissant ; elle est insoluble dans l'eau et dans l'éther, soluble dans l'alcool bouillant, dont elle se sépare par le refroidissement. Unie aux acides, elle forme des sels solubles. C'est dans cette substance alcaline que résident les propriétés actives de la belladone.

La *racine*, les *feuilles*, les *baies*, renferment de cet alcaloïde. Les racines, d'après plusieurs pharmacologistes, et notamment Pauquy, renferment une plus forte proportion d'*atropine*.

Mode d'emploi. Les feuilles, les tiges, récemment séchées, traitées par infusion et par décoction, se donnent à la dose de 125 grammes (4 onces) pour les grands animaux dans un litre d'eau, et 32 (1 once) pour les petits, en décoction dans 4 décilitres d'eau.

La poudre fraîche des racines peut être employée à la dose de 50 grammes pour les grands animaux, et à celle de 30 pour les petits dans les mêmes quantités d'eau.

On prépare avec les racines un extrait alcoolique très actif, qui pourrait se donner, dans les grands animaux, à la dose de 20 centigrammes (5 grains) pour le cheval, et 2 centigrammes (1/2 grain) pour les petits. Cet extrait pourrait être injecté à plus petite dose dans les veines. Toutefois nous dirons que ces doses pourront être augmentées au besoin.

Usages. La belladone a été vantée dans beaucoup de maladies de l'espèce humaine. Dans la médecine vétérinaire l'emploi de cette plante est très restreint. A l'extérieur les cataplasmes de belladone calment beaucoup les vives douleurs déterminées par les inflammations des articulations, des gaînes synoviales, et des phlegmons tendineux.

Sur les plaies suites de l'opération de la névrotomie plantaire, l'extrait de belladone, appliqué sur des cataplasmes de farine de graine de lin, produit un effet sédatif très prompt.

Dans les ophthalmies internes aiguës, les cataplasmes de belladone, l'extrait alcoolique de cette plante en friction sur les paupières, amène d'excellents effets. Les chirurgiens humains l'emploient aussi sous cette forme pour provoquer une dilatation de la pupille, dans le but de faciliter l'opération de la cataracte.

Chaussier se servait d'une pommade de belladone pour provoquer la dilatation du col de l'utérus chez la femme.

STRAMOINE COMMUNE, *stramonii herba*, tiges et feuilles du *datura stramonium*. (L.) Plante annuelle que l'on trouve sur le bord des chemins et dans les lieux incultes. Elle est connue sous le nom de *pomme épineuse*.

On se sert en médecine des feuilles et des tiges. Les capsules et les graines possèdent aussi les mêmes propriétés.

Feuilles. Les feuilles sont grandes, ovales, pétiolées, aiguës, sinueuses, anguleuses et un peu pubescentes ; elles répandent une odeur nauséabonde, vireuse, qui, lorsqu'elle est concentrée, porte au cerveau et cause des étourdissements. Leur saveur est âcre et amère.

D'après Promnitz, la stramoine contient :

Matière extractive gommeuse	0,58
Matière extractive	0,60
Fécule verte	0,64
Albumine	0,15
Résine	0,12
Phosphate de chaux et de magnésie	0,23

Le chimiste Brandes, qui a analysé cette plante, y a rencontré un alcaloïde qu'il a désigné sous le nom de *datu-rine*. La daturine est incolore et cristallisée en prismes brillants et groupés. Elle se dissout peu dans l'eau froide, davantage dans l'eau bouillante, très bien dans l'alcool, moins dans l'éther. Elle est inodore, d'une saveur amère, puis âcre. Elle possède toutes les propriétés de la plante.

Usages et doses. La stramoine s'emploie dans les mêmes circonstances et aux mêmes doses que la belladone. Cependant, d'après Moiroud (*Matière médicale vétérinaire*) on aurait pu faire prendre 150 grammes 5 onces de suc exprimé de stramoine au cheval sans qu'il en soit résulté d'autres phénomènes qu'un peu d'assoupissement et des bâillements. Souvent on confectionne, avec les feuilles de stramoine hachées et pilées, des cataplasmes crus qu'on emploie dans les douleurs rhumatismales et dans les inflammations aiguës et douloureuses des mamelles de la vache.

JUSQUIAME COMMUNE, JUSQUIAME NOIRE, *hyoscyami folia*, *radix*, *semina*, feuilles et racines de l'*hyoscyamus niger*. (L.) Plante annuelle qui croît spontanément dans les endroits incultes autour des habitations. Toutes les parties de la plante peuvent être usitées. Le plus communément on emploie les feuilles en décoction. Ces feuilles sont grandes, ovales, sinueuses sur les bords; leur odeur est forte, nauséeuse et désagréable; leur saveur est âcre. Il est important de prendre les feuilles de la jusquiame dans le moment où la plante est en pleine végétation, ou mieux au moment où les fleurs commencent à se faner.

Les graines ont plus d'énergie que toutes les autres parties de la plante.

Brandes a analysé cette plante et en a retiré un alcaloïde qu'il a nommé *hyoscyamine*. Ce principe cristallise en aiguilles incolores d'un aspect soyeux. Il est inodore, d'une saveur âcre et désagréable, peu soluble dans l'eau, plus soluble dans l'alcool et dans l'éther. Cet alcaloïde est le principe actif de la jusquiame.

Préparation. Doses. On prépare avec la jusquiame un extrait alcoolique dont les propriétés stupéfiantes sont incontestables. Cet extrait pourrait être administré aux grands animaux à la dose de 20 à 40 centigrammes (4 à 8 grains), et aux petits à celle de 5 à 10 centigrammes (1 à 2 grains). On en frictionne les paupières dans les cas d'ophthalmies internes très douloureuses.

On fait aussi avec la poudre de jusquiame et la farine de graine de lin des cataplasmes anodins qui s'emploient dans les douleurs articulaires et tendineuses. On a fait aussi usage de cette plante dans l'épilepsie, l'amaurose, la danse de Saint-Guy, et on assure en avoir obtenu quelque succès.

Cette poudre peut être associée au miel pour confectionner des pilules. 32 grammes (1 once) de poudre peuvent servir à confectionner 6 pilules pour les grands animaux.

Ces préparations agissent toujours avec plus d'énergie dans les chiens que dans toutes les autres espèces domestiques.

Tabac ou nicotiane, *nicotiana tabacum.* Cette plante, originaire d'Amérique, est cultivée aujourd'hui en Europe et en France. Ses feuilles sont les parties employées. *Tabaci folia, nicotianæ folia.*

Feuilles. Ces feuilles ont, dans l'état frais, une couleur verte assez vive qu'elles perdent en séchant pour en prendre une couleur de rouille ou noirâtre ; leur saveur est amère, âcre et repoussante et excite la salivation ; leur odeur est vireuse et nauséabonde, odeur qui s'affaiblit beaucoup dans les préparations qu'on fait subir au tabac pour le livrer à la consommation.

On le trouve dans le commerce sous deux états : réduit en poudre il constitue le *tabac à priser ;* coupé en bandelettes minces il forme le *tabac à fumer*.

Les tabacs de certaines contrées ont une supériorité incontestable, ce qui provient sans doute du choix des variétés que l'on y cultive, de la nature du sol, de l'exposition du pays.

Vauquelin a soumis à l'analyse chimique le tabac à larges feuilles. Le suc de cette plante lui a fourni 1° une matière rouge soluble dans l'alcool et dans l'eau qui se boursouffle considérablement lorsqu'on la chauffe ; 2° un principe âcre, volatil, incolore, soluble dans l'eau et dans l'alcool, qui paraît être propre à la nicotiane, puisqu'il ne ressemble à aucun des élémens des végétaux ; 3° de la résine verte semblable à celle qui existe dans les feuilles ; 4° une grande quantité d'albumine ; 5° de la fibre ligneuse ; 6° de l'acide acétique ; 7° différents sels à base de potasse et de chaux ; enfin de l'oxide de fer et de la silice. (*Annales de chimie*, tome 71.)

Depuis cette analyse, d'autres chimistes ont reconnu dans les feuilles et dans les graines du tabac un principe alcaloïde qu'ils ont appelé *nicotine*, et une huile volatile particulière qu'ils ont nommée *nicotianine*.

Nicotine. La nicotine est liquide, incolore, d'une odeur qui rappelle celle du tabac, et d'une saveur âcre et brûlante ; elle est soluble dans l'eau, dans l'alcool et dans l'éther. La nicotine est d'une causticité redoutable et est vénéneuse.

Nicotianine. Ce principe s'obtient par la distillation des feuilles de tabac. C'est une espèce d'huile volatile liquide, d'une saveur amère, ayant l'odeur du tabac, d'une excessive énergie et d'une grande puissance délétère. D'après les expériences de Brodie et de Macartney, une seule goutte appliquée sur la langue, ou injectée avec de l'eau dans le rectum, a suffi pour faire périr sur le champ des chats et des chiens. (Orfila, *Traité de toxicologie générale*.)

Usages. On emploie très fréquemment le tabac en médecine vétérinaire. On donne des décoctions de tabac en lavements dans les maladies comateuses, dans le tétanos. Dans les carnivores, le tabac détermine le vomissement, qu'il soit donné à l'intérieur, qu'il soit appliqué sur la peau. On emploie surtout les décoctions de tabacs pour tuer les poux et les puces de tous les animaux. La fumée produit le même effet. On les emploie aussi pour combattre la gale et les dartres.

Doses. 32 à 64 grammes (1 à 2 onces) de tabac du commerce en décoction dans deux litres d'eau pour l'usage externe ou en lavements. Ces décoctions peuvent être concentrées au besoin.

MANDRAGORE, *mandragoræ radix*, racine de l'*atropa mandragora*. La racine de cette plante, épaisse, charnue, divisée quelquefois en deux ou trois branches, et laissant exhaler une odeur vireuse, était autrefois très renommée par ses vertus. Aujourd'hui cette racine est justement dédaignée. Cependant comme elle est très commune dans le midi de la France, on pourrait se servir de sa pulpe pour faire des cataplasmes crus, fort utiles dans les douleurs articulaires, les phlegmons tendineux, les engorgements des mamelles.

Famille des Renonculacées.

ACONIT OU NAPEL, *aconiti herba, aconiti radix*, tiges fleuries et racines de l'*aconitum napellus*. (L.) Plante bisannuelle qui croît dans les lieux couverts et humides des montagnes et aussi souvent dans les prairies. On la cultive dans les jardins pour la beauté de ses fleurs.

Feuilles. Les feuilles fraîches sont pétiolées, partagées jusqu'à la base en 5 ou 7 lobes allongés subuniforme, profondément incisés et découpés en lanières étroites et aiguës.

Racine. La racine est napiforme ou fusiforme, allongée, noirâtre. A côté de cette racine existe à l'automne un tubercule surajouté qui doit être préféré à la racine propre.

Les *feuilles*, aussi bien que la *racine*, répandent une odeur vireuse et sont d'une extrême âcreté. La racine est douée de plus d'activité que les feuilles et doit être préférée.

Analyse. Les divers principes qui existent dans l'aconit ne sont pas encore complètement connus. Cependant on sait, d'après l'analyse de Brandes, que cette plante contient, comme toutes les renonculacées, une matière volatile douée d'une grande âcreté, un principe alcaloïde cristallisable, sans odeur, d'une saveur amère sans âcreté, peu soluble dans l'eau, soluble dans l'alcool et dans l'éther, qu'il a nommée *aconitine*. On a aussi extrait de l'aconit tue loup une matière huileuse noire, une matière verte analogue à celle du quinquina, de l'albumine, de l'amidon, du malate, du muriate et du sulfate de chaux.

Usages. L'aconit administré à l'intérieur irrite vivement le conduit alimentaire, réagit ensuite sur le système nerveux, et plus particulièrement sur le cerveau. Les feuilles et les fleurs mangées par les animaux déterminent des empoisonnements mortels. On a conseillé cette plante dans l'amaurose, la paralysie, le tétanos, les hydropisies atoniques; mais ses succès sont encore aujourd'hui regardés comme très chanceux, il vaut mieux lui préférer la belladone comme agent stupéfiant du système nerveux.

Doses. Quatre grammes (1 gros) de feuilles dans un demi-litre d'eau en décoction pour le cheval; 1 à 2 grammes (1/2 gros) en décoction dans 3 décilitres d'eau pour les petits animaux.

Famille des Ombellifères.

GRANDE CIGUE, CIGUE MACULÉE, *cicuta herba*, feuilles du *Conium maculatum*. L. Plante bisannuelle qui croît en abondance dans les lieux incultes le long des haies et des chemins.

On doit recueillir cette plante quand les fleurs commencent à tomber et que les fruits se montrent. C'est alors qu'elle recèle des sucs propres, abondants et convenablement élaborés. L'observation a prouvé que cette plante a beaucoup plus d'énergie dans le midi de l'Europe que dans le nord; quand elle provient d'un lieu sec, que lorsqu'elle s'est développée dans un lieu humide; les parties employées sont les feuilles.

Feuilles. Les feuilles fraîches sont d'un vert sombre, et quelquefois maculées de taches brunes; froissées entre les doigts elles répandent une odeur vireuse désagréable.

Conservation. On fait sécher les feuilles avec beaucoup de soin, et on les réduit en poudre : celle-ci a une couleur grisâtre et répand encore une odeur désagréable; sa saveur est nauséeuse. Cette poudre doit provenir de plantes soigneusement séchées, et être administrée aussitôt sa préparation.

Analyse. Les analyses de la ciguë qui ont été faites jusqu'à ce jour ne sont point complètement satisfaisantes. On sait que cette plante contient une espèce d'huile très odorante, une matière verte ou chlorophyle, de l'albumine, un principe résineux et des sels alcalins. Brandes a en outre signalé dans la ciguë un alcaloïde qu'il a nommé *cicutine* ou *conéine*. Ce principe est sous la forme d'une huile jaunâtre, volatile, d'une odeur vireuse pénétrante, et d'une saveur excessivement âcre. Cette substance, soluble dans l'eau et dans l'alcool, est douée d'une propriété toxique très prononcée : c'est la partie active de la ciguë. M. Soubeiran pense que la cicutine est à l'état de combinaison saline, et qu'elle n'a pas de volatilité; en sorte que ce principe resterait toujours dans les diverses préparations pharmaceutiques. Cependant M. le docteur Pâris assure que l'activité de la ciguë résiderait dans le principe résineux qu'on obtient en traitant cette plante par l'éther, et faisant évaporer ensuite cette teinture à une douce chaleur.

Dans ces derniers temps, Giseke vient de retirer des semences de la ciguë un produit alcaloïde de couleur jaune, d'une odeur vireuse très marquée qui est douée d'une action toxique fort énergique, à ce point que 10 centigrammes (2 grains) ont fait mourir un lapin en cinquante-cinq minutes, et 3 centigrammes (1/2 grain) ont suffi pour faire périr un autre lapin en une heure.

Action sur l'économie. La ciguë exerce une influence toxique stupéfiante très prononcée sur le système nerveux,

Cependant il résulte des faits qui ont été recueillis des ex-périences qui ont été faites, que la ciguë verte, si ce n'est à une très grande dose, n'exerce qu'un effet peu marqué sur les animaux herbivores, notamment les moutons et les chèvres.

Convenablement desséchée et pulvérisée, la poudre de ciguë peut causer l'empoisonnement d'un cheval à la dose de 128 grammes (4 onces).

Usages. La ciguë, administrée à l'intérieur, a été vantée en médecine humaine, et avec quelque fondement, contre les affections squirrheuses et cancéreuses. Employée par Gohier contre le farcin du cheval, d'après l'observation du docteur Nerthwood, elle a été ensuite abandonnée. Cepen-dant les cataplasmes faits avec la ciguë pilée conviennent beaucoup dans le traitement des phlegmons chroniques des mamelles.

Doses. 16 à 32 grammes (1/2 once à 1 once) de la poudre en électuaire, ou mieux en bols, pour les grands ani-maux. Lorsqu'on en commence l'usage, on peut porter la dose plus tard de 64 à 128 grammes (2 à 4 onces).

La Cigue aquatique, *phellandrium aquaticum*, plante qui habite les marais, les flasques d'eau, les fossés, possède des propriétés vénéneuses fort peu actives qu'elle perd entièrement par la dessiccation.

La Petite cigue, *cicuta minor, æthusa cynapium*, possède des propriétés toxiques presque aussi énergiques que la grande ciguë. Confondue souvent dans le jardin avec le persil, elle a causé quelquefois l'empoisonnement des hommes par cette méprise. Elle n'est point employée en médecine vétérinaire.

CINQUIÈME SECTION.

A. *Médicaments qui stupéfient instantanément le système nerveux sans produire d'irritation sensible.*

ACIDE HYDROCYANIQUE , ACIDE PRUSSIQUE résultant de la combinaison de l'hydrogène avec le cyanogène. L'acide hydrocyanique a été découvert par Scheèle en 1780, et désigné par ce chimiste sous le nom d'acide prussique , parcequ'il l'avait retiré du bleu de Prusse. Cet acide pur (acide de Gay-Lussac) est un poison effrayant par la promptitude avec laquelle il occasionne la mort. Etendu d'eau (acide prussique de Scheèle) il perd cette activité délétère et devient un médicament (acide prussique médicinal). Nous ne ferons point connaître le procédé à l'aide duquel on obtient cet acide du cyanure de-mercure par la réaction opérée par l'acide hydrochlorique. Ces détails se trouvent consignés dans le *Traité de chimie* que l'un de nous (M. Lassaigne) a publié : nous indiquerons seulement ici les propriétés de cet acide.

Propriétés. L'acide hydrocyanique est un liquide incolore rougissant faiblement le tournesol , et ayant une odeur forte qui, en petite quantité, est analogue à celle des amandes amères ou des fleurs de pêcher. Sa saveur, d'abord fraîche , produit une sensation brûlante à l'arrièrebouche. Il est si volatil , qu'il produit en s'évaporant assez de froid pour se congeler de lui-même. Sa densité à $+ 7°$ est de 0,7058. Il se solidifie et cristallise en une masse fibreuse à $-15°$.

Les éléments de cet acide sont si peu stables , qu'on ne peut le conserver pendant longtemps , même hors du conact de l'air et de la lumière. Il se décompose en moins de

douze heures quelquefois ; dans d'autres circonstances il persiste pendant plusieurs jours. Il se colore d'abord en rouge brunâtre qui se fonce davantage, et se prend bientôt en une masse noirâtre très légère qui dégage une vive odeur d'ammoniaque.

L'eau et l'alcool dissolvent l'acide hydrocyanique en toute proportion. Ces liquides retardent beaucoup la décomposition spontanée.

Effets sur l'économie. L'acide hydrocyanique pur est de toutes les substances vénéneuses la plus énergique. Une seule goutte, portée dans la gueule d'un chien, le fait périr en moins de quelques secondes. Injecté dans les veines, il agit si promptement, que l'animal tombe mort comme frappé par la foudre. Six gouttes imbibées dans du coton, et déposées dans la bouche d'un cheval, occasionnent des convulsions, des vertiges et une chute sur le sol. Mis en contact avec les muqueuses de l'œil, il tue les petits animaux en un espace de temps très court. Sa vapeur est aussi très redoutable, si elle n'est pas associée à une grande quantité d'air. Respirée par des oiseaux à sa sortie d'un flacon rempli de cet acide, elle les fait mourir à la seconde inspiration.

Les antidotes qui ont été conseillés sont, d'après les expériences récemment faites de M. Orfila, la respiration du chlore, de l'ammoniaque immédiatement après l'ingestion du poison, et les affusions d'eau froide sur la colonne vertébrale.

Usage médical. Ce poison redoutable a cependant été essayé comme agent médicinal. Convenablement étendu de quatre fois, de six fois son volume d'eau, il constitue l'acide prussique médicinal : on en met dix à douze gouttes dans un demi-litre de véhicule.

Cet acide a été employé pour combattre plusieurs maladies, comme l'épilepsie, les maladies cancéreuses, la phthisie ; mais ce médicament, regardé comme très infidèle chez l'homme, peu utile et fort dangereux, ne convient nullement comme agent thérapeutique vétérinaire. Nous conseillons aux praticiens qui voudraient l'essayer de ne l'employer qu'avec une extrême réserve.

Le *laurier cerise*, *lauro-cerasi folia*, feuilles ou prunes du *lauro-cerasus*, L., recèle une huile volatile qui contient de l'acide prussique particulièrement pendant l'été.

Le *mérisier à grappes*, les *amandes amères*, les *fleurs de pêcher* qui sont doués de propriétés toxiques stupéfiantes, les doivent à la présence de l'acide prussique qu'elles renferment en plus ou moins grande proportion.

Ces plantes, et les préparations pharmaceutiques qu'on en obtient, ne sont point employées dans la médecine des animaux, et avec juste raison.

Quant aux composés formés par l'acide hydrocyanique, comme l'*hydrocyanate de fer*, le *cyanure de potassium*, qu'il ne faut pas confondre avec le *ferrocyanate de potasse* ou *prussiate de potasse*, le *cyanure de mercure*, le *cyanure de zinc*, ces sels, dont l'action est vénéneuse, même à petite dose, n'ont point encore été employés, que nous le sachions au moins, comme moyens curatifs dans la médecine vétérinaire. Nous fixerons cependant l'attention sur l'un de ces sels, c'est le cyanure de potassium. Il résulte des observations faites par MM. Trousseau et Pidoux sur les céphalalgies essentielles et pyrétiques, que ce sel, en dissolution dans l'eau ou dans l'alcool, et appliqué sur la tête, à l'aide de compresses, serait doué de la vertu précieuse de faire cesser la douleur. Sous ce rapport, le cyanure de potassium pourrait peut-être être utilisé dans les affections vertigineuses du cheval, soit essentielles, soit symptômatiques, en maintenant la dissolution sur la tête à l'aide d'une éponge ou d'un bandage matelassé.

CINQUIÈME SECTION.—EXCITANTS DU SYSTÈME NERVEUX.

A. *Médicaments qui excitent énergiquement le système cérébro-spinal.*

Famille des Apocinées.

NOIX VOMIQUE, fruit du *Strychnos nux vomica*. Arbre exotique de grandeur moyenne, qui croît dans l'île de Ceylan, la Cochinchine, sur la côte de Coromandel, et dans plusieurs autres contrées des Indes-Orientales.

Caractères. Les graines qui sont connues sous le nom de boutons de noix vomique sont au nombre de quinze environ, au milieu d'une pulpe charnue contenue dans un fruit ovoïde de la grosseur d'une orange. Elles sont orbiculaires, déprimées, aplaties en forme de bouton, légèrement convexes d'un côté, concaves de l'autre, et marquées vers leur centre d'une espèce d'ombilic. Leur surface grisâtre, douce au toucher, est recouverte d'une sorte de duvet très court et très léger qui lui donne un aspect soyeux et velouté. Elles sont dures, compactes, comme cornées, très difficiles à réduire en poudre, d'un jaune grisâtre, quelquefois brunâtre. Elles sont inodores ; leur saveur est âcre, amère et désagréable.

(1) *Traité de matière médicale et de thérapeutique*, voir p. 181.

On râpe ces graines pour en faciliter l'administration (noix vomique râpée). Cette graine a été analysée par MM. Pelletier et Caventou ; et ces deux pharmaciens chimistes ont fait voir que la noix vomique était composée :

1° D'igasurate de strychnine ;

2° D'igasurate de brucine ;

3° D'une matière colorante jaune ;

4° D'une huile concrète ;

5° De gomme ;

6° D'amidon ;

7° D'un peu de cire ;

8° De bassorine ;

9° De fibres végétales.

La *strychnine* et la *brucine* sont les deux parties actives de la noix vomique. Nous allons faire connaître ces deux principes alcaloïdes.

Strychnine. La strychnine à l'état de pûreté se présente en petits prismes blancs à quatre pans, terminés par des pyramides à quatre faces ; elle est inodore, d'une saveur excessivement amère qui persiste long-temps ; l'air ne lui fait éprouver aucune altération ; elle est si peu soluble dans l'eau à la température ordinaire que ce liquide à $+\,10°$ n'en dissout que $\frac{1}{6667}$, et à $+\,100°$ $\frac{1}{2500}$. L'alcool, au contraire, la dissout avec facilité et la laisse cristalliser régulièrement par son évaporation spontanée ; elle ramène au bleu la teinture de tournesol rougie par les acides ; elle est combinée dans la noix vomique avec l'acide igasurique, qui paraît avoir beaucoup d'analogie avec l'acide malique impur. Cet alcali est susceptible de se combiner avec l'acide sulfurique, l'acide nitrique et autres acides pour former des sels plus ou moins solubles.

Brucine. La brucine est sous la forme de prismes obliques à quatre pans, à bases parallélogrammiques ou en petites lames nacrées. Elle est inodore ; sa saveur est très amère et un peu âcre ; elle fond à une douce chaleur et devient dure et demi-transparente comme la cire par le refroidissement. L'air ne lui fait éprouver aucune altération ; elle se dissout dans 850 fois son poids d'eau à $+$ 15°, et dans 500 fois son poids d'eau bouillante. L'alcool la dissout avec facilité et la laisse cristalliser, à l'air libre, en écailles nacrées qui sont un hydrate de brucine.

Action sur l'économie. Les Arabes, d'après Richard, paraissent être les premiers qui aient connu les propriétés énergiques et délétères de la noix vomique dont on a pendant long-temps ignoré la véritable origine. Aujourd'hui tous les pharmacologistes s'accordent à considérer la noix vomique comme un poison des plus actifs. Ses effets consistent particulièrement dans une vive excitation du cerveau, de la moelle épinière et de tous les muscles qui en reçoivent leurs nerfs ; ils s'annoncent par des contractions tétaniques violentes, interrompues par des relâchements successifs, lesquels s'opposant au mouvement de la respiration, déterminent l'asphyxie et bientôt le mort.

La strychnine agit surtout avec une grande violence sur les animaux. A la dose de 3 centigrammes (1/2 grain) elle fait périr les petits quadrupèdes. L'action des sels de strychnine est encore plus énergique. La brucine produit les mêmes effets, mais moins violents. Ces effets sont à ceux de la strychnine comme 1 est à 12.

Cependant, malgré les effets énergiques de cet agent toxique puissant, on l'emploie comme médicament. Les maladies contre lesquelles on en fait usage sont : le tétanos, les paralysies partielles résultant d'une commotion de la moelle et des nerfs, ou bien d'une inaction de ces organes ; dans la danse de Saint-Guy, la morve et le farcin.

Mode d'administration et doses. La noix vomique s'emploie sous forme de poudre (noix vomique râpée), d'extrait alcoolique et de teinture. La strychnine se donne en nature ou dissoute dans l'alcool. A l'état pulvérulent, on la donne en pilules à la dose de 8 grammes pour les grands animaux, et à celle d'un centigramme pour les chiens de moyenne taille ; on augmente graduellement ces doses à mesure qu'on en continue l'usage. L'extrait alcoolique se donne à la dose de 16 à 32 grammes (1/2 once à 1 once) pour le cheval, et à celle de 1 à 5 centigrammes (1 grain) pour le chien. (Voyez la 2ᵉ partie.)

Fève de Saint-Ignace, *strychnos sancti Ignatii, Ignatia amara.* L'arbre qui produit la fève de Saint-Ignace croît aux îles Philippines ; ses fruits renferment, d'après MM. Pelletier et Caventou, beaucoup de strychnine. Cette fève n'est point employée en médecine vétérinaire.

Nous en dirons autant du bois et de la racine de la *couleuvrée* produit par le *strychnos colubrina* de Linné et de l'*upas tieuté,* qui n'est que le suc épaissi d'un végétal sarmenteux du genre strychnos, qui croît spontanément aux îles de Java. L'upas tieuté est un des poisons les plus violents du règne végétal ; les Javanais s'en servent pour empoisonner leurs flèches.

B. *Médicaments qui agissent sur le système nerveux en augmentant, puis en ralentissant les mouvements du cœur.*

Nous ne connaissons qu'un seul médicament qui soit doué

de la propriété de déterminer d'abord une vive excitation dans tout le système cérébro-spinal et dans toute l'économie, à la manière des narcotico-âcres, puis qui ait la singulière influence de diminuer et de ralentir les mouvements du cœur. Ce médicament est la digitale pourprée.

Famille des Scrofulariées.

DIGITALE POURPRÉE, *digitalis purpurea*. (L.) Noms vulgaires : *gantelée*, *gants de Notre-Dame*. On se sert principalement des feuilles, *digitalis folia*.

Feuilles. Les feuilles sont pétiolées, ovales, aiguës, un peu ondulées, blanchâtres et velues sur les deux faces; elles ont une odeur vireuse, un goût âcre, nauséeux, amer et fort peu agréable.

L'odeur se perd par la dessiccation.

Conservation. Il faut choisir les feuilles les plus grandes, et plutôt celles du haut de la tige que celles du bas, au moment de la floraison, et les faire sécher à l'ombre. Il ne faut pas les garder plus d'un an, car, après ce laps de temps, elles ont déjà perdu beaucoup de leur vertu.

Effets sur l'économie. La digitale agit, comme nous l'avons dit, en excitant toute l'économie d'abord; puis on la voit agir d'une manière sédative sur les battements du cœur en les ralentissant.

Propriétés médicinales. La digitale a été particulièrement recommandée dans les affections du cœur et des gros vaisseaux. On en conseille aussi l'usage dans les épanchements séreux, simples, non compliqués de maladies du cœur.

Mode d'administration et doses. La poudre des feuilles est la préparation la plus usitée; elle doit être verte et d'une forte odeur de foin ; on la donne, en pilules ou en infusion, la dose de 16 à 32 grammes (1/2 once à 1 once) pour les grands animaux, et de 5 à 10 centigrammes (1 à 2 grains) pour les petits. La même dose en infusion, dans le premier cas, pour un demi-litre d'eau, et, dans le second, pour trois décilitres.

Rarement on emploie à l'intérieur la teinture de digitale ; à l'extérieur on fait avec cette préparation des frictions très avantageuses sur les parois des cavités splanchniques, siège d'un épanchement séreux.

Troisième classe.

MÉDICAMENTS PROPRES A DÉTOURNER L'AFFLUX SANGUIN ET A DÉRIVER LA DOULEUR DANS LES MALADIES.

Les médicaments qui sont doués de la propriété de détourner l'afflux sanguin et de dériver la douleur, composent les agents de la médication *revulsive* ou *transpositive* ; ils se divisent en trois sections, qui sont :

1° Les rubéfiants.

2° Les vésicants.

3° Les caustiques.

Nous allons faire connaître l'histoire pharmaceutique des médicaments qui appartiennent à ces trois divisions.

PREMIÈRE SECTION. — RUBÉFIANS.

Les frictions cutanées avec les bouchons de paille, de foin, les brosses, les étrilles, déterminent une irritation vive à la peau et une fluxion sanguine, qui concourent à faire opérer la médication révulsive. L'emploi du calorique rayonnant, en approchant les animaux d'un corps incandescent, ou de foyers allumés, procure aussi la même médication. L'eau chaude à différents degrés, employée en lotions ou en fomentations; l'eau chargée de vinaigre, de sel marin, etc., donne aussi les mêmes effets; mais ce qui nous importe ici surtout d'examiner, ce sont les agents médicamenteux rubéfians.

Médicaments rubéfiants.

Les rubéfiants, de *rubefacere,* rougir, sont des médicaments qui possèdent par eux-mêmes la propriété de susciter un afflux de sang dans les tissus vivants sur lesquels ils sont appliqués, et de déterminer de la douleur. Ces médicaments sont employés très souvent dans la médecine vétérinaire.

Enumération. L'essence de térébenthine, l'essence de lavande, le vinaigre chaud, l'ammoniaque étendue d'eau et ses préparations, la moutarde, la racine du grand raifort sauvage, tels sont les médicaments rubéfiants dont se servent habituellement les praticiens vétérinaires, et dont nous allons tracer l'histoire pharmaceutique.

HUILE ESSENTIELLE OU VOLATILE DE TÉRÉBENTHINE, *oleum terebenthinæ, spiritus terebenthinæ.* Soumise à la distillation, la térébenthine se sépare en deux parties : le corps résineux reste dans la cucurbite et prend le nom de colophane, tandis que l'huile volatile passe dans le récipient. (Voyez cette préparation, 2ᵉ partie.)

Propriétés. Cette essence est un liquide transparent, incolore, d'une odeur forte, pénétrante et désagréable, d'une saveur chaude, piquante et âcre. Elle est plus légère que l'eau 0,86, et reste toujours liquide , même par un froid de 22°. Très volatile, très inflammable, elle brûle avec une flamme pâle. Elle est insoluble dans l'eau et peu soluble dans l'alcool froid ; c'est un dissolvant d'un très grand nombre de corps.

Choix. On doit toujours choisir celle qui est récemment distillée, très odorante et parfaitement claire. Dans les laboratoires on la distille une seconde fois pour l'usage interne, afin de l'avoir bien pure. Cette huile s'épaissit et s'altère en vieillissant.

Sophistication. Comme l'essence de térébenthine se vend ordinairement au poids, on y ajoute frauduleusement de la térébenthine commune et des huiles grasses. On reconnaît facilement cette fraude en y trempant un morceau de papier blanc et l'exposant ensuite à l'influence de la chaleur. Si l'essence est pure, le papier reprend bientôt sa couleur primitive ; s'il renferme une huile fixe, il reste gras et taché.

En faisant passer dans cette huile un courant de gaz acide hydrochlorique , on obtient un produit blanc qui a beaucoup des propriétés physiques du camphre, et que l'on nomme *camphre artificiel*.

Effets sur les animaux. Cette huile , employée en frictions sur la peau des animaux, détermine une prompte irritation et une douleur très vive, notamment dans les solipèdes, qui porte les animaux à se livrer à des mouvements désordonnés. C'est précisément la promptitude de cette action et la douleur qui l'accompagne qui fait employer cette huile en frictions cutanées avec tant d'avantage, dans les coliques sanguines , les congestions pulmonaires, la fourbure récente , etc. On en fait aussi usage avec beaucoup de succès pour tuer les insectes parasites, comme les poux, les puces, etc., qui vivent à la surface de la peau.

Usage interne. L'huile dont il s'agit s'administre à l'intérieur comme un puissant diurétique dans les hydropisies. Son usage est très recommandé pour combattre les vers intestinaux. Nous nous sommes toujours loués de ses bons effets dans les maladies typhoïdes et charbonneuses.

Doses. L'essence de térébenthine se donne à l'intérieur, associée à l'alcool ou à une émulsion mucilagineuse à la dose de 32 à 64 grammes (1 à 2 onces) pour les grands animaux, et à celle de 4 à 8 grammes (1 à 2 gros) pour les petits.

Huile volatile de lavande ou huile essentielle de lavande, *oleum spiritus spicæ*, vulgairement huile de *spic* ou d'*aspic*. Cette essence s'obtient par la distillation des sommités fleuries de la lavande spic (*lavandula spica* D. C.), plante qui croît abondamment dans le midi de la France et qu'il ne faut point confondre avec la lavande officinale, *lavandula vera*.

Propriétés. Cette huile est très fluide, transparente, un peu jaunâtre, et plus légère que l'eau (0,939), a une odeur pénétrante et assez agréable, une saveur chaude, âcre et amère, due à une assez forte proportion de camphre qu'elle contient. Elle est soluble dans l'alcool, les huiles grasses et l'acide acétique concentré. (Voyez sa préparation, 2ᵉ partie.)

Falsification. Dans le commerce, l'essence de lavande est souvent mélangée avec l'essence de térébenthine. L'odeur et la saveur peuvent faire reconnaître cette fraude.

Effets sur l'économie animale. L'huile essentielle de lavande est peu employée en médecine vétérinaire, si ce n'est à l'extérieur, pour faire disparaître quelques engorgements froids. On l'unit souvent, en parties égales, avec l'essence de térébenthine ; cependant, sur les chevaux fins, on la préfère à cette dernière parce qu'elle irrite moins fortement la peau et qu'elle fait moins tomber les poils. Elle est beaucoup plus chère que l'essence de térébenthine.

VINAIGRE CHAUD. Nous avons fait connaître les propriétés physiques et chimiques du vinaigre en traitant des astringents ; nous dirons seulement ici que le vinaigre, porté à différentes températures, est souvent employé comme rubéfiant cutané dans les congestions intestinales pulmonaires et dans la fourbure de tous les animaux.

AMMONIAQUE LIQUIDE, ALCALI VOLATIL. L'ammoniaque, plus ou moins étendue d'eau, est aussi employée comme rubéfiant de la peau et dans les mêmes circonstances que le vinaigre chaud. (Voyez *Ammoniaque*.) On fait un mélange, pour l'usage externe, d'huile et d'ammoniaque, qui est souvent employé aussi comme rubéfiant. (Voyez *Liniment ammoniacal*).

Famille des Crucifères.

MOUTARDE. On distingue deux espèces de moutarde, la blanche et la noire.

MOUTARDE BLANCHE, *sinapis semina*, graine du *sinapis alba*. (L.) La graine de moutarde blanche est petite, ronde, de couleur blanche jaunâtre, d'une saveur piquante. Cette graine est employée à l'intérieur comme substance excitante. MM. Cabaret et Huvellier l'ont donnée avec avantage dans le vertige symptômatique du cheval. La farine de cette graine est rarement mise en usage à l'extérieur pour produire la rubéfaction ; on lui préfère la graine de moutarde noire.

MOUTARDE NOIRE, *sinapis semina*, semence du *sinapis nigra*. (L.) Plante annuelle qui croît spontanément dans les champs arides et pierreux ; on la cultive aussi dans plusieurs pays pour le commerce de la droguerie.

Propriétés. La graine de moutarde noire est petite , globuleuse, inodore, noire à l'extérieur, jaune à l'intérieur, et d'une saveur âcre et brûlante. Réduite en poudre, elle constitue la farine de moutarde. Cette farine, humectée d'une petite quantité d'eau, laisse dégager une odeur forte et piquante, capable de provoquer l'éternuement et le larmoiement.

Analyse. Plusieurs chimistes ont analysé cette graine. M. Thibierge en a retiré :

1° Une huile douce, fixe, agréable, d'un jaune verdâtre, soluble dans l'alcool et dans l'éther. Celle-ci s'obtient par la pression.

2° Une autre huile d'un jaune doré , volatile , pesante , d'une saveur amère et brûlante , soluble dans l'eau et dans le vin, et déposant du soufre. Cette huile, légèrement agi-tée à l'air libre, répand une odeur très pénétrante dans l'appartement où se fait cette opération ; ses molécules irritent les yeux et excitent un larmoiement considérable. Cette huile, appliquée sur la peau de l'homme, produit presque aussitôt une chaleur vive et ensuite un effet vésicant.

3° Une matière albumineuse végétale.

4° Du soufre.

5° Une grande quantité de mucilage.

6° Une matière azotée.

7° Ces graines incinérées paraissent contenir du phosphate, du sulfate de chaux et un peu de silice.

L'eau distillée des graines est laiteuse et d'une saveur âcre et piquante. (*Journal de pharmacie*, t. V, p. 439.) MM. Henri fils et Garot ont aussi signalé dans cette graine une substance cristallisable qu'ils ont nommée *sulfo-sinapisine,* avec laquelle le soufre est dans un état particulier de combinaison. (*Journal de pharmacie*, t. XVII.)

Quoi qu'il en soit, la partie active et rubéfiante des graines de moutarde réside dans une huile essentielle, âcre et très irritante, que M. Royer-Tingry, pharmacien de Genève, a extrait de la graine de moutarde, et avec laquelle il a pu, de concert avec M. Prévost, vétérinaire, rubéfier fortement la peau des animaux. (*Journal de médecine vétérinaire théorique et pratique*, cahier de février 1830.)

Pour mettre cette huile volatile à nu, on pulvérise la graine de moutarde et on la délaie dans l'eau. C'est avec cette bouillie qu'on confectionne des cataplasmes auxquels on donne le nom de *sinapisme*, lesquels, appliqués sur la peau des animaux convenablement préparée, déterminent de la rubéfaction et beaucoup de douleur.

Que la farine de moutarde soit récemment moulue ou broyée depuis longtemps; que cette farine soit délayée dans l'eau froide ou dans l'eau chaude, dans le vinaigre faible ou concentré, ses effets rubéfiants sont toujours les mêmes. On avait pensé que le vinaigre chaud et concentré augmentait l'action des sinapismes; l'expérience nous a démontré le contraire. MM. Trousseau et Pidoux ont fait aussi des expériences comparatives sur l'homme à cet égard, et ils sont arrivés aux propositions que nous avons formulées ci-dessus. Ces deux pharmacologistes avancent même que le vinaigre adoucit l'âcreté et l'activité de la moutarde plutôt qu'il ne l'exaspère, ainsi qu'on le pense généralement. Nous sommes aussi de cette opinion.

Sophistication. La farine de moutarde, qui est achetée en gros chez les pharmaciens et les droguistes, est rarement pure. On la sophistique avec du marc de colza, de graine de lin, et pour lui donner la couleur qu'elle possède ils y ajoutent une substance colorante. On ne doit donc pas beaucoup compter sur les effets de la farine de moutarde achetée chez les droguistes surtout. Pour en avoir de bonne qualité, il faut acheter la graine, la broyer et la moudre dans un petit moulin destiné à cet usage. Alors seulement on est bien sûr de ses effets. Dans la pratique, la moutarde prise chez les épiciers qui la broyent et la préparent eux-mêmes, est toujours à préférer à celle qui est vendue en poudre.

Effets sur l'économie. Les cataplasmes de farine de moutarde, appliqués sur la peau, déterminent bientôt de la douleur, de la rougeur, de la tuméfaction sanguine, sans formation de phlyctènes. C'est dans cet engorgement que l'on pratique des mouchetures pour obtenir une saignée locale.

Les maladies qui en réclament l'emploi sont la pneumonite, la pleurite, la peritonite, l'arachnoïdite, la pharyngite, la laryngite au début, les douleurs articulaires. Ils agissent comme révulsifs et déplétifs. On fait usage de ces cataplasmes dans les engorgemens froids et indolents des extrémités inférieures des membres et du garrot.

On fait aussi, avec cette farine, des mastigadours qui excitent l'appétit et favorisent la digestion dans les vieux chevaux et dans ceux qui ont le ventre paresseux ou relâché.

L'*huile volatile de moutarde*, employée sous la forme de frictions, détermine des effets révulsifs analogues à ceux produits par la farine, mais avec plus de rapidité. Cette huile est d'une difficile préparation ; on ne la rencontre pas dans toutes les pharmacies, elle est en outre d'un prix très élevé ; aussi en dédaigne-t-on l'emploi dans la médecine vétérinaire.

Raifort sauvage, *raphani rusticani seu armoraciæ radix*, racine du *cochlearia armoricia*. Plante vivace qui se recueille particulièrement en Bretagne, au bord des ruisseaux. On la cultive aussi dans nos jardins où elle est connue sous les noms de *cranson rustique*, de *grand raifort*, de *cochlearia de Bretagne*.

Racine. La racine seule est employée : elle est cylindroïde, allongée, épaisse, charnue, rameuse, blanche à l'intérieur, jaunâtre ou grisâtre à l'extérieur, exhalant, lorsqu'on la divise, une odeur piquante, très forte, irritant vivement le nez et les yeux. Sa saveur est amère, âcre, et excite fortement la salivation. Einhoff en a retiré, par l'analyse chimique, une huile volatile épaisse, d'un jaune clair, plus pesante que l'eau, âcre, caustique, d'une odeur insupportable, faisant couler les larmes. Cette huile est peu soluble dans l'eau, à laquelle elle communique cependant la faculté de rubéfier la peau ; elle est soluble dans l'alcool. Ce chimiste a trouvé en outre dans cette racine de l'albumine, de l'amidon, de la gomme, du sucre, une résine amère, du soufre, de l'acétate et du sulfate de chaux. Cette racine perd, par sa dessiccation, beaucoup de son odeur, de sa saveur et une grande partie de sa vertu rubéfiante, aussi doit-on l'employer fraîche.

On râpe cette racine, on l'écrase ou on la divise en plusieurs lamelles. Ainsi préparée, on l'applique sur la peau des animaux dans le but de la rubéfier. Bientôt de la rougeur, de la chaleur, de la tuméfaction surviennent, et le vétérinaire peut pratiquer des mouchetures dans l'engorgement pour obtenir une saignée locale.

La racine de *raifort sauvage* est généralement peu employée en médecine vétérinaire ; mais c'est à tort. Nous nous sommes assurés par l'expérience que ses effets irritants sont peut-être plus actifs et plus énergiques que ceux de la farine de moutarde. Nous croyons aussi pouvoir affirmer que son action est beaucoup plus sûre. Nous recommandons donc aux vétérinaires la racine fraîche du grand *raifort sauvage*, lorsqu'ils voudront établir une révulsion prompte et active dans les maladies que nous avons indiquées à l'article *Moutarde*.

Nous dirons en outre que cette plante croît facilement dans les lieux frais et humides, et généralement dans tous les jardins ; et qu'ainsi les vétérinaires qui voudraient la cultiver pourraient toujours en avoir à leur disposition.

La racine dont il s'agit a été aussi employée à l'intérieur pour combattre les affections putrides et adynamiques. Nous en avons fait usage avec succès dans la *métrite septique* et dans toutes les altérations du sang avec putridité. On sait que cette plante est renommée contre le scorbut de l'homme.

DEUXIÈME SECTION. — MÉDICAMENTS IRRITANTS EMPLOYÉS COMME TROCHISQUES IRRITANTS.

Les médicaments que nous désignons sous le nom de trochisques irritants sont des baies ou des racines âcres qui, placés sous la peau dans le tissu cellulaire sous-cutané, déterminent une vive irritation avec douleur, engorgement et afflux sanguin, effets qui sont suscités par le vétérinaire pour transposer quelques maladies, ou pouvoir, à l'aide de scarifications profondes pratiquées dans l'engorgement, obtenir une déplétion sanguine locale.

L'endroit où se placent les trochisques varie selon les maladies. Dans les chevaux, c'est au poitrail, sous le ventre, sur les parties latérales de la poitrine et de l'encolure, aux fesses, vis à vis quelques articulations douloureuses qui occasionnent de vieilles boiteries. Dans les bêtes bovines, où on en fait souvent usage, c'est au fanon, sous le ventre, et aux environs de quelques articulations qui jouent avec douleur, qu'on en fait usage avec succès.

Les phénomènes consécutifs qui résultent de la présence des trochisques irritants dans le tissu cellulaire sont de déterminer une suppuration souvent abondante et d'une longue durée, qui concourt à faire obtenir tout à la fois au thérapeutiste un effet révulsif et évacuatif.

Les substances médicamenteuses employées comme trochisques irritants sont : l'hellébore noir, l'hellébore blanc, le garou, le daphné lauréole, la clématite brûlante, quelques renoncules et plusieurs tithymales.

Famille des colchicacées.

HELLÉBORE NOIR, *helleborus niger*. L. Cette plante ne doit point être confondue avec l'hellébore blanc dont nous allons faire l'histoire ci-après. On ne doit point non plus la confondre avec l'hellébore oriental de Tournefort si vénéré par les Grecs et les Romains.

L'hellébore noir croît dans les montagnes des Alpes et

des Pyrénées. Il est connu, à cause de la beauté de sa fleur, sous le nom de rose de Noël. La partie employée est la racine.

Propriétés. La racine est composée d'une souche courte, épaisse, de la grosseur du doigt, charnue, noueuse, ridée, marquée d'anneaux circulaires rapprochés, présentant les traces évidentes de la base des feuilles, noirâtre à l'extérieur, blanche à l'intérieur, donnant attache à un grand nombre de fibres radicales également noirâtres. Son odeur est légèrement nauséeuse; sa saveur est styptique, âcre et amère.

Analyse. MM. Fenculle et Capron, pharmaciens, ont fait l'analyse de cette racine. (*Journal de pharmacie*, t. VII, p. 503), et ils y ont trouvé :

1° Une huile volatile ;
2° Une huile grasse qui a de l'âcreté ;
3° Une matière résineuse ;
4° De la cire ;
5° Un acide volatil odorant ;
6° Un principe amer ;
7° Du muqueux ;
8° De l'ulmine ;
9° Du gallate de potasse et du gallate acide de chaux ;
10° Un sel à base ammoniacale.

Les principes actifs et irritants de cette racine sont l'huile volatile, l'huile grasse âcre et la matière résineuse. Ils sont solubles dans l'eau et dans l'alcool.

Le vinaigre paraît accroître les vertus irritantes de la racine, selon l'observation qui en a été faite par Bourgelat. (*Matière médicale*, t. II, pag. 129.)

Récolte et conservation. Cette racine doit être récoltée

au printemps et employée nouvelle. Sèche, elle perd un peu de sa vertu irritante. Bourgelat veut qu'on la conserve dans du vinaigre, sa macération augmentant ses propriétés.

Manière de l'employer. Si cette racine n'est pas fraîche, si elle n'a point été conservée dans du vinaigre, il faut la mettre macérer dans ce liquide pendant douze à vingt-quatre heures, ou bien la faire bouillir dans le même liquide pendant une heure. On en coupe de la longueur d'un pouce, et on y attache un fil; puis, après avoir incisé la peau et fait un petit godet, on y place cette racine. Sa présence détermine bientôt de la tuméfaction; alors on la retire, et on passe ordinairement des sétons dans l'épaisseur de la tumeur. Souvent, et ce qui vaut mieux, d'après Gilbert, on attache l'ellébore à la mèche du séton.

Ces trochisques sont fréquemment employés dans les maladies de poitrine des ruminants.

A l'intérieur, la racine d'ellébore irrite vivement le canal intestinal sans déterminer de purgation : on doit la rejeter.

VÉRATRE BLANC, *veratrum album*. Partie usitée : *la racine, radix hellebori albui*. Noms vulgaires : *hellébore blanc, varaire, pied de griffon*, etc. Le vératre croît dans les pâturages élevés de l'Auvergne, du Dauphiné, du Jura, de la Provence, des Alpes. On le trouve aussi dans quelques parties du centre de la France, sur le bord des chemins, comme dans la Nièvre, l'Yonne, etc. La racine de cet ellébore est cylindrique, tuberculeuse, charnue, allongée, de la grosseur du pouce, recouverte d'un grand nombre de fibrilles grisâtres; elle est blanche en dedans, d'une odeur vireuse qu'elle perd par la dessiccation, d'une saveur âcre, amère et nauséeuse qu'elle conserve pendant fort longtemps.

Analyse. Cette racine, analysée par MM. Pelletier et Caventou, a donné un principe alcaloïde qu'ils ont appelé *vératrine*.

Vératrine. Cet alcaloïde se présente sous la forme d'une masse blanche, inodore, friable, d'une saveur très âcre et nullement amère ; l'eau froide la dissout à peine ; mais à + 100° elle en dissout 1/1000 de son poids. L'alcool et l'éther sulfurique la dissolvent avec facilité. Les acides s'y unissent pour former des sels très âcres et incristallisables. Cet alcali a une action énergique, c'est la partie active irritante de l'ellébore blanc.

Emploi. La racine du *varaire* est employée fraîche ou sèche, mais macérée dans le vinaigre, comme trochisque irritant sur les animaux. Elle produit les mêmes effets que la racine d'ellébore noir, et est employée dans les mêmes circonstances. Elle offre une ressource précieuse pour la thérapeutique vétérinaire ; et cependant c'est à peine s'il en a été fait mention jusqu'à présent dans les pharmacies vétérinaires.

Famille des Thymelées.

GAROU. On donne le nom de garou à une écorce fournie par le *daphné bois gentil* (*daphne mezereum*), le *daphné lauréole* (*daphne laureola*), et particulièrement par le *daphné garou* (*daphne gnidium*). La partie usitée est l'écorce, *cortex gnidii*.

Les écorces de tous ces *daphnés* renferment un principe âcre, volatil, dû à un principe soluble dans l'eau, l'alcool et l'éther, nommé *daphnine*, découvert par Vau-

quelin , et qui est le principe actif et irritant de ces écorces. L'écorce du *daphne gnidium* ou *garou* en renferme
le plus.

Les rameaux de ces divers daphnés sont employés comme
trochisques dans la médecine des animaux. On prend ces
rameaux frais, on gratte l'épiderme de leur écorce, et on
les place , au nombre d'un ou plusieurs , dans le tissu cellulaire sous-cutané. Bientôt il survient un engorgement
plus ou moins considérable qui agit comme révulsif. Les
rameaux desséchés doivent être plongés pendant vingt-
quatre heures dans le vinaigre. On emploie ces trochisques
au voisinage des articulations frappées de douleurs rhumatismales. On en fait souvent usage sur la pointe de l'é-
paule et à l'articulation coxo-fémorale.

On fait aussi quelquefois usage de l'écorce du *garou,*
qu'on appelle encore *sain-bois*.

Caractères. Cette écorce se rencontre dans les pharmacies en lanières de trois à quatre pieds de long , tenaces,
pliées par le milieu, et ordinairement réunies en botte.
Elle est grisâtre à sa face interne, ridée transversalement,
et couverte d'un duvet soyeux. Sa face interne est de couleur jaune-paille, et déchirée longitudinalement. Son odeur
est faible mais nauséeuse ; sa saveur âcre et brûlante. Les
écorces doivent être mises macérées dans du vinaigre pendant douze ou vingt-quatre heures avant d'être placées sous
la peau.

Famille des Renonculacées.

CLEMATITE BLANCHE, *clematis vitalba*. L. vulgairement VIORNE, *herbe aux gueux*. Les rameaux sarmenteux de cette plante renferment un principe âcre, volatil

qui leur donne une propriété irritante, propriété qu'ils perdent en grande partie par la dessiccation et en totalité par l'ébullition dans l'eau. Ces rameaux frais sont introduits sous la peau pour produire les mêmes effets et dans les mêmes cas maladifs que le *garou*.

Les racines de la RENONCULE BULBEUSE, *ranonculus bulbosus*, L. de la RENONCULE ACRE, *renonculus acris*, qui renferment aussi un principe âcre, volatil et irritant, sont quelquefois employées pour remplir les mêmes indications. Cependant, lorsqu'on voudra obtenir des effets prompts et énergiques, ii sera convenable de préférer au *garou*, à la *clématite* et aux *renoncules* les *ellébores* blanc ou noir.

TROISIÈME SECTION. — SUBSTANCES ET MÉDICAMENTS EMPLOYÉS COMME VÉSICANTS OU ÉPISPASTIQUES.

Les médicaments dont nous allons nous occuper diffèrent des rubéfiants en ce que l'irritation qu'ils déterminent à la peau est toujours accompagnée de phlictènes ou d'ampoules formées par un fluide séreux accumulé sous l'épiderme. Ce sont les cantharides, l'euphorbe, l'ammoniaque pure et l'émétique.

CANTHARIDE OFFICINALE, *cantharida officinalis meloe vésicatorius*, L. insecte de l'ordre des coléoptères hétéromères, de la famille des trachélides (Cuvier). Cet insecte habite l'Europe, mais il est plus commun dans les contrées du midi. On le rencontre sur le lilas, le troëne et le frêne ; on reconnaît facilement l'habitation de ces insectes par l'odeur fétide et pénétrante qu'ils répandent au loin.

Caractère des cantharides. La cantharide vésicatoire varie beaucoup par sa grandeur ; mais en général elle a depuis six jusqu'à dix lignes de longueur, une belle couleur verte dorée, quelquefois bleuâtre ; les antennes sont noires filiformes, de la longueur de la moitié du corps ; la tête a une ligne longitudinale enfoncée sur le milieu ; le corselet est inégal, plus étroit que la tête ; les élytres sont molles, finement chagrinées, offrent deux lignes longitudinales peu élevées et recouvrent des ailes membraneuses et transparentes. La tête, le corselet et le dessous du corps sont légèrement couverts d'un duvet cendré, les pattes sont vertes, les tarses bleuâtres.

Etant desséchées les cantharides sont légères, très friables, d'une odeur particulière, forte, pénétrante et désagréable, d'une saveur chaude et âcre.

Pour en faciliter l'emploi, on les pulvérise.

Poudre. La poudre de cantharides est d'une couleur jaune brunâtre qui présente une multitude de points brillants d'un beau vert doré provenant des élytres de l'insecte.

Récolte et conservation. C'est dans le midi de la France et en Espagne que l'on se livre à la récolte des cantharides. Ces insectes vivent en grandes familles, volent en troupes et se reposent le plus souvent sur les frênes dont elles dévorent les feuilles. Elles se montrent depuis le mois de juin jusqu'à la fin du mois d'août. Voltigeant dans l'air pendant le jour, se livrant à l'acte de l'accouplement, elles restent comme engourdies le matin pendant la rosée : aussi profite-t-on de cet instant du jour pour en faire la récolte.

On étend sur le sol de larges toiles, on monte sur les frênes et on en secoue les branches ; tous les insectes tombent sur les toiles. On réunit les extrémités des draps, on en forme un nouet où les cantharides se trouvent renfermées, et qu'on plonge dans des baquets d'eau vinaigrée pour les asphyxier. On se sert aussi de tamis de crin dans lesquels on met les cantharides et que l'on place ensuite sur des vases ouverts contenant du vinaigre en ébullition. Cette opération terminée on étend les cantharides sur des claies recouvertes de toile ou de papier et on les expose au soleil ou dans des greniers aérés pour les faire sécher.

Les cantharides perdent de leur poids pendant toutes ces manipulations. Pour les expédier au loin on les enferme dans des tonneaux ou dans des caisses garnies de papier intérieurement.

Altérations. Les cantharides s'altèrent avec la plus grande facilité. Elles sont bientôt dévorées par les *mittes* et les *anthrènes* qui vivent de leur suc et les réduisent en poussière. D'après M. Guibourt, la mitte qui dévore les cantharides serait semblable à celle qui a été décrite sous le nom de *sarcopte* et que l'on rencontre dans les vésicules et les croûtes de la gale. On a cherché différents moyens pour préserver les cantharides des mittes : le chlore, le camphre, ont été essayés, mais sans aucun résultat satisfaisant.

Choix. Il faut choisir les cantharides entières, bien nourries, récentes, bien sèches, d'une belle couleur, d'une odeur forte, non piquées par les mittes, et exemptes de pourriture et de moisissure. La poudre doit être d'un brun brillant, très odorante, très âcre et très fraîchement préparée.

Analyse. C'est à M. Robiquet que la science doit une analyse bien faite des cantharides. Cet habile chimiste a retiré en 1810 (*Annales de physique et de chimie*, tome LXXVII, page 302), des cantharides :

1° Une huile verte insoluble dans l'eau, soluble dans

l'alcool, qui n'est point irritante : donnée à la dose de 4 grammes (1 gros), mise en contact avec le tissu cellulaire, elle n'a produit aucun effet ;

2° Une matière noire soluble dans l'eau , insoluble dans l'alcool, qui ne paraît avoir qu'une faible propriété excitante ;

3° Une matière jaune visqueuse, soluble dans l'eau, soluble dans l'alcool à la température ordinaire, qui n'est nullement vésicante ;

4° Une substance blanche en petites lames micacées ou en aiguilles inodores , insoluble dans l'eau et l'alcool à froid , très soluble au contraire dans l'éther et l'alcool bouillant, les huiles douces, l'essence de térébenthine , d'où elle se précipite par le refroidissement : cette substance , douée d'une grande vertu épispastique, a été appelée *cantharidine* ;

5° Une autre matière grasse, insoluble dans l'alcool, nullement épispastique ;

6° Du phosphate de chaux, qui forme la base du squelette de l'insecte ;

7° Du phosphate de magnésie ;

8° Une petite portion d'acide acétique;

9° Une assez grande quantité d'acide urique.

Les élytres de cantharides renfermeraient encore, d'après les recherches de M. Odier :

1° Une substance particulière, différente de la cantharidine, à laquelle il donne le nom de *chitine*. Cette substance formerait le quart du poids de l'élytre et s'y trouverait unie avec une matière extractive soluble dans l'eau ;

2° Une huile colorée ;

3° Une substance animale de couleur brune ;

4° De l'albumine.

M. Orfila a cherché à séparer la substance nauséeuse volatile à laquelle est due l'odeur des cantharides, et cet habile chimiste expérimentateur est parvenu à démontrer que ce principe volatil est doué d'une grande vertu épispastique ainsi que la cantharidine.

En résumé, les principes actifs de la cantharide résideraient donc dans la cantharidine et dans le principe volatil odorant.

Préparation de cantharides. On emploie la poudre de cantharides, l'alcool cantharidé, l'huile cantharidée ; on confectionne avec cette poudre des emplâtres, des onguents, des pommades, qui portent le nom de vésicatoires. (Voyez ces préparations, 2° partie.)

Action sur les animaux. Les cantharides s'emploient presque toujours à l'extérieur, rarement à l'intérieur. La poudre ou ses préparations, mise en contact avec la peau des animaux, notamment là où elle est fine, détermine de la rougeur, de la cuisson, de la douleur, de l'engorgement, et bientôt la formation de petites vésicules de la grosseur d'une noisette et plus, formées par l'épiderme soulevé et remplies de sérosité. Toutes les préparations de cantharides déterminent les mêmes effets.

Administrées à l'intérieur, les cantharides irritent violemment les muqueuses intestinales et peuvent causer la mort. Les principes actifs, la cantharidine et l'huile volatile, passent bientôt dans le sang et vont irriter violemment les organes génito-urinaires en déterminant des érections douloureuses, de la dysurie et même de la strangurie. L'administration du camphre remédie à ces accidents. (Voyez la

Thérapeutique générale publiée par l'un de nous M. Delafond.)

Usages. Les cantharides et ses préparations sont souvent mises en usages dans la thérapeutique vétérinaire. On s'en sert comme moyen révulsif pour appliquer des vésicatoires, pour graisser les mèches des sétons, afin d'obtenir promptement de l'engorgement et de la suppuration. On emploie fréquemment l'alcool cantharidé en frictions cutanées dans les distensions de l'épaule (écarts), dans les douleurs rhumatismales, la gale, les dartres, etc.

Quant à nous, nous faisons rarement usage des préparations de cantharides, nous redoutons trop l'action de la cantharidine sur les voies urinaires; nous leur préférons les préparations d'euphorbe, avec lesquelles ces inconvénients ne sont point à redouter.

Les cantharides ne sont pas les seuls insectes qui possèdent la propriété épispastique. Tous les *meloe* comme le *meloe proscarabé*, que les hippiatres ont nommé *scarabée des maréchaux*, insecte qui court dans les champs au commencement du printemps, jouit d'une assez forte vertu vésicante. Bourgelat a composé un onguent avec ce scarabée qu'il appelle *onguent de scarabées*.

Il résulte aussi de recherches récemment faites par MM. Bretonneau, Leclerc, de Tours (*Journal des conn. méd. chir.*, t. III, p. 87.) que le mylabre de la chicorée, et toutes les espèces d'insectes des genres *lydus*, *decatoma dices*, *cerocoma*, *œnas*, *tetraonix*, contenaient de la cantharidine. Ces divers insectes ne sont point employés en médecine vétérinaire.

Famille des Euphorbiacées.

EUPHORBE, suc gommo-résineux, *gummi euphorbia*,

provenant de l'*euphorbia officinarum*, *antiquorum et canariensis*, sous arbrisseaux exotiques qui croissent dans les déserts de l'Afrique, les îles Canaries et quelques contrées de l'Inde.

Les arbrisseaux qui fournissent l'euphorbe contiennent un suc laiteux, âcre et très irritant. Pour récolter ce suc on fait des incisions aux tiges et celui-ci s'écoule, se réunit en gouttelettes aux épines des tiges, se durcit et jaunit bientôt par la présence de l'air, de la chaleur, et de la lumière solaire. Il est recueilli et livré alors au commerce.

Caractères. L'euphorbe est sous la forme de larmes irrégulières de la grosseur d'un pois, d'un jaune-roussâtre à l'extérieur, blanchâtre à l'intérieur, assez friables. Elles sont ordinairement percées d'un ou de plusieurs trous au fond desquels on aperçoit les extrémités des épines qui ont été brisées. Leur odeur est nulle ; leur saveur, d'abord faible, devient bientôt âcre, brûlante et corrosive.

L'euphorbe se pulvérise avec facilité, donne une poudre jaune, grisâtre, qui, répandue dans l'air, irrite vivement la pituitaire et provoque des éternuemens réitérés. Lorsqu'on pulvérise l'euphorbe, ou lorsqu'on fait usage de la poudre, il faut avoir beaucoup de soin de s'en garantir.

Projetée sur des charbons ardents, l'euphorbe brûle avec flamme, comme toutes les gommes-résines et laisse un résidu terreux. Elle est soluble dans l'alcool et presque entièrement insoluble dans l'eau.

Analyse. MM. Braconnot et Pelletier se sont occupés de l'analyse de l'euphorbe qu'ils ont trouvée composée de

1° Résine,   sur 100   60,80
2° Cire,   14,40
3° Huile volatile âcre très piquante,   8,0
4° Malate de chaux et de potasse,   14,00
5° Matière ligneuse et bassorine ,   2,00

Cette analyse est de M. Pelletier.

M. Braconnot a rencontré moins de résine, mais plus de cire.

Principes actifs. La résine, et surtout l'huile volatile , sont les deux principes actifs de l'euphorbe.

Propriétés médicinales. La poudre d'euphorbe , appliquée sur la peau des animaux, après en avoir rasé les poils, détermine une vive irritation accompagnée de tous les phénomènes qui caractérisent la vésication. Mais ce qui distingue surtout les effets secondaires de l'euphorbe de ceux des cantharides , c'est que cette gomme-résine n'est point absorbée, et ne va point, par conséquent, irriter les organes génito-urinaires. Sous se rapport, l'euphorbe est un agent épispastique que nous préférons aux cantharides.

L'euphorbe a aussi été conseillée à l'intérieur comme purgatif drastique; mais elle est complètement à rejeter.

. Cette gomme-résine entre dans la composition de l'onguent vésicatoire et dans quelques pommades anti-psoriques.

AMMONIAQUE. L'ammoniaque pure, étendue d'une petite quantité d'eau, ou associée à l'huile , parties égales en poids, employée en frictions sur la peau, notamment dans les grands animaux, là où elle est fine, comme à la tête, à la face interne des cuisses, et même sur les parois du thorax, détermine aussi une vive irritation avec formation de phlyctènes.

Cet épispastique a été souvent usité par l'un de nous, M. Delafond, avec beaucoup de succès pour obtenir une révulsion prompte ou pour changer le type morbide de quelques maladies cutanées et de plusieurs engorgements chroniques du tissu cellulaire.

QUATRIÈME SECTION. — MÉDICAMENTS CAUSTIQUES ESCHAROTIQUES.

On appelle médicaments caustiques des agents chimiques doués de la propriété de se combiner avec les tissus vivants et de déterminer à leurs dépens la formation d'un produit nouveau qui, éliminé par les parties vivantes, reçoit le nom d'*eschare*. Les caustiques sont tirés du règne minéral. Ils sont liquides, mous et solides. L'eschare que ces caustiques déterminent provoque des phénomènes inflammatoires dans la partie cautérisée, qui tendent à éliminer le produit étranger. Ce sont ces phénomènes chimiques et morbides qui constituent la médication *caustique escharotique*, médication souvent employée dans la médecine des animaux, et dont le vétérinaire doit surtout connaître les effets et diriger l'emploi.

Médicaments caustiques liquides.

Les caustiques liquides les plus remarquables sont : les acides sulfurique, nitrique, hydrochlorique et le nitrate acide de mercure.

ACIDE SULFURIQUE ; noms vulgaires : *huile de vitriol, acide vitriolique, acidum sulfuricum, oleum vitrioli.* L'acide sulfurique résulte de la combinaison du soufre et de l'oxigène dans la proportion d'un atome de soufre contre trois atomes d'oxigène.

A l'état de pureté, c'est un liquide incolore, inodore, visqueux, qui jouit d'une grande densité égale à 1,870 ; il présente la viscosité de l'huile, possède une acidité si prononcée qu'une goutte suffit pour donner une saveur acide à une grande masse d'eau. Cet acide est très avide d'eau ; et au moment où il s'en empare, il se dégage une grande quantité de calorique. Celui qui est préparé dans les arts en renferme toujours un cinquième de son poids, et doit être regardé comme un acide hydraté.

Effets sur l'économie. L'acide sulfurique concentré est un caustique des plus énergiques; il s'empare de l'eau des tissus vivants, les désorganise, les décompose et les noircit. Il est difficile de borner l'action de ce caustique. Son eschare est, noire, étendue et difficilement expulsée des parties saines et vivantes, aussi est-il rarement employé. A l'intérieur, cet acide détruit rapidement les muqueuses intestinales et amène promptement la mort. Etendu d'une grande quantité d'eau jusqu'à agréable acidité, il peut être administré comme tempérant. (Voyez *médicaments tempérants*). Mélangé avec l'alcool dans les proportions de une partie sur trois d'alcool, il constitue l'*eau de Rabel*, ou l'*acide sulfurique alcoolisé ou dulcifié*, *acidum sulfuricum alcoolisatum*, *aqua Rabelliana*, eau qui est employée comme légèrement caustique et escharotique.

En pharmacie, l'acide sulfurique a des usages très étendus : c'est par sa réaction sur les élémens de l'alcool qu'on obtient l'éther sulfurique. Il entre dans plusieurs médicaments composés soit à l'état de liberté, soit à celui de combinaison.

ACIDE NITRIQUE OU AZOTIQUE , vulgairement *esprit de nitre, eau forte ; acidum nitricum, spiritus nitri.*

Résultant de la combinaison de l'oxigène et de l'azote dans la proportion de deux atomes d'azote sur cinq atomes d'oxigène, cet acide, à l'état de pureté, est un liquide incolore, d'une odeur forte et piquante, répandant une fumée blanche au contact de l'air, et d'une saveur très acide, âcre et caustique. Il a une très grande affinité pour l'eau : on n'a pas encore pu l'obtenir privé de ce liquide. Dans son plus grand état de concentration, il renferme encore, d'après M. Thénard, 15,8 d'eau, ce qui correspond, à peu de chose près, à un atome d'acide contre un atome d'eau.

Effets sur les tissus vivants. L'acide nitrique concentré est un caustique très énergique. Introduit dans le canal digestif, il cautérise et enflamme vivement les muqueuses de ce canal. A l'extérieur, il corrode et désorganise les parties soumises à son contact, absorbe leur humidité et les transforme en une eschare jaunâtre qui en est difficilement séparée par l'inflammation éliminatoire. On l'a employé avec succès pour cautériser les muqueuses accidentelles des trajets fistuleux. On en fait fréquemment usage pour combattre le *piétin* du mouton. Dégagé sous forme de vapeur, il s'empare des matières animales répandues dans l'air, les détruit et purifie ce fluide. Mélangé avec deux tiers d'alcool, on l'administre à l'intérieur comme antiputride et diurétique. Etendu d'eau dans la proportion de 64 grammes (2 onces) dans deux litres d'eau, il constitue une boisson tempérante et rafraîchissante.

ACIDE HYDROCHLORIQUE, ACIDE MURIATIQUE, ACIDE MARIN, ESPRIT DE SEL MARIN. Cet acide, composé de chlore et d'hydrogène à parties égales, se présente sous deux états : à l'état gazeux et à l'état liquide. Nous l'examinerons sous cette dernière forme.

ACIDE HYDROCHLORIQUE LIQUIDE, *Acidum hydrochloricum*. Cet acide, à l'état de pureté, est un liquide blanc, très acide et caustique, d'une odeur piquante, très forte; sa densité, lorsqu'il est le plus concentré possible, est de 1,210; sous cet état, il contient 42,43 d'acide pour 100; exposé à l'air il répand des vapeurs blanches abondantes. Celui qu'on trouve dans le commerce, et qui est le résultat d'une fabrication en grand, est toujours impur; il est coloré en jaune foncé par un peu de perchlorure de fer. On peut le purifier par la distillation dans des cornues de verre pour les usages ordinaires.

Effets sur l'économie. L'acide hydrochlorique est un caustique énergique, mais cependant moins corrosif que les deux acides précédemment étudiés : aussi lui accorde-t-on la préférence dans la pratique pour cautériser quelques ulcérations gangréneuses qui se manifestent souvent dans la bouche. Dans ces circonstances on ne l'emploie cependant pas pur; on a la précaution de l'étendre de 15 à 20 parties d'eau commune, ou de l'associer au miel jusqu'à acidité supportable. Cette dernière préparation est très fréquemment employée pour combattre l'angine diphtérite du porc. On s'en sert aussi pour cautériser les aphthes de la bouche des veaux et des moutons.

Cet acide, uni à l'alcool dans des proportions variables (*acide muriatique alcoolisé*), donne une liqueur antiputride d'un très grand secours dans les maladies charbonneuses. Enfin le gaz acide hydrochlorique est employé en fumigation comme désinfectant.

NITRATE ACIDE DE MERCURE OU DEUTONITRATE DE ME

cure, *nitras hydrargyricus acido nitrico solutus.*

Propriété. Le deutonitrate de mercure est blanc, acide. Exposé à l'air, il en absorbe l'humidité et se résout en un liquide incolore très caustique. L'eau chaude agit sur ce sel en le transformant en *sous-deutonitrate* blanc insoluble et en nitrate acide soluble.

Effets sur l'économie et usages. Ce sel, dissous dans l'eau, en plus ou moins grande proportion, est usité dans un très grand nombre de cas chirurgicaux. Il a la propriété de coaguler très rapidement le sang : aussi est-il recherché pour arrêter les hémorragies traumatiques. Il est surtout employé avec succès pour cautériser les muqueuses accidentelles des trajets fistuleux du garot et de la nuque, ainsi que celles des abcès froids et anciens.

Caustiques mous.

Les caustiques mous sont ceux qui ont une consistance butireuse. Un seul se présente, c'est le protochlorure d'antimoine.

Protochlorure d'antimoine. Ce composé de chlore et d'antimoine, dans les proportions d'un atome d'antimoine contre trois atomes de chlore, est blanc, solide à la température ordinaire, demi-transparent, extrêmement caustique. Il fond au-dessous de 100°, et présente ainsi l'aspect d'une huile épaisse et butireuse. C'est ce qui lui a fait donner autrefois, par les anciens chimistes, le nom de *beurre d'antimoine.* Exposé au contact de l'air, il attire peu à peu l'humidité qui s'y trouve, se résout en un liquide épais, très acide et très caustique.

C'est sous ce dernier état qu'on l'emploie en chirurgie.

Effets sur les tissus vivants et usages. Le beurre d'an-timoine cautérise vivement et profondément les tissus qu'il touche; son eschare est d'un jaune grisâtre. Ce caustique est recommandé pour la cautérisation des plaies faites par les chiens enragés, et en général dans toutes les plaies si-nueuses.

Pâtes caustiques. Les pâtes caustiques, composées de miel, de levain, de graisse, d'amidon, de térébenthine, et de substances caustiques, comme l'arsenic, le sublimé corrosif, etc., etc., et employées pour cautériser certains ulcères, quelques végétations fongueuses, seront décrites lorsque nous traiterons des pâtes caustiques. (Voyez *Pâtes caustiques,* deuxième partie.)

Caustiques solides.

Ces caustiques sont : le *nitrate d'argent*, la *potasse*, la *soude*, le *sublimé corrosif*, l'*acide arsénieux*, le *sulfure d'arsenic*, le *sulfate de cuivre*, et l'*acétate de cuivre.*

NITRATE D'ARGENT. Composé d'acide nitrique et d'oxide d'argent, ce sel se présente en belles lames transparentes et brillantes ; sa saveur est amère, âcre et caustique ; il est inaltérable à l'air ; mais à l'action de la lumière il brunit à sa surface par suite de la réduction d'une partie de l'oxide. Exposé au feu, dans un creuset d'argent ou de platine, il fond au-dessous de la chaleur rouge et se boursoufle un peu par l'évaporation de la petite quantité d'eau interposée entre ses cristaux. Si, lorsque la fusion est tranquille, on le retire du feu et qu'on le coule dans une lingotière échauffée d'avance et enduite de suif, il se solidifie par le refroidissement et prend la forme de petits cylindres blancs, grisâtres, de la grosseur d'une plume à écrire, de deux pouces de long environ, fragiles, et offrant dans leur cassure une structure cristalline et rayonnée. On le connaît alors sous le nom de *nitrate d'argent fondu*, ou plus communément sous celui de *pierre infernale*.

Choix. La *pierre infernale* qui est verdâtre contient beaucoup de cuivre et doit être rejetée. Lorsqu'elle est noirâtre, c'est une preuve qu'elle a été en partie décomposée par le feu : elle est alors peu active. Il paraît aussi qu'on la sophistique par le nitrate de potasse, l'oxide de manganèse ou la plombagine; dans ce dernier cas, elle est tout à fait mauvaise. La pierre infernale de bonne qualité doit donc avoir les caractères que nous avons indiqués ci-dessus. Pour s'en servir, il faut assujettir le nitrate d'argent sur un portepierre en argent, ainsi que le conseille M. Chevallier. Ce chimiste a démontré que, tenu par un portepierre en cuivre, ce sel se décompose peu à peu sans se déformer : il y a oxidation du cuivre, réduction de l'argent, et par suite annulation complète des propriétés caustiques.

Effets sur les tissus vivants et emploi. Ce sel cautérise vivement tous les tissus avec lesquels on le met en contact, pourvu qu'ils soient un peu humides. L'eschare qu'il produit est sèche, mince, grisâtre, et prompte à se détacher. On emploie ce caustique pour cautériser les chancres de la pituitaire, des oreilles, des phalanges du chien, les végétations des plaies du sabot du cheval, les gerçures du pli des articulations, et quelquefois aussi les plaies superficielles faites par les animaux enragés et venimeux. On introduit souvent un crayon de nitrate d'argent dans les fistules anciennes, et notamment dans celles provenant de la carie des cartilages du pied. Dissous en petite quantité dans l'eau distillée, il est employé pour combattre avec succès les ophthalmies chroniques. Uni à la graisse, on en compose une pommade destinée au même but. On ne fait point usage de ce sel à l'intérieur, en médecine vétérinaire.

HYDRATE DE PROTOXIDE DE POTASSIUM, POTASSE CAUSTIQUE, PIERRE A CAUTÈRE (*potassa*).

Caractères. Ce composé résultant de la combinaison du potassium avec l'oxigène, et son union avec une petite quantité d'eau, se trouve dans les officines en fragments irréguliers, aplatis, blancs, solides, cassants, inodores, et d'une saveur âcre et caustique. La potasse est très soluble dans l'eau et dans l'alcool. Elle est très avide d'humidité. Aussi, exposée à l'air, absorbe-t-elle rapidement la vapeur d'eau et l'acide carbonique contenu dans ce fluide, et se réduit-elle en un déliquium épais, mais cependant toujours caustique. On distingue deux espèces de potasse, celle à la chaux et celle à l'alcool : cette dernière est plus pure ; mais elle n'est pas douée de plus de causticité.

Effets sur les tissus vivants et emploi. La potasse appliquée sur la peau ou sur les tissus sous-cutanés, absorbe leur humidité, se combine avec eux pour former une eschare jaunâtre peu résistante et savonneuse. Cette eschare se forme, chose remarquable, plus vite sur la peau que dans les parties profondes.

On se sert peu de la potasse caustique dans la médecine vétérinaire, on lui préfère d'autres caustiques dont l'action est plus facile à borner. Cependant on pourrait en faire un bon usage pour cautériser les gales, les dartres rebelles, quelques ulcères farcineux, les eaux aux jambes, etc. Unie à la chaux, on en compose une poudre dessiccative et légèrement caustique, très bonne pour dessécher les écoulements sanieux. On n'a que peu ou point à redouter les effets de l'absorption de ce caustique.

PROTOXIDE DE SODIUM, SOUDE (*soda*). La soude a des propriétés thérapeutiques identiques à la potasse. Comme elle c'est un caustique puissant dont on fait usage dans les mêmes circonstances. Nous n'étudierons donc point ce caustique. Ses composés, les carbonates, seront exposés plus loin.

PROTOXIDE DE CALCIUM, CHAUX (calx), *chaux vive*. On l'extrait du sous-carbonate de chaux par une forte calcination.

Caractères. La chaux est en masses blanches, ou d'un blanc grisâtre, d'une saveur chaude, âcre, alcaline. Exposée à l'air, elle absorbe en se délitant l'eau et l'acide carbonique, acquiert plus de blancheur, de légèreté, et repasse à l'état de sous-carbonate de chaux ou de chaux éteinte. Jetée dans l'eau, elle absorbe avec avidité ce liquide, se fendille, dégage beaucoup de chaleur, se délite, et se transforme ensuite en une poudre blanche (*hydrate de chaux*).

Effets sur l'économie et usages. La chaux vive est rarement employée comme caustique escharotique. Elle cause des douleurs vives, irrite violemment les tissus, pour ne donner lieu qu'à une légère pellicule escharotique. Cet oxide est d'ailleurs un excellent dessiccatif à la surface des plaies ou des ulcères qui sécrètent beaucoup de liquides morbides. Unie à la poudre de charbon, la chaux est employée pour dessécher les eaux aux jambes, le crapaud, etc.

DEUTOCHLORURE DE MERCURE, SUBLIMÉ CORROSIF, MURIATE SUROXIGÉNÉ DE MERCURE, *mercurius sublimatus corrosivus*, *hydrargyrus sublimatus*, *sublimatum corrosivum*. Le deutochlorure de mercure résulte de la combinaison du chlore et du mercure dans la proportion d'un atome de mercure contre deux atomes de chlore.

Propriétés. Le deutochlorure de mercure, obtenu par la sublimation, est sous la forme d'une masse blanche, pesante, demi-transparente, formée par la réunion de petites aiguilles prismastiques. Ces masses ou pains sont convexes, unies et luisantes d'un côté, concaves et hérissées de petits cristaux brillants de l'autre. Le sublimé est inodore, d'une saveur styptique métallique très prononcée et extrêmement désagréable. Il est inaltérable à la lumière ; mais l'air atmosphérique en ternit la surface en y produisant une sorte d'efflorescence. Exposé à l'action du calorique, il n'éprouve aucune altération, se volatilise et cristallise sur les parois du vase. Chauffé à l'air, il répand d'abondantes vapeurs blanches, âcres, très dangereuses à respirer. L'eau, à la température ordinaire, en dissout un seizième, l'eau bouillante un tiers de son poids. L'alcool et l'éther en dissolvent une beaucoup plus grande quantité. La plupart des substances organiques, particulièrement le tannin, le blanc d'œuf, l'albumine, le gluten, s'y unissent en formant avec lui un composé insoluble.

Usages. Le sublimé corrosif entre dans la composition d'une foule de préparations externes et internes, telles que la liqueur de Van Swiéten, l'eau phagédénique ; on le donne aussi en solution dans l'eau. (Voyez *Médicaments altérants et fondants*.) Mais c'est surtout contre les maladies externes qu'on fait usage du sublimé corrosif, soit comme fondant et caustique léger, ou caustique escharotique. Nous n'examinerons ici que cette dernière propriété. Nous dirons cependant que le sublimé corrosif est un poison violent administré à l'intérieur, à la dose de 30 à 40 centigrammes (6 à 8 grains) pour les chiens; cette dose doit être beaucoup plus forte pour les herbivores : cependant 16 grammes (1/2 once peuvent faire périr un cheval.

Action caustique. Le sublimé donne naissance étant appliqué sur les tissus vivants à une eschare grise ou noirâtre, imputrescible, qui est lentement détachée des tissus sains par la suppuration.

Emploi. On emploie tantôt la poudre de sublimé qu'on incorpore à de la graisse, de la pâte, de la térébenthine, ou bien on en saupoudre les parties malades ; dans quelques cas on taille un morceau de ce chlorure en forme de crayon, et on l'introduit dans le fond de fistules, pour cautériser les os, les ligaments jaunes, ou le tissu cartilagineux et fibrocartilagineux.

ACIDE ARSÉNIEUX, OXIDE BLANC D'ARSENIC, DEUTOXIDE D'ARSENIC, *acidum arseniosum*. L'acide arsénieux résulte de la combinaison de l'arsenic métallique avec l'oxigène dans la proportion de deux atomes d'arsenic et de trois atomes d'oxigène.

Caractères. Cet acide, dans le commerce, est vendu en masses blanches, irrégulières, dures, fragiles, à cassure vitreuse, transparentes, ou presque entièrement opaques, suivant qu'il a été exposé ou non exposé à l'air. Il est inodore, d'une saveur peu sensible d'abord, mais qui devient âcre, métallique et nauséeuse. Il est inaltérable à aucune

température; projeté sur des charbons ardents, il se volatilise en formant une épaisse fumée blanche, répandant
une odeur alliacée, laquelle, touchant une lame de cuivre
décapée, laisse déposer une couche d'acide arsénieux.

L'eau, à la température ordinaire, n'en dissout qu'un
centième de son poids, tandis que l'eau bouillante en dissout dix fois plus. M. Guibourt a constaté que l'acide arsénieux qui est resté exposé à l'air et qui a perdu sa transparence, est plus soluble dans l'eau. (Guibourt, *Journal
de chimie medicale*, t. II, pag. 57.)

Réduit en poudre, il a la blancheur de la farine ou du
sucre. Il est peu susceptible de sophistication.

Effets sur les parties vivantes. A l'intérieur, l'acide
arsénieux est un des poisons les plus violents que l'on connaisse. Il corrode les muqueuses intestinales, passe rapidement dans le torrent circulatoire, et produit des effets
généraux terribles, qui précèdent la mort de peu de
temps. Le contre poison, d'après les recherches de
MM. Bunzen, Berthold, Soubeiran, Miquel, et notamment de notre estimable confrère M. Bouley jeune, est
l'hydrate de peroxide de fer, administré aussitôt, ou
quelques heures après l'ingestion du poison.

A l'extérieur, l'acide arsénieux désorganise lentement les
tissus, les détruit et produit une eschare profonde qui le
détache lentement.

C'est un mauvais caustique, non seulement parce qu'il
n'est point toujours facile d'en borner les effets, mais encore parce qu'il peut être absorbé et causer des désordres
graves dans toute l'économie. (1) Beaucoup de vétérinaires

(1) *Recueil de médecine vétérinaire*, 1829, octobre.

s'en servent comme trochisque, mais on ne peut que blâmer cet usage qui peut être dangereux.

Cependant nous devons nous hâter de dire que, dissous dans l'eau ou associé à de la graisse seulement, ou tout à la fois à de la graisse ou au sang dragon, il forme des pâtes précieuses pour combattre quelques affections cutanées rebelles, comme la gale, les Maux aux jambes, etc. M. Berthe a guéri une jument galeuse depuis longtemps, en l'administrant à l'intérieur.

SULFURE D'ARSENIC, *sulfuretum arseniosum*. Deux espèces de sulfure d'arsenic sont vendues dans le commerce, l'une sous le nom d'*orpiment,* l'autre sous celui de *réalgar*. Ces deux espèces diffèrent par les quantités de soufre qui y sont combinées. L'*orpiment* résulte de la combinaison de deux atomes d'arsenic contre trois atômes de soufre, tandis que le réalgar est combiné à parties égales de soufre et d'arsenic.

Orpiment. On en distingue deux espèces, le *naturel* et l'*artificiel.*

Orpiment naturel. Celui-ci existe tout formé dans la nature. On le rencontre en Souabe, en Transylvanie, en Hongrie, en Géorgie, etc. Il est en belle poudre jaune ou en masses d'un jaune citron, cristallisé en lames demi-transparentes, flexibles, insipides et inodores ; il est fusible, volatil, indécomposable par la chaleur, capable, par conséquent de se sublimer, à vaisseaux clos ; mais chauffé au contact de l'air, il brûle, absorbe l'oxigène, et passe à l'état de gaz acide sulfureux et d'acide arsénieux.

D'après M. Laugier, ce sulfure est formé sur 100 parties de 42 de soufre et de 58 d'arsenic. M. Guibourt estime qu'il renferme $\frac{1}{15000}$ de son poids d'acide arsénieux.

Orpiment artificiel, faux orpiment. Celui-ci se prépare

en Allemagne ou dans les laboratoires français, en chauffant dans des vases fermés un mélange de soufre et d'acide
arsénieux. Ce dernier est alors décomposé, d'où résulte de
l'acide sulfureux qui se dégage et du sulfure d'arsenic ;
mais une grande portion d'acide arsénieux échappe à la
décomposition et se trouve toujours mêlé au sulfure.

Caractères. Il est en masses dures, compactes, ayant l'aspect vitreux de l'oxide, qui en forme la base, et ayant
comme lui des couches superposées. Sa poudre, d'un jaune-
serin, dit Moiroud, se volatilise au feu en répandant une
forte odeur alliacée, et se dissout presque entièrement dans
l'eau chaude, à laquelle elle communique tous les caractères d'une forte dissolution d'acide arsénieux. D'après
M. Guibourt, cet orpiment est formé sur 100 parties de 94
d'acide arsénieux et de 6 seulement de sulfure d'arsénic.

Nous avons pensé qu'il était très important de donner
les caractères et de spécifier surtout la quantité d'acide arsénieux qui entre dans ces deux sulfures.

On voit que le sulfure naturel (orpiment naturel) renferme peu d'acide arsénieux, poison très vénéneux ainsi
que nous l'avons dit, tandis que le second (orpiment artificiel) est presque entièrement formé de cet acide. Aussi,
d'après les expériences de MM. Smith, Orfila, Renault et
Moiroud, cet orpiment artificiel est-il très vénéneux, soit
qu'on le dépose dans le tissu cellulaire sous-cutané, soit
qu'on le donne à l'intérieur, même à petite dose.

Cependant le sulfure d'arsenic naturel, de même que le
sulfure artificiel, préparé en petit et avec précaution dans
les laboratoires, sont encore vénéneux appliqués à l'extérieur ou administrés à l'intérieur, d'après les observations de MM. Orfila et Moiroud.

Usages. Le sulfure naturel d'arsenic est employé comme trochisque escharotique en médecine vétérinaire, et rarement comme caustique actif à l'extérieur. On peut en faire des pâtes qui sont d'un utile emploi.

Cependant nous dirons en terminant que si les préparations arsénicales peuvent procurer de nombreux succès pour la guérison des maladies externes, les vétérinaires ne les emploieront qu'avec beaucoup de circonspection.

DEUTOSULFATE DE CUIVRE, *deutosulfas cupri*, VITRIOL BLEU, COUPEROSE BLEUE, VITRIOL DE CUIVRE, VITRIOL DE CHYPRE. Ce sel est le résultat de la combinaison du deutoxide de cuivre avec l'acide sulfurique. Il ne se rencontre que très rarement dans la nature. Il est le produit des arts et est livré dans le commerce à bon marché.

Propriétés. Ce sel cristallise en gros prismes transparents d'un beau bleu dont la forme est variable. Il contient toujours de l'eau de cristallisation 0,36. Sa saveur est très styptique et désagréable. Exposé à l'air il s'effleurit et se recouvre d'une poussière blanche bleuâtre ; à une douce chaleur il éprouve la fusion aqueuse, perd peu à peu son eau de cristallisation et se transforme en une masse blanche pulvérulente. L'eau à la température de $+16°$ en dissout un quart de son poids, et l'eau bouillante à peu près la moitié.

Effets sur les tissus vivants. Ce sel, d'après les expériences faites par Moiroud, ne produit que très peu d'effet sur la surface cutanée ; mais sur le tissu cellulaire et les muqueuses il est âcre, corrosif, susceptible d'être absorbé, d'occasionner une vive inflammation gastro-intestinale, de déterminer le pissement de sang et même la mort.

A l'intérieur il occasionne le vomissement dans le chien. Le même effet est produit chez l'homme.

Usages. En poudre et en dissolution ce sel est un puissant styptique et hémostatique.

Il entre dans la confection de la liqueur de Villate, de l'eau céleste et de plusieurs médicaments externes.

DEUTOACÉTATE DE CUIVRE NEUTRE, *cristaux de Venus, verdet cristallisé.* Ce sel qui se présente en beaux cristaux de couleur vert bleuâtre, d'une saveur sucrée et styptique, est peu employé comme caustique escharotique. Les vétérinaires en font rarement usage, même comme dessiccatif, à cause de son prix élevé.

SOUS-DEUTOACÉTATE DE CUIVRE. Nous avons fait l'histoire de ce sel à l'article astringent. (Voyez *Astringents.*)

Quatrième classe.

MÉDICAMENTS PROPRES A EXCITER LES SOLIDES ORGANIQUES ET A MODIFIER L'ÉTAT DES FLUIDES CIRCULATOIRES.

Excitants généraux.

Nous réservons le nom d'excitants généraux aux agents ou substances médicamenteuses qui ont la propriété d'aiguilloner les organes, d'augmenter leur vitalité, de faire abonder le sang dans leur tissu, d'augmenter la chaleur animale et de modifier l'état des liquides circulatoires sans provoquer essentiellement les sécrétions diverses.

Nous avons formé trois sections parmi ces agens :

1° Les stimulants.

2° Les toniques.

3° Les anti-putrides.

PREMIÈRE SECTION.—1° MÉDICAMENTS STIMULANTS.

Encore nommés : *stimulants diffusibles*, *stimulants thermantiques*, *excitants généraux*.

Les stimulants sont les agents qui, administrés à l'intérieur, sont doués de la propriété d'exciter rapidement toute l'économie, d'activer la circulation, d'inciter le système nerveux, d'augmenter la chaleur animale et enfin la susceptibilité de toute l'économie.

Les stimulants s'obtiennent de quelques préparations pharmaceutiques, sont tirés en grande partie du règne végétal et très peu du règne minéral. Nous ferons d'abord l'histoire des premiers comme étant généralement les plus actifs et aussi les plus employés en médecine vétérinaire. Ces médicaments sont : l'éther sulfurique, l'alcool, le vin, la bière, le cidre, le camphre, l'ammoniaque, l'acétate, le carbonate et l'hydrochlorate d'ammoniaque.

ÉTHER SULFURIQUE. L'éther sulfurique, administré à l'intérieur à la dose de 32 à 128 grammes (2 à 4 onces), est un excitant général énergique.

Aussitôt qu'il a été introduit dans le canal intestinal, une vive excitation se manifeste dans toute l'économie, et bientôt cet agent subtil est éliminé par les surfaces libres, et notamment par l'exhalation pulmonaire. Pour les propriétés physiques et chimiques de l'éther sulfurique, voyez *médication antispasmodique*.

Usages. L'éther s'administre avec avantage dans les indigestions du cheval et dans les météorisations des bêtes bovines et ovines.

ALCOOL, ESPRIT DE VIN, *alcohol spiritus vini, spiritus vini rectificatus.* L'alcool est un des produits de la fermentation du sucre ; il se rencontre dans toutes les liqueurs qui ont éprouvé cette fermentation, et peut, en raison de sa plus grande volatilité, être séparé en partie par la distillation de l'eau à laquelle il est uni.

C'est sur ce principe qu'est fondée l'extraction de ce produit dans les arts.

L'alcool est ordinairement extrait du vin par la distillation. Selon son degré de concentration, il prend les noms d'*alcool,* d'*esprit de vin* ou d'*eau-de-vie.*

ALCOOL ANHYDRE, RECTIFIÉ, ABSOLU, SEC, DÉPHLEGMÉ, *spiritus vini rectificatus.* L'alcool anhydre ou rectifié, à l'état de pureté, est un liquide transparent, incolore, d'une odeur forte et pénétrante, d'une saveur chaude et brûlante. Exposé à une température de $+$ 78,41, il entre en ébullition sous la pression de 0 m.,76, et s'évapore entièrement sans éprouver d'altération. Au contact de l'air il se vaporise peu à peu et en attire l'humidité. Il est si combustible qu'il s'enflamme à l'approche d'un corps en combustion, et brûle avec une flamme blanche sans laisser de résidu. Aucun froid ne peut opérer sa congélation. Il marque 100° à l'alcoomètre de M. Gay-Lussac, et à l'échelle de Cartier 43°, 84.

Effets sur l'économie. L'alcool concentré est un violent irritant à l'intérieur et à l'extérieur. Introduit dans l'estomac, il détermine une si vive irritation, dans le chien notamment, qu'il peut déterminer promptement la mort. Aussi ne l'emploie-t-on jamais pur. En pharmacie, ce liquide sert à dissoudre beaucoup de corps simples, comme l'iode, le phosphore et le soufre, quelques alcalis comme la potasse, la soude, enfin beaucoup de substances végétales telles que les alcaloïdes, les gommes, les résines, etc. Les matières animales plongées dans ce liquide sont préservées de la putréfaction.

ESPRIT DE VIN, *spiritus vini*. On appelle esprit de vin l'alcool séparé du vin par la distillation et rectifié ou distillé de nouveau. Ce liquide possède presque toutes les propriétés physiques et chimiques de l'alcool rectifié, seulement il renferme un peu d'eau et marque de 32 à 36° à l'aréomètre de Cartier, et de 83 à 91$_0$ à l'alcoomètre de M. Gay-Lussac. Il porte aussi les noms de *trois-six* et de *trois-sept* dans le commerce. Cet alcool, étendu de deux à trois volumes d'eau, constitue l'*eau-de-vie*.

Propriétés médicinales. L'esprit de vin est rarement employé à l'intérieur, à cause de la vive excitation qu'il suscite sur les muqueuses intestinales, et des désordres cérébraux qui résultent de son absorption. A l'extérieur, il est très fréquemment usité comme résolutif et excitant.

En pharmacie cet alcool est spécialement employé pour faire les préparations connues sous le nom de teintures alcooliques.

EAU-DE-VIE, *aqua vitæ*. Le nom d'eau-de-vie est particulièrement donné à l'alcool faible, usité pour boisson dans le commerce. Cette liqueur marque à l'aréomètre de 18 à 19°. C'est un liquide incolore, d'une odeur assez forte et toute particulière ; sa saveur est chaude sans être désagréable.

L'eau-de-vie du commerce a souvent une couleur jaunâtre qui est formée naturellement ou artificiellement.

Dans le premier cas, elle est due à la solution des matières contenues dans le bois des tonneaux ; dans le second, elle est produite par l'addition d'un peu de caramel ou de bois de Brésil.

Propriétés médicinales. L'eau-de-vie, administrée à l'intérieur, à la dose de 1 à 3 à 4 décilitres, est un excitant diffusible fréquemment usité dans les maladies des animaux. On la donne pour combattre les indigestions du cheval, les météorisations des ruminants, et surtout les coliques dues à l'ingestion d'une trop grande quantité d'eau froide dans l'estomac.

A l'extérieur, l'eau-de-vie seule, ou associée à beaucoup de corps médicamentaux, comme le savon, le camphre, les huiles essentielles, est employée comme résolutive et détersive, et enfin comme excitante pour le pansement des plaies.

Le Vin, *vinum.* Cette liqueur généreuse produite par la fermentation du raisin, varie beaucoup dans sa composition et partant par les effets qu'elle produit sur les animaux, qui ne sont point comme l'homme habitués à son usage. Nous ne ferons point connaître les caractères des vins blanc ou rouge qui sont connus de tous ; nous dirons seulement que les vins vieux et ceux qui sont récoltés dans le midi, sont plus généreux que les vins nouveaux et ceux qui proviennent du centre de la France.

Propriétés médicinales. Le vin, donné pur à l'intérieur ou étendu d'eau, détermine toujours une excitation générale, de peu de durée il est vrai, mais dont l'effet est très sensible. On l'emploie dans les mêmes circonstances que l'eau-de-vie à l'extérieur et à l'intérieur. Nous ferons cependant remarquer que les vins *blancs* poussent généralement à la secrétion urinaire plus que les rouges.

La Bière, le Cidre, le Poiré sont des liqueurs fermentées, qui sont usitées dans la médecine vétérinaire, comme le vin et l'eau-de-vie. Pour en augmenter les effets on les donne ordinairement tièdes ou chaudes.

Camphre, *camphora*. Nous avons fait connaître les propriétés physiques du camphre en traitant des médicaments antispasmodiques. (Voyez *antispasmodiques*, page 124.)

Si nous plaçons ici le camphre parmi les stimulants diffusibles, c'est que, à la dose de 4 à 16 grammes (2 gros à 1/2 once) et plus, il excite violemment toute l'économie et suscite tous les effets de la médication thermantique.

Propriétés médicinales. Le camphre est donné avec succès dans toutes les maladies putrides et adynamiques occasionnées par une altération septique du sang, comme les affections diastasemiques charbonneuses et typhoémiques. Uni à l'alcool, il constitue l'eau-de-vie camphrée, usitée dans les mêmes maladies, et dont l'emploi externe est très recommandé dans les contusions, les entorses du boulet, les distensions synoviales et les engorgements froids des membres.

Ammoniaque liquide, azoture d'hydrogène, alcali volatil fluor, esprit de sel ammoniaque, *spiritus sali ammoniaci, alcali volatile causticum*. L'ammoniaque est un gaz qui résulte de la combinaison de trois atomes d'hydrogène avec un atome d'azote. Ce gaz est incolore comme l'air; son odeur est si forte et si pénétrante qu'elle peut suffoquer et exciter le larmoiement. Il est impropre à la combustion, à la respiration et possède des qualités alcalines. Il n'est point employé comme médicament.

L'ammoniaque gazeux est très avide d'eau qui en absorbe 430 fois son volume ou le tiers de son poids. Cette solution constitue l'ammoniaque liquide.

AMMONIAQUE LIQUIDE. La solution aqueuse d'ammoniaque est incolore ; son odeur forte et pénétrante rappelle celle du gaz ; sa saveur est caustique ; elle verdit fortement le sirop de violette et ramène au bleu la teinture de tournesol rougie par les acides. Soumise à un froid de —40° elle se congèle. Exposée à l'air elle laisse dégager le gaz qu'elle contient : ce dégagement est encore plus fort lorsque la solution est chauffée même légèrement.

Choix. La solution concentrée de gaz doit marquer à l'alcoomètre 25° ; quand ce degré est porté à 16, l'ammoniaque est faible, aussi doit-on en calculer la dose selon la densité reconnue à l'alcoomètre.

Cette solution pour être bonne , indépendamment des caractères physiques et de la densité, ne doit être ni troublée , ni précipitée par les solutions de chaux et de baryte. Saturée par l'acide nitrique, elle ne doit pas avoir d'action sur la solution de nitrate d'argent , ce qui dénote l'absence de l'acide hydrochlorique dans ce produit.

La solution d'acide hydrosulfurique versée en excès ne doit y apporter aucune coloration , ce qui arriverait si elle tenait en dissolution quelques oxides métalliques. Enfin on s'assure qu'elle ne renferme point d'huile empyreumatique, en mettant une petite goutte de cette solution dans le creux de la main, tout le gaz ammoniac se dégage peu à peu, et il reste un résidu liquide qui renferme la matière huileuse que l'odorat fait reconnaître.

Si nous sommes entrés dans tous ces détails à l'occasion de l'ammoniaque, c'est que selon le degré de concentration et de pureté de cette solution, ses effets sur l'économie sont différents. Il est donc important, pour le vétérinaire qui administre ce liquide, de pouvoir apprécier par avance les effets qu'il pourra en obtenir.

Proprietés médicinales. L'ammoniaque a des usages nombreux en médecine vétérinaire. C'est un des plus utiles médicaments. A l'intérieur, et convenablement étendu d'eau, il passe promptement dans le torrent circulatoire et va aiguillonner passagèrement tous les organes. On l'administre avec avantage dans les indigestions de tous les animaux, dans les maladies charbonneuses, dans la clavelée confluente avec tumeurs gangreneuses.

Dose. Dans l'eau froide ou dans une infusion aromatique, depuis la dose de 4 grammes (1 gros) jusqu'à celle de 32 (1 once) pour les grands animaux; et de 2 à 4 grammes (1/2 gros à 1 gros) pour les petits.

A l'extérieur, l'ammoniaque est un médicament précieux contre 1o les efflorescences, les tumeurs charbonneuses; 2° les engorgements érysipélateux septiques; 3° les piqûres des abeilles, des guêpes, des frelons, la morsure de la vipère.

On l'emploie aussi pour cautériser les plaies faites par les animaux enragés. Enfin, comme rubéfiant et épispastique, on en fait usage avec avantage.

Composés d'ammoniaque.

Les composés d'ammoniaque employés, notamment comme stimulants, sont l'acétate, le carbonate et l'hydrochlorate d'ammoniaque.

ACÉTATE D'AMMONIAQUE, *acetas ammoniæ liquidus,* ESPRIT DE MINDERERUS, *spiritus Mindereri.* Résultant de la combinaison de l'acide acétique avec l'ammoniaque, ce sel est toujours à l'état liquide. On l'obtient directement en saturant à froid ou à chaud, à une douce chaleur, du vinaigre distillé ou ordinaire par de' l'ammoniaque liquide , évaporant la dissolution jusqu'à ce qu'elle marque 5° à l'aréomètre, et saturant par une dose convenable d'ammoniaque l'acide qui a été mis à nu par la concentration.

Caractères. Ce sel est clair, incolore, d'une odeur légèrement ammoniacale, d'une saveur fraîche d'abord puis piquante; il est un peu plus pesant que l'eau ; soluble en toute proportion dans ce liquide ainsi que dans l'alcool.

On ne doit pas conserver longtemps cette préparation parce qu'elle se décompose bientôt.

Propriétés médicinales. L'acétate d'ammoniaque est un stimulant précieux qui jouit aussi de propriétés antiputrides. On l'emploie avec avantage dans les maladies typhoïdes, charbonneuses, gangréneuses et dans la variole confluente. Il agit aussi comme diurétique et sudorifique.

Doses. Depuis 64 jusqu'à 250 grammes (2 à 8 onces) dans les grands animaux, et de 8 à 16 grammes (2 gros à 4 gros) pour les petits. On l'unit ordinairement à une infusion de plantes aromatiques.

SESQUI-CARBONATE D'AMMONIAQUE, *carbonas ammoniæ,* SEL VOLATIL CONCRET, *sal alcali volatile.*

Caractères. Ce sel, formé par la combinaison de l'acide carbonique avec l'ammoniaque , se présente en une masse blanche cristallisée, d'une odeur très prononcée d'ammoniaque. Sa saveur est piquante et caustique. Il est si volatil qu'il se dissipe entièrement à l'air, même à la température ordinaire, en perdant une partie de son ammoniaque, et passant ensuite à l'état de bi-carbonate. L'eau froide le dissout avec la plus grande facilité, mais l'eau bouillante le volatilise entièrement. Il est composé, abstraction faite de l'eau qu'il contient, d'un volume et demi de gaz acide carbonique et de deux volumes de gaz ammoniac.

Ce sel était préparé autrefois par la calcination et la distillation de la corne de cerf. De là le nom de *sel volatil de corne de cerf* qui lui a été donné, *spiritus volatilis cornu cervi.*

Propriétes médicinales et usages. Ce sel agit comme excitant diffusible à la manière de l'ammoniaque. Mais ses effets sont très incertains, attendu que la proportion d'ammoniaque qu'il peut renfermer varie beaucoup selon le temps qui s'est écoulé depuis l'époque de sa fabrication. Sous ce rapport on lui préfère l'ammoniaque.

On emploie plutôt ce sel lorsqu'on veut réunir la médication excitante diffusible à la médication tonique, parce qu'on l'administre en électuaire. Sa dose est de 16 à 48 grammes (1/2 once à 1 once et demi) pour le cheval et le bœuf, et de 4 à 16 grammes (1 gros à 1/2 once) pour le mouton et le chien.

Hydrochlorate d'ammoniaque, *hydrochloras ammoniæ,* muriate d'ammoniaque, *murias ammoniæ,* sel ammoniac, *sal ammoniacum.* Ce sel a été tiré pendant longtemps de l'Egypte, où on l'extrayait de la combustion des excréments des chameaux. Il est formé d'un atome d'ammoniaque et d'un atome d'acide hydrochlorique.

Caractères. Ce sel est blanc, inodore et d'une saveur fraîche, extrêmement piquante, un peu amère et urineuse; il cristallise en longues aiguilles disposées comme les barbes d'une plume, et se trouve dans le commerce en pains circulaires convexes d'un côté, concaves de l'autre. Exposé à l'action du feu, il se dessèche et ensuite se vola-

tilise sous forme de vapeurs blanches. L'eau, à la température ordinaire, en dissout un tiers de son poids et abaisse
beaucoup la température de l'eau. L'alcool le dissout en
moins grande proportion. Il se décompose facilement s'il
est mis en contact avec les oxides métalliques de la deuxième classe. Quelques acides le décomposent également.

Propriétés médicinales. Cet hydrochlorate est un excitant énergique. Mis en contact avec les muqueuses intestinales, il les irrite fortement. On l'emploie rarement seul.
On l'unit ordinairement au camphre, à l'extrait de gentiane, pour le donner en électuaire. A l'extérieur, dissous
dans l'eau et appliqué en fomentation à la couronne, il
produit d'excellents effets dans la fourbure de tous les animaux.

Dose. Sa dose, à l'intérieur, est de 16 grammes à 32 grammes (1/2 once à 1 once) dans les grands animaux, et de 2,
4 à 8 grammes (1 gros à 2 gros) pour les petits.

Associé à l'eau de vie et au savon, il forme un composé
excellent pour résoudre quelques tumeurs indurées. (Voyez
le formulaire.)

Médicaments stimulants tirés du règne végétal.

La composition chimique des substances végétales stimulantes diffusibles doit être connue du pharmacien. Cette
étude avertit des précautions à prendre dans les formes
pharmaceutiques nécessaires à la préparation et à la bonté
des médicaments.

Les principes excitants des végétaux que nous allons
examiner sont: 1" L'huile volatile ; 2° la résine ; 3° les
baumes et l'acide benzoïque ; 4° le camphre.

Ces principes sont unis à des productions amères douées

d'une vertu tonique et stimulante. Il existe aussi quelquefois du muqueux, de la fécule et de l'huile fixe.

Huiles volatiles.

Les huiles volatiles existent dans tous les végétaux aromatiques et sont le résultat d'une sécrétion particulière qui s'opère dans de petites glandes. On peut obtenir ces huiles par la distillation sans aucune viscosité ; elles brûlent à l'approche d'un corps en combustion en répandant une fumée épaisse. Toutes ont une odeur forte qui rappelle celle de la plante qui les a fournies. Leur couleur est variable : les unes sont transparentes, d'autres sont vertes, jaunes ou bleues. Toutes ont une saveur chaude et quelquefois âcre. Quelques unes contiennent deux espèces d'huiles : l'une liquide, à la température ordinaire, qu'on a appelée *éléoptène* ; l'autre, solide, a été nommée *stéaroptène*. Ce dernier principe peut s'obtenir en pressant l'huile congelée entre deux feuilles de papier joseph. La plupart sont formées d'hydrogène et de carbone. L'alcool s'empare avec avidité de ces huiles, et forme avec elles les liqueurs connues sous le nom d'*eaux spiritueuses aromatiques*, d'*alcoolats*. Si on ajoute de l'eau à cette solution, l'alcool s'unit à l'eau et abandonne l'huile volatile qui reste disséminée par molécules dans la liqueur et lui donne un aspect laiteux. Les huiles essentielles sont peu employées en médecine vétérinaire, parce qu'elles coûtent trop cher et ne produisent qu'un faible effet sur les animaux. Nous en excepterons cependant l'huile essentielle de lavande, dont l'usage externe est très recommandé. (Voyez *Essence de lavande.*)

La Résine est un suc qui découle spontanément des plantes qui le contiennent. Ce composé, suivant M. Bonastre, est formé d'une résine proprement dite, soluble dans l'alcool à froid; d'une sous-résine presque toujours insoluble dans l'alcool bouillant ou l'éther; d'une huile volatile; d'un acide, et d'un extractif amer contenant quelques sels. (*Journal de Pharmacie*, décembre 1822.)

Les résines ont une couleur et une odeur variables qui sont toujours dues à une portion d'huile volatile qu'elles contiennent. Ordinairement solides, demi-transparentes, cassantes, insipides ou âcres, plus pesantes que l'eau, fusibles à une douce chaleur, elles sont inflammables et brûlent avec une fumée noirâtre. Toutes sont insolubles dans l'eau et très solubles dans l'alcool, l'éther sulfurique, les huiles volatiles et les huiles grasses. Elles sont composées d'une grande quantité de carbone, d'hydrogène, et d'une petite proportion d'oxigène. Mises en contact avec les tissus vivants, elles éprouvent une décomposition telle que l'huile volatile qu'elles renferment détermine des effets excitants.

Le Benjoin. Les baumes et l'acide benzoïque existent dans les filières d'un grand nombre de plantes. Le baume n'est point un produit simple : il entre dans sa composition de la résine, de l'acide benzoïque et de l'huile essentielle. C'est la présence de l'acide benzoïque qui caractérise le baume et qui le distingue de la résine et de la gomme-résine.

Les baumes ne sont solubles qu'en partie dans l'eau ; ils se dissolvent facilement dans l'alcool et dans l'éther. Mis en contact avec les parties vivantes, ils excitent et développent leur vitalité.

Le Camphre est une autre huile volatile essentielle qui se rencontre dans beaucoup de végétaux aromatiques. Nous en avons déjà étudié les propriétés. (Voyez page 124.) Quant au principe amer, il est dû à la résine et à une matière extractive soluble dans l'eau.

Plantes stimulantes.

Les plantes stimulantes, dont nous allons faire l'histoire, renferment une plus ou moins grande proportion des principes dont nous venons de parler. Nous avons dit que quelques uns de ces principes étaient volatils fugaces, et les autres plus ou moins fixes; que l'eau se chargeait facilement des huiles volatiles, et que l'alcool s'emparait tout à la fois de l'huile essentielle, des résines, des baumes, etc. Or, il découle de ces connaissances que le pharmacien, qui voudra obtenir d'un végétal les huiles volatiles ou les principes stimulants, devra le traiter dans un vaisseau clos et non par décoction; il en augmentera toujours la force active en ajoutant à l'infusion une certaine quantité d'alcool d'eau-de-vie, du vin, du cidre. Au contraire, s'il désire obtenir tout à la fois et le principe stimulant et le principe amer, il devra traiter la plante d'abord par infusion et ensuite par décoction. Dans cette dernière opération, l'eau du décoctum dissoudra le principe amer et résinoïde, et le médicament préparé possèdera des propriétés plus toniques que stimulantes.

Famille des Labiées.

Toutes les plantes de cette famille sont remarquables par leur odeur forte, pénétrante, qui leur a fait donner le nom de *plantes aromatiques*; elles renferment une huile essentielle, analogue au camphre, une matière gommo-résineuse et un principe amer. Toutes les plantes qui sont douées d'une odeur forte et qui ont une saveur chaude con-

tiennent beaucoup de principes volatils et sont essentiellement diffusibles, tandis que celles qui sont peu aromatiques et qui ont une saveur amère renferment plus de principes amers et sont moins stimulantes. Toutes ces plantes
doivent être traitées par infusion, par les raisons que nous
avons indiquées plus haut. Ce sont particulièrement les
feuilles et les sommités fleuries qu'on emploie de préférence.

Emploi. On en fait généralement usage pour exciter et
stimuler toutes les fonctions. On s'en sert à l'intérieur,
dans les indigestions, les coliques venteuses, la cachexie
aqueuse, dans les parts laborieux dus à la faiblesse des
femelles. A l'extérieur, on s'en sert pour confectionner
des bains, des lotions, des fomentations excitantes sur les
plaies, les engorgements froids.

Sauge, *salviæ folia, salvia officinalis*. L. On se sert de
préférence de la *petite sauge* (*salvia minor*).

Les feuilles, les tiges, les sommités fleuries sont employées. On doit préférer la sauge qui croît dans les lieux
secs et élevés à celle qui végète dans les bois, le long des
haies ou dans les lieux humides. La sauge du midi de la
France est préférable à celle du nord et du centre.

Les *rameaux* sont herbacés et carrés, les *feuilles* elliptiques, épaisses, grisâtres, cotonneuses, finement radiées et crénelées sur les bords ; les *fleurs* naissent au
sommet des rameaux et sont groupées en une sorte d'épi.
Toutes ces parties ont une odeur forte et aromatique, une
saveur chaude et piquante, dues à une grande quantité
d'huile volatile de couleur verte, qui, selon M. Proust,
renferme 0,125 de camphre. Ces parties contiennent en
outre de l'acide gallique et une matière extractive.

Propriétés médicinales. Elle est très stimulante. On la donne en infusion dans le vin, le cidre et l'eau. On l'a recommandée spécialement dans l'hydrohémie du mouton ou pourriture.

LA SAUGE ORVALE OU SCLARÉE, *salvia sclarea*. L. et la sauge des prés (*salvia pratensis*. L.) ne sont point douées d'autant de vertus que la sauge officinale : on doit les dédaigner.

ROMARIN, *rosmarinus officinalis*. L. On emploie les sommités fleuries, *rosmarini hortensis herba*.

Le romarin croît dans les prairies méridionales de la France, en Espagne, en Italie et en Orient. On le cultive dans le nord, mais il n'est point doué d'autant de vertus.

Les feuilles sont petites, lancéolées et blanches en dessous, les fleurs sont petites, l'odeur est forte, pénétrante, la saveur chaude. Toutes ces parties renferment beaucoup d'huile volatile incolore, qui a fourni à M. Proust 0,10 de son poids de camphre; elles contiennent en outre un peu de principe résineux et quelques traces de tannin. Le romarin est employé dans les mêmes circonstances que la sauge.

MENTHE POIVRÉE, *mentha piperita*. L. Cette plante est celle qui, parmi toutes les espèces de menthe, est la plus employée. Les parties usitées sont les sommités et les feuilles; elles ont une odeur agréable, pénétrante, une saveur aromatique piquante et fraîche, due à une abondante huile volatile qui renferme beaucoup de stéraoptène; elle recèle très peu de principe astringent. On la donne en infusion comme toutes les Labiées; elle agit avec beaucoup d'activité. A l'extérieur, on s'en sert avantageusement pour lotionner les plaies pâles dont la suppuration est séreuse et fétide.

Les autres espèces de menthe, comme la *menthe sauvage* (*mentha sylvestris*), la menthe pouliot (*mentha pouliot*), la menthe crépue (*mentha crispa*), la menthe aquatique (*mentha aquatica*), la menthe baume (*mentha gentilis*), la menthe à feuilles rondes (*mentha rotundifolia*), la menthe verte (*mentha viridis*), sont employées aussi comme excitantes, mais elles ont beaucoup moins d'activité que la menthe poivrée.

LAVANDE OFFICINALE, *lavandula vera*. D. C. Parties usitées, les sommités fleuries, *lavandulæ flores*. Ces sommités sont divisées en rameaux grêles, lactescents et blanchâtres, les feuilles en sont petites, sessiles et linéaires, les fleurs sont en épis allongés ; toutes ces parties exhalent une odeur forte et aromatique très agréable. On a retiré de l'huile volatile de cette plante, 0,25 de camphre; elle est assez stimulante.

LA LAVANDE SPIC, *lavandula spica*. Confondue pendant longtemps avec l'espèce que nous venons de décrire, et bien distinguée d'elle par M. De Candole, la lavande fournit une huile essentielle que les distillateurs du midi recueillent, et qui est vendue sous le nom d'*essence de lavande, d'huile d'aspic* ou de *spic*. (Voyez *Essences*, deuxième partie.)

MÉLISSE, *melissa officinalis*. L. Feuilles et sommités, *melissæ citrinæ herbæ*. On la nomme aussi *citronnelle*, parce que l'odeur qu'elle exhale rappelle celle du citron. Cette plante recèle une huile volatile blanche, mais qui n'est point aussi abondante que dans toutes celles que nous avons passées en revue ; elle est employée de la même manière et dans les mêmes cas.

D'autres plantes de la même famille, telles que le thym vulgaire (*thymus vulgaris*. L.), le thym serpolet (*thymus serpillum*), le thym calament (*thymus calamenta*), l'origan vulgaire (*origanum vulgare*), le dictame en crête (*origanum dictamus*), renferment assez de principes aromatiques pour remplacer au besoin les premières plantes. Quant à l'hyssope officinale (*hyssopus officinalis*), le chamedrys (*teucrium chamædris*), qu'on appelle aussi *germandrée* (petit chêne), le lierre terrestre (*glecoma hederacea*), le marrube blanc (*marrubium vulgare*), ces plantes, renfermant beaucoup plus de principes amers que volatils, ne sont pas aussi usitées. On les emploie quelquefois à l'extérieur en cataplasmes résolutifs, dans les engorgements des membres ; réduites en pulpe on les associe très avantageusement avec la lie de vin.

Famille des Ombellifères.

L'analyse chimique des plantes de la famille des Ombellifères, qui recèlent la vertu stimulante, démontre qu'elles renferment une huile volatile fort odorante et très aromatique. C'est assurément à la présence de cette huile que les ombellifères doivent leur odeur, leur saveur et leurs propriétés stimulantes. Cette huile est ordinairement contenue dans les écorces des graines. Quelques plantes renferment un principe résinoïde ou gommo-résineux, auquel elles doivent leur vertu excitante. Ce sont ces principes qui, souvent fétides, constituent l'assa fœtida, le galbanum, etc.

Angelique officinale, *angelica archangelica*. L.

Partie usitée, la racine, les feuilles et les semences *angelicæ sativæ, radix, herba, semina*. Cette plante croît beaucoup en France. Sa racine est particulièrement employée.

Caractères. Cette racine est allongée, charnue, rameuse, grosse, spongieuse, remplie, à l'état frais, d'un suc jaune. Desséchée, elle est brune à l'extérieur, blanchâtre à l'intérieur; son odeur est aromatique et très agréable; sa saveur est à la fois âcre, chaude et un peu amère.

Graines. Ses graines sont ovoïdes, allongées, relevées de côtes saillantes et bordées d'ailes membraneuses; elles ont l'odeur et la saveur de la racine.

Les feuilles, les tiges, répandent une odeur agréable, mais sont moins employées.

Analyse. La racine fournit à l'analyse chimique une assez forte proportion d'huile volatile incolore, une résine âcre, une matière amère, de l'inuline, de la gomme et de l'amidon.

Récolte. On doit récolter la racine d'angélique dans les terrains secs ou la choisir provenant des pays chauds. On doit l'arracher au printemps, parce que c'est à cette époque qu'elle est chargée de beaucoup de sucs. On la laisse se dessécher lentement à l'ombre.

Dans le commerce, on substitue quelquefois à cette racine celle de l'*angelica sylvestris*, qui est moins odorante et surtout moins active.

Propriétés médicinales. L'angélique est stimulante; elle excite les forces de l'estomac. On la réduit en poudre, et on la donne quelquefois dans les maladies cachectiques des bêtes bovines et ovines.

Doses. De 16 à 32, et 128 grammes (1/2 à 1 et 4 onces)
pour les grands animaux.

BOUCAGE ANIS, *pimpinella anisum.* L. Partie usitée, la
graine (*anisi vulgaris seminæ*).

Anis. Les semences d'anis sont ovoïdes, à peu près du
volume de la tête d'une épingle, striées longitudinalement
pubescentes et grisâtres. Leur odeur est agréable et très
prononcée, leur saveur sucrée, aromatique, chaude et stimulante ; elle est due à une huile essentielle qui existe dans
l'écorce du fruit. L'amande de la graine renferme une huile
grasse. L'anis qui en renferme le plus est celui d'Espagne.

L'anis qui nous vient de la Touraine a des qualités moins
marquées, il est aussi plus vert.

Propriétés médicinales. L'anis est un puissant excitant dont on fait surtout usage dans les coliques venteuses
et dans les indigestions d'eau froide.

Dose. De 16 à 32 grammes (1/2 once à 1 once) pour
les grands animaux.

Le prix trop élevé de l'anis vert lui fait préférer souvent
les graines de l'aneth fenouil.

ANETH FENOUIL, *anethum fœniculum.* Partie usitée, les
graines (*fœniculi vulgaris seminæ*). Ces semences sont
allongées, ovoïdes, striées, de couleur verdâtre, d'une
odeur agréable, d'une saveur chaude, sucrée, assez semblable à celle de l'anis. On les donne avec avantage dans les
coliques gazeuses.

Quant aux semences du cumin officinal (*cuminum cy-
minum*), de la coriandre cultivée (*coriandrum sativum*),
du carvi officinal (*carum carvi*), elles sont rarement employées, si ce n'est dans les localités où on peut récolter ces
graines à bon marché. Nous dirons seulement que les

graines de carvi sont souvent mélangées avec l'avoine des chevaux, auxquels elle donne beaucoup d'appétit.

L'IMPÉRATOIRE, *imperatoria astruthium*. L. dont la partie employée est la racine.

LE PERSIL, *apium petroselinum*. L. dont la racine contient un suc aromatique, ne sont que peu ou point usitées dans la médecine vétérinaire.

Famille des composés ou Synanthérées.

DEUXIÈME SECTION. Les *Corymbifères*. La section des plantes corymbifères, renferme des végétaux qui se font remarquer par une odeur très aromatique, une saveur chaude et âcre, dues à une abondante huile volatile qu'ils renferment. Nous étudierons, dans cette section, la camomille et l'absinthe.

CAMOMILLE ROMAINE, *anthemis nobilis*. L. Les fleurs sont employées, *chamomillæ romanæ flores*.

Fleurs. La fleur de camomille est jaune à son centre, blanche à la circonférence, son odeur est aromatique et agréable ; mise dans la bouche, elle donne une saveur chaude et très amère.

Analyse. Les fleurs de camomille donnent, à l'analyse chimique, une huile volatile de couleur bleue, du camphre, un principe résineux, un principe amer, et du tannin. Cette analyse, offrant un mélange de principes amers, apprend que la vertu stimulante et aromatique et la vertu tonique existent dans cette plante.

Récolte. Les têtes de camomille doivent être récoltées lorsqu'elles exhalent une forte odeur aromatique. On doit surveiller leur dessiccation ; il faut qu'elles aient conservé leur couleur et leur arôme. On doit rejeter celles qui sont noires et fétides.

Propriétés médicinales. Traitées par une infusion aqueuse, les fleurs de camomille laissent échapper dans le liquide le principe aromatique d'où elles tirent leur vertu stimulante. Pour en augmenter l'effet, on les fait infuser dans la bière ou le vin, à la dose d'une ou deux pincées, par litre de liquide. On en fait usage dans les indigestions. A l'extérieur, on en fait des lotions et des fomentations détersives et résolutives.

La camomille des teinturiers (*anthemis tinctoria*). L.. la camomille puante (*anthemis cotula*), possèdent aussi des propriétés stimulantes, mais moins actives et plus incertaines que celles de la camomille romaine.

ABSINTHE OFFICINALE, *absinthium officinale*, partie usitée les feuilles et les sommités fleuries. *Absinthii vulgaris summitates*.

On la cultive dans les jardins, où elle porte le nom de grande absinthe, *absinthium majus*.

Les sommités de cette plante sont couvertes d'un duvet cotonneux et portent des feuilles petites, découpées en lobes et blanchâtres sur leurs deux faces. Les fleurs sont flosculeuses, petites, jaunâtres, disposées en panicules très allongées et pyramidales. Elles ont une odeur très aromatique, une saveur chaude et âcre.

Analyse. Les analyses chimiques de l'absinthe, faites par MM. Kunse-Muller, Baumé, Braconnot et Caventou, ont démontré que cette plante renfermait :

1° Une huile volatile, épaisse, d'un vert foncé. Baumé a retiré 40 grammes de cette huile, de 12 kilogrammes 1/2 d'absinthe.

2° Une matière résineuse, excessivement amère, communiquant son amertume à l'eau froide, soluble dans l'eau bouillante ; mais se séparant de ce liquide par le refroidissement. Elle est soluble dans l'alcool.

3° Une matière animalisée, extrêmement amère, peu soluble dans l'alcool, se dissolvant facilement dans l'eau froide.

4° De la chlorophylle.

5° Un sel formé d'un acide que M. Braconnot appelle acide *absinthique* et de potasse.

6° Enfin d'albumine, de nitrate de potasse, de sulfate, de muriate de potasse, etc.

Cette analyse démontre évidemment que l'absinthe renferme tout à la fois des principes stimulants et des principes toniques. Les premiers sont dus à l'huile volatile, et les seconds au principe amer.

Propriétés médicinales. Traitée par infusion, l'absinthe donne un liquide très stimulant. On en jette une petite poignée dans deux litres d'eau ; cette infusion est donnée dans la cachexie aqueuse des moutons, et pour favoriser les digestions difficiles, accompagnées de coliques. On réduit cette plante en poudre et on l'incorpore au miel, à l'extrait de genièvre, à la dose de 32 à 128 grammes (1 à 4 onces) pour les grands quadrupèdes. On l'unit aussi au poids de 8 à 16 grammes (2 gros à 1/2 once), au son, à l'avoine concassée, aux provendes, qu'on donne aux moutons qui sont atteints de l'hydrohémie ou pourriture.

Nous ferons remarquer que l'absinthe donnée aux femelles laitières transmet son amertume au lait, et que la chair finit par contracter une saveur désagréable. La petite absinthe (*absinthium ponticum*). L., l'absinthe maritime (*artemisia maritima*). L., jouissent de toutes les propriétés médicinales de la grande absinthe, mais à un plus faible degré. Nous dirons enfin que l'armoise (*artemisia vulgaris*). L., dont on emploie les sommités, la matricaire officinale (*matricaria parthenium*). L., la santoline (*seu tolina chamœ cyparissus*). L., la balsalmite odorante (*balsamita suaveolens*. D., enfin les fruits et les capitules de l'armoise de Judée, *artemisia judaïca*. L., qui sont connus, dans les pharmacies, sous les noms de *semen contra vermes*, de semantine de Barbotine, sont peu employés dans la médecine vétérinaire, et en effet méritent peu de l'être.

Famille des Laurinées.

Laurier cannellier, *laurus cinnamomum*. Arbre de moyenne grandeur, dont la patrie est l'île de Ceylan, et qui a été transplanté à Java, à Sumatra, aux Antilles, au Brésil, et dans l'Amérique méridionale.

La partie usitée est l'écorce. *Cinnamomi cortex.*

Récolte, préparation et choix de la cannelle. Le cannellier, pour produire de bonnes écorces, doit avoir cinq ans au moins dans les lieux secs et neuf ans dans les localités humides. Les écorces des arbres qui croissent dans les lieux secs et sablonneux, ont une odeur plus suave et possèdent plus de vertus que celles de ceux qui végètent dans des lieux humides et sombres, ces écorces ont une odeur moins exquise et un goût moins agréable. La récolte de la cannelle se fait deux fois par an. Pour l'effectuer, on coupe les branches du cannellier, on gratte l'épiderme de l'écorce, puis on pratique sur celle-ci des incisions longitudinales circulaires, on l'enlève et on la fait sécher promptement.

Pendant la dessiccation l'écorce se courbe en dedans et se roule sur elle même.

Dans le commerce de la droguerie on distingue plusieurs espèces de cannelle.

Cannelle de première qualité.—Caractères. La plus estimée est celle qui provient des jeunes branches. L'écorce est roulée sur elle-même en formant des tuyaux allongés, engainés les uns dans les autres, fragiles et à cassure irrégulière. Sa couleur est blonde, elle a une odeur très suave, sa saveur est légèrement sucrée, chaude et piquante ; elle est appellée *cannelle de Ceylan.*

Cannelle de seconde qualité.—Caractères. Celle-ci est appelée improprement *cannelle de Chine* dit Moiroud, est plus épaisse que la précédente, en faisceaux plus courts, d'une couleur plus foncée et ferrugineuse. Sa saveur est chaude, extrêmement piquante, laissant un arrière-goût désagréable. Son odeur est aromatique, mais beaucoup moins suave que celle de la cannelle de Ceylan. Elle provient de cannelliers plus âgés ou de plus grosses branches. Cette cannelle est celle que l'on préfère dans la médecine vétérinaire, à cause de la modicité de son prix et de sa plus grande activité.

Cannelle de troisième qualité. — Caractères. Cette écorce, nommée *cannelle matte* dans le commerce, provient du tronc de l'arbre et de ses plus grosses branches. Elle est épaisse de deux lignes environ, large, peu roulée, d'un jaune foncé à l'extérieur, d'un jaune pâle à l'intérieur, d'une odeur qui rappelle celle de la punaise.

Analyse. Le savant chimiste Vauquelin et M. Planche

se sont occupés de l'analyse chimique de ces écorces.
Vauquelin a démontré qu'elles renfermaient :

1° Une huile volatile jaunâtre très odorante et d'une
grande âcreté ;

2° Beaucoup de tannin ;

3° Une matière colorante ;

4° De l'acide benzoïque ;

5° Du mucilage. (*Journal de Pharmacie*. Octobre 1817.)

M. Planche en a en outre extrait de la fécule. La matière cristalline que le girofle fournit, et que l'on a nommée *Caryophilline*, a été démontrée dans ces écorces.
La cannelle de seconde qualité est celle qui renferme le
plus d'huile volatile.

Propriétés médicinales. La cannelle est très excitante.
On fait dissoudre souvent ses principes actifs dans le vin
ou le cidre en *la traitant à chaud*. On l'administre sous
cette forme dans les indigestions, dans les parturitions qui
sont dues à la faiblesse de la mère. Sa dose est de 16 à
64 grammes (1/2 once à 2 onces) dans les grands animaux,
et de 4 à 8 grammes (1 à 2 gros) pour les petits. La poudre est aussi souvent associée au son, à l'avoine, à la provende. On la donne unie aux baies de genièvre, à l'extrait
de gentiane, pour composer des électuaires excitants toniques.

La cannelle de Malabar, *Cassiæ Lignæ cortex* ; écorce
du *Laurus cassia* ;

La cannelle blanche, ou fausse écorce de Winter, provenant du *Cannella alba, cortex winteranus spurius* ;

L'écorce de Winter, *Winteræ cortex*, provenant du
Drymis winteri, arbre qui croît dans le Paraguay ;

Ne sont point employées en médecine vétérinaire, bien qu'elles jouissent, quoiqu'à un faible degré, des propriétés stimulantes de la canelle.

Famille des Myristicées.

MUSCADIER AROMATIQUE, *Myristica moschata*. (T.)
Partie usitée. La graine et son arille. *Nux moscatha macis*, vulgairement *noix muscade*.

La noix muscade est produite par un arbre qui croît naturellement aux îles Moluques et de Benda.

Le fruit du muscadier est une espèce de drupe pyriforme, de la grosseur d'une orange, revêtu dans presque toute son étendue par un arille inégalement découpé, de couleur de chair, connu sous le nom de *macis*.

La muscade est ovoïde ou allongée, du volume d'une petite noix, très dure, pesante, douce au toucher, grise et striée de quelques veines rouges à l'extérieur; rougeâtre à l'intérieur, avec des stries plus foncées. Son odeur est suave, pénétrante; sa saveur est extrêmement chaude et aromatique.

Le *macis* n'est autre chose que l'arille du fruit du muscadier dont nous venons de parler. Il s'emploie exactement comme celui-ci, et il en a toutes les propriétés.

Distinction. On trouve dans le commerce de la droguerie, des muscades de forme allongée ou elliptique, plus grosses, mais compactes, moins aromatiques que celles qui appartiennent à l'autre sorte; elles sont très sujettes à être piquées des vers. On les nomme muscades mâles ou sauvages.

Analyse. Les muscades renferment deux espèces d'huile, l'une fixe et grasse, l'autre volatile, âcre et aromatique.

C'est à cette dernière que la muscade doit ses propriétés stimulantes.

Usages. La muscade, préconisée souvent par les anciens hippiatres, n'est guère employée aujourd'hui ; c'est un médicament assez cher, qui peut fort bien être remplacé par la plupart de nos médicaments stimulants indigènes.

Famille des Myrtinées.

GIROFLIER AROMATIQUE, *Caryophyllus aromaticus*, L.

Partie employée. La fleur non épanouie, nommée *Clous de girofle* ou *de gérofle*.

Les clous de girofle viennent des îles Moluques, de la Nouvelle-Guinée, de l'île de France, de Bourbon, etc.

Caractères. Les clous de girofle proviennent des boutons du giroflier ; ils doivent être lourds, d'un brun clair, d'une odeur aromatique agréable, d'une saveur âcre et piquante. Les plus estimés viennent des Grandes-Indes. On les nomme girofles anglais ; ceux qui viennent des colonies françaises, plus grêles, plus allongés, secs, moins sapides, moins aromatiques, sont partant moins estimés que les premiers.

Analyse. D'après Tromsdorff, les clous de girofle renferment :

1° Une huile volatile, d'une saveur brûlante, plus pesante que l'eau, d'abord incolore, puis brunâtre. Cette huile est d'une âcreté extraordinaire ;

2° Une matière extractive et astringente ;

3° De la résine, des fibres végétales, etc. ;

4° Une matière cristalline blanche brillante, satinée, sans odeur, sans saveur, soluble dans l'alcool bouillant et dans l'éther, découverte par le pharmacien Lodibert, et qu'il a nommée caryophylline. (*Journal de Pharmacie*, t. XI, page 104.)

Usages. Les clous de girofle sont rarement employés en médecine vétérinaire, à cause de leur cherté. En Angleterre, où ces produits exotiques sont apportés en quantité par les vaisseaux de la compagnie des Indes, on s'en sert pour en confectionner de très bons mastigadours stomachiques. En médecine humaine, on se sert de l'huile essentielle de girofle, comme odontalgique.

Famille des Pypérinées.

POIVRIER NOIR, *Piper nigrum.*
Partie usitée. Les fruits, *fructus piperis nigri.*

Le poivrier est un arbrisseau sarmenteux, qui croît dans l'Inde. On le cultive dans les îles de Java, Bornéo, Malaca et Sumatra.

Le fruit du poivrier est une baie d'abord verte, ensuite rougeâtre, lorsqu'elle est mûre. On la cueille entre son état de verdeur et sa complète maturité. On la met sécher, bientôt elle se ride à sa surface, prend une teinte noirâtre et constitue le *poivre noir.* Ce poivre est jaunâtre intérieurement, a une odeur aromatique très pénétrante et une saveur âcre, chaude et brûlante.

Le *poivre* qui est connu dans le commerce sous le nom de *poivre blanc,* est la graine du poivre noir dépouillée de son écorce, après l'avoir jeté dans l'eau bouillante. Ce poivre est en grains jaunâtres, moins âcre, moins aromatique que le précédent.

Falsifications. On doit se défier du poivre qui est en poudre, parce qu'il est souvent falsifié avec du tourteau de semence de chenevis pulvérisé, qui diminue ses propriétés

excitantes et lui donne après un certain temps une odeur
rance désagréable.

Analyse. D'après les recherches de M. Pelletier, le
poivre est composé :

1° D'une matière particulière, cristalline, incolore,
presque sans saveur, qu'il a nommée *piperin* ;

2° D'une huile concrète, peu volatile, dans laquelle réside l'âcreté du poivre ;

3° D'une huile volatile balsamique, presque incolore,
plus légère que l'eau ;

4° De matières gommeuses, d'acide malique, d'amidon, etc., etc.

Propriétés médicinales. Le poivre est un excitant énergique. Appliqué sur les muqueuses, il y détermine beaucoup d'irritation et en augmente la sécrétion. Dans le canal
digestif, il provoque une stimulation générale, énergique
et persistante. On s'en sert pour composer des mastigadours excitants. On l'unit aussi à la graisse, au beurre, pour
animer les sétons.

Doses. A l'intérieur, de 8 à 16 grammes (de 2 gros à
1/2 once) pour les grands animaux, de 2 à 4 grammes
(1/2 gros à 1 gros) pour les petits.

Poivrier cubèbe, *piper cubeba.* L., *partie usitée*, les
fruits, *fructus piperis cubebæ caudatum.* Le poivrier,
qui fournit le cubèbe, croît dans l'Inde, à Java, en Guinée,
etc.

Caractères. Le poivre cubèbe est pisiforme, noirâtre,
ridé, et porte un pédoncule ; de là le nom de poivre à
queue, *piper caudatum*, qui lui a été donné. Il a une saveur chaude, avec une légère amertume.

Analyse. Vauquelin, en faisant l'analyse du cubèbe, en a retiré :

1° Une huile volatile, presque concrète.

2° Une résine presque semblable à celle du *copahu*.

3° Une petite quantité d'une autre résine colorée.

4° De la gomme et quelques substances solubles.

Usage. Le cubèbe est un excitant comme le poivre noir. On lui accorde une vertu précieuse, c'est de faire cesser les hémorragies des voies *génito-urinaires*. C'est, du moins, ce qui a été constaté d'abord en Angleterre, par les docteurs Cranfort et Barclay, et en France, par Delpech et M. Velpeau. On pourrait essayer le cubèbe en poudre, à la dose de 8 à 16 grammes(2 gros à 1/2 once), en suspension, dans un liquide oléagineux, dans les maladies appelées pissements de sang, ou stranguries.

Nous mentionnerons encore, comme appartenant à cette famille, le POIVRE LONG, *piper longum*. L., qui se présente sous la forme d'un chaton cylindrique, oblong, dur, inégal, d'une couleur grisâtre ; mais dont l'action est moins prononcée que celle du poivre noir.

Nous citerons encore les racines de *contrayerva*, qui ont une propriété stimulante , et que l'on voit conseillées par Bourgelat, par Vicq-d'Azir, contre les maladies typhoïdes et charbonneuses.

Famille des Drymirrhimées Amonées. R.

GINGEMBRE OFFICINAL, *zingiber officinale*, partie usitée la racine, *zingiberis communis radix*. Le gingembre est originaire des Indes orientales ; on le cultive maintenant sur les côtes de l'Amérique méridionale et surtout aux Antilles.

Caractères. La racine de gingembre est tuberculeuse, irrégulièrement coudée, de la grosseur du doigt environ, grisâtre, ridée à l'extérieur, d'un blanc jaunâtre à l'intérieur, d'une odeur aromatique et forte, d'une saveur piquante, âcre, chaude et poivrée. Fraîche, elle est rose et devient grise par la dessiccation.

Choix. Il faut la choisir aussi fraîche que possible, bien odorante, lourde et non cassante. En vieillissant elle est sujette à être attaquée par certaines larves d'insectes ; on doit rejeter celle qui est ainsi altérée.

Analyse. M. Morin, de Rouen, assure que cette racine est formée :

1° D'une huile volatile d'un bleu verdâtre, plus légère que l'eau, d'une odeur très forte et d'une grande causticité.

2° De résine, soluble dans l'éther, et de sous-résine insoluble dans l'éther ; d'amidon, de gomme, d'acide acétique, de soufre, etc., etc. (*Journal de Pharmacie*, *juin* 1823). Les propriétés médicinales de cette racine, résident donc dans la présence de l'huile volatile et la résine.

Propriétés médicinales. Le gingembre est un excitant à la manière du poivre et qu'on emploie dans les mêmes circonstances.

Doses. De 8, 16 à 32 grammes (2 gros, 1/2 once à 1 once) pour les grands animaux.

Les marchands de chevaux coupent cette racine en petits morceaux et l'introduisent dans l'anus des chevaux, lorsqu'ils les mettent en vente, pour leur faire redresser la queue et simuler une ardeur qu'ils ne possèdent souvent pas.

La racine de ZÉDOAIRE, *zedoariæ longæ, rotundæ ra-*

dix ; celle de *galanga* provenant du *maranta galanga* ; celle de *curcuma*, provenant du *curcuma longa* , dont on fait usage en médecine humaine, ne sont point et ne doivent point être employées en médecine vétérinaire : d'abord, parce que ces racines sont d'un prix élevé ; ensuite, parce que leur analyse chimique démontre les mêmes principes excitants que ceux existants dans les médicaments que nous avons examinés jusqu'à présent. Nous en dirons autant de la *badiane* ou *anis étoilé*, fruit de l'*illicum anisatum*, L., des feuilles d'oranger, *aurantii folia*, de la racine de serpentaire de Virginie, *serpentariæ Virginiæ radix* ; de l'écorce de cascarille , *cascarillæ cortex* ; de la racine d'aristoloche ronde, *aristolochiæ rotundæ radix* ; de l'aristoloche longue, *aristolochiæ longæ radix* ; du benjoin, *benzoes gummi* ; de l'acide benzoïque, *flores benzoes*.

DEUXIÈME SECTION. — MÉDICAMENTS EXCITANTS TONIQUES.

Division. — Nous divisons les médicaments excitants toniques en

TONIQUES.
- A. Reconstituants du sang ou ferrugineux.
- B. Spécifiques.
- C. Proprement dits.
- D. Antiputrides.
- E. Astringents antiputrides.

A. *Excitants toniques reconstituants du sang.*

Le sang est composé de fibrine, d'albumine, de matière colorante, de sérum et de plusieurs sels alcalins et terreux. On sait que ces matériaux constituants servent à nourrir les organes et à entretenir leur vigueur, leur énergie, et partant l'intégrité de leurs fonctions. Mais ce fluide nourricier peut ne pas contenir la quantité assignée par la nature de ces matériaux et donner naissance à des maladies, or les médicaments dont nous allons faire l'étude pharmaceutique, peuvent concourir, avec une alimentation substantielle et corroborante, la respiration d'un air pur, l'exercice ou le travail modéré, à la reconstitution du sang et de tous les organes. (Voyez pour plus d'extension la médication tonique ou reconstituante dans le *Traité de Thérapeutique générale* de l'un de nous, M. Delafond). Nous n'examinerons ici que les médicaments qui sont doués de la vertu tonique et qui concourent à la reproduction de la matière colorante du sang, qui, comme on le sait, renferme du *fer*.

Préparations ferrugineuses toniques.

Limaille de fer. (*Scoleis ferri, limatura martis*). On nomme ainsi la poudre qui est obtenue pendant l'action de limer.

Cette poudre est noirâtre, d'un aspect brillant, pesante, sans odeur et d'une saveur légèrement astringente.

Propriétés médicinales. Administrée à l'intérieur, elle s'oxide bientôt dans le canal intestinal, où elle exerce une vertu tonique.

Doses. On la donne à la dose de 16 à 64 grammes (1/2 once à 2 onces). On l'unit ordinairement avec des extraits végétaux toniques.

Eau ferrée. On obtient l'eau ferrée en plongeant plusieurs fois un gros morceau de fer rougi au feu dans de l'eau de rivière. Cette eau prend bientôt une couleur roussâtre, devient plus pesante et renferme de l'oxide et du carbonate de fer en suspension. On la fait boire à tous les animaux domestiques ; elle excite le canal intestinal et facilite la digestion.

Eau rouillée. L'eau rouillée se prépare en laissant séjourner, dans de l'eau de rivière, des morceaux de fer recouverts de rouille (*hydrate de peroxide de fer*). Cette eau, qui affecte une couleur de rouille, est employée dans les mêmes circonstances que l'eau ferrée.

Pour activer la formation de l'eau rouillée on ajoute, par seau d'eau, 32 grammes (1 once) de sous-carbonate de soude.

EAUX MINÉRALES FERRUGINEUSES. Les eaux minérales ferrugineuses sont assez abondamment répandues en France. Elles tiennent le fer en dissolution à l'état de carbonate acide. Dans les localités où ces eaux existent, les vétérinaires pourraient avec avantage en faire usage, de préférence aux eaux ferrées artificielles dont nous avons parlé.

Les principales localités où ces eaux existent sont : Bourbon-l'Archambault, Saint-Pardoux (Allier), Forges-les-Eaux, l'Épinay, Aumale, La Marquerie (Seine-Inférieure), Passy (Seine), Saint-Amand (Nord), Provins (Seine-et-Marne), Contrexeville (Vosges), Chateldon (Puy-de-Dôme), Bussang (Vosges), et Cambo (Basses-Pyrénées). Beaucoup d'autres localités possèdent sans doute des eaux ferrugineuses, mais les vétérinaires pourront facilement les reconnaître à la couleur jaune de rouille de la terre où coulent les sources ferrugineuses, et encore mieux en versant dans ces eaux une infusion d'écorce de chêne ou de noix de galle, qui fera prendre à l'eau une couleur noire.

DEUTOXIDE DE FER, OXIDE NOIR DE FER, ÉTHIOPS MAR-

TIAL, *Ethiops martialis*. Ce deutoxide obtenu en décomposant l'eau par le fer, est noir, cassant, fusible et indécomposable par la chaleur; il est attirable au barreau aimanté, mais moins que le fer. On le trouve dans les pharmacies à l'état de poudre noire. A l'état d'hydrate, il a une couleur légèrement verdâtre.

Doses. De 16 à 64 grammes (1/2 once à 2 onces) pour les grands animaux, de 4 à 8 grammes (1 à 2 gros) pour les petits.

PEROXIDE OU TRITOXIDE DE FER, OXIDE ROUGE DE FER, SAFRAN DE MARS ASTRINGENT, *crocus martis astringens.*

Caractères. Cet oxide est d'une couleur rouge plus ou moins foncée. Il n'exerce aucune action sur l'air, ni à froid ni à chaud. Il renferme 2 atomes de fer et 3 atomes d'oxigène. On le connaît dans le commerce de la droguerie sous les noms de *rouge d'Angleterre*, de *colcothar*.

On le donne à la même dose que le deutoxide. Cependant son action tonique est plus astringente.

HYDRATE DE PEROXIDE DE FER, SAFRAN DE MARS APÉRITIF, *crocus martis aperiens.*

Cet hydrate s'obtien t en exposant à l'air de la limaille de fer, ou en versant sur celle-ci de l'eau saturée d'acide carbonique.

Caractères. Ce composé est solide, pulvérulent, inodore, de couleur jaune rouille, d'une saveur faible et légèrement astringente, décomposable par l'action du fer, et passant à l'état de tritoxide non hydraté au contact de l'air.

Ce tritoxide de fer hydraté se rencontre dans la nature, mais il est généralement impur.

Doses. Ce peroxide de fer, ainsi que le carbonate de fer,

se donnent à l'intérieur à la dose de 16 à 64 grammes (1 à 2 onces) pour les grands animaux, et celle de 4 à 16 grammes (1 gros à 1/2 once) pour les petits. On les unit souvent aux substances végétales.

PROTO-CHLORURE DE FER, CHLORURE FERREUX, HYDRO-CHLORATE DE PROTOXIDE DE FER, MURIATE DE FER OXI-DULÉ, *murias ferri sublimatus*.

Caractères. Ce composé se présente en paillettes blanchâtres *très solubles dans l'eau*. Il est déliquescent, inodore, et d'une saveur styptique. Sa solution exposée à l'air se décompose peu à peu et se convertit en deutochlorure qui reste dissous dans l'eau en la colorant en jaune, et en tritoxide de fer hydraté qui se précipite en flocons de couleur d'ocre.

DEUTO-CHLORURE DE FER, CHLORURE FERRIQUE, HY-DROCHLORATE DE PEROXIDE DE FER. Ce deuto-chlorure est d'une couleur brune avec éclat métallique, et d'une apparence cristalline ; il est déliquescent à l'air, se *dissout très facilement dans l'eau*, et donne une solution jaune brunâtre extrêmement styptique.

Ces deux chlorures sont précieux à cause de leur solubilité dans l'eau. Nous les avons essayés dans les cas indiqués par les préparations ferrugineuses, et nous avons eu à nous louer de leur emploi.

PROTO-ACÉTATE DE FER. L'acide acétique faible dissout le fer avec dégagement d'hydrogène, et le transforme en proto-acétate de fer soluble.

Ce sel est verdâtre, susceptible de cristalliser en petits prismes ; sa saveur est styptique. Sa solution exposée à l'air se convertit en per-acétate de fer acide, et en sous-per-acétate qui se précipite en poudre jaunâtre.

Ce sel soluble pourrait être employé avec avantage à la dose de 16 à 62 grammes (1/2 once à 2 onces) pour les grands animaux, et à celle de 4 à 8 grammes (1 à 2 gros) pour les petits, en solution dans l'eau.

TARTRATE DE POTASSE ET DE FER, *tartrate ferrico-potassique.* Ce sel double, qui s'obtient en faisant bouillir dans l'eau un mélange de parties égales de bitartrate de potasse et de limaille de fer, cristallise en petites aiguilles verdâtres d'une saveur styptique, *solubles dans l'eau* et dans l'alcool affaibli. Sa solution dans ce liquide constitue la *teinture de mars tartarisée.* (Voyez teinture de mars, deuxième partie.) C'est aussi avec lui que l'on compose les *boules de Nancy* ou *de Mars.*

Ce sel est précieux pour la médecine vétérinaire comme pour la médecine humaine, à cause de sa solubilité.

Doses. On peut le donner en solution à la dose de 16 à 64 grammes (1/2 once à 2 onces) dans les grands animaux, et à celle de 4 à 16 grammes (1 gros à 1/2 once) pour les petits. On peut facilement l'unir au vin ou à des électuaires toniques.

PROTO-SULFATE DE FER. Ce sel soluble peut aussi être employé, mais il est plus astringent que les précédents. (Voyez ce sel, page 107, *médicaments astringents.*)

Usages. Les sels ferrugineux conviennent beaucoup dans toutes les maladies qui s'accompagnent de débilité, de pâleur des conjonctives, d'engorgements des membres avec prédominance de la partie séreuse du sang et diminu tion de la matière colorante. Les ferrugineux alors produisent toujours de bons effets. Nous les administrons sous la forme de pilules aux chevaux, et en électuaires ou en breuvages aux autres animaux.

B. *Médicaments toniques spécifiques.*

Nous donnons le nom de toniques spécifiques aux médicaments qui sont doués non seulement de la propriété d'augmenter les forces de l'économie et l'énergie de toutes les fonctions ; mais encore de guérir mieux que tout autre médicament 1° les maladies qui se signalent par des accès fébriles ; 2° les maladies qui s'annoncent avec une altération septique du sang, caractérisée par des ecchymoses, des épanchements séreux, des infiltrations sanguines passives dans tous les principaux tissus vasculaires. Nous citerons la cachexie aqueuse ou pourriture des bêtes bovines et ovines, le sang de rate des moutons qui paissent dans des localités marécageuses ; les maladies charbonneuses de ces localités ; le mal de tête de contagion du cheval, et les maladies typhoïdes du gros bétail.

Les médicaments dont il s'agit sont, en première ligne, les quinquinas et leurs préparations, puis l'écorce de saule, la petite centaurée, etc., etc.

Famille des Rubiacées.

QUINQUINAS OU CINCHONAS – CHINA-CHINA, *cortex peruvianus*. On donne ce nom aux écorces de plusieurs arbres de la famille des rubiacées que les botanistes ont nommés *cinchona*, et qui croissent dans les immenses forêts des Andes de l'Amérique du Sud, particulièrement dans la province de Quito, aux environs de Santa-Fé, au Pérou. Selon les botanistes, il existe un très grand nombre de quinquinas. D'après Thompson, on pourrait en distinguer plus de soixante espèces. Aujourd'hui on distingue tous ces quinquinas par la couleur de leur écorce, en quinquinas *rouges, gris, jaunes,* ou *orangés* et *blancs.*

QUINQUINA ROUGE. Il est formé par l'écorce du *cinchona magnifolia,* R. P., *oblongifolia* M., et *lutescens,* R. Arbres abondants dans la Nouvelle-Grenade et dans les forêts de Santa-Fé de Bogota.

Caractères. Ces écorces sont sous forme de gros fragments épais, compactes, lourds, ordinairement aplatis, rarement roulés, quelquefois recouverts d'un épiderme blanchâtre ou diversement coloré par des lichens. Ils sont d'un rouge brun ou rougeâtre, moins vif à l'intérieur qu'à l'extérieur; leur saveur est très astringente et peu amère. Leur poudre est d'un rouge peu intense. Cette espèce est la plus estimée comme fébrifuge en médecine humaine. C'est aussi celle que nous préférons en médecine vétérinaire dans beaucoup de cas, parce qu'elle renferme une quantité à peu près égale de quinine et de cinchonine, et en outre une forte quantité d'acide tannique (Pelletier et Caventou). Elle est très chère.

QUINQUINA GRIS. Cette écorce provient particulièrement du *cinchona condaminea,* H. et B., arbre qui croît dans les Andes péruviennes, auprès de Loxa et d'Ayaraca, dans le royaume de la Nouvelle-Grenade. On l'appelle vulgairement *quinquina gris de Loxa, quinquina d'uritusinga, cascarilla fina.*

Caractères. L'écorce est roulée sur elle-même en forme de tube, depuis la grosseur d'une plume de cygne jusqu'à celle du doigt, épaisse d'une demi-ligne à une ligne, et longue quelquefois d'un pied. La face externe est grisâtre, couverte de lichens et d'un épiderme fendillé transversalement; la face interne a une teinte fauve plus ou moins foncée. L'odeur est plus ou moins prononcée. La saveur, d'abord faible, devient bientôt amère et astringente, mais laisse un arrière goût sucré.

Choix. Sa poudre est d'une belle couleur fauve. Il faut s'en méfier : c'est celle qui est le plus falsifiée par des écorces indigènes, ou de qualités inférieures ou altérées. Il est préférable pour le praticien d'acheter les écorces : il faut alors les choisir minces et compactes.

Cette variété renferme trois fois plus de cinchonine que de quinine (Pelletier et Caventou); elle est moins estimée que le quinquina rouge comme tonique et astringente. Quelques praticiens lui accordent cependant plus de vertu tonique qu'aux autres quinquinas. Nous l'estimons moins.

Quinquina jaune ou orangé. Cette espèce est fournie par le *Cinchona cordifolia* M. C. *pubescens* Valh. C. *officinalis* L. — *ovata-palescens*. R. — *micrantha* R. P. Arbres qui croissent dans les provinces de Cuença et de Loxa.

Caractères. Ce quinquina se présente en écorces roulées de la grosseur d'un pouce, d'une à deux lignes d'épaisseur, recouvertes d'un épiderme grisâtre fendillé, à cassure fibreuse, soit d'un jaune noir à leur face interne, d'une saveur extrêmement amère et franche, quelquefois aromatique, mais jamais astringente; soit en plaques irrégulières non raclées, sans épiderme, et de deux à quatre lignes d'épaisseur.

On en distingue deux espèces : le quinquina jaune royal, provenant du *cinchona cordifolia*, que nous avons décrit, et le quinquina *jaune orangé*, plus rare que le premier dans le commerce, provenant du C. *lancifolia*, qui croît sur les montagnes escarpées des environs de Pampamarcha.

Ce quinquina est difficilement falsifié dans le commerce, il renferme beaucoup plus de quinine que de cinchonine, et peu de principes astringents; il a une grande vertu tonique et antifébrile. Aussi en Angleterre, et avec juste raison, est-il regardé comme le meilleur de tous les quinquinas. C'est celui que nous préférons dans les maladies dues à une altération septique du sang. Il est aussi le moins cher dans le commerce.

QUINQUINAS BLANCS. *Cinchona ovalifolia* M. *macroparca*. Vahl. Nom vulgaire : *quinquina blanc de Santa-Fé.*

Caractères. Les écorces de ce quinquina sont roulées, minces et cassantes; son épiderme est grisâtre, sa face interne blanchâtre ; sa cassure est fibreuse ; sa saveur, d'abord faible, est amère et peu agréable. Il est peu répandu aujourd'hui dans le commerce. Il jouit de peu de propriétés médicinales, aussi n'est-il pas employé.

Récolte et préparations des quinquinas. La récolte des quinquinas se fait dans les mois de septembre, octobre et novembre. On s'assure d'abord si l'écorce possède une maturité convenable en enlevant son épiderme et une partie de son tissu ligneux. Si l'endroit coupé se colore en rouge par l'action de l'air, on procède à la récolte. Pour cela on coupe circulairement l'écorce des branches de distance en distance , puis on la fend longitudinalement, pour la détacher. On l'expose ensuite au soleil pour la faire sécher. Alors elle se roule sur elle-même d'autant plus que la chaleur est plus intense et l'écorce plus mince.

Fraudes du commerce. On rencontre dans le commerce

de la droguerie des quinquinas exotiques qui n'appartiennent point au genre Cinchona. Ces fausses espèces sont appelées *quinquinas Piton, Nova, Caraïbe* et *Bicolore*. Ces écorces réunissent plusieurs des caractères physiques de celles du Pérou, mais elles ne renferment point de principes alcalins, qui sont les corps médicamenteux des vrais quinquinas. Il faut le dire, les droguistes mêlent malheureusement trop souvent de ces écorces ou la poudre qui en provient avec celles du Pérou. L'immense débit de ces écorces, leur valeur, sont les causes qui excitent leur cupidité mercantile. Aussi recommandons-nous bien aux vétérinaires d'acheter plutôt des quinquinas rouges ou jaunes en écorces, de les faire pulvériser, s'ils veulent être sûrs de leurs effets. On assure aussi que des quinquinas sont quelquefois livrés dans le commerce après avoir été dépouillés de leurs principes actifs par la macération dans l'eau acidulée. On peut reconnaître cette fraude par un examen attentif de l'écorce et surtout par la saveur.

Analyse chimique des quinquinas. — Principes constituants. — Principes actifs.

Les chimistes se sont beaucoup occupés des quinquinas. Leurs travaux ont conduit à la découverte des principes constituants et des principes médicinaux des quinquinas. Grace à leurs belles et difficiles recherches, la thérapeutique a été dotée d'un très précieux médicament. Ces chimistes ont poussé leurs investigations jusqu'à parvenir à isoler un à un les matériaux intimes du quinquina, et à signaler leurs propriétés spéciales. Tel a été le but des recherches de Becquet, Cornette, Saunders, Schot, Fourcroy,

Seguin, Vauquelin, Deschamps le jeune, Reuss, Duncan d'Édimbourg, Gomès de Lisbonne, Pfaff, Laubert, Labillardière, et notamment de MM. Pelletier et Caventou. Il résulte de ces recherches que les quinquinas renferment tous dans des proportions variables :

1° Deux alcalis végétaux qu'ils ont nommé *quinine* et *cinchonine*, tous les deux unis à un acide qu'on a appelé *quinique*;

2° De l'acide tannique ou tannin;

3° Diverses matières colorantes se rattachant à la couleur du quinquina;

4° Différentes matières grasses;

5° De la gomme, de l'amidon, du ligneux et de la chaux.

Les trois principes actifs des quinquinas sont : la quinine, la cinchonine et le tannin. Nous allons examiner séparément ces deux premiers principes. Quant au troisième, nous renverrons à ce que nous avons dit de l'acide tannique (page 97), nous dirons seulement que ce principe astringent qui existe en plus grande proportion dans les quinquinas rouge et jaune, contribue essentiellement à la valeur thérapeutique de ces écorces, dans les affections septiques, les diarrhées, la dysenterie, les hémorrhagies passives et les plaies gangréneuses.

QUININE, *quinina*. C'est aux travaux de MM. Pelletier et Caventou que l'on est redevable de la découverte de ce nouvel alcali, qui existe surtout dans le quinquina jaune.

Caractères. La quinine se présente cristallisée en aiguilles déliées et soyeuses, ou en masse poreuse d'un blanc sale, d'une saveur très amère. Exposée à une douce chaleur, elle se fond comme une résine et devient cassante par le refroidissement. *Elle est à peine soluble dans l'eau, mais très soluble dans l'alcool.* Les acides s'y unissent facilement et produisent avec elle des sels cristallisables qui sont généralement solubles et qui ont une grande amertume. Un de ces sels est employé en médecine, c'est le sulfate de quinine.

SULFATE DE QUININE BI-BASIQUE, *subsulfas quininæ.* Ce sel se présente en aiguilles blanches très légères, flexibles, entrelacées, et dont la masse ressemble à de l'amiante. Il est très efflorescent, *peu soluble dans l'eau froide, plus soluble dans l'eau chaude, très soluble dans l'alcool, même à froid.* On le donne en solution dans l'eau ou en pilules. Ce sel est rarement employé dans les animaux, et c'est peut-être à tort. « Son prix élevé, dit Moiroud, n'est pas tellement élevé pour qu'on ne puisse l'employer pour les animaux précieux, et sa valeur médicinale est souvent au dessus de sa valeur commerciale. « Il est d'ailleurs, ajoute ce pharmacologiste vétérinaire, aussi économique d'employer ce sel que les écorces dont on le retire ; les meilleures variétés de quinquinas jaunes ne fournissent guère que la quarante-cinquième partie de leur poids de sulfate de quinine, c'est à dire environ 12 grammes (3 gros) par livre d'écorce ; et le prix de celle-ci est proportionnellement plus élevé dans les pharmacies que ne l'est celui du sulfate acheté par once. »

La quinine brute ne diffère de la quinine pure et du sel que nous venons d'examiner que parce qu'elle contient encore quelques principes colorants extractifs. Ce principe offre un avantage, c'est qu'il est parfaitement insipide et qu'il ne répugne point aux animaux, tandis que le sulfate de quinine est excessivement amer. Mais pour que la quinine brute agisse avec efficacité, il faut y ajouter quelques gouttes d'acide sulfurique ou hydrochlorique faible, qui la rendent plus soluble. On peut en malaxant ce composé avec une poudre tonique, comme la poudre de gentiane, d'aunée, ou même de quinquina, composer d'excellentes pilules toniques pour les chevaux et les chiens. Nous ajouterons à ce que nous venons de dire une autre considération importante dans la médecine vétérinaire, c'est que la quinine brute est bien moins chère que le sulfate de quinine.

CINCHONINE, *Cinchonina*. Cet alcali avait été entrevu par Duncan d'Édimbourg et par Gomez de Lisbonne, puis étudié par Laubert et Labillardière, qui l'avaient désigné sous le nom de *cinchonin*. MM. Pelletier et Caventou ont extrait et fait connaître spécialement les caractères de cet alcali, qu'ils ont appelé *cinchonine*.

Caractères. La cinchonine se retire particulièrement du quinquina gris. Elle est en petites aiguilles blanches translucides, inodore, amère, presque insoluble dans l'eau chaude ou froide, très soluble dans l'alcool, et formant des sels solubles avec les acides. Le principal de ces sels est le sulfate de cinchonine.

La cinchonine et le sulfate jouissent, d'après les essais faits sur l'homme par MM. Chomel, Dufour et Bally, de propriétés toniques et fébrifuges ; mais ces propriétés sont moins marquées, puisqu'il faut les donner à une dose deux fois plus considérable que les préparations de quinine. La cinchonine et le sulfate n'ont point été employés en médecine vétérinaire, et ne méritent point de l'être, à cause de leur prix élevé et du peu de certitude de leurs effets.

Propriétés médicinales des quinquinas et de leurs principes actifs. Les écorces de quinquinas sont douées de

deux propriétés distinctes : l'une qui est tonique et antiputride, l'autre fébrifuge. La première de ces propriétés
se fait surtout remarquer dans les quinquinas rouge et
jaune, bien que cependant ils ne soient doués encore de
plus de vertu fébrifuge que les quinquinas gris. Ceux-ci
doivent être dédaignés : 1° attendu qu'ils ne renferment
qu'une très faible proportion de quinine; 2° qu'il faut
les administrer à plus grande dose; 3° qu'ils ne sont que
peu ou point doués de vertus spécifiques et antiputrides;
4° qu'ils sont plus facilement falsifiables que les autres
écorces rouges et jaunes.

Pulvérisés, on administre les quinquinas rouges ou
jaunes soit en électuaire, soit en pilules, à la dose de 16 à
124 grammes (1/2 once à 4 onces) pour les grands animaux, et à celle de 8 à 16 et 32 grammes (2 gros à 1/2 once
et 1 once) pour les petits, dans le coryza gangréneux du
cheval, dans le mal de tête de contagion, la morve aiguë, les maladies charbonneuses et typhoïdes, le catarrhe
pulmonaire chronique du chien, la pourriture des ruminants, etc.

On fait, avec les écorces, des préparations qui jouissent
de toutes les vertus du quinquina, et qui ont même une plus
grande énergie; ce sont le vin de quinquina et la teinture.
Cette dernière est très précieuse. (Voyez *vin et teinture de
quinquina*, deuxième partie).

La *quinine brute* et le *sulfate de quinine* se donnent
dans les mêmes circonstances que les écorces; mais la dose
doit en être plus faible. 25 centigrammes (5 grains) de quinine brute ou de sulfate de quinine correspondent à 4 grammes (1 gros) de poudre de quinquina. Une once de poudre
de quinquina correspond à 1/2 gros de quinine ou de sulfate.

On peut l'administrer en pilules ou en dissolution dans l'alcool.

Succédanés des quinquinas.

Famille des Amentacées, JUS.—Salicinées, RICH.

SAULE BLANC, *salix alba.*

Partie usitée, l'écorce, *cortex salicis*. Le saule blanc est un arbre très commun au bord des eaux et autour des prairies.

Caractères. Cette écorce doit être récoltée sur les rameaux de quatre à cinq ans; elle devient en séchant d'une couleur brunâtre en dedans, et acquiert une odeur légèrement aromatique, une saveur amère et astringente.

Analyse chimique. L'écorce de saule a été analysée par MM. Reuss, Pelletier, Caventou et Bartholdi. Tous ces chimistes célèbres n'avaient rencontré dans cette écorce que les principes des écorces végétales; mais en 1825, Fontana, et un peu après M. Leroux, pharmacien à Vitry-le-Français, démontrèrent, notamment le dernier, que l'écorce de saule renfermait un principe qu'il a nommé *salicine*.

SALICINE, *Salicina*. Ce principe immédiat neutre est blanc, cristallisé en prismes droits quadrangulaires ou en petites écailles inodores, d'une saveur fortement amère. L'eau, à la température ordinaire, en dissout 1/20, l'eau bouillante une plus grande quantité; il est très soluble dans l'alcool, dans l'éther et les huiles volatiles; se dissout dans les acides sans les neutraliser, et s'en sépare par la cristallisation.

La salicine est le principe actif de l'écorce de saule.

Propriétés médicinales. Les médecins reconnaissent, depuis Murray et Stone, que l'écorce de Saule possède des vertus toniques et même fébrifuges. Ils en citent de nombreux exemples. La salicine jouirait, dit-on, des mêmes propriétés. En médecine vétérinaire, l'écorce de saule n'a point encore subi assez l'épreuve de la pratique pour que nous soyons autorisés à dire que cette écorce puisse remplacer le quinquina dans beaucoup de circonstances ; cependant nous engageons très fort les vétérinaires à en faire l'essai. Nous en avons poussé la dose jusqu'à celle de 124 grammes dans le cheval, sans inconvénient.

C. *Médicaments toniques proprement dits.*

Nous donnons le nom de médicaments toniques proprement dits aux substances végétales médicinales qui sont douées simplement d'une vertu tonique due à un principe amer. On ne peut refuser à ces agents une propriété tonique ; mais leur action ne peut point être comparée à celle si énergique, si prompte, si durable et si efficace, des toniques spécifiques ou des quinquinas. Aussi, comme valeur thérapeutique, les plaçons-nous en seconde ligne après les écorces du Pérou.

Nous examinerons ces médicaments suivant l'ordre de leur importance.

Famille des Gentianées.

GENTIANE JAUNE, *gentiana lutea*, L., GRANDE GENTIANE. Cette plante croît dans les terrains montueux. On la trouve en Bourgogne, en Auvergne, dans les Vosges, les Pyrénées, les Alpes, le Dauphiné, dans les bois de la province du Morvan, etc. La partie usitée est la racine, *gentianæ majoris radix.*

Caractères. Fraîche, cette racine est longue, rameuse, d'un jaune foncé à l'extérieur, jaunâtre et spongieuse intérieurement. On l'arrache pendant l'automne, et **on la fait** sécher. C'est dans cet état qu'elle est livrée au commerce : elle est alors en fragments de longueur variable et du volume du doigt, rarement branchue, ridée à l'extérieur, brunâtre en dehors, blanchâtre en dedans ; son odeur est faible mais un peu aromatique et vireuse ; sa saveur est d'une franche amertume, intense et persistante.

Analyse chimique. MM. Henry père et Caventou ont analysé cette racine ; ils ont rencontré

1° Un principe d'une belle couleur jaune, très amer et aromatique, peu soluble dans l'eau froide, plus soluble dans l'eau bouillante, très soluble dans l'alcool et dans l'éther, qui se sépare de ces deux liquides par l'évaporation spontanée, en petites aiguilles cristallines. Ce principe immédiat, neutre, a été nommé *gentianin* ;

2° Une huile volatile fugace, d'une odeur extrêmement forte et repoussante ; qui, selon M. Planche agirait sur le cerveau à la manière des plantes vireuses ;

3° Du sucre incristallisable qui donne à l'extrait de gentiane la saveur légèrement sucrée qui suit son amertume ;

4° Une huile verdâtre ;

5° Une matière gluante, de la gomme et une matière colorante fauve. (*Journal de Pharmacie*, t. VII, p. 173.)

Cette analyse démontre que la partie active de la gentiane est le gentianin, et prouve que l'eau chaude et l'alcool sont les agents dissolvants de ce principe.

Propriétés médicinales. La gentiane est pour les animaux le véritable succédané indigène du quinquina. Son action sur l'organisme est plus lente que celle des écorces du Pérou ; elle est peut-être aussi efficace ; mais elle ne possède pas autant de vertu fébrifuge et antiseptique. On la donne pour exciter l'action de l'estomac et fortifier les fonctions intestinales.

Doses. On donne la gentiane en poudre à la dose de 64 à 128 grammes (2 à 4 onces). On confectionne avec la gentiane des décoctions, des teintures, un extrait qui sont fréquemment employés. (Voyez le formulaire.) Nous préférons administrer la poudre. On unit souvent cette poudre au son, à l'avoine ou à la provende. C'est, du reste, un médicament peu cher et non falsifié dans le commerce.

ÉRYTHRÉE, PETITE CENTAURÉE, *erythræa centaurium.* Rich. *gentiana centaurium.* L.

Parties usitées : les sommités fleuries, *centaurii minoris summitates.*

Sommités fleuries. Les tiges sont légèrement quadrangulaires, garnies de petites feuilles sessiles, aiguës, entières ; les feuilles sont roses et petites. On doit récolter cette plante au mois de septembre, et en soigner la dessiccation. Desséchée, elle a une faible odeur ; sa saveur est amère sans être astringente.

Analyse chimique. Vauquelin et Moretti se sont occupés de l'analyse de la plante qui nous occupe. Le dernier y a découvert

1° Un acide libre ;

2" Une matière muqueuse ;

3° Une substance extractive amère;

4° De la chaux, etc. (*Journal de pharmacie*, t. V, page 98.)

L'eau bouillante s'empare facilement du principe amer de la petite centaurée; aussi s'en sert-on pour préparer des breuvages. Une poignée suffit dans deux litres d'eau.

Propriétés médicinales et usages. Cette petite plante, que les vétérinaires peuvent facilement récolter pour leur usage, est tonique. Hachée menue, elle peut être ajoutée aux provendes qu'on donne aux bestiaux qui commencent à être atteints d'hydrohémie ou pourriture.

La MÉNYANTHE TRÈFLE D'EAU, *menyanthes trifoliata*, L., dont la partie usitée sont les feuilles, est une autre plante tonique qui croît dans les marécages, dans les étangs, et dont on extrait le suc pour l'administrer. La médecine vétérinaire ne fait guère usage de cette plante.

Famille des Synantherées, R.—Composées, J.

Section des Corymbifères.

AUNÉE, *inula helenium*. La partie usitée est la racine fraîche ou desséchée de l'*inula campana*.

Cette plante croît abondamment dans les lieux bas et humides; elle fleurit en juillet et août.

Caractères. La racine d'aunée fraîche est épaisse, rameuse, d'un brun rougeâtre extérieurement, presque blanche intérieurement, et d'une odeur aromatique camphrée. On la coupe par morceaux de deux à trois pouces de long. Dans cet état, son odeur reste toujours légèrement aromatique; sa saveur, d'abord rance, acquiert de l'amertume et un peu d'âcreté.

Analyse chimique. MM. Rose, Thompson et Dumas ont analysé cette racine ; ils y ont rencontré

1° Une huile volatile concrète analogue au camphre ;

2° Une fécule qui se présente sous la forme d'une poudre blanchâtre, insoluble dans l'eau froide, soluble dans l'eau chaude, ressemblant à l'amidon par son aspect physique, mais en différant par ses propriétés à laquelle M. Thomson a donné le nom d'*inuline* ;

3° Un principe volatil et cristallisable (Dumas) ;

4° Enfin de l'acide acétique et des acétates de potasse et de chaux.

Le principe actif de l'aunée paraît donc résider dans l'huile volatile concrète analogue au camphre ;

Récolte. On ne doit récolter cette racine que la seconde ou la troisième année ; il faut que plusieurs tiges se soient succédé au-dessus d'elle, et que les sucs propres qui doivent la remplir aient eu le temps de se former.

Propriétés médicinales. L'aunée est tonique et un peu stimulante. Cette dernière vertu, qu'elle doit à son huile volatile, la fait prescrire quelquefois de préférence à la gentiane, lorsqu'il s'agit de provoquer vivement l'action tonique et excitante tout à la fois.

Doses. On la donne en poudre à la dose de 64 à 128 grammes (2 à 4 onces) pour les grands animaux. On peut la donner aux moutons à celle de 16 à 32 grammes (1/2 once à 1 once).

Tanaisie commune, *Tanacetum vulgare.* (L.)

Partie usitée, les sommités fleuries, *Tanacetum sive Athanasia.*

Caractères. Cette plante est très commune dans les lieux incultes, dans les haies et au bord des rivières. Les

sommités sont pourvues de fleurs jaunes disposées en co-
rymbes et de feuilles composées ; elles répandent une
odeur aromatique forte et désagréable, leur saveur est
amère, âcre et chaude.

Analyse chimique. Ces sommités ont été analysées par
M. Peschier. Elles ont fourni :

1° Une huile volatile d'une légère couleur citrine ;

2° Une résine amère ;

3° Une matière extractive amère ;

4° Une huile grasse ;

5° De la chlorophylle, un principe colorant jaune, etc.

Les feuilles contiennent en outre de l'acide gallique , du
tannin , et les fleurs un acide particulier. (*Journal de
Chimie médicale*, t. IV, p. 58.)

Propriétés médicinales. La tanaisie est un excellent tonique indigène qui se trouve presque partout, dont les vétérinaires ne font pas assez usage. Cette plante, traitée par
décoction , donne des breuvages très bons pour le cheval
et les bêtes à cornes ; hachée et unie aux fourrages , aux
provendes des moutons, des bêtes bovines, etc., elle est facilement mangée et va tonifier le canal intestinal et toute
l'économie. On doit surtout la recommander dans la cachexie aqueuse, dans les maladies vermineuses , et toutes
les fois que la peau des moutons devient jaune et pâle.

Doses. La dose est une poignée pour un litre ou deux
litres d'eau bouillante.

CHICORÉE SAUVAGE, *Cichorium intybus.* (L.)

Partie usitée, les feuilles, *cichorii herba.*

Caractères. La chicorée sauvage croît naturellement sur
le bord des chemins. Ses feuilles fraîches ou desséchées

sont amères. Vertes, les vaches et les moutons mangent cette plante avec plaisir.

Propriétés médicinales. Dans les localités où on cultive la chicorée, soit comme fourrage pour les bestiaux, soit comme plante alimentaire pour l'homme, on la fait manger avec avantage aux bêtes bovines et ovines dont les muqueuses sont pâles et jaunes, et qui partant sont prédisposées à la cachexie. C'est aussi un excellent tonique pour faire cesser les flux du canal intestinal.

Beaucoup d'autres plantes de la même famille jouissent encore d'une vertu tonique par le principe amer qu'elles renferment en plus ou moins grande proportion. Nous ne ferons qu'indiquer sommairement ces plantes, parce qu'elles sont peu employées en médecine vétérinaire, attendu qu'il est possible de leur en substituer d'autres dont les vertus toniques sont plus marquées et plus efficaces. Nous en excepterons cependant la *camomille romaine*, la *matricaire*, l'*absinthe*, que nous avons classées parmi les stimulants (Voyez *stimulants*), qui, *traitées par décoction*, donnent un principe amer possédant de précieuses vertus toniques.

1° L'ARNIQUE DES MONTAGNES, *Arnica montana*, qui croît abondamment dans les montagnes des Vosges, du Dauphiné, etc., donne ses fleurs et sa racine, qui ont été recommandées dans quelques maladies épizootiques des bestiaux. Les vétérinaires des localités où croît cette plante pourraient en faire usage.

Les fleurs renferment, d'après l'analyse qui en a été faite par MM. Lassaigne et Chevallier, une résine odorante, une matière amère nauséabonde, une matière colorante jaune, de l'acide gallique, de la gomme, de l'albumine, et quelques sels. Stahl et Sthol les ont conseillées en médecine humaine contre la dysenterie. Elle pourrait être fort utile pour les animaux. Sa dose devrait être de 32 à 64 grammes (1 à 2 onces) en infusion assez prolongée.

2° La Centaurée, le Chardon bénit, *Centaurea benedicta,* dont la plante entière est employée, *carduus benedictus.*

3° La Centaurée chausse-trappe, *Centaurea calcitrapa,* dont la plante entière est également usitée, *carduus stellatus.*

4° Le Tussilage commun, *Tussilago farfara.*

Parties usitées. Les fleurs et les feuilles.

Toutes les parties de ces plantes ont une saveur amère et astringente très prononcée ; elles jouissent assurément de propriétés toniques, mais elles sont généralement délaissées.

5° La Bardane officinale, *Arctium lappa.*

Parties usitées. Les feuilles et la racine, *radix, foliæ bardanæ.*

6° La Carline a feuilles d'acanthe, *Carlina acanthifolia.*

Partie usitée. La racine, *carlina sive cameleon.*

Sont des plantes médicamenteuses dont la vertu tonique doit être oubliée.

Famille des Conifères.

Genévrier commun, *Juniperus communis.* Le genévrier est un arbrisseau très commun en France, sur les collines arides, et dans les pâtures sèches.

Partie employée. Les fruits.

FRUITS DE GENIÈVRE OU BAIES DE GENIÈVRE, *Juniperi baccæ.*

Caractères. Le genévrier femelle porte des fruits sphériques composés de trois graines enveloppées de bractées qui deviennent charnues à leur maturité. Ces fruits restent verts la première année et mûrissent la seconde, alors ils deviennent noirs et contiennent une matière pulpeuse au dessous de leur tégument. Ces fruits desséchés sont connus sous le nom de *baies de genièvre.*

Ces baies sont de la grosseur d'un pois d'un brun noirâtre, ombiliquées à leur sommet, d'une saveur chaude, légèrement sucrée et résineuse. Leur odeur est agréable et aromatique.

Analyse chimique. Ces baies renferment :

1° Une huile essentielle très fluide et ambrée ;

2° Une matière résineuse cristalline amère ;

3° Une matière extractive ;

4° Une matière sucrée ;

5° Une matière analogue à la cire végétale, de la gomme, des sels, etc.

Les parties actives des baies de genièvre sont donc l'*huile essentielle* et la *matière résineuse.*

Propriétés médicinales. Les baies de genièvre sont toniques, excitantes, diurétiques et très souvent employées.

1° On les concasse grossièrement et on les donne en électuaire aux chevaux ; à la dose de 32 à 64 grammes (1 à 2 onces) pour les moutons et les bêtes à cornes, ou bien on les associe aux provendes à la dose de 16 grammes (1/2 once) par jour pour les premiers, et de 8 grammes (2 gros) pour les seconds.

2° On les projette sur des charbons ardents ou des pelles

rougies au feu, pour faire des fumigations dans les naseaux dans les catarrhes chroniques, ou sur toute la surface du corps, après l'avoir recouvert de couvertures, dans les cas de congestion pulmonaire, de parturition languissante, de coliques d'eau froide, etc.

3° Enfin on en prépare des teintures, un extrait qui sont fréquemment usités. (Voyez teintures de genièvre et extrait de genièvre, deuxième partie.)

Les *feuilles* fraîches et les extrémités des petites sommités des *pins*, des *sapins*, des *mélezes*, sont aussi fort utiles dans la médecine des animaux. Ces feuilles fraîches ont une amertume et une âcreté très prononcées, dues à une matière résineuse qu'elles contiennent. On les donne entières, unies aux fourrages, ou bien on les hache et on les unit alors aux provendes qu'on donne aux bêtes bovines et ovines, qui sont menacées d'être atteintes ou qui sont affectées de la cachexie aqueuse, ou de la maladie rouge.

Famille des Théacées.

Thé de la Chine, *Thea sinensis*. (N.) *Thea bohea*. (L.) *Thea viridis*. (L.)

Le thé, arbrisseau végétant en Chine et au Japon, fournit ses feuilles à la thérapeutique. Le thé jusqu'alors n'a point été inscrit au nombre des médicaments vétérinaires; le prix élevé de cette substance l'a fait négliger jusqu'à ce jour dans le traitement des maladies des animaux. Maintenant que le thé est abondamment répandu en France, parce que notre commerce maritime avec la Chine est devenu plus facile et plus sûr, ce médicament mérite d'être usité pour les animaux.

Récolte, préparation et caractères du thé. Ce n'est

guère que sur les thés de trois à quatre ans que l'on commence la récolte des feuilles. On la cesse lorsqu'ils ont atteint l'âge de huit à dix ans. « En Chine et au Japon, cette récolte a lieu, dit le célèbre botaniste Richard, deux fois dans l'année, au printemps et vers le mois de septembre. Les feuilles de la première cueillette donnent un thé plus fin et plus estimé. Voici le mode de préparation qu'on leur fait subir : on plonge ces feuilles dans de l'eau bouillante et on les y laisse seulement pendant une demi-heure, pour les priver du suc âcre et vireux qu'elles contiennent ; on les retire, on les égoutte et on les jette sur des poêles de fer, grandes et plates, qui sont placées au-dessus d'un fourneau. Ces espèces de poêles doivent être assez chaudes pour que la main de l'ouvrier en endure la chaleur avec peine. Les feuilles doivent être continuellement remuées. Lorsqu'on juge qu'elles ont été assez chauffées, on les enlève et les étend sur de grandes tables recouvertes de nattes. Des ouvriers s'occupent alors à les rouler avec la paume de la main, tandis que d'autres ouvriers cherchent à les refroidir en agitant l'air avec de grands éventails. Cette opération doit être continuée jusqu'à ce que les feuilles soient complètement refroidies sous la main de celui qui les roule. »

Lorsque le thé ainsi préparé a été parfaitement séché, avant de le renfermer dans des caisses pour l'expédier, on l'aromatise avec des plantes odoriférantes.

On trouve, dans le commerce, deux espèces de thés ; les *thés verts* et les *thés noirs*.

Les premiers ont une couleur verte ou grisâtre ; ils sont plus âcres et aromatiques que les seconds, dont la couleur est plus ou moins brune et qui ont une saveur et une odeur plus agréable.

Les thés noirs sont ceux qu'il faut employer dans la médecine des animaux.

Choix. Le thé noir doit être bien roulé, dépourvu de poussière noirâtre, répandre une odeur assez forte et aromatique ; sa saveur doit être amère.

Ces thés portent les noms de thé Souchon et de thé Pecho.

Conservation. Le thé doit être conservé à l'abri du contact de l'air et de la lumière, dans des boîtes en bois ou en ferblanc, qui doivent toujours être hermétiquement fermées.

Analyse chimique. Cadet-Gassicourt a retiré des thés, par le moyen de la distillation, une eau astringente sans aucune trace d'huile volatile, et un extrait amer et styptique composé d'acide gallique et de tannin. On a annoncé l'existence dans le thé d'une matière cristallisable qu'on a nommée *théine* ; mais ce fait a besoin d'être vérifié.

Propriétés médicinales. Le thé est un excellent tonique pour les animaux. Il donne, par une décoction peu prolongée, un principe amer qui jouit de la vertu d'exciter les forces de l'estomac, des intestins, et ensuite de toute l'économie.

Usage. Nous en avons fait usage et avec des succès marqués, dans les indigestions intestinales simples, récentes ou chroniques et vertigineuses des chevaux. Les décoctions de thé, unies au vin blanc, sont aussi fort utiles dans les indigestions rapides du cheval, dans l'anhémie des bêtes bovines et canines.

Doses. En infusion prolongée ou en légère décoction,

à la dose de 16 à 32 grammes (1/2 once à 1 once) dans un à deux litres d'eau.

Famille des Urticées.

HOUBLON ORDINAIRE, *humulus lupulus*, partie usitée les fruits. *lupulus coni humili strobuli.*

Le houblon est très cultivé dans le nord de la France et de l'Angleterre. On se sert de ses cônes, chatons ou capitules, pour servir à la confection de la bière ; ce sont aussi ces parties de la plante qui sont employées dans la médecine vétérinaire.

Récolte, préparation et caractères. La récolte du houblon se fait vers la fin de l'été : on dessèche ces cônes au four et on les conserve dans des enveloppes de toile, en les réduisant par la pression sous le plus petit volume possible. Le houblon est d'une amertume qui n'a rien de désagréable ; il répand une odeur particulière.

Analyse chimique. MM. Planche, Ives, Payen et Chevallier ont analysé le houblon, et ils en ont retiré une huile essentielle très fluide, fortement aromatique et très âcre ; un principe amer, une résine, et différents produits qui se rencontrent dans tous les végétaux. L'huile essentielle est plus abondante dans le houblon nouvellement récolté que dans celui qui est vieux. (*Journal de Pharmacie*, 1822.) La matière résineuse amère, sécrétée par de petites glandes, se rencontre dans les écailles de la graine, sous forme de légers grains transparents. Cette matière est la partie active du houblon. Il paraîtrait, d'après les recherches qui ont été faites, que cette sécrétion résineuse varie selon les saisons sèches ou humides, et la nature du terrain où croît le houblon. M. Ives a nommé ce principe *lupuline.*

Propriétés médicinales. Le houblon est un médicament tonique, abondamment répandu dans le nord et que toutes les pharmacies livrent à bon marché. On le traite par décoction, dans l'eau ou l'eau vineuse, à la dose de 16 à 32 grammes (1/2 once à 1 once) dans deux à trois litres de liquide. On le donne dans toutes les circonstances que nous avons déjà indiquées.

Beaucoup d'autres médicaments végétaux ont encore été essayés comme toniques ; nous les mentionnerons ici, sans leur attacher aucune importance, ce sont :

La Patience, *rumex patientia*. Partie usitée , la racine *radix patientiæ*.

La Saponaire officinale, *saponaria officinalis*. Partie usitée, la racine *saponariæ radix*.

Le Maronnier d'inde, *æsculus hypocastanum*, dont l'écorce est employée, *hypocastani cortex*.

Le Quassia amara, *quassia amara*, dont la racine est usitée, *radix quassiæ*.

Le Quassia simarouba, *quassia simaruba*. Partie usitée, l'écorce, *cortex simarubæ*.

Le buis, *buxus sempervirens*, dont la poudre renferme un principe qu'on a nommé *buxine*.

Enfin, les racines de Canne la Provence, *arundo donax*, et celle du Roseau a balais, *arundo phragmites*. ces médicaments sont peu ou point employés.

L'Huile de morue, *oleum jecoris aseli*, qui vient d'être employée comme tonique; et comme ayant procuré de très bons résultats dans le rachitisme entre les mains du docteur Schneck, pourrait être essayée dans les mêmes cas chez les jeunes animaux où cette affection est assez fréquente. On cite aussi des guérisons de paralysies par cette huile. Nous nous proposons d'essayer ce nouveau médicament. On peut le donner sans inconvénient à la dose de 16 à 32 grammes(1/2 once à 1 once) en émulsion dans une infusion aromatique ou dans l'alcool.

D. *Médicaments excitants, toniques-astringents et anti-putrides.*

Nous donnons le nom de toniques antiputrides à quelques médicaments auxquels on a reconnu et auxquels nous avons reconnu aussi une vertu tonique antiseptique bien prouvée dans toutes les maladies qui s'accompagnent d'altération putride du sang, d'hémorrhagies dues à la liquidité de ce fluide, soit à la surface des muqueuses, soit dans les interstices des divers tissus : maladies que nous avons nommées *diarrhémies*, et connues sous les noms de *maladies charbonneuses, typhoïdes, mal de tête de contagion.*

Ces médicaments ont la singulière propriété de rendre le sang plus épais, plus coagulable, de ralentir et même d'arrêter le mouvement de septicité qui peut se manifester dans toutes les parties vivantes. Parmi ces agents il en est déjà plusieurs dont nous avons fait l'historique.

Ce sont :

1° Les quinquinas rouge, jaune et orangé (Voyez *Quinquinas*, pag. 232), écorces qui renferment une grande proportion d'acide tannique et qu'on donne à la dose de 96 à 128 grammes (3 à 4 onces);

2° Toutes les préparations de quinquina, notamment la teinture qui s'administre à la dose de 5 à 6 décilitres ;

3° L'écorce de chêne, qui renferme beaucoup d'acide tannique, et qu'on administre à la même dose que les quinquinas. (Voyez page 98);

4° L'essence de térébenthine, délayée dans plusieurs

jaunes d'œufs, à la dose de 32 à 64 grammes (1 à 2 onces). (Voyez médicaments rubéfiants);

5° L'alun, sulfate d'alumine et de potasse, uni à l'alcool, à là dose de 32 à 96 grammes (1 à 3 onces). (Voyez p. 105);

6° Le vinaigre, ou acide acétique de très bonne qualité, sous forme de vapeurs que l'on emploie en fumigations sur la peau et dans les voies respiratoires. (Voyez page 91);

7° L'acétate d'ammoniaque, esprit de Mindérérus, associé à une infusion aromatique, à la dose de 32 à 64 grammes (1 à 2 onces). (Voyez *acétate d'ammoniaque*);

8° Le camphre, à la dose de 8 à 16 grammes (2 gros à 1/2 once) dans l'alcool ou le jaune d'œuf. (Voyez p. 124);

9° L'alcool sulfurique, l'alcool nitrique, l'alcool hydrochlorique, à la dose de 32 à 128 grammes (1 à 2 onces). (Voyez ces préparations au formulaire);

10° Enfin, un mélange bizarre, qui n'en est pas moins très bon, à la dose de 32 à 128 grammes (1 à 4 onces). (Voyez *thériaque* dans la seconde partie).

Telles sont les préparations médicamenteuses et les médicaments dans lesquels nous avons la plus grande confiance, comme toniques astringents anti-septiques, et dont l'expérience d'ailleurs a constaté l'efficacité. Nous ajouterons à cette liste d'autres substances qui sont aussi douées des mêmes vertus, mais à un plus facile degré, et presque toujours usitées à l'extérieur.

Famille des Synanthérées-Corymbifères.

Cresson de para, *spilanthus oleracea*. Plante originaire du Brésil, du Pérou, du Chili; cultivée en Italie et en Provence.

On trouve dans les fleurs de cette plante (d'après l'analyse de M. Lassaigne), une huile volatile odorante, âcre, de l'extractif, un principe colorant jaune, de la cire, divers sels. Toute la plante a une saveur âcre, chaude, et même brûlante, qui excite fortement la salivation. Le jus de ce cresson, étendu d'alcool, est un très bon antiseptique. On peut le donner à la dose de 16 à 32 grammes. (1/2 once à 1 once) dans deux décilitres d'alcool.

Famille des Crucifères.

RAIFORT SAUVAGE. La racine du grand raifort sauvage est aussi très antiseptique. On la prend fraîche, et on la coupe par petits morceaux qu'on fait macérer, avec l'eau, et ce qui vaut mieux, avec le vin, la bière, le cidre et l'alcool, pendant vingt-quatre heures, dans un vase bien fermé. On peut aussi verser du vin ou de l'eau-de-vie chaude sur cette racine pour obtenir aussitôt ses principes âcres et volatils. On peut administrer cette préparation depuis la dose d'un décilitre pour les petits animaux, jusqu'à celle d'un demi-litre à un litre.

COCHLÉARIA OFFICINAL, *cochlearia officinalis.* Partie usitée, les feuilles et les tiges, *cochleariæ hortensis herba.* Cette plante croît très bien dans les jardins, lorsqu'on la sème ; elle végète au bord des ruisseaux, et surtout dans les lieux maritimes du nord de l'Europe.

Les feuilles fraîches du cochléaria ont une saveur âcre et amère due à une huile essentielle que l'on obtient par la distillation ; elle est plus lourde que l'eau, et d'une telle énergie, que, suivant Murray, une seule goutte dissoute dans l'alcool suffit pour communiquer l'odeur et la saveur du cochléaria à une livre de vin.

L'alcool se charge facilement des principes du cochléaria. Il en est de même du vin, du cidre, de la bière. On pile cette plante, on en retire le jus, ou bien on la fait macérer dans les liquides que nous avons indiqués, en prenant les précautions que nous avons recommandées pour le raifort sauvage.

Propriétés médicinales. Le cochléaria est un excellent antiseptique qu'on n'emploie pas assez en médecine vétérinaire dans beaucoup de maladies graves du sang. On peut surtout donner avec avantage la teinture de cette plante ou sa macération dans l'alcool à la dose de 3 à 4 décilitres étendus dans la même quantité d'eau.

LE CRESSON DE FONTAINE, *Sisymbrium nasturtium*, dont on emploie les sommités fleuries, *nasturtii aquatici herba*, dont on retire le suc, et qu'on dissout dans le vin ou dans l'alcool, peut être donné aussi avec quelque avantage. Nous en dirons autant du bulbe suivant.

L'AIL COMMUN, *Allium sativum*. Ce bulbe que l'on cultive dans les jardins possède une odeur forte et piquante, une saveur âcre et brûlante dues à une huile volatile très odorante de couleur jaune. Il contient en outre de l'albumine, du soufre, une matière sucrée et un peu de fécule.

L'ail pilé et écrasé, puis associé au vin, à l'eau-de-vie, est un puissant stimulant et antiscorbutique qui devrait être employé plus qu'on ne le fait en médecine vétérinaire dans les maladies putrides. Nous recommandons cet antiputride aux vétérinaires, toutes les fois qu'ils se trouveront dans l'impossibilité de s'en procurer promptement de plus efficaces.

*Médicaments excitants, astringents et antiseptiques,
employés surtout à l'extérieur.*

Ces agents s'emploient particulièrement dans les gangrènes septiques dues à la présence et à l'imbibition dans les
tissus de liquides sanieux, putrides, provenant du sang, du
pus, de la salive, ou de détritus gangréneux.

Ces agents sont le chlore, les chlorites d'oxide de calcium, de sodium, de potassium; les poudres de quinquina,
de tan; la suie de cheminée et le charbon pulvérisé.

CHLORE, *Chlorum.* Le chlore est un gaz simple, d'un
jaune verdâtre, d'une odeur forte et désagréable, d'une saveur acerbe et styptique, impropre à la combustion et à la
respiration. Inspiré en petite quantité, il irrite violemment la muqueuse du larynx et des bronches, cause un sentiment de strangulation, peut amener l'hémoptysie et la
mort. Il a une action puissante sur les matières colorantes
végétales, qu'il décolore à l'instant. Il peut se liquéfier à
une basse température. L'eau en dissout une fois et demi
son volume à la température ordinaire. Cette dissolution
forme l'eau chlorée, chlore liquide. L'air froid et chaud
n'exercent aucune action sur lui.

Propriétés médicinales. Le gaz chlore mis en contact
avec les muqueuses ou la peau des animaux, est un excitant styptique très énergique; mais sa principale propriété
médicinale est de s'emparer des éléments septiques provenant de la décomposition des matières animales sécrétées
ou exhalées morbidement, de les détruire, et partant de
s'opposer à leur absorption et à leur action septique ou putride sur les parties vivantes. De là l'indication de faire
respirer ce gaz associé à l'air atmosphérique dans les gan-

grènes septiques du poumon , dans le coryza gangréneux. On donne aussi le chlore liquide à petite dose , il est vrai, en lavements et en breuvages dans la dysenterie.

Plusieurs vétérinaires , et notamment M. Leblanc , ont vanté les fumigations nasales de chlore pour la guérison de la morve. L'expérience n'est pas venue jusqu'à ce jour sanctionner les faits consignés par ce vétérinaire.

Le chlore est surtout employé comme agent désinfectant des lieux qui recèlent des émanations putrides ou virulentes. (Voyez la deuxième partie, *fumigations*.)

CHLORITE DE CHAUX. Ce sel a été longtemps nommé *chlorure d'oxide de calcium, chlorure de chaux.*

Ce sel est sous la forme d'une poudre blanche ayant l'odeur faible du chlore ; sa saveur est âcre et désagréable ; exposé à l'air il s'humecte, se pelotonne d'autant plus qu'il contient davantage de chlorure de calcium. Mis en contact avec l'eau il ne s'y dissout qu'en partie ; la portion insoluble est de l'hydrate de chaux. Cette solution est incolore et répand une odeur prononcée de chlore. Par suite de son exposition à l'air , elle se recouvre d'une croûte blanchâtre de carbonate de chaux.

Usages. Ce chlorite est un excellent désinfectant des matières animales putrifiées. Il a été appliqué à l'art du boyaudier et à la désinfection des cadavres, des écuries, des étables, des bergeries.

Propriétés médicinales. Ce chlorure sec est un excellent antiseptique des plaies gangréneuses des animaux, notamment de celles qui sont le résultat de la décomposition putride du sang, de matières purulentes, de la carie, etc. Liquide et injecté dans les plaies gangrénées ou qui recèlent une matière animale en décomposition, il produit tou jours d'excellents effets. Son usage est aussi fort recommandé dans les eaux aux jambes, le catarrhe auriculaire des chiens, etc.

CHLORITE DE SOUDE, *Chlorure de soude du commerce, liqueur de Labarraque.* Ce produit est toujours liquide; sa saveur est astringente; il a l'odeur du chlorite de chaux. Comme lui il se décompose à l'air en attirant l'acide carbonique. En présence d'acides faibles, il se décompose avec facilité.

Propriétés médicinales. Ce composé jouit des mêmes propriétés que le chlorite de chaux, et s'emploie dans les mêmes circonstances. On s'en sert surtout dans le traitement des plaies ulcéreuses, dont il facilite promptement la cicatrisation. Administré à l'intérieur contre la morve, injecté même dans les bronches, il n'a point eu de succès. Cependant il est très bon comme détersif des ulcères de la pituitaire. Conseillé par M. Charlot pour combattre les météorisations des ruminants, il produit des résultats assez avantageux.

CHLORITE DE POTASSE, *chlorure de potasse, eau de javelle.* Ce chlorite est à l'état liquide. Il jouit des mêmes propriétés que le chlorite de soude. Il peut être employé dans les mêmes circonstances.

QUINQUINAS. Le quinquinà rouge, employé en poudre à la surface des plaies menacées par la gangrène ou déjà atteintes de cette grave lésion, est un excellent astringent antiputride.

La POUDRE DE CHARBON DE BOIS, par sa propriété absorbante des gaz et des matières liquides, donne aussi de précieux résultats.

La Suie de cheminée, employée à l'extérieur, comme astringente et absorbante, compte aussi des succès.

Cinquième classe.

MÉDICAMENTS PROPRES A EXCITER QUELQUES APPA-
REILS D'ORGANES, A SPOLIER L'ÉCONOMIE EN
EXCITANT LES SÉCRÉTIONS DIVERSES, ET QUI SONT
EMPLOYÉS A COMBATTRE BEAUCOUP DE MALADIES.

Excitants spéciaux.

Cette classe de médicaments renferme cinq sections qui sont :
1° les Purgatifs; 2° les Vomitifs; 3° les Diurétiques; 4° les Expectorants diaphorétiques; 5° les Sudorifiques.

PREMIÈRE SECTION. — MÉDICAMENTS PURGATIFS.

Nous divisons les médicaments purgatifs

<table>
<tr><td rowspan="3">EN PURGATIFS</td><td rowspan="3">{</td><td>Drastiques.</td></tr>
<tr><td>Minoratifs.</td></tr>
<tr><td>Laxatifs.</td></tr>
</table>

A. *Purgatifs drastiques.*

On donne le nom de purgatifs drastiques, à des médicaments qui ont pour principale propriété d'exciter vivement la secrétion de la muqueuse digestive, de provoquer
des contractions péristaltiques, quelquefois très douloureuses, de la membrane charnue du canal intestinal, l'évacuation des matières alvines et de troubler, momentané-
ment, toutes les fonctions vitales.

Famille des Liliacées.

ALOÈS. *Aloe.* L'aloès est un suc extracto-résineux, que

l'on retire de plusieurs espèces d'aloès et particulièrement de l'*aloe spicata* et de l'*aloe perfoliata*, plantes qui croissent en Afrique, en Amérique, au cap de Bonne-Espérance, aux Barbades, à la Jamaïque, et en Italie, etc. L'aloès est le seul bon purgatif que nous ayons pour les grands animaux et notamment pour le cheval ; aussi, attacherons-nous quelque importance à l'histoire de ce médicament.

Dans les pharmacies on distingue plusieurs espèces d'aloès : l'*aloès succotrin*, l'*aloès hépatique* et l'*aloès caballin*.

A. L'Aloès succotrin ou soccotrin, *aloe soccotrina*, ainsi appelé parce qu'on le tirait autrefois presque entièrement de l'île de Soccotra, située dans le golfe de l'Arabie. Cet aloès nous est apporté aujourd'hui du cap de Bonne-Espérance et de Bombay.

Caractères. Il est en masse d'un brun foncé, d'une odeur aromatique et agréable, d'une saveur très amère ; sa cassure est résineuse et brillante, ses morceaux sont friables, transparents et jaunâtres sur les bords, il s'amollit sous les doigts et devient collant ; facile à réduire en poudre, celle-ci est d'un jaune doré et légèrement aromatique. Il se dissout en grande partie dans l'eau froide, et en totalité dans l'eau bouillante. On assure que cet aloès est très rare aujourd'hui dans le commerce.

B. Aloès hépatique, *aloe hepatica*. Cet aloès, brun ou de la couleur du foie, est dans le commerce en gros morceaux plus compactes et plus lourds que les précédents, son odeur est forte et désagréable, sa saveur est amère, sa poudre, d'un jaune rougeâtre ou bronzée. Il n'est soluble, en totalité, ni dans l'eau froide, ni dans l'eau chaude. Cet aloès est vendu souvent dans le commerce pour l'aloès succotrin. Les vétérinaires en font particulièrement usage.

ALOÈS CABALLIN. Celui-ci est le moins estimé. Il est pesant, compacte, presque noir ou marqué de taches ferrugineuses. Il renferme des fibres ligneuses, du sable, du charbon, de la résine grumelée. Sa poudre est noirâtre, d'une odeur nauséeuse, et très peu soluble même dans l'eau chaude. Cet aloès a été nommé *Caballin*, parce qu'étant moins cher, les vétérinaires s'en servaient autrefois plus particulièrement pour purger les chevaux. Il est aujourd'hui rejeté, et avec raison, de la médecine vétérinaire.

On connaît encore, dans le commerce de la droguerie, les aloès par le nom des endroits qui les fournissent. En Angleterre notamment cet usage est adopté. On distingue donc l'aloès soccotra, succotrin ou soccotrin, c'est celui que nous avons étudié d'abord, parce qu'il provenait, ainsi que nous l'avons dit, de l'île de Soccotra. Aujourd'hui que cet aloès est devenu très rare dans le commerce, et que c'est Bombay et surtout le cap de Bonne-Espérance qui le fournissent, on le désigne sous le nom d'*aloès du Cap*.

On nomme *Aloès des Barbades*, aloès calebasse (barbadoes des Anglais), un aloès qui arrive en Angleterre des îles Barbades. Cet aloès est rare en France aujourd'hui, on ne peut guère l'obtenir que par contrebande. Il est d'une excellente qualité et très recherché par les vétérinaires anglais pour purger les chevaux.

Caractères. Cet aloès est livré au commerce dans l'écorce d'une cucurbitacée appelée *courge calebasse*. Nouvellement récolté il est noirâtre, pesant, opaque, difficile à briser, d'une odeur peu aromatique et d'une saveur très amère. Sa poudre est d'un brun foncé ou noire. Il ressemble à l'aloès caballin, à part les impuretés qu'on y rencontre et qu'il ne renferme pas. En vieillissant il devient plus transparent et offre les caractères de l'aloès hépatique. Enfin, très vieux, il est transparent, se brise plus facilement, donne une poudre bronzée ou jaunâtre, et ressemble à l'aloès *succotrin*.

M. Morton, professeur au collège vétérinaire de Londres, assure dans son *Manuel de Pharmacie vétérinaire* (*Manuel of Pharmacy*, 2° édition), que cet aloès est souvent falsifié avec l'aloès du Cap. Voici, d'après ce professeur de pharmacie vétérinaire, les caractères différentiels de l'aloès des Barbades et de l'aloès du Cap.

BARBADES.	CAP.
Couleur, brun de foie.	C. Obscure approchant du noir.
Cassure; granulée.	C. Comme celle des résines.
Odeur, très aromatique (*And more aromatic*).	O. Peu aromatique.
Poudre, d'un vert jaunâtre.	P. Jaunâtre (*Yellow*).

Les aloès qui viennent d'Espagne, d'Italie, et aujourd'hui de notre nouvelle colonie d'Alger, sont fort peu estimés et ne recèlent que peu ou point de vertu purgative. Nous croyons que ce sont ces aloès qui, répandus dans le commerce depuis une dixaine d'années, et encore aujourd'hui en France, ont été l'objet de toutes les plaintes qui ont été adressées de toutes parts, par les vétérinaires, aux pharmaciens et aux droguistes de la capitale.

Analyse chimique comparative des diverses espèces d'aloès.

Aloès succotrin. D'après Bouillon Lagrange et Vogel, cet aloès renferme sur 100 :

1° Matière extractive,   68
3° Résine insoluble dans l'eau froide, soluble
dans l'alcool et l'éther,   32
                                              ———
                      Total.   100

Selon Trommdorff, cet aloès contient sur 100 parties :
1° Principe savonneux amer,   75
2° Résine et trace d'acide gallique,   25
                                              ———
                      Total.   100

(*Bulletin de Pharmacie*, t. I.)

M. Braconnot regarde cet aloès comme une substance *résinoïde* d'un caractère particulier.

Aloès hépatique. Selon les deux premiers chimistes que nous avons nommés, l'analyse chimique de cet aloès démontre qu'il est moins pur que l'aloès succotrin. Sur 100 parties il donne :
1° Matière extractive,   52
2° Résine,   42
3° Matière albumineuse,   6
                                              ———
                      Total.   100

Aloès des Barbades. Selon Trommdorff, 100 parties d'aloès des Barbades fournissent :
1° Principe savonneux,   81   25
2° Résine,   6   25
3° Albumine et atomes d'acide gallique,   12   50
                                           ————————
                      Total.   100   00

L'expérience a démontré jusqu'à ce jour que parmi toutes les espèces d'aloès, celui des Barbades jouissait le plus de propriétés purgatives, qu'ensuite venait l'aloès succotrin , puis l'aloès hépatique , et enfin que l'aloès caballin était le plus infidèle. Or, l'analyse démontre que ces aloès renferment le plus de principes résineux , car il est de 81,25 sur 100 dans l'aloès des Barbades, de 75 dans l'aloès succotrin, et de 52 dans l'aloès hépatique. Le principe savonneux serait donc la partie active principale de l'aloès: Cependant la portion résineuse ne serait point non plus dépourvue de propriétés purgatives. Moiroud a cherché à isoler ce principe résineux par le lavage , et à le donner isolé aux animaux. (*Traité de matière médicale vétérinaire,* p. 263.) Mais ce professeur a reconnu que son action purgative était moins prononcée que celle du principe savonneux.

Altération de l'aloès. Le principe savonneux des aloès est soluble dans l'eau , mais il s'altère par une ébullition prolongée, devient insoluble, et perd la plus grande partie de ses propriétés purgatives. Cette observation apprend que dans la préparation des breuvages aloétiques , il ne faut jamais traiter l'aloès par l'ébullition.

Récolte , préparation de l'aloès. Différents procédés sont suivis pour obtenir le suc des aloès. Dans le pays des Hottentots (Afrique), et aux Barbades, on coupe les feuilles de l'aloès à leur base, on les dresse et on les dispose de manière que celles de dessous servent de rigole pour conduire le suc que rendent les premières dans une espèce de courge sèche que l'on nomme calebasse. On expose ensuite ce suc au soleil ou sur le feu pour le faire sécher. Cet aloès qui coule ainsi naturellement des feuilles est le meilleur que l'on puisse choisir.

La plus grande partie de l'aloès que l'on trouve dans le commerce se prépare ainsi qu'il suit : On coupe les feuilles de l'aloès et on les soumet à l'action de la presse pour en retirer le suc ; on jette ensuite ces feuilles dans l'eau bouillante pour en retirer le jus qu'elles peuvent contenir encore. On réunit le suc au décoctum et on fait évaporer le tout dans de grandes chaudières jusqu'à consistance d'extrait que l'on coule dans des baquets pour le laisser refroidir. Après le refroidissement, cet extrait se sépare en trois couches : la première qui surnage, la plus légère, la plus pure, constitue l'*aloès succotrin* ; la seconde, moins pesante, déjà impure, donne l'*aloès hépatique* ; enfin la dernière, qui occupe le fond de la chaudière, est épaisse, pesante et chargée de tous les corps étrangers, tels que les fibres ligneuses, le sable que tenait en suspension le décoctum, c'est l'*aloès caballin*. On fait sécher au soleil ou au feu ces différents extraits, on les casse par morceaux et on les livre au commerce.

Si l'on se rappelle maintenant que les parties actives du suc de l'aloès sont le principe savonneux et la résine et que le premier est altérable par l'eau bouillante ; on peut concevoir comment l'opération de l'extraction de ce suc doit influer sur les propriétés purgatives de l'aloès extrait par ce procédé, et pourquoi beaucoup d'aloès livrés aujourd'hui dans le commerce sont dépourvus ou ne possèdent qu'une faible propriété purgative. En effet, si l'aloès a été traité fortement par l'eau bouillante, son principe savonneux sera altéré, et cet aloès sera un mauvais purgatif, parce qu'il ne renfermera que la matière résineuse. Que si au contraire l'ébullition a été peu prolongée, cet aloès renfermera alors tout le principe savonneux, toute la résine, et constituera un bon purgatif. On remarquera aussi que si l'aloès calebasse du Cap ou des Barbades renferme plus de principes actifs, c'est qu'il renferme à l'état de pureté le suc de la plante qui l'a fourni.

Choix. En se guidant d'après les considérations qui précèdent, on devra donc choisir en première ligne l'aloès des Barbades ou en calebasse ; en seconde ligne l'aloès appelé succotrin, et en troisième l'aloès hépatique. Quant au caballin, il doit être rejeté.

Sophistication. On falsifie quelquefois l'aloès avec la colophane ; il suffit d'en jeter quelques morceaux sur un corps chaud, pour que l'odeur résineuse qu'il répand fasse reconnaître cette falsification.

Propriétés médicinales. Parmi toutes les substances purgatives que possède la pharmacologie vétérinaire, l'aloès est sans contredit le purgatif plus constant dans son action et dans ses effets. L'excitation sécrétoire qu'il produit est lente, et la purgation ne s'opère que quinze à vingt-quatre heures après son administration. On en fait usage dans les maladies cutanées anciennes, la constipation, les coliques stercorales, les catarrhes bronchiques anciens, les maladies vermineuses, le pica, le vertige symptômatique.

L'aloès est contre indiqué dans toutes les inflammations du canal intestinal. On doit en ménager l'administration dans les animaux irritables et chez les femelles pleines.

Doses. La dose de l'aloès varie selon l'espèce qui est choisie.

L'aloès des Barbades ou calebasse se donne à celle de 4 jusqu'à 16 grammes (1 gros à 1/2 once) pour les grands animaux, et à celle de 1 à 4 grammes (20 grains à 1 gros) pour les petits. L'aloès succotrin s'administre à celle de 32 à 64 grammes (1 à 2 onces) pour les grandes espèces, et à celle de 4 à 12 grammes (1 à 3 gros) pour les petites.

L'aloès hépatique doit être administré à dose double.

Préparations d'aloès. On donne l'aloès en bols, en breuvages, en électuaires et en lavemens ; on en confectionne aussi-une teinture, etc. (Voyez ces préparations deuxième partie.)

Famille des Euphorbiacées.

CROTON TIGLIUM, *croton tiglium.* L. Arbrisseau qui croît aux îles Moluques. Il porte pour fruits des capsules à trois loges, qui contiennent chacune une graine. Ces graines sont connues dans le commerce, sous le nom de *graines de Tilly*, de *petits pignons d'Inde.* C'est de ces graines que l'on retire une huile purgative qui porte le nom d'*huile de Tilly ou de croton tiglium, oleum tigly.*

On obtient cette huile en mondant les amandes, puis en les broyant dans un mortier pour en faire une espèce de pâte. On soumet celle-ci à l'action de l'alcool ou de l'éther, liquides qui s'emparent de l'huile, et qu'on obtient ensuite par l'évaporation.

Caractères L'huile dont il s'agit est brunâtre ou d'un jaune orangé plus ou moins foncé. Sa consistance est plus grande que celle de l'huile d'olive ; son odeur est forte et désagréable, sa saveur piquante et très âcre. Elle est soluble dans l'alcool et l'éther ; elle est miscible à l'huile d'olive, au jaune d'œuf et aux liquides chargés de beaucoup de mucilage.

Analyse chimique. D'après M. Nimmo , cette huile contiendrait presque la moitié de son poids (0,45), d'un principe irritant, cathartique, de nature résineuse, auquel elle devrait ses propriétés. MM. Vauquelin et Pelletier ont fait des recherches à cet égard, et n'ont pu isoler ce principe.

Propriétés médicinales. L'huile dont il s'agit est un violent purgatif pour tous les animaux comme pour l'homme. D'après Moiroud qui a expérimenté sur cette huile et nos propres observations, 20 à 30 gouttes d'huile de tigly bien préparée et bien pure suffisent pour purger un gros cheval ; 15 à 20 gouttes purgent un cheval de moyenne taille.

D'après le même auteur, 12 gouttes injectées dans les veines d'un cheval ont produit, quelques instants après, des évacuations alvines. Une injection de 30 gouttes à suscité une violente inflammation intestinale qui a déterminé promptement la mort ; 36 gouttes unies à 32 grammes (1 once) d'aloès et une infusion de 64 grammes (2 onces) de séné donnés en breuvages, ont amené le même résultat chez une forte jument de trait. Ici les intestins grêles étaient plus fortement enflammés que les gros.

Employée en friction, sur les parois inférieures de l'abdomen d'un petit cheval, à la dose de 50 gouttes en dissolution dans un demi-décilitre d'alcool, Moiroud a vu l'huile de tigly faire naître, quelques heures après, un engorgement considérable. Le surlendemain il est survenu des évacuations alvines, trois à quatre fois plus abondantes que dans l'état normal ; elles ont continué près de deux jours, mais, chose remarquable, les matières avaient conservé leur consistance ordinaire. L'un de nous M. Delafond, a été témoin de ces expériences, et il a pu en constater les résultats. D'un autre côté il a aussi très bien purgé des chevaux avec 15 à 20 gouttes de cette huile que lui avait fournie M. Lelong, pharmacien à Paris.

Cette huile est très précieuse comme purgatif drastique sous plusieurs rapports : 1° elle peut s'administrer à petite dose ; 2° elle produit des effets curatifs certains, très peu de temps après son administration, avantage que ne procure pas l'aloès ; 3° elle peut être employée en lavements, en frictions cutanées, lorsque les chevaux sont dans l'impossibilité de déglutir. Elle peut donc être précieuse dans le vertige symptômatique ou essentiel et le trismus tétanique.

Préparations. A l'intérieur on doit toujours l'administrer en pilules, que l'on confectionne avec de la poudre de guimauve et du miel. M. Caventou, pour en faciliter l'administration en médecine humaine, a composé un savon d'huile de tigly, qu'il appelle *crotonique*, et avec lequel on fait des pilules. On peut aussi en faire une émulsion avec le jaune d'œuf. (Voyez le formulaire deuxième partie.)

Famille des Convolvulacées.

JALAP, racine du *convolvulus jalapa, jalapæ, radix*, plante qui croît au Mexique, près de Vera-Cruz, et sur les Cordilières.

La racine de jalap est un purgatif énergique pour l'homme et pour le chien. Bourgelat, Gilbert et Moiroud ont expérimenté avec ce purgatif; ils l'ont donné au cheval, à la dose de 64 à 92 grammes (2 à 3 onces) (Moiroud), à une brebis de 4 ans, à la dose de 64 grammes (2 onces), sans produire d'évacuation alvine; seulement, ainsi que l'avait déjà remarqué Bourgelat, l'effet de cette racine s'est borné à déterminer une sécrétion assez abondante d'urine. Enfin nous ajouterons que ce médicament est cher dans le commerce, qu'il est souvent altéré par les vers et fréquemment falsifié avec la racine de belle de nuit et celle de bryone.

Il ne mérite donc que fort peu de fixer l'attention du vétérinaire.

GOMME-GUTTE, *gummi-guttæ*. Suc gommo-résineux qui découle du *cambogia gutta*, arbre qui croît aux Indes orientales, et particulièrement à Ceylan. Ce purgatif drastique, très irritant chez l'homme, doit être banni de la médecine des animaux. Il a été essayé par Daubenton, dans le mouton, à la dose de 8 grammes (2 gros), et il a occasionné une superpurgation mortelle. Administré à l'école vétérinaire de Lyon, à la dose de 64 grammes (2 onces), à une vache, celle-ci n'a point été purgée d'abord ; mais une quantité double donnée plus tard a fait naître des phénomènes d'empoisonnement accompagnés d'un flux dysentérique qui a duré dix-sept jours. (*Compte rendu des travaux de l'école de Lyon*, 1817.) Moiroud a fait prendre de 16 à 24 grammes (1/2 once à 6 gros) de gomme-gutte à plusieurs chevaux ; elle n'a provoqué que quelques déjections plus molles et plus fréquentes qu'à l'ordinaire, quoiqu'elle ait déterminé des frissons, de l'anorexie, de l'irrégularité dans le pouls, beaucoup d'anxiété et plusieurs autres symptômes alarmants. Nous avons aussi administré cette substance à des chevaux, et nous avons été convaincus qu'elle occasionnait une vive irritation du canal intestinal en s'attachant à la muqueuse, que nous trouvions, à l'autopsie, rouge, épaissie, et fortement ecchymosé. Ce purgatif, nous le répétons, ne doit point être usité dans quelque circonstance que ce soit.

Nous en dirons autant d'une autre gomme-résine, qui porte le nom de *scammonée*, que l'on distingue en *scam-*

monée d'Alep, c'est la plus pure; en *scammonée de Smyrne*, et en *scammonée de Montpellier*, qui sont beaucoup moins estimées. Toutes ces substances enflamment violemment le canal intestinal des animaux sans déterminer de purgation. Nous mentionnerons encore ici, comme purgatifs très infidèles et très irritants du canal digestif.

La COLOQUINTE, *colocynthis pomum;* fruit du *cucumis colocynthis*, famille des cucurbitacées. Plante qui croît spontanément dans l'Arabie-Pétrée, la Syrie et l'île de Chypre; l'*elaterium*, produit pharmaceutique du *momordica elaterium*; la racine de bryone, *bryonæ radix*, de la même famille; enfin les graines de l'euphorbe, *euphorbia latyris*; la racine de l'ellébore, *helleborus niger*; et la seconde écorce de sureau noir, *sambucus nigra*.

B. *Médicaments purgatifs minoratifs.*

Nous donnons le nom de purgatifs minoratifs aux médicaments qui sont doués de la propriété d'exciter médiocrement la muqueuse intestinale, de susciter une sécrétion abondante de bile, de mucus, et de provoquer l'expulsion des matières alvines contenues dans les intestins, sans occasionner de troubles généraux bien marqués dans toute l'économie. Ces purgatifs sont fréquemment usités dans la médecine des animaux ruminants, dans le porc et dans le chien. Ils sont plus infidèles dans le cheval, auquel il faut les administrer à très grandes doses. Nous dirons, d'une manière générale, que ces purgatifs sont employés dans les inflammations intestinales qui s'accompagnent de constipation, dans la fièvre muqueuse, dans les maladies cutanées, dans les catarrhes bronchiques; on les unit souvent aux purgatifs pour en modérer les effets trop irritants.

Médicaments purgatifs minoratifs tirés du règne minéral.

Ces médicaments sont les sulfates de soude de potasse et de magnésie, le tartrate de potasse, le carbonate de magnésie, le calomel, le carbonate de soude, et les eaux minérales purgatives. Ces substances se donnent en breuvages dissoutes dans l'eau, ou en électuaire; la dissolution est préférable.

SULFATE DE SOUDE, *sulfas sodæ*. Sel admirable de Glauber, *sal mirabile Glauberi*, résultant de la combinaison d'un atome de soude et d'un atome d'acide sulfurique; le sulfate de soude est un sel incolore, d'une saveur très amère. Il cristallise en très beaux et gros cristaux représentant de larges prismes à six pans terminés par des sommets dièdres. Récemment cristallisé, il est transparent, parce qu'il renferme 0,58° d'eau de cristallisation; mais, exposé au contact de l'air, il s'effleurit promptement, et d'autant plus vite, que l'air est plus chaud et contient moins d'humidité; aussi par l'évaporation de son eau de cristallisation se réduit-il bientôt en une poussière blanchâtre.

L'eau tiède à 33° environ dissout très bien ce sel; mais au-dessus de ce degré jusqu'à 100° cette dissolution décroît un peu; l'eau à la température ordinaire en dissout un tiers de son poids.

Les sels solubles de plomb, de baryte, de chaux, le décomposent en formant des précipités insolubles.

Ce sel est très répandu dans la nature; il existe en solution dans plusieurs eaux naturelles; mais on l'obtient sur-

tout du sel marin ou du chlorure de sodium. Il se fabrique
en grand et est d'un prix très peu élevé.

Propriétés médicinales. Ce sel est un excellent purgatif
minoratif pour les porcs et les chiens. Il est quelquefois
infidèle pour le cheval. On le donne en solution dans
l'eau pure ou de l'eau miellée. Il purge après huit à dix
heures au plus de son administration. Il occasionne la
sortie de beaucoup de matières muqueuses et séreuses.

Doses. Pour le cheval, la dose ne doit pas être moindre
de 250 grammes à 500 gram. (demi-livre à une livre) ; pour
les bêtes à cornes, elle est de 64 à 128 grammes (2 à 4 onces) et plus ; pour le mouton, de 16 à 32 et 64 grammes
(1/2 once à 1 et 2 onces) ; et pour le chien, de 8 à 16 grammes, 32 grammes (2 gros à 1/2 once à 1 once) au plus. On
l'unit souvent à l'aloès et au séné.

SULFATE DE POTASSE, *sulfas potassæ.* Ce sel, très anciennement préparé par les pharmaciens, était connu sous
les noms de *tartre vitriolé, sel de Duobus, sel polychreste
de Glaser, arcanum duplicatum.*

Caractères. Ce sel est blanc, d'une saveur amère et un
peu désagréable ; il cristallise en prismes à six ou quatre
pans très courts, terminés par des pyramides ayant le même
nombre de faces. Comme il ne contient point d'eau de
cristallisation, il ne s'altère point au contact de l'air. Il est
moins soluble que le sulfate de soude, il se dissout dans six
fois son poids d'eau à la température ordinaire, et dans
cinq fois son poids d'eau bouillante.

Ce sel est formé d'un atome d'acide sulfurique et d'un
atome de potasse.

Propriétés médicinales. Il purge moins bien que le sulfate de soude ; il est plus clair et moins soluble. Ces raisons font qu'il est moins usité.

Doses. Même dose que le sulfate de soude.

SULFATE DE MAGNÉSIE, *Sulfas magnesiæ*. Ce sel porte aussi le nom de *sel d'Epsum* , de *Sedlitz*, d'*Egra* , parce que les eaux de ces pays en contiennent. On l'appelle aussi *sel cathartique amer* , à cause de sa saveur. On le retire des eaux qui le renferment par l'évaporation. On l'obtient aussi aujourd'hui dans les arts par divers procédés chimiques.

Propriétés. Le sulfate de magnésie se présente ordinairement en petites aiguilles blanches ; la forme qu'il affecte est celle d'un prisme quadrangulaire terminé par des pyramides à quatre faces. Cristallisé , il contient toujours 0,51 d'eau de cristallisation. Sa saveur est fraîche et amère. Exposé à l'air il s'effleurit et tombe en poussière ; l'eau à la température ordinaire en dissout un tiers de son poids, l'eau bouillante en dissout les deux tiers environ.

Ce sel est rarement pur aujourd'hui dans le commerce ; on lui associe le sulfate de soude.

Propriétés médicinales. Ce sel jouit des mêmes propriétés que le sulfate de soude. Cependant, comme il est plus cher, moins soluble et très souvent vendu pour ce dernier, il vaut encore mieux préférer celui-ci.

Doses. Mêmes doses que le sulfate de soude.

MAGNÉSIE, *Magnesia*. Elle est connue sous les noms de *magnésie calcinée, magnésie décarbonatée*.

La magnésie constitue un oxyde métallique blanc, pulvérulent, insoluble, sans odeur ni saveur , et insoluble dans l'eau, qui , exposé au contact de l'air, passe peu à peu à l'état de carbonate.

Propriétés médicinales. La magnésie calcinée jouit de propriétés purgatives, mais son action est plus lente; elle ne purge guère que dix à douze heures et plus après son administration; elle a cela d'avantageux, c'est qu'elle ne détermine point de coliques. Cependant, lorsqu'on en continue longtemps l'usage, elle peut donner lieu à un peu de ténesme rectal.

Mode d'administration et doses. La magnésie calcinée est rarement employée, cependant on pourrait en faire un usage utile dans les jeunes animaux qui sont atteints de météorisation et d'une légère constipation. Étant sans odeur et sans saveur, les animaux la prennent très bien avec une petite quantité d'aliments qu'ils appètent, comme le lait, le beurre ou le miel. Sa dose est alors de 8 à 16 grammes (1 gros à 1/2 once).

Carbonate de magnésie, *Magnésie du commerce.* Ce sel s'obtient par l'art en précipitant la solution de sulfate de magnésie par le carbonate de potasse.

Caractères. Ce carbonate est sous la forme d'une poudre blanche, ou, comme on le trouve dans le commerce, sous la forme de petits pains carrés, doux au toucher, très légers et très friables. Ce sel est insipide et insoluble.

Sophistication. La magnésie du commerce est souvent falsifiée avec la craie ou carbonate de chaux. On reconnaît facilement cette fraude en versant de l'acide sulfurique sur ce sel. Il se forme un précipité de sulfate de chaux insoluble.

Propriétés médicinales et doses. Ce sel jouit des mêmes propriétés que la magnésie calcinée, et est employé aux mêmes usages et à la même dose.

Bi-tartrate de potasse, *bi-tartras potassæ,* crème de

TARTRE; SEL VÉGÉTAL, *sal vegetabile*. La nature offre ce sel tout formé, dans le raisin et le tamarin ; il est si abondant dans le premier fruit, qu'il se dépose sur les parois des tonneaux qui servent à contenir le vin, avant que sa fermentation soit complètement achevée. Il est connu sous le nom de *tartre blanc* ou *tartre rouge*. Le *tartre* des tonneaux, livré au commerce, est purifié dans les laboratoires de chimie, et vendu sous le nom de *crême de tartre*.

Propriétés. La *crême de tartre* se présente cristallisée en prismes tétraèdres, courts et un peu aplatis. Sa saveur est d'une acidité peu prononcée. Ce sel est très peu soluble dans l'eau froide ou chaude. L'eau à la température ordinaire en dissout un soixantième, et l'eau bouillante un septième.

Propriétés médicinales. Ce sel est un purgatif minoratif; mais il est rejeté à cause de son insolubilité. On lui préfère le *tartrate* de potasse neutre et le *tartro-borate de potasse*.

TARTRATE DE POTASSE NEUTRE. Ce sel, qui s'obtient facilement en projetant peu à peu dans une solution chaude de carbonate de potasse du *bi-tartrate de potasse* jusqu'à ce qu'il ne se produise plus d'effervescence, en filtrant la liqueur, la concentrant et en l'abandonnant dans une étuve où le sel cristallise dans l'espace de quelques jours.

Caractères. Le tartrate de potasse neutre se présente en cristaux blancs, transparents, et ayant la forme de prismes rectangulaires à quatre pans. Il a une saveur amère. Exposé à l'air, il en attire l'humidité, fond et se convertit en liquide. Ce sel est très soluble dans l'eau, qui en dissout un poids égal au sien à la température ordinaire.

L'eau chaude en dissout une quantité encore plus considérable.

Propriétés médicinales. Ce sel est purgatif, minoratif et assez fréquemment employé, à cause de sa solubilité. Cependant quelques praticiens le rejettent à cause de son prix élevé.

Doses. A la même dose que les précédents.

Tartro-borate de potasse. Ce sel, qu'on appelle encore *crème de tartre soluble, rafraîchissante*, s'obtient en faisant dissoudre, dans vingt-quatre parties d'eau, quatre parties de *bi-tartrate de potasse*, et une partie d'acide borique cristallisé. Ce sel se présente en poudre fine, blanche, d'une saveur légèrement acide et entièrement soluble dans deux parties d'eau froide.

Propriétés médicinales. La crème de tartre rafraîchissante est un excellent purgatif minoratif qui irrite fort peu le canal intestinal. On doit surtout en faire usage à l'égard des jeunes animaux. On la recommande particulièrement dans les affections bilieuses et les fièvres aphtheuses.

Doses. De 16 à 128 grammes (1/2 once à 4 onces) pour les jeunes poulains, les génisses et les moutons; pour les chiens, elle est de 8 à 16 grammes (2 gros à 1/2 once).

Tartrate de potasse et de soude, ou sel de Seignette. Ce sel double n'est point employé en médecine vétérinaire.

Protochlorure de mercure, encore nommé muriate de mercure doux, calomélas, mercure doux, *aquila alba, mercurius dulcis*.

Le protochlorure de mercure, préparé à la vapeur, *hydrosublimé* de Howard et de Jewel, est un médicament doué de la vertu purgative; mais rarement employé comme tel dans la médecine des animaux. Il est plus fréquemment usité comme anthelmintique et purgatif tout à la fois. Aussi renvoyons-nous ce que nous avons à dire sur ce médicament, à l'article où nous traiterons des substances antivermineuses. (Voyez *Médicaments anthelmintiques.*)

Eaux minérales purgatives.

Les eaux minérales purgatives, dont personne ne révoque en doute l'efficacité, sont celles de *Sedlitz*, d'*Epsum*, d'*Egra* (Angleterre), de *Seydschutz* (Bohême), d'*Audinac*, France (Arriège), de *Bagnères de Bigorre* (Hautes-Pyrénées), de *Balaruc* (Hérault), de *Campagne* (Aube), de *Contrexeville* (Vosges), de *Niederbronn* (Bas-Rhin), etc. Ces eaux devraient être employées dans les localités où elles se trouvent. Cependant on pourrait, dans certains cas, pour les petits animaux, faire usage de l'eau de Sedlitz artificielle qui se prépare ordinairement avec 32 à 48 grammes de sulfate de magnésie dans un demi-litre d'eau.

Médicaments purgatifs minoratifs tirés du règne végétal.

Famille des Légumineuses.

SÉNÉ, *senna*. Feuilles et follicules de plusieurs arbrisseaux du genre cassia.

On distingue en pharmacie et dans le commerce plusieurs espèces de séné, selon les localités d'où le commerce les retire. Nous allons les faire succinctement connaître.

1° SÉNÉ DE LA PALTE, *senna alexandrina*, *senna orientalis*. Ce séné, ainsi nommé à cause d'un impôt appelé *palte*, mis par le grand-seigneur sur cette substance, est tout à la fois le plus répandu et le plus estimé. Il nous est apporté du Caire par Alexandrie. Il se compose des feuilles et des fruits du *cassia acutifolia*. Ces feuilles sont ovales, aiguës, légèrement pulvérulentes, d'un vert grisâtre, d'une odeur assez agréable, d'une saveur nauséeuse et amère. Ses follicules sont plans, elliptiques, obtus, non recourbés, contenant chacun une graine presque cordiforme.

SÉNÉ DE TRIPOLI, *senna nostras*. Ce séné est moins estimé que le précédent, et se compose des feuilles et des fruits du *cassia obovata*. Les feuilles sont ovales, très obtuses, amincies intérieurement, en quelque sorte cunéiformes et inéquilatérales. Les follicules sont très comprimés, recourbés en arc, et plus étroits que dans le séné de la palte.

Il est moins amer, moins visqueux et moins employé que le précédent.

Le *séné moka* ou *de la pique*, qui provient d'Arabie, se compose de folioles lancéolées, très étroites, entièrement glabres, et de follicules alongés, également glabres, de la même largeur que ceux du *cassia obovata*; mais n'étant pas recourbés comme eux.

Quant au séné d'Italie, *senna Italica*, qui provient du *cassia obovata* transplanté en Italie, dont les feuilles sont d'un vert jaunâtre, mêlées de pétioles qui s'y trouvent brisés par petits morceaux, il est peu estimé.

Récoltes. D'après M. Delisle, on récolte les rameaux du cassia après que les fleurs sont tombées. On les enferme dans des sacs, après les avoir exposés quelque temps à l'action de l'air, et on les vend aux commerçants qui les déposent dans des magasins où ils sont dépouillés de leurs feuilles et de leurs fruits. On les crible ensuite pour les débarrasser des petits morceaux de bois, des pétioles, etc., et on les exporte en Europe.

Sophistication. Les Egyptiens et les marchands européens falsifient le séné de la palte avec les feuilles de l'arguel *cynan chumarguel* (plante de la famille des apocinées). On reconnaît facilement cette fraude à la consistance plus ferme, la couleur plus jaune, la longueur plus grande des feuilles de l'argeul, et en ce qu'elles ne sont pas inéquilatérales à leur base.

Le séné de Tripoli est souvent mélangé avec les feuilles du baguenaudier, *colutea arborescens.* L. On peut distinguer ces dernières, en ce qu'elles ne sont pas rétrécies à leur base, et qu'elles manquent de cette petite pointe brusque qui existe au sommet des folioles du séné à feuilles obtuses. Ce mélange n'offre pas beaucoup d'inconvénients; il n'en est pas de même de la sophistication du séné d'Italie. On ajoute à ce séné la feuille du *coriaria myrtifolia*, connue sous le nom de *redoul*, et dont les propriétés sont extrêmement vénéneuses. Les feuilles de redoul sont d'un gris légèrement bleuâtre, ridées surtout vers la partie supérieure, et un peu roulées vers leurs bords. Leur pétiole, court, ligneux, se divise en trois nervures : leur longueur varie de 18 à 30 millimètres, et leur odeur, ainsi que leur saveur, sont presque nulles lorsqu'elles ont été séchées séparément. C'est surtout au séné brisé, chargé de bûchettes, et que l'on connait sous le nom de *Séné de rebut* ou *grabeaux*, que l'on mélange ces dangereuses feuilles. On sait d'ailleurs que les baies et la feuille de redoul produisent sur les herbivores de l'ivresse, des convulsions, et amènent souvent la mort. (*Journal de chimie médicale*, novembre 1828.)

Choix du séné. Les feuilles, aussi bien que les follicules de séné, devront être choisis autant que possible exempts de buchettes ou pétioles, d'un vert noirâtre, d'une saveur âcre et nauséabonde. On rejetera ces parties couvertes de moisissures et altérées par la falsification dangereuse dont nous avons parlé.

Analyse chimique. MM. Lassaigne et Feneulle ont analysé le séné de la palte, et ont retiré de cette production

1° Un principe particulier incristallisable, d'une couleur jaune rougeâtre, d'une odeur particulière, d'une saveur amère et nauséabonde, soluble dans l'eau, dans l'alcool en toute proportion, et qui, pris à petites doses, cause de légères coliques et des déjections alvines. Ce principe est la *cathartine* ;

2° Un principe colorant jaune ;

3° Une huile volatile peu abondante ;

4° Une huile grasse ;

5° De la chlorophylle ;

6° De l'albumine ;

7° Du muqueux ;

8° De l'acide malique, etc. (*Journal de pharmacie*, tome VII, page 548.)

La partie active du séné est donc la cathartine. Nous ferons remarquer que les follicules en contiennent proportionnellement un peu moins que les feuilles.

Propriétés médicinales. Le séné est un purgatif minoratif dont les vétérinaires devront aujourd'hui faire un fréquent usage, attendu la difficulté où l'on se trouve dans le commerce de se procurer de bon aloès. Cependant le séné purge difficilement le cheval et irrite le canal intestinal en produisant des coliques et même de la météorisation.

Pour parer à ces inconvénients, nous conseillons d'associer le séné aux sulfates de soude, de magnésie, ou à la crême de tartre soluble.

Préparations et doses. On traite le séné par infusion dans l'eau; l'ébullition, la décoction altérant ses propriétés. C'est cette infusion qu'on associe à la dissolution des sels dont nous avons parlé. Donné pulvérisé en pilules ou en électuaires, le séné irrite vivement les surfaces gastriques sans susciter de purgation.

Doses. Le séné se donne, pour les grands animaux, à la dose de 32 à 64 grammes (1 à 2 onces) en infusion dans un litre d'eau. On ajoute la même dose de sulfate de soude. Pour les petits animaux ce purgatif est à rejeter. Il convient de lui préférer les sels neutres.

Famille des Rhamnées.

NERPRUN, *rhamni cathartici fructus*, fruit du *rhamnus catharticus*, L., arbrisseau indigène qui croît dans les bois, les haies et les lieux incultes.

Baies de nerprun. Ces baies, d'abord vertes, sont du volume d'un pois, et prennent une couleur noire en murissant; elles sont remplies d'un suc rouge, violet foncé, d'une odeur désagréable et nauséabonde, d'une saveur amère et chaude. C'est ce suc qui est employé comme purgatif.

Analyse chimique. M. Hubert, de Caen, a analysé le suc des fruits du nerprun; il a rencontré

1° Une substance très amère, nauséabonde, semblable
à la cathartine;

2° Une substance brune, soluble dans l'eau et non dans
l'alcool, abondante dans le suc récent qui lui doit sa consistance, disparaissant par la fermentation, et qui paraît
être de nature gommeuse;

3° Une matière colorante rouge, de l'acide acétique, de
l'acide malique, etc. (*Journal de chimie médicale*,
avril 1830.)

Propriétés médicinales. Le suc du nerprun est un purgatif assez énergique, et qui occasionne souvent des coliques aux animaux auxquels on l'administre. On ne l'emploie jamais pour les herbivores, mais seulement pour les
carnivores. On confectionne avec ce suc un sirop qui porte
le nom de *sirop de nerprun*. (Voyez *Sirop de nerprun*),
qui se donne à la dose de 32 à 96 grammes (1 à 3 onces).

Les fruits de la bourgène, *rhamnus frangula*; ceux du
rhamnus infectorius, qui croît dans le midi de la France,
jouissent absolument des mêmes propriétés.

Famille des Polygonées.

RHUBARBE, *rheum*.

Partie usitée: la racine du *R. palmatum*, *R. undula-
tum*, *R. compactum*, *R. astrale*, *R. emodi*, plantes vivaces qui croissent spontanément dans la Tartarie et dans
les provinces septentrionales de la Chine. La rhubarbe est
depuis plusieurs années cultivée en Angleterre et en France
(rhubarbes indigènes). Les rhubarbes de Chine et de Mos-
covie sont les plus estimées comme toniques et purgatives;
elles coûtent fort chères et sont rares dans le commerce
de la droguerie, tandis que les rhubarbes indigènes y sont

au contraire répandues et ne jouissent que d'une très minime vertu purgative.

D'ailleurs, la rhubarbe exotique ou indigène, employée soit comme tonique, soit comme purgative, n'exerce que très faiblement l'une ou l'autre de ces propriétés dans les diverses espèces d'animaux domestiques. Aussi pensons-nous devoir ne point nous attacher à l'historique et aux caractères que présentent les différentes espèces de rhubarbes, puisque nous possédons de très bons médicaments toniques, moins chers et plus sûrs, et des purgatifs plus chers et plus constants dans leurs effets.

C. *Médicaments purgatifs laxatifs.*

Nous donnons le nom de purgatifs laxatifs aux médicaments qui, administrés à l'intérieur, sont doués d'une faible vertu purgative. Ces agents détermineraient, selon quelques pharmacologistes, une légère excitation sur les muqueuses gastriques, avec sécrétion plus abondante de mucus, contraction péristaltique des tuniques charnues intestinales; d'où résulterait la purgation. Selon d'autres, ces médicaments résisteraient en partie à la digestion, relâcheraient le canal intestinal et provoqueraient des évacuations alvines passives. Enfin, d'après quelques uns, ces substances résisteraient à la digestion et susciteraient leur expulsion à la manière des corps étrangers introduits dans le tube digestif. Nous ne chercherons point ici à discuter la valeur de ces opinions (Voyez le *Traité de Thérapeutique* de l'un de nous, M. Delafond), nous n'étudions ici que l'histoire pharmacologique des laxatifs.

Famille des Jasminées.

MANNE, *Manna*. La manne est une matière végétale

sucrée, qui exsude de l'écorce des arbres connus sous les noms de **FRÊNE A FEUILLES RONDES**, *fraxinus rotundifolia*, L. R., et de **FRÊNE A FLEURS**, *fraxinus ornus*, L., qui croissent spontanément dans la Calabre. Le royaume de Naples fait un grand commerce de cette substance médicinale.

Récolte. Les frênes ne donnent pas de manne avant d'avoir otteint dix années ; mais parvenus à cet âge, ils en fournissent pendant trente ou quarante ans.

Pour obtenir leur matière sucrée, on pratique des incisions sur le tronc et sur les rameaux, dans le courant du mois de juin. Bientôt s'écoule par la plaie un liquide très blanc et très pur, qui s'épaissit et prend de la solidité. Tous les matins, on va ramasser la manne, on l'expose au soleil, et c'est lorsqu'elle est sèche, qu'on la livre au commerce.

Dans les pharmacies, on distingue plusieurs espèces de mannes, savoir : la manne en larme, la manne en sorte et la manne grasse.

MANNE EN LARME, *Manna lacrymata*. Cette espèce est la plus pure et la plus chère ; elle est en globules oblongs, arrondis ou irréguliers, solides, légers, de couleur blanchâtre, d'un goût sucré, douceâtre, et d'une odeur qui n'est point désagréable.

Quelquefois les morceaux de manne sont cannelés, *manna canylata*, et on aperçoit dans cette cannelure de petits morceaux de bois ou de paille que l'on avait enfoncés dans les incisions de l'écorce des frênes pour y faire amasser la manne.

MANNE EN SORTE OU COMMUNE, *Manna communis*. Celle-ci est en grumeaux irréguliers, d'un beau jaune, souvent liés en masses plus ou moins considérables par une espèce de sirop brunâtre et visqueux. Leur saveur est douce et nauséeuse. Cette manne est celle qui est le plus fréquemment employée en médecine humaine. Elle se récolte après la manne en larmes.

MANNE GRASSE, *Manna pinguis*. Cette manne se récolte à la fin de l'automne. Comme elle ne se dessèche pas en sortant de l'écorce, elle coule à terre, s'y amasse et s'y concrète dans de petites fosses pratiquées exprès.

Caractères. Elle est en masses poisseuses, dans lesquelles on distingue çà et là quelques larmes grumeleuses. Son odeur est désagréable, sa saveur douceâtre et très nauséeuse. Elle est toujours mêlée à des impuretés telles que de la paille, de la terre, des grains de sable, etc. Cette manne est celle que l'on préfère pour les animaux, parce qu'elle les purge mieux que les deux sortes de manne précédentes, et en outre parce qu'elle est à meilleur marché. Cependant, nous dirons qu'il faut se méfier de sa sophistication. On y mêle souvent dans le commerce du miel, de la farine, etc. Quelquefois aussi, pour augmenter ses effets, on y ajoute de la poudre de jalap et de scammonée, sophistication toujours mauvaise, parce qu'elle change la vertu de ce médicament.

Analyse chimique. M. Neumann, puis M. Thénard, ont démontré que la manne renfermait :

1° Une matière blanche, cristalline, d'une saveur douce, sucrée, inaltérable à l'air, non fermentescible, très soluble dans l'eau froide, soluble dans l'alcool chaud, d'où elle se précipite en partie par le refroidissement, et que M. Thénard a nommée *mannite* ;

2° D'une petite quantité de sucre cristallisable, analogue au sucre de raisin ;

3° D'une matière extractive muqueuse dans laquelle paraît résider la vertu purgative de la manne, matière qui est plus abondante dans les mannes commune et grasse que dans celle qui est en larmes.

Propriétés médicinales. La manne grasse est un purgatif doux pour les chiens et même pour les chevaux. Plus elle est vieille et plus ses effets sont marqués. Elle purge toujours lorsqu'elle a une odeur nauséabonde et qu'elle est brune. Pour l'administrer, on fait dissoudre cette substance dans du lait, de l'eau miellée ou de l'eau pure. On l'emploie avec avantage chez les petits animaux, dans les constipations, et le début de la maladie des chiens. Administrée unie au miel et donnée sous forme d'électuaire aux jeunes chevaux qui toussent, elle procure des avantages incontestables. Bourgelat les avait remarqués et annoncés dans sa matière médicale.

Doses. Pour les grands animaux, on la donne à la dose de 64 à 128 grammes (2 à 4 onces), et pour les petits à celle de 16 à 32 grammes (1/2 once à 1 once).

Famille des Euphorbiacées.

RICIN, *Ricinus communis.*

Partie employée, les graines, desquelles on retire une huile qui est connue sous le nom d'HUILE DE RICIN, *oleum ricini*, d'HUILE DE PALMA CHRISTI, *oleum palmæ christi.*

Le ricin est originaire de l'Inde, de la Barbarie et de l'Amérique. Il est cultivé aujourd'hui dans le midi de la France.

Les amandes des fruits du ricin donnent une huile qu'on obtient par l'expression ou par l'ébullition. Ce dernier procédé, employé par M. Faguer, est celui qui est préféré.

(*Journal de Pharmacie*, t. VIII, p. 476.) (Voyez huile de ricin, dans la seconde partie de ce travail.) On ne doit point, selon M. Guibourt (*Journal de Pharmacie*, t. X, p. 466), se servir de l'huile de ricin qui vient d'Amérique. Elle a souvent, dit-il, une activité violente qui dépend de ce qu'il se mêle au ricin des grains du *medicinæ jatrophæ curcadis* et du *tigli croton-tiglium*. On devra donc préférer celle qui est préparée en France. On doit toutefois la choisir récemment préparée.

Caractères. L'huile de ricin est d'une belle couleur ambrée, très épaisse, très visqueuse, d'une saveur douce et sans odeur déterminée ; elle ne se congèle pas même à un grand froid ; elle est plus pesante que les autres huiles fixes ; elle se dissout entièrement dans l'alcool, ce qui l'a fait facilement distinguer de ces dernières.

Analyse chimique. D'après MM. Lecanu et Bussy cette huile fournit

1° Une huile volatile incolore, très odorante, cristallisable par le refroidissement ;

2° Deux acides nouveaux presque concrets et d'une grande âcreté, qu'ils ont nommé l'un *acide ricinique*, et l'autre *oléo-ricinique* ;

3° Enfin, un résidu solide d'une matière jaunâtre, spongieuse, représentant environ les deux tiers de l'huile employée.

Cette huile est susceptible de se rancir, soit au contact de l'air, soit par la chaleur ; elle devient alors très âcre, acide, irritante, et purge mal.

Propriétés médicinales. Cette huile, fraîche et douce, est un très bon purgatif pour les animaux jeunes et délicats qu'elle purge doucement et sans coliques ; elle ne con-

vient point pour les grands animaux ; et c'est avec sur-
prise que nous lisons dans l'ouvrage de Moiroud qu'elle a
procuré des avantages dans le vertige abdominal et dans les
coliques stercorales du cheval.

L'huile de ricin est chère, souvent elle a vieilli dans les
pharmacies ; et, bien que nous lui accordions des vertus
purgatives incontestables, nous pensons que c'est un purgatif qu'il faut rejeter de notre médecine, attendu qu'il peut
être remplacé par l'huile d'olive, dont nous allons nous occuper. Cependant nous devons dire qu'elle est très bonne
contre les ascarides du canal intestinal du chien. .

Doses. Un demi-kilogramme pour le cheval ; de 32 à 64
et 96 grammes (1, 2 et 3 onces) pour le chien. On l'unit à
un mucilage épais, au miel, ou aux jaunes d'œufs.

Les *graines de ricin* ont aussi une vertu purgative bien
manifeste, parce que, indépendamment du principe huileux qu'elles contiennent, elles renferment encore un principe âcre de nature résineuse. On donne ces graines écrasées, au nombre de 10 à 12, dans une petite quantité
d'aliments, pour purger les cochons et les chiens. C'est un
excellent moyen pour les jeunes gorets surtout.

Huile d'olive, *Oleum olivarum* (voyez la deuxième
partie et page 42).

L'huile d'olive est un bon purgatif pour les chiens, et qui
peut remplacer l'huile de ricin. Cette huile peut se donner
pure ou unie à un mucilage, à la dose de 64 à 96 grammes
(2 à 3 onces) pour le chien, les veaux, les poulains et les
agneaux.

Miel, *Mel* (voyez cette substance, page 46). Le miel
de bonne qualité s'administre comme purgatif aux jeunes
animaux : pour le poulain, on le donne à la dose de 250 à

500 grammes (1/2 livre à 1 livre), et même à celle d'un kilogramme, dans les affections récentes des bronches et de la pituitaire connues sous le nom de *gourme*.

La Casse, *Cassia*, pulpe du fruit du *cassia fistula*, arbre qui croît aux Indes-Orientales, dans l'Arabie, la Perse et l'Egypte, et que l'on a aussi transplanté aux Antilles, au Brésil et au Mexique, est, certes, un très bon médicament laxatif pour le chien; mais ce médicament est cher, et nous croyons qu'il est possible de le remplacer avec avantage par les purgatifs laxatifs que nous avons étudiés jusqu'à présent.

Nous en dirons autant de la Pulpe de tamarin, provenant du fruit du *tamarinus indica*, qui croît dans les mêmes pays que le précédent, et qui est aussi d'un prix élevé.

DEUXIÈME SECTION. — MÉDICAMENTS VOMITIFS OU ÉMÉTIQUES.

On donne le nom de vomitifs aux médicaments qui, ingérés dans l'estomac, absorbés par la peau, donnés en lavements, ou injectés dans les veines, sont doués de la singulière propriété de provoquer le vomissement ou l'expulsion des matières contenues dans l'estomac par l'œsophage. Les vomitifs, proprement dits, ne sont aptes à déterminer ces effets que dans deux de nos animaux domestiques, le porc et le chien. Le cheval et les herbivores ruminants sont des animaux chez lesquels le vomissement ne peut être effectué par les vomitifs.

Si quelquefois ces animaux expulsent les matières alimentaires contenues dans leur estomac simple (cheval), ou multiple (ruminants), cet acte est toujours le résultat d'une altération pathologique de ces viscères.

Les vomitifs sont rarement employés à ce titre dans le chien et le porc, si ce n'est dans quelques maladies graves et dans quelques cas d'empoisonnement. Dans les ruminants et dans le cheval, les vomitifs sont employés pour remplir diverses indications que nous mentionnerons en traitant des médicaments vomitifs en particulier.

Médicaments vomitifs tirés du règne minéral.

TARTRATE DE POTASSE ET D'ANTIMOINE, *Tartras stibii et potassœ*. TARTRE ÉMÉTIQUE, *Tartarus emeticus*. TARTRE STIBIÉ, *Tartarus stibiatus*. Ce médicament précieux, aussi bien dans la médecine humaine que dans la médecine des animaux, est le résultat de la combinaison de l'acide tartrique avec la potasse et l'oxide d'antimoine.

Caractères. Ce sel double se présente à l'état de pureté en cristaux blancs, octaèdres, demi-transparents, qui s'effleurissent à l'air et deviennent opaques. Sa saveur est légèrement styptique. Exposé à l'action de la chaleur, il décrépite un peu, noircit, et se décompose en répandant l'odeur du tartre brûlé. L'eau, à la température ordinaire, en dissout un quinzième de son poids, et l'eau bouillante un tiers.

Ce sel peut être altéré par beaucoup de substances. Tous les acides minéraux, les alcalis, le décomposent; les sulfates de soude et de chaux n'altèrent pas sa nature; mais le carbonate de chaux sépare ses principes, et produit dans sa dissolution aqueuse un précipité d'oxide d'antimoine et de tartrate de chaux. On ne doit donc point administrer ce sel en dissolution dans l'eau de puits, mais bien dans de l'eau distillée, ou, à défaut de celle-ci, dans de l'eau de rivière.

Les substances astringentes végétales amères qui renferment du tannin ou de l'acide gallique, comme le quinquina, l'écorce de chêne, la noix de galle, etc., donnent, avec l'émétique, un composé insoluble formé par la matière astringente et le protoxyde d'antimoine qui dénature le médicament et annulle ses effets. De cette connaissance résulte l'indication de ne point mettre l'émétique en contact avec les substances dont il s'agit; de là aussi celle de bien laisser les animaux à la diète lorsqu'on leur administre ce sel, parce qu'il peut être plus ou moins altéré par les matières alimentaires végétales, renfermant du tannin, contenues dans l'estomac ou les intestins.

Propriétés médicinales. Dans le cheval et dans les ruminants, l'émétique agit comme purgatif, comme diurétique et comme contre-stimulant. On l'administre dans le cheval avec avantage, dans les indigestions intestinales simples ou compliquées de symptômes vertigineux; dans les hydropisies récentes et surtout anciennes; dans les maladies dites de poitrine consistant dans une congestion du poumon, ainsi que dans le début de l'inflammation pulmonaire, avec râle crépitant.

Dans les bêtes bovines et ovines, il est également usité avec succès, dans les hydropisies et dans le début de la pneumonite.

Dans le chien et le porc l'émétique détermine le vomissement. On le donne dans les empoisonnements et dans la pneumonite.

Doses. Dans le cheval et dans les ruminants atteints de pneumonite au début, on peut en porter la dose depuis 8 grammes jusqu'à 32 et même 64 grammes (4 gros, 1 once à 2 onces) ; mais il faut avoir le soin de fractionner cette dose, et de l'administrer en quatre ou cinq fois. On devra le donner, autant que faire se pourra, en dissolution dans l'eau distillée ou l'eau de rivière. Dans les ruminants, l'administration en breuvage doit être rigoureusement observée.

Dans les épanchements séreux on devra toujours, dans tous les animaux, le donner en dissolution, parce qu'alors il agit comme diurétique.

Dans le chien, la dose de l'émétique est de 2 1/2 à 10 centigrammes (1/2 grain à 2 grains), selon l'âge et la force des animaux : dans le chien, on peut l'administrer en breuvage ; pour le porc, on l'unit ordinairement à des aliments que ces animaux appètent.

A l'extérieur, l'émétique a des usages nombreux, en dissolution dans l'eau et employé en lotion, il peut servir à combattre les affections galeuses et dartreuses. On en compose aussi une pommade qui jouit des mêmes avantages. On fait aussi usage de cette pommade comme moyen dérivatif (voyez *pommade stibiée*).

Le *kermès minéral*, le *soufre doré d'antimoine*, le *sulfate de zinc*, possèdent aussi la propriété vomitive pour le chien et le porc ; mais comme ces médicaments sont rarement employés à cet usage, parce qu'on leur préfère l'émétique, nous renvoyons l'histoire pharmaceutique de ces médicaments à l'article *Béchiques*.

Famille des Violariées.

Ipecacuanha, *Ipecacuanha ionidium*, R.
Partie usitée : la racine, *radix ipecacuanhœ*, *radix brasiliensis*. Cette racine provient d'une plante vivace qui

habite les endroits ombragés et humides des bois , au Brésil, à la Guyane et aux Antilles.

On distingue deux espèces d'ipécacuanha : l'ipécacuanha annelé et l'ipécacuanha strié. Ce dernier n'est point usité.

IPECACUANHA ANNELÉ , *Ipecacuanha annulata.*

Caractères. Telle qu'on la trouve dans le commerce, la racine d'ipécacuanha est cylindroïde , de la grosseur d'une plume à écrire , irrégulièrement contournée , offrant des étranglements circulaires profonds , séparés par de petits anneaux saillants inégaux et rapprochés les uns des autres. La cassure de cette racine montre que la partie corticale est épaisse, noire, grise, ou rouge, fragile et comme résineuse; sa saveur est amère et un peu âcre. Cette partie peut se réduire en poudre grisâtre d'une odeur faible , et de la saveur de l'écorce brute.

On avait pensé que la partie médullaire de cette racine était inerte, et que toute la vertu vomitive résidait dans l'écorce ou partie corticale. Les expériences de M. Henry sont venues démontrer que la première jouissait de la propriété émétique, que la dernière possédait également cette vertu; mais à un plus faible degré. (*Annales de chimie* , t. LVII.)

Analyse chimique. Richard , Boulduc , Lassonne fils, Cornette, MM. Henri, Masson-Four et Pelletier se sont occupés de l'analyse chimique de l'ipécacuanha. Voici le résultat des recherches de M. Pelletier. Sur 100 parties de racine il en a extrait : émétine 16, matière grasse 2 , cire végétale 6, gomme 10, amidon 42, ligneux 20, acide gallique 4.

L'émétine est la partie active de la racine.

Emétine. A l'état de pureté, l'émétine est blanche , pulvérulente et incristallisable. Sa saveur est un peu amère, elle fond à + 50 et se décompose ensuite au-dessous de 100. L'air ne lui fait éprouver aucune altération ; elle est peu soluble dans l'eau froide et très soluble dans l'alcool. Sa solution ramène au bleu la teinture de tournesol.

L'émétine est beaucoup moins abondante dans la partie centrale de la racine que dans l'écorce. Ce qui explique la vertu émétique plus prononcée dans cette dernière.

Propriétés médicinales. L'ipécacuanha est un puissant vomitif pour le porc et le chien. On le donne dans ces animaux à la dose de 50 à 60 centigr. (10 à 12 gr.), en infusion et en suspension dans l'eau tiède. L'émétine est beaucoup plus active ; à la dose de 3 à 4 centigr. (3 à 4/5e de grain) elle fait vomir. On la donne aux chiens qui sont atteints de pneumonite et dans la dysenterie de tous les animaux.

Les graines de la STAPHYSAIGRE, *Delphinium staphysagria* (Voyez *Médicaments vermicides*), la poudre de TABAC, *Nicotiana tabacum*, sont encore des médicaments vomitifs très énergiques pour les chiens et les chats, même lorsqu'ils sont absorbés par la peau ; mais comme ces substances sont très âcres et très irritantes pour le canal digestif, on doit leur préférer l'ipécacuanha.

TROISIÈME SECTION. — MÉDICAMENTS DIURÉTIQUES.

On donne ce nom aux médicaments qui sont doués de la propriété d'exciter la fonction urinaire et de faire excréter une plus grande partie d'urine.

Ces médicaments sont très usités dans la médecine des animaux, et ils rendent de grands services à la thérapeutique, dans les hydropisies, les œdèmes, les résorptions purulentes, et dans quelques affections des organes génito-urinaires. Nous allons les étudier avec soin. Les diurétiques sont tirés du règne minéral et du règne végétal.

Diurétiques tirés du règne minéral.

Ces médicaments sont le nitrate, le carbonate, l'acétate de potasse, le carbonate et l'acétate de soude ; ils étaient désignés autrefois sous le nom de *diurétiques froids*, parce que l'excitation qu'ils exercent sur les reins ne s'accompagne d'aucune irritation, ni d'aucuns troubles généraux.

NITRATE DE POTASSE, *Nitras potassæ*, on l'appelle encore SEL DE NITRE, *Nitrum*. Ce sel se trouve abondamment à la surface de la terre dans l'Inde, dans l'Egypte et dans quelques contrées méridionales de l'Afrique. On le rencontre en Europe dans les vieux platras, à la surface des murs humides, des habitations, dans le sol des caves, des selliers, des écuries. On le retire aujourd'hui des platras provenant des murs humides.

Caractères. Le nitrate de potasse se présente ordinairement en cristaux blancs, demi-transparents, anhydres, ayant la forme de prismes à six pans terminés par des pyramides hexaèdres ; quelquefois ces cristaux sont accollés les uns à côté des autres, de manière à laisser une partie vide dans leur intérieur. Sa saveur est fraîche et piquante. Exposé à l'air, il est inaltérable ; à une chaleur au-dessous du rouge il éprouve la fusion ignée ; mais il se prend par le refroidissement en une masse blanche et opaque qui constitue le cristal minéral (*sel de prunelle*) ; mis sur les charbons ardents, il fuse avec scintillation. Il est soluble dans l'eau froide, et surtout dans l'eau bouillante, qui en dissout plus de la moitié de son poids. Il est formé d'un atome d'acide nitrique et d'un atome de potasse.

Propriétés médicinales. Ce sel est un excellent diurétique pour toutes les espèces d'animaux domestiques : en
outre il est peu cher, d'un emploi très facile, et ne produit,
à faible dose, que fort peu d'irritation sur les muqueuses
intestinales et les reins. On en fait surtout usage dans les
hydropisies, les œdèmes, et dans le cours de quelques maladies inflammatoires.

Mode d'administration et doses. Ce sel se donne en
dissolution dans l'eau qui sert de boisson aux animaux ; ou
bien on l'administre en breuvages. Souvent aussi on l'associe au miel et à quelques poudres émollientes pour le
faire prendre en électuaires.

La dose varie selon les effets qu'on désire en obtenir. A
petite dose, comme à celle de 16 à 32 grammes (1/2 once à
1 once) pour le cheval et pour les grands ruminants, dans
un à deux litres d'eau, et à celle de 4 à 8 grammes (1 à
2 gros) au plus dans un à deux décilitres pour les petits,
il agit comme tempérant et léger diurétique.

A celle de 32 à 64 grammes (1 à 2 onces) pour les grands
animaux, il agit comme très fort diurétique ; mais il faut
en continuer toujours l'usage et jusqu'à ce qu'il coule avec
les urines. C'est à cette dose qu'on le donne pour combattre les hydropisies.

A plus forte dose, à celle de 250 grammes (1/2 livre)
pour le cheval, et à celle de 12 à 16 grammes (3 à 4 gros)
pour le chien, il enflamme violemment le canal intestinal
et peut occasionner la mort.

La POUDRE A CANON, ou la POUDRE DE CHASSE est un composé de nitrate de potasse, de soufre et de charbon, dont
on fait quelquefois usage comme diurétique ; mais qui doit
être abandonné.

SOUS-CARBONATE DE POTASSE, *Sub carbonas potassæ*, encore appelé CARBONATE DE POTASSE, SEL DE TARTRE, *Sal tartari*.

Ce sel est abondamment répandu dans le commerce sous le nom de *potasse du commerce*. On le retire de l'incinération du bois, et de la lixiviation des cendres. Ce produit nous est apporté de l'Amérique et de la Russie.

Caractères. Le carbonate de potasse, dans son état de pureté, est blanc, d'une saveur âcre, urineuse et caustique. Exposé à l'air, il tombe en déliquescence, et se résout en un liquide oléagineux qui était très employé autrefois en médecine sous le nom d'*huile de tartre*. Il est indécomposable par la chaleur, très soluble dans l'eau, et susceptible, quoique difficilement, de cristalliser en lames rhomboïdales. Sa solution verdit le sirop de violettes, et ramène au bleu le papier de tournesol rougi par les acides.

Propriétés médicinales. Le sous-carbonate de potasse est généralement peu usité. C'est cependant un puissant diurétique, mais qui cause une vive irritation de la muqueuse intestinale; il peut être donné avec avantage dans les hydropisies, dans les indigestions gazeuses du cheval, et les météorisations des ruminants.

Doses. Celui préparé dans les pharmacies peut être administré à la dose de 16 grammes jusqu'à celle de 32 grammes (1/2 once à 1 once) au plus en dissolution dans l'eau, en électuaires ou en pilules; et pour le mouton et le chien, à celle de 4 à 8 grammes (1 à 2 gros).

Lessive de cendres. On fait très souvent usage, dans la médecine vétérinaire, de la lessive des cendres de bois. Ces cendres renferment une assez forte proportion de carbonate de potasse. On les lessive ordinairement en les faisant bouillir dans l'eau pendant deux heures, et en passant la liqueur à travers un linge. Cette liqueur, qui peut se préparer partout et à bon marché, est douce au toucher, légèrement jaunâtre, et d'une saveur légèrement âcre ; elle est souvent administrée à l'intérieur pour combattre la météorisation des ruminants. On s'en sert aussi souvent pour nettoyer la peau des animaux qui sont affectés de la gale ou de dartres, et aussi pour guérir ces maladies.

CARBONATE NEUTRE DE SOUDE, *Carbonas sodœ.* Ce sel, s'obtient par la combustion des plantes marines qui croissent au bord de la mer ; il a une saveur âcre légèrement caustique. Exposé à l'air, il s'effleurit promptement en perdant une partie de son eau de cristallisation. L'eau à la température ordinaire en dissout deux fois son poids, et l'eau bouillante une plus grande quantité.

Propriétés médicinales. Ce sel est employé dans les mêmes circonstances que le carbonate de potasse.

L'un de nous (Lassaigne) l'a proposé pour purifier les eaux séléniteuses et les rendre propres à la boisson des animaux domestiques. On fait dissoudre 4 gram. (1 gros) de ce sel dans un litre de liquide.

Le sulfate de chaux est décomposé en carbonate de chaux insoluble qui se précipite au fond du vase, et l'eau est rendue parfaitement potable.

BI-CARBONATE DE SOUDE. Ce sel se trouve en dissolution dans les eaux de Vichy et du Mont-d'Or. Il se présente en une masse solide, irrégulière, d'une saveur alcaline faible et soluble dans l'eau.

Propriétés médicinales. Il est employé pour rendre les liqueurs secrétées alcalines. Il excite la sécrétion de l'urine et rend ce liquide alcalin. On en fait surtout usage pour neutraliser l'acide urique qui se trouve en excès dans l'urine de l'homme. (Darcet, *Annales de Chimie et de Physique*, t. 31, p. 304.)

M. Robiquet conseille de prendre ce sel en solution à la dose de 5 grammes (90 grains) par litre d'eau.

Ce sel s'emploie avec de grands avantages dans la fourbure du cheval.

Doses. La dose est de 16 à 32 grammes (1/2 once à 1 once.

ACÉTATE DE POTASSE, *Acetas potassæ*, TERRE FOLIÉE DU TARTRE, *terra foliata tartari*, résultant de la combinaison de l'acide acétique et de la potasse. Ce sel se présente en une masse blanche, inodore, formée d'aiguilles ou de petits feuillets ; sa saveur est chaude et piquante. Exposé à l'air, il en attire promptement l'humidité, se recouvre de gouttelettes d'eau à sa surface et se liquéfie. C'est un des sels le plus soluble que l'on connaisse.

Propriétés médicinales. Ce sel est un puissant diurétique.

Doses. Sa dose pour les grands animaux de 32 à 48 grammes (1 once à 1 once 1/2). Si on porte la dose à 64 et à 96 grammes (2 à 3 onces), il devient légèrement purgatif. Ce sel, ainsi que le recommande Moiroud, devrait être employé par les vétérinaires de préférence au sel de nitre ; mais sa déliquescence en rend l'usage moins facile, parce qu'il est beaucoup moins facile à transporter au loin que le premier.

ACÉTATE DE SOUDE, TERRE FOLIÉE MINÉRALE. Ce sel est blanc et cristallise en longs prismes striés, sa saveur est piquante et amère, l'air ne lui fait point éprouver d'altération. L'eau à la température ordinaire en dissout un tiers de son poids.

Propriétés médicinales. Il jouit des mêmes propriétés

que le précédent, se donne à la même dose et dans les mêmes circonstances.

SAVON. Le savon n'est autre chose que la combinaison de la soude ou de la potasse avec les huiles fixes. Lorsqu'on traite un corps oléagineux par un alcali, il se forme dans le premier trois acides nouveaux, *l'acide margarique*, *l'acide oléique* et *l'acide stéarique*, et un principe que l'on a nommé *glycérine* ou *principe doux des huiles*. C'est la combinaison de ces acides avec l'alcali (soude ou potasse) qui constitue le savon. Ce composé doit être assimilé aux sels.

SAVON A BASE DE SOUDE OU DE POTASSE, MARGARATE ET OLÉATE DE SOUDE OU DE POTASSE. Il s'obtient dans les arts en traitant les huiles d'olive, de colza ou de noisette, par la soude ou la potasse rendue caustique par la chaux.

Ce savon est blanc ou légèrement marbré à l'intérieur. Les savons à base de soude diffèrent seulement de ceux à base de potasse qu'en ce que les premiers ont plus de fermeté.

On prépare avec un excès de potasse un savon très employé en médecine vétérinaire, c'est le *savon vert* ou *mou*. Ce savon est d'un emploi plus facile que les savons fermes, il est aussi plus actif.

Caractères. Tous les savons sont solubles dans l'eau de rivière ou pure, dans l'alcool, l'eau-de-vie. Leur dissolution est douce à la main et mousse par l'agitation.

Les acides décomposent le savon en s'unissant à sa base et précipitent des flocons blancs. Les eaux séléniteuses qui renferment plus ou moins de sulfate de chaux ne peuvent le dissoudre, ils le décomposent.

Propriétés médicinales. Le savon est excitant et diurétique à l'intérieur. On le donne avec avantage dans les indigestions gazeuses du cheval et des ruminants, soit en breuvages, soit en lavements.

A l'extérieur, le savon sert à nettoyer et à assouplir la peau des animaux qui sont atteints de gale et de dartres. On se sert pour cet usage de préférence du savon vert ou mou, qui par l'excès de potasse qu'il contient, concourt à la guérison de ces maladies.

On l'unit aussi souvent à l'eau-de-vie pour obtenir la résolution de quelques engorgements froids et pour prévenir les douleurs qui suivent les distensions des articulations des entorses.

Enfin il entre dans la composition de quelques pommades.

Médicaments diurétiques tirés du règne végétal.

Les médicaments diurétiques végétaux sont tous des excitants particuliers dont l'action se fait sentir tout à la fois et sur les muqueuses intestinales et sur les reins, qu'ils irritent et peuvent enflammer. Ces agents renferment tous dans leur composition élémentaire un principe âcre dont les effets se font particulièrement sentir sur les organes sécréteurs de l'urine plus que sur toute autre partie de l'économie. C'est évidemment cette excitation spéciale tout active qui leur a fait donner le nom de *diurétiques chauds* et de *diurétiques directs.* Quelques-uns d'entre eux ont aussi une action particulière sur les organes génito-urinaires que nous aurons soin d'indiquer. Ces médicaments sont la scille, le colchique, la digitale, la pariétaire, les asperges, la térébenthine et ses divers produits.

Famille des Liliacées.

La **Scille maritime**, *scilla maritima*.

Partie usitée. Les écailles de la bulbe, *scillæ squillæ vel squamœ radix*.

La scille croît sur les bords sablonneux de l'Océan et de la Méditerranée. Elle nous vient de la Normandie, de la Bretagne, de l'Espagne, de la Sicile, etc.

Récolte. Conservation. Caractères. La scille doit être récoltée à la fin de l'automne. On va chercher le bulbe de la scille et on l'arrache. Ce bulbe est du volume des deux poings et se compose de tuniques charnues remplies d'un suc visqueux, blanches intérieurement, rougeâtres et minces extérieurement. Sa saveur est âcre et piquante, les émanations qui s'en échappent irritent les yeux et excitent le larmoiement.

Préparation. On rejette les écailles extérieures qui sont minces, sans saveur et sans odeur, ainsi que celles du centre, qui sont étiolées, blanches, mucilagineuses et inertes. On choisit seulement celles qui sont intermédiaires, dans lesquelles réside l'activité de la scille. On les fait dessécher promptement dans l'étuve ou au soleil. Ces écailles ou squames de scille, *scilla radice rubrâ*, sont rougeâtres, d'une légère odeur et d'une saveur âcre. Quelques unes ont une couleur blanchâtre, *scilla radice albâ*. On doit préférer les premières.

Analyse chimique. MM. Vogel et Tilloy ont analysé la scille. Le premier a trouvé que les squames desséchées étaient composées sur 100 parties :

1° De 35 parties d'un principe amer, visqueux, soluble

dans l'eau, dans l'alcool et dans le vinaigre, qu'il a nommé *scillitine*;

2° De 24 parties de tannin ;

3° De 6 parties de gomme ;

4° Enfin, de 30 parties de fibres ligneuses, de citrate de chaux, etc.

(*Bulletin de Pharmacie*, t. IV.)

D'après M. Tilloy , la scillitine de M. Vogel serait un composé de sucre incristallisable et d'une substance particulière âcre et amère. Selon lui la scille contient :

1° Un principe piquant très fugace ;

2° Une substance excessivement âcre et amère, dans laquelle réside toutes les propriétés de la scille, et qui pourrait être seule nommée *scillitine*;

3° De la gomme, du sucre incristallisable ;

4° De la matière grasse.

(*Journal de Pharmacie*, t. XII, p. 635.)

La scillitine est la partie active de la scille , d'après les expériences faites par M. Fouquier.

Propriétés médicinales. La scille est un excitant diurétique énergique qui porte tout à la fois son action sur les muqueuses intestinales , les reins et la muqueuse des bronches. A forte dose , la scille provoque des effets analogues à ceux des narcotico-âcres, et produit l'empoisonnement. On en fait usage dans les hydropisies anciennes , les anasarques, les œdèmes. Elle jouit aussi de propriétés expectorantes. (Voyez *Médicaments béchiques.*)

Doses. On peut administrer la scille sous la forme pulvérulente , en l'unissant au miel et à d'autres substances diurétiques, soit en électuaires , soit en pilules. Sa dose est de

16 à 32 grammes (1/2 once à 1 once) pour les grands animaux, et 4 à 8 grammes (1 à 2 gros) pour les petits.

On doit se servir de préférence du vinaigre scillitique, de l'oxymel, ou de la teinture. (Voyez ces préparations.)

Famille des Colchicées (RICH.)

COLCHIQUE D'AUTOMNE, *Colchicum autumnale*, L. Noms vulgaires, *tue chien, safran bâtard, veilleuse, veillotte.*

Partie usitée. Les bulbes, *radix colchici.* Plante très commune dans les prés et qui fleurit à l'automne.

Le bulbe de colchique est de la grosseur d'une noix, irrégulièrement ovoïde, convexe d'un côté, comprimé longitudinalement de l'autre, enveloppé d'une tunique brune et formé intérieurement par une substance charnue, compacte et blanche. Son odeur est vireuse, sa saveur âcre, brûlante et nauséabonde. (Moiroud.)

Analyse chimique. MM. Pelletier et Caventou ont retiré de ce bulbe de l'amidon, de l'émétine, et une matière alcaloïde qu'ils avaient déjà rencontrée dans le vératre blanc, et qu'ils ont nommée *vératrine.* C'est la partie active du colchique.

Propriétés médicinales. Le bulbe de colchique est un puissant diurétique chaud, qui irrite vivement le canal intestinal et les reins. Il ne doit être administré qu'avec beaucoup de précautions; car, à une dose un peu forte, il peut occasionner l'empoisonnement à la manière des narcotico-âcres (Voyez *Journal de méd. vétér.,* 1826, et *Recueil de méd. vétér.,* 1828.) On ne doit employer que le vinaigre colchique et l'oxymel colchique (*Voyez* ces préparations). On en fait usage dans les hydropisies anciennes dues surtout à des phlegmasies chroniques des séreuses.

Famille des Urticées.

PARIÉTAIRE, *parietaria officinalis*. Plante vivace qui croît dans l'épaisseur des vieux murs. On se sert de ses tiges et de ses feuilles qui sont inodores et sans saveur bien prononcée. Elles donnent à l'analyse du mucilage et du nitrate de potasse. Cette plante jouit d'une faible propriété diurétique dans les animaux; cependant on pourrait l'utiliser en décoction à l'égard du mouton et du chien, à défaut d'autres diurétiques plus puissants.

Nous citerons encore comme diurétiques faibles :

1° Les RACINES DE L'ASPERGE, *radix, turiones asparagi*, qui renferment une matière particulière soluble dans l'eau que les chimistes ont nommée les uns *agedoïte*, les autres *asparagine*, et qui en est le principe actif;

2° Enfin quelques racines, comme celle du *petit houx, ruscus asculeatus*, L., de *chardon Roland*, d'*arrête-bœuf*, d'*ache*, de *persil*, etc., qui ne sont point employées aujourd'hui dans la médecine vétérinaire.

Excitants diurétiques balsamiques.

Ces diurétiques agissent violemment sur les reins et les conduits urinaires, qu'ils excitent et irritent même d'une manière toute spéciale. On les emploie aussi pour combattre les maladies de la vessie et du canal de l'urèthre. Ce sont des corps résineux ou résinoïdes.

TÉRÉBENTHINE, *terebenthina*. La térébenthine est un suc résineux qui découle des arbres de la famille des térébinthacées ou conifères, qui sont connus sous les noms de pins, de sapins et de mélèzes.

On distingue dans le commerce plusieurs espèces de térébenthines, qui sont celles de *Chio*, de *Venise*, de *Strasbourg*, et de *Bordeaux*. Toutes ces térébenthines ont des caractères communs et particuliers.

Caractères communs. Quel que soit le végétal qui les fournisse, toutes ont la consistance d'un sirop épais, sont visqueuses, collantes aux doigts, plus ou moins transparentes, de couleur jaune verdâtre, d'un goût âcre et amer; toutes sont composées de résine et d'huile essentielle. Le calorique suffit pour dégager cette dernière. La partie résineuse est une substance de consistance ordinairement solide, friable, odorante, âcre, un peu plus pesante que l'eau, demi-transparente, d'une couleur en général jaunâtre; soluble en grande partie dans l'alcool, dans l'éther, dans les essences, les huiles siccatives, le jaune d'œuf, les graisses et le miel; insoluble dans l'eau froide, s'électrisant négativement, mauvais conducteur du calorique; brûlant avec une grande facilité et répandant une flamme jaune, en dégageant beaucoup de fumée et de suie. Exposées pendant longtemps à l'air, elles s'épaississent et perdent une partie de leur odeur. Elles sont élémentairement composées de carbone, d'hydrogène et d'oxygène, qui varient suivant l'espèce.

Variétés de térébenthine.

TÉRÉBENTHINE DE CHIO. Elle est fournie par le *pistacia terebinthus*, L., qui habite les îles de l'archipel grec et particulièrement Chio.

Caractères. Elle est épaisse, transparente, d'un jaune verdâtre, d'une saveur aromatique et d'une odeur agréable, qui rappelle tout à la fois celle de l'anis et du citron. Elle est chère et peu usitée en médecine vétérinaire.

Térébenthine de Venise. Ainsi nommée parce qu'autrefois on en faisait un grand commerce à Venise. Elle découle spontanément du *mélèze* (*larix Europœa*, R.), arbre qui croît dans le Jura, le Dauphiné, la Suisse et dans les montagnes de l'Italie.

Cette térébenthine est claire, transparente, peu amère au goût, d'une odeur faible, un peu plus consistante que celle des sapins avec laquelle ou la falsifie souvent. Mêlée avec un tiers de soude caustique, elle se durcit et se saponifie sur le champ, ce qui est particulier à cette espèce (Mérat et de Lens).

On l'obtient en perforant l'arbre avec une tarière, et en plaçant à chaque trou un canal en bois qui la reçoit.

Térébenthine de Strasbourg. Elle est fournie par le *sapin*, *abies pectinata*, D. C., sous l'épiderme duquel elle s'amasse assez souvent en formant des espèces de vésicules. Elle est transparente, a peu de consistance, une teinte jaune, une odeur et une saveur pénétrantes. Elle est riche en huile volatile.

On la recueille en ouvrant avec une espèce de cornet en fer blanc les vésicules qui se montrent sous l'épiderme du sapin.

Cette espèce et la précédente sont surtout employées en France.

Térébenthine de Bordeaux. Celle-ci se retire principalement du *pin maritime*, *pinus maritima*, et du *pin sauvage pinus sylvestris*, grands arbres verts qui croissent dans les landes qui séparent Bordeaux et Bayonne. Cette térébenthine est épaisse, blanchâtre, opaque et souvent altérée par son mélange avec des corps étrangers. On l'obtient en pratiquant des incisions aux arbres, d'où elle s'écoule dans des creux ouverts au pied. On la fait chauffer et on la clarifie en la faisant passer à travers un filtre de paille, ou bien on l'expose ou soleil dans des caisses de bois pourvues de petits trous et placés sur des baquets.

Cette térébenthine est peu estimée; elle est rarement employée pour l'usage interne.

Propriétés médicinales. La térébenthine claire est rarement employée à l'intérieur; elle pourrait être essayée dans les affections chroniques ou aiguës des maladies des voies urinaires, maladies rares dans les animaux. On l'associe à de jaunes d'œufs, et on la donne en électuaire ou en breuvage.

En unissant la térébenthine de Bordeaux à la magnésie calcinée, on en forme une masse pilulaire facile à administrer.

A l'extérieur, la térébenthine est un médicament fort utile dans la médecine vétérinaire; elle dessèche les plaies qui suppurent. Unie au jaune d'œuf, elle constitue le digestif simple (*voyez* cette préparation), très employé dans le pansement des plaies. Elle entre aussi dans une foule de compositions externes, telles que les emplâtres, les onguents.

Composés de térébenthine.

ESSENCE DE TÉRÉBENTHINE, *spiritus terebenthinæ*. Cette essence se retire de la térébenthine par la distillation. Nous avons fait l'histoire de ce médicament en traitant des agents rubéfiants (Voy. *rubéfiants*). A l'intérieur, cette essence est un diurétique puissant, qui fait couler les urines abondamment, en leur donnant, ainsi que chez l'homme, une odeur de violette. On en fait usage dans les hydropisies, à la dose de 16 à 32 grammes, incorporée dans un jaune d'œuf battu dans un liquide mucilagineux ; elle est aussi *anti-septique et anthelmintique* (voyez les médicaments de ce nom).

GALIPOT, *pix*. On donne ce nom à une portion de térébenthine qui s'est concrétée et desséchée sur le tronc, surtout à la fin de la récolte de la térébenthine. Il n'est pas employé en médecine.

POIX DE BOURGOGNE, POIX BLANCHE, POIX JAUNE, POIX GRASSE, *pix*. On réserve ce nom à la térébenthine desséchée (galipot), qui a été chauffée et filtrée à travers un lit de paille. Ce produit est plus pur que le galipot, et provient de la térébenthine de Bordeaux. La poix de Bourgogne n'est jamais employée à l'intérieur ; on s'en sert comme rubéfiant à l'extérieur. On en confectionne des emplâtres et des charges, qui sont fréquemment usités dans les douleurs articulaires et les douleurs lombaires (*lumbago*) et les atrophies des muscles.

TÉRÉBENTHINE CUITE, *terebenthina cocta*. On prépare cette térébenthine en mettant bouillir avec de l'eau, dans une bassine étamée, de la térébenthine claire, jusqu'à ce que, en jetant celle-ci dans l'eau froide, elle y devienne ferme et cassante. Cette térébenthine a perdu la plus grande partie de son huile essentielle. On doit l'administrer à dose double, de celle qui n'a point subi cette préparation.

COLOPHANE, BRAI SEC, *arcanson*. Lorsqu'on a distillé la térébenthine pour en obtenir l'essence, il reste dans la cucurbite un résidu brunâtre encore transparent qui est formé de résine, c'est la colophane L. Cette préparation, dans la composition de laquelle entre l'oxygène, et qu'on pourrait appeller térébenthine oxygénée, contient, d'après M. Unverborden, deux résines acides qu'il a désignées sous le nom d'acide *sylvique* et d'acide *pinique*. Le premier est soluble dans l'alcool; le second s'y dissout à chaud.

La colophane est très peu employée.

POIX RÉSINE, RÉSINE JAUNE. Lorsqu'on brasse la colophane encore chaude avec de l'eau, on lui fait perdre sa transparence pour lui donner une couleur jaunâtre. C'est ce qui constitue la *poix résine.*

La térébenthine cuite, la colophane et la poix résine ou résine jaune peuvent se réduire en poudre. Cette poudre porte le nom de *poudre de résine.*—On la donne intérieurement comme diurétique chaude et expectorante, à la dose de 32 à 64 grammes (1 à 2 onces) pour le cheval.

POIX NOIRE, dite POIX NAVALE, *pix navalis.* La poix noire consiste dans une portion de térébenthine altérée par le feu. On l'obtient en brûlant, dans un four particulier, les filtres de paille qui ont servi à la purification de la térébenthine, ainsi que les copeaux provenant des entailles faites aux pins, aux sapins, et en coulant le résidu que l'on obtient dans des tonneaux.

La *poix noire* a une odeur de résine; elle se fond facilement et s'attache fortement à la peau, sa cassure doit être vitreuse et franche.—On doit rejeter celle qui est molle, grasse et renferme de la graisse et du noir de fumée.

Usages. La poix noire est usitée à l'extérieur pour confectionner des emplâtres agglutinatifs et pour donner de la consistance aux appareils contentifs qu'on emploie dans le cas de fracture.

GOUDRON OU BRAI LIQUIDE. Ce produit, beaucoup plus altéré que la poix noire, s'obtient en plaçant, dans un four conique creusé en terre, les fragments de bois provenant du tronc des pins et sapins. A mesure que le bois brûle, la térébenthine se liquéfie, et, se mêlant au produit de la combustion, constitue un liquide d'un brun rougeâtre, de consistance sirupeuse, d'une odeur forte, d'une saveur âcre et amère, que l'on peut considérer comme un mélange de résine, d'huile empyreumatique, d'acide acétique et de noir de fumée.

Usages. Le goudron est employé à l'extérieur, notamment pour guérir la gale ou les dartres. On l'unit à parties égales avec le savon vert ou l'onguent mercuriel, et on l'applique sur les parties affectées de gale récente (voyez ces préparations).

CRÉOSOTE, *creosota* de κρεως, chair, viande et de σωξειν, conserver, parce que cette substance possède la propriété de conserver les substances animales.

La créosote est un produit huileux, liquide, qui existe dans le goudron du bois distillé, et qu'on en sépare par une distillation ménagée. La liqueur qui provient de cette opération, soumise à plusieurs distillations successives, fournit une huile pesante, jaunâtre, qu'on dissout dans une dissolution de potasse caustique, pour l'isoler de l'*eupione* et d'autres huiles qui surnagent et qu'on enlève. La solution alcaline étant chauffée et brunie, on la précipite p ar l'acide sulfurique étendu et on distille la créosote impure. On lui fait subir deux fois la même opération, jusqu'à ce que sa solution dans la potasse ne brunisse plus en la chauffant à l'air. Pour obtenir le créosote pur, il faut, en dernier lieu, la distiller avec de l'eau d'abord, puis seule avec du chlorure de calcium.

Caractères. La créosote, à l'état de pureté, se présente sous la forme d'un liquide huileux, transparent, incolore, doué d'une grand réfrangibilité ; elle a une odeur pénétrante et désagréable, analogue à celle de la viande fumée, une saveur âcre et caustique. Sa densité est de $= 1,037$; elle bout à $+ 203°$. Cent parties d'eau en dissolvent 1/25 ; elle forme avec ce liquide un hydrate contenant 10/100 d'eau. L'alcool, l'éther, la dissolvent avec facilité. Mise en contact avec l'albumine, elle la coagule peu à peu en un caillot blanc.

Propriétés médicinales. Douée de la propriété de coaguler l'albumine, on a conseillé la créosote comme hémostatique, pour arrêter les hémorrhagies capillaires ; elle jouit de la propriété anti-putride au plus haut degré, car de la viande fraiche, macérée dans une solution de créosote et retirée au bout de plusieurs heures, peut se conserver à l'air sans putréfaction.

Administrée à l'intérieur, la créosote exerce une action violente sur les muqueuses intestinales et sur toute l'économie qui doit la faire ranger parmi les substances vénéneuses caustiques. A l'extérieur, on l'a essayée en médecine vétérinaire contre la carie des os, et elle a fait obtenir des succès. On pourrait aussi en tenter l'essai, ainsi qu'on l'a fait en médecine humaine, contre la gangrène septique.

Famille des Légumineuses.

COPAHU, appelé improprement BAUME DE COPAHU, *copaibæ balsamum*, résine liquide que l'on extrait du *copaifera officinalis* L., arbre qui croît au Brésil, à la Guiane, au Mexique.

Récolte. On incise son écorce ; on pratique même des plaies au tronc, et ce suc propre qu'il contient sort au dehors.

Caractères. Cette résine est très fluide et incolore lorsqu'elle est récente ; elle s'épaissit et jaunit par le temps ; son odeur est forte et désagréable ; sa saveur est âcre, amère et très tenace à la gorge.

D'après M. Boullay, cette résine est composée 1° d'une huile volatile blanche, d'une transparence parfaite, possédant au plus haut degré l'odeur du copahu ; 2° d'une résine d'un rouge brun, solide, transparente, peu odorante, peu soluble dans l'alcool, très soluble dans l'éther (*Bulletin de pharm.*, T. I, page 186).—Il paraîtrait, d'après de nouvelles recherches, que cette résine est composée d'un acide cristallisable appelé *copahurique.*

Propriétés médicinales. Le copahu s'emploie toujours à l'intérieur ; il irrite vivement le canal intestinal, et manifeste ensuite une excitation toute particulière sur la muqueuse des voies génito-urinaires. On l'emploie dans les affections catarrhales de la vessie et dans les blennorrhées du chien.

Administration et dose. Pour en faciliter l'administration, on l'unit à la térébenthine de Strasbourg et à la magnésie calcinée pour en confectionner des pilules (voyez ces préparations). On peut en porter la dose jusqu'à celle de 32 à 64 grammes (1 à 2 onces) pour les grands animaux, et à celle de 8 à 16 grammes (2 gros à 1/2 once) pour les petits.

Quant aux médicaments résineux et balsamiques suivants, leur cherté et leur peu d'influence empêchent de les employer, ce sont :

Le BAUME DU PÉROU, découlant d'un grand arbre de l'Amérique, le *myroxyllum peruiferum*, appartenant à la famille des Légumineuses.

Le STORAX et le STYRAX, qui proviennent du *storax officinalis*.

Le MASTIC, que l'on recueille en Orient sur une espèce de pistachier, *pistacia lentiscus*, L.

L'OLIBAN ou ENCENS, dont le plus estimé nous vient de l'Inde, où il est produit par un arbre térébinthacé, que M. De Candole a nommé *boswellia serrata*.

Là MYRRHE, dont on ne connait pas l'origine.

Parmi les diurétiques fournis par les matières animales, on cite l'*urée* et les *cantharides*. L'urée n'a point encore été employée, que nous sachions, dans les animaux. Les cantharides sont plus nuisibles qu'utiles.

QUATRIÈME SECTION. — MÉDICAMENTS QUI AGISSENT EN PROVOQUANT LES FONCTIONS SÉCRÉTOIRES ET EXHALATOIRES DE LA MUQUEUSE BRONCHIQUE ET DE LA PEAU.

Expectorants et diaphorétiques.

La muqueuse qui tapisse les voies respiratoires remplit deux fonctions ; l'une de *sécréter un fluide épais muqueux* (mucus bronchique) qui, expulsé par la toux, constitue la matière de l'expectoration (*crachats chez l'homme*) ; l'autre de laisser *exhaler une vapeur aqueuse* qui est entraînée par l'air expiré, constitue la transpiration pulmonaire ou mieux bronchique.

De même la peau est chargée de deux fonctions ; l'une de sécréter une matière grasse onctueuse qui entretient sa souplesse et donne une teinte luisante aux poils, c'est la sécrétion *sébacée* ; l'autre d'exhaler constamment une vapeur aqueuse qui absorbée par l'air ambiant, constitue la transpiration cutanée *insensible*, qui augmentée constitue la transpiration *sensible* ou la sueur. Or, il existe des médicaments qui sont doués, les uns de la propriété d'exciter tout à la fois la sécrétion muqueuse bronchique et la sécrétion sébacée de la peau, ce sont les *expectorants et les diaphorétiques* ; les autres de provoquer une surexhalation au poumon et à la peau, ce sont les *sudorifiques*.

Médicaments expectorants et diaphorétiques.

Kermès minéral, *kermès minérale*, **Poudre des chartreux**, *pulvis Carthusianorum*.

Le conflit d'opinions différentes à l'égard du kermès prouve que ce médicament n'est pas encore bien connu dans sa composition intime, ou du moins que celle-ci est susceptible de varier suivant des circonstances qui n'ont pas encore été bien appréciées, ou plutôt suivant le mode de préparation employé. Toutefois, la majorité des faits observés jusqu'à présent sur le kermès préparé par le procédé ordinaire, autorise à regarder ce composé comme un *oxi-sulfure d'antimoine hydraté*.

Caractères. Il est toujours en poudre d'une belle couleur brun pourpre, très légère et d'un aspect velouté. Il est insoluble dans l'eau, se décolore peu à peu au contact de la lumière et de l'air libre. Exposé au feu, il se dégage de l'acide sulfureux et laisse pour résidu un composé d'oxyde et de sulfure d'antimoine. L'acide hydrochlorique le dissout avec un dégagement de gaz acide hydro-sulfurique ; les solutions de soude et de potasse le décolorent.

Adultération. Le prix élevé du kermès a fait que, dans le commerce, certaines personnes n'ont pas eu honte, dans l'espoir d'un plus grand gain , de le falsifier avec des substances inactives. C'est ainsi qu'on le trouve quelquefois mélangé avec de la *brique pilée* , *de l'oxyde rouge de fer*, et certaines poudres végétales de couleur analogue, et notamment le *santal rouge*. Cette falsification , qui répugne à tout homme qui exerce honorablement son art , peut se reconnaître facilement en traitant une certaine quantité de kermès suspect par six ou sept fois son poids de solution de potasse caustique bouillante. Lorsque le kermès est exempt des substances nommées ci-dessus, la dissolution est complète ; dans le cas contraire , il laisse un résidu coloré sur la nature duquel un examen ultérieur peut décider.

Dans certains cas, le kermès ayant été mal préparé peut contenir encore quelques substances salines ; on s'en aperçoit facilement à sa saveur plus ou moins salée ; alors un simple lavage à l'eau tiède et l'évaporation de la liqueur peuvent faire connaître directement les sels qu'il renferme.

Propriétés médicinales. Le kermès bien pur et bien préparé est particulièrement employé pour combattre la bronchite et la pneumonite dans tous les animaux. Nous ferons observer que ce médicament ne convient que dans le début et vers la période de résolution de ces maladies. Au début on le donne à la dose de 64 à 128 et même 192 grammes (2, 4 et 5 onces), dans le cheval et dans les bêtes bovines. A la période de résolution, on ne doit l'administrer qu'à la dose de 32 à 64 grammes (1 à 2 onces) au plus.

Dans les chiens atteints des mêmes maladies, la dose est de 8 à 16 grammes (2 gros à 1/2 once). Souvent le chien vomit.

Le kermès procure aussi des avantages dans le traitement du farcin. Malheureusement ce médicament est trop cher pour l'usage habituel de la médecine des animaux. Trop souvent falsifié ou mal préparé, les effets qu'il produit sont alors faibles ou inconstants. Aussi ces raisons en font souvent bannir l'emploi dans la pratique.

Soufre doré d'antimoine, *sulphuretum antimonii auratum*, ou deuto-sulfure d'antimoine hydraté.

Le soufre doré se présente sous la forme d'une belle poudre jaune orangé ou doré. Il contient moins d'antimoine et plus de soufre que le kermès.

Propriétés médicinales. Ce médicament ne jouit point de propriétés expectorantes aussi marquées que le kermès ; il irrite en outre davantage les muqueuses intestinales (Orfila, *Traité de Toxicologie*) et peut déterminer la purgation.

Doses. De 16, 32 et 48 gram. (1/2 once à 1 once) pour les grands animaux, de 4 à 8 au plus (1 à 2 gros) pour les petits.

Proto-sulfure d'antimoine, antimoine cru, *proto-sulphuretum antimonii*.

Ce proto-sulfure, qui se rencontre à l'état naturel en grande quantité dans plusieurs départements de la France (Allier, Isère et Puy-de-Dôme), est formé de deux atomes de soufre et de trois atomes de soufre.

Ce sulfure naturel contient toujours une petite quantité d'arsenic (un soixantième, terme moyen), malgré tous les lavages auxquels on le soumet dans les bonnes pharmacies.

Caractères. Le sulfure naturel est solide, d'une couleur

grise bleuâtre, brillant comme l'antimoine, plus fusible que ce métal, et susceptible de cristalliser en longues aiguilles par le refroidissement. Il est inaltérable à l'air sec ou humide à la température ordinaire. Pulvérisé, il forme une poudre noirâtre qui noircit les doigts.

Propriétés médicinales. Le sulfure naturel d'antimoine pulvérisé est un médicament peu actif. Cependant, à la dose de 64 à 128 gram. (2 à 4 onces), il détermine de l'excitation et rend les déjections alvines plus molles. (Moiroud.) Traité par l'eau bouillante, il acquiert plus d'activité, mais il devient dangereux par la transformation du sulfure d'arsenic qu'il renferme, en acide arsénieux, qui est un véritable poison. On donne ce sulfure avec quelque avantage dans les affections farcineuses, les gales et les dartres rebelles. On l'associe souvent aux aliments, au son ou à l'avoine.

Doses. De 32 à 64 et même 128 grammes (1, 2 à 4 onces) pour les chevaux; de 32 à 64 (1 à 2 onces) pour les bêtes bovines; de 8 à 16 gram. (2 à 4 gros) pour le porc et le chien.

VERRE D'ANTIMOINE. Ce médicament est un composé de protoxyde d'antimoine et de ulf ure non décomposé, associé à de la silice et à de l'oxyde de fer provenant du creuset où on l'a formé.

Caractères. Il est en petites plaques minces de couleur rouge jaunâtre, transparentes et insolubles dans l'eau.

Propriétés médicinales. Ce composé est rarement employé et mérite peu de l'être.

SAFRAN DES METAUX, *crocus metallorum, crocus d'antimoine.* Ce produit contient peu de protoxyde d'antimoine et beaucoup de sulfure.

Il est en masses opaques d'un rouge marron foncé, à cassure brillante. Il se réduit assez facilement en une poudre brune, qui, mise sur les charbons ardents, répand l'odeur du soufre qui brûle.

Propriétés médicinales. Nous pouvons assurer qu'elles sont presque nulles. Ce composé a été administré par l'un de nous (Delafond) à des chevaux à la dose énorme d'une livre pendant plusieurs jours, sans qu'il en soit résulté le moindre dérangement dans la santé.

FOIE D'ANTIMOINE. Dû à la déflagration du nitrate de potasse et du sulfure d'antimoine dans un creuset, ce composé, formé de sulfate de potasse, d'antimonite de potasse, et de sulfure d'antimoine, est encore un médicament qui compte peu de vertus, et que nous conseillons de ne point employer.

Nous en dirons autant de l'*antimoine diaphorétique non lavé* et de l'*antimoine diaphorétique lavé*, dont les vertus diaphorétiques et expectorantes se réduisent à fort peu de chose en médecine vétérinaire.

SOUFRE, *sulphur*. Ce corps simple non métallique se rencontre à l'état natif ou à celui de combinaison dans la nature. Les règnes minéral, végétal et animal, en contiennent. On le trouve aussi dans quelques eaux naturelles.

Convenablement purifié, le soufre se rencontre dans les pharmacies à l'état solide et à l'état pulvérulent.

Soufre en bâton. Le soufre en bâton se présente sous la forme de cylindres durs, très fragiles, offrant intérieurement une foule de petites aiguilles disposées les unes à côté des autres, se brisant au moindre choc et faisant entendre lorsqu'il est serré dans la main, un petit bruit dû à la séparation des parties qui ont été échauffées. Sa couleur est jaune citron, il est inodore et insipide. Cependant, par le frottement, il développe une légère odeur et s'électrise négativement. Il est plus pesant que l'eau et insoluble dans ce liquide. Exposé à une température de 107 degrés, il devient fluide et se volatilise ensuite en répandant une odeur désagréable qui excite la toux et le larmoiement. Dans cet état, il est très peu employé parce qu'il est impur. On préfère le *soufre sublimé*.

SOUFRE SUBLIMÉ, *sulphur sublimatus*, FLEURS DE SOU-FRE, *flores sulphuris*.

La fleur de soufre doit être lavée pour la débarrasser d'une petite quantité d'acide sulfurique qui se forme dans l'intérieur des chambres où on la prépare. Elle se présente sous la forme d'une poudre impalpable, d'un jaune doré, inodore, insipide et insoluble dans l'eau, dans l'alcool, l'éther, les huiles fixes et les huiles essentielles.

Propriétés médicinales. Le soufre administré à l'intérieur, se transforme en partie (on ne sait par quelle opération) en acide hydro-sulfurique, lequel passe dans le sang et va modifier plus particulièrement les fonctions de la peau et celles de la muqueuse bronchique. C'est pourquoi l'on emploie fréquemment le soufre comme diaphorétique, contre les affections anciennes de la peau et le catarrhe chronique des bronches.

Lorsqu'on veut l'administrer, on l'incorpore au miel ou à une substance farineuse, pour en confectionner des pilules ou des électuaires qu'on administre aux grands herbivores. On le met en suspension dans le lait, le bouillon ou la soupe pour les carnivores.

Doses. De 32 à 64 grammes pour le cheval (1 à 2 onces) et les bêtes bovines, et de 8 à 16 grammes (2 à 4 gros) pour les moutons, les porcs et les chiens. Au delà de ces doses, le soufre peut occasionner une violente inflammation du canal intestinal. Il entre aussi dans la composition de pommades, de liniments, employés pour l'usage externe contre les affections galeuses et dartreuses.

SULFURE DE CALCIUM. Formé par la réaction du soufre sur la chaux, ce composé est blanc, jaunâtre, peu soluble dans l'eau froide, plus soluble dans l'eau bouillante. Cette solution incolore, mise en contact avec les acides, est décomposée sur le champ.

Propriétés médicinales. Le sulfure de calcium est employé à l'intérieur, dans le cas de bronchites chroniques. Conseillé par les médecins pour la guérison des maladies du système lymphatique, il pourrait être essayé dans le traitement du farcin et des eaux aux jambes du cheval.

A l'extérieur, on l'associe à l'axonge et à l'huile, pour en composer des pommades antipsoriques. On fait aussi usage de sa solution aqueuse, pour lotion.

Doses. De 16 à 32 et même 64 grammes (1/2 once à 1 et 2 onces) pour les grands animaux.

SULFURE DE POTASSIUM, *sulphuretum potassii.* On le nomme encore *foie de soufre, hepar sulphuris.*

Pour obtenir ce composé, ou mêle ensemble du soufre sublimé et du sous-carbonate de potasse, pur et sec à parties égales. On introduit ce mélange dans un ballon de verre, à fond plat, et on chauffe au bain de sable jusqu'à ce que le produit soit en fusion tranquille. A cette époque, on retire le vase du feu, on le laisse refroidir, et après l'avoir brisé, on en retire le sulfure qu'on doit conserver dans des flacons bien bouchés. Il résulte, d'après les travaux des chimistes, que ce sulfure est formé d'un mélange de sulfure de potassium et de sulfate de potasse.

Caractères. Le sulfure de potasse se présente en morceaux solides, d'une couleur rouge de foie, d'une saveur âcre et sulfureuse ; exposé à l'air, il s'humecte et répand une odeur forte d'œufs pourris ; par une exposition prolongée, il se décolore, se décompose et passe à l'état d'hyposulfite de potasse, en absorbant l'oxygène de l'air. De là, la nécessité de le tenir à l'abri de l'air, pour lui conserver toutes ses propriétés. Il est très soluble dans l'eau, mais sa solution se décompose aussi au contact de l'air.

Propriétés médicinales. Ce sulfure n'est jamais employé à l'intérieur. Administré à un fort cheval à la dose de 64 grammes, il a donné lieu à des symptômes d'empoisonnement, dont la mort eût été sans doute le résultat si l'animal n'avait été sacrifié comme morveux avant l'évènement. (Moiroud. Ouvrage cité).

A l'extérieur, on emploie ce sulfure, dissous dans l'eau, pour en composer des bains ; on l'unit à la graisse, aux huiles pour en former des pommades, des liniments antipsoriques (Voyez ces préparations.)

Eaux minérales sulfureuses, *aquæ hydrosulphuratæ*, encore appelées Eaux hepatiques, *aquæ hepaticæ*. Ces eaux existent en France, dans les endroits suivants : Aix (Piémont et Savoie), Arles (Pyrénées-Orientales), Ax (Ariège), Bade en Argovie (Suisse), Bade en Souabe (Allemagne), Bagnères de Luchon (Haute-Garonne), Bagnolles (Orne), Bagnols (Lozère), Barèges (Hautes-Pyrénées), Bonnes (Basses-Pyrénées), Cambo (Basses-Pyrénées), Cauterets (Hautes-Pyrénées), Enghien-Montmorency (Seine-et-Oise), Gréoulx (Basses-Alpes), La-Roche-Posay (Vienne), Saint-Sauveur (Hautes-Pyrénées). Toutes ont une odeur plus ou moins prononcée d'œufs pourris et précipitent en noir par les dissolutions de plomb. Exposées à l'air, elles perdent promptement leurs propriétés sulfureuses. Leur principe minéralisateur est l'acide hydrosulfurique libre ou combiné. On a proposé de les désigner par le nom d'*eaux hydrosulfuriquées*, lorsque l'acide hydrosulfurique est libre et par celui d'*eaux hydrosulfatées* lorsqu'il est combiné.

Les vétérinaires qui résident dans les localités ou aux environs des lieux que nous venons d'indiquer, pourront avec avantage administrer ces eaux à l'intérieur comme expectorantes et diaphorétiques, dans la bronchite chronique, les affections farcineuses, galeuses et dartreuses.

Cinquième section. — Médicaments sudorifiques.

Quelques pharmacologistes ne font point de distinction tranchée entre les sudorifiques, les diaphorétiques et les stimulants généraux. Ils rapprochent surtout, quant aux effets qu'ils produisent, les stimulants généraux des sudorifiques proprement dits que nous avons étudiés. Cependant nous pensons que ces médicaments ont, indépendamment de leur vertu stimulante générale, la propriété d'exciter spécialement la peau et de provoquer la sueur. Toutefois cette propriété ne peut leur être accordée à l'égard du chien, cet animal n'ayant point de transpiration cutanée sensible. Nous avons obtenu de bons effets des sudorifiques dans les maladies cutanées anciennes, les eaux aux jambes, la gale, les dartres, et aussi dans les maladies du système lymphatique cutané et sous-cutané, connues sous le nom de farcin. Ils nous ont aussi paru avantageux pour prévenir les phlegmasies de la plèvre ou du péritoine, après les refroidissements de la peau avec répercussion de la sueur.

Les quatre substances que nous allons étudier constituent les quatre bois sudorifiques.

Famille des Asparaginées.

SALSEPAREILLE, *smilax sarsaparilla*. Partie usitée, la racine, *radix sarsaparillæ*.

La plante qui fournit la salsepareille est un arbre sarmenteux qui croît sans culture, au Pérou, au Mexique et dans toute l'Amérique méridionale.

Caractères. Sa racine se compose d'une souche ligneuse de la grosseur d'une plume à écrire, ridée à l'extérieur, d'une couleur brune rougeâtre; intérieurement offrant un meditullium blanc séparé de l'écorce de chaque côté par une raie rose; elle est presque inodore, d'une saveur un peu amère. On la coupe dans le commerce en morceaux courts qu'on fend ensuite longitudinalement.

Choix. Il faut la choisir fraîche, pesante et souple. Pour lui conserver ses qualités il est nécessaire de la garder entière et de ne la couper qu'au fur et à mesure du besoin.

Analyse chimique. On a signalé dans cette racine :

1° Un principe solide, cristallisable, soluble dans l'eau, surtout dans l'eau chaude, soluble dans l'alcool, insoluble dans l'éther, et donnant à sa dissolution une saveur âcre et un peu amère. Cette matière a été nommée *salseparine*;

2° Une résine âcre et amère;

3° Une petite quantité d'huile volatile;

4° Une matière huileuse, une matière extractive, de l'amidon, de l'albumine.

Emploi. La racine de salsepareille doit être traitée par décoction, de 128 grammes (4 onces) dans un litre d'eau et qu'on fait réduire au tiers. On devra donner trois breuvages chauds par jour, couvrir convenablement les animaux et les bouchonner vigoureusement de temps en temps.

Famille des Rutacées.

GAÏAC, *guaiacum officinale* L. arbre de l'Amérique méridionale, que l'on trouve surtout au Brésil , à la Jamaïque et à Saint-Domingue , dont on emploie le bois et la résine.

BOIS DE GAÏAC, *lignum guajaci.*

Ce bois est vendu, dans le commerce , en grosses bûches recouvertes de leur écorce, qui est épaisse, grisâtre , résineuse extérieurement et marquée de petits points brillants à sa surface interne. Le bois est très dur , plus pesant que l'eau, d'un vert obscur ; son aubier est moins dur et d'un jaune clair. On le râpe et on le réduit en poudre grossière, jaune, sans odeur, d'une saveur un peu amère, qui, brûlée, répand une légère odeur aromatique.

Emploi. La râpure du gaïac doit être traitée par décoction ; la dose est de 250 grammes par 2 litres d'eau. On laisse bouillir jusqu'à réduction au tiers. On l'administre de la même manière et avec les mêmes attentions que la *Salsepareille.*

RÉSINE DE GAÏAC , *resina guajaci.* Cette résine s'obtient par des incisions que l'on pratique sur l'écorce du gaïac.

Caractères. Elle est en masse irrégulière, friable, demi-transparente, d'un brun verdâtre, assez légère , d'une saveur âcre et prenant à la gorge ; elle brûle en donnant une odeur benzoïque agréable. Cette résine est tout à fait soluble dans l'alcool, et en partie dans l'eau , caractères qui la rapprochent des résines et l'en éloignent tout à la fois. Le chimiste Brande la regarde comme un principe immédiat, *sui generis.* Cette résine constitue la partie active du gaïac. En traitant ce bois par l'alcool, on obtient la teinture de gaïac, qui renferme la partie résineuse. (Voyez *Teinture* ou *alcool alcoolé de gaïac*.) Cette teinture est une des préparations les plus préconisées.

Famille des Laurinées.

Sassafras, *laurus sassafras*, L., arbre très commun au Canada, à la Virginie, dans les Florides ; on le trouve aussi dans les forêts de Santa-Fé de Bogota.

Parties usitées, la racine et l'écorce, *radix et cortex sassafras*.

Caractères de la racine. On nous l'apporte en morceaux volumineux, allongés, divisés d'un côté en plusieurs branches ; ils sont en partie recouverts d'une écorce épaisse, spongieuse, rugueuse, d'un rouge brun. Son odeur est forte et aromatique ; sa saveur forte et piquante. Le bois est grisâtre, léger, à veinures concentriques, d'une odeur agréable et d'une saveur presque nulle. Il rougit par le contact de l'acide nitrique, qui est (comme on l'a dit) sa pierre de touche. On retire du sassafras par la distillation, une huile volatile très odorante, qui d'abord incolore, devient jaunâtre avec le temps et passe même au rouge. Cette huile est plus pesante que l'eau.

Emploi. On traite le sassafras par infusion ; la décoction le prive en grande partie de ses principes stimulants.

Doses. 64 grammes (2 onces) dans 2 litres d'eau pour le cheval.

Famille des Asparaginées.

Squine, *smilax china*, L., arbuste qui croît dans la Chine, au Japon et à la Jamaïque.

Partie usitée, la racine, *radix chinæ*.

Caractères. La racine de squine est de la grosseur du poing, ligneuse, lourde, noueuse, dense, recouverte d'une écorce lisse d'un rouge brun ; intérieurement d'une teinte plus foncée. Elle est sans odeur et d'une saveur âcre.

Analyse chimique. D'après M. Robert, de Rouen, la squine contient une grande proportion de fécule ; elle recèle aussi de la gomme et une matière colorante rouge. (*Journal de Pharmacie*, t. IV.)

Cette racine possède fort peu de vertus sudorifiques. Elle ne devrait pas même être employée à cet usage. Cependant on l'associe souvent avec les bois sudorifiques précédents.

Sixième classe.

MÉDICAMENTS QUI AGISSENT EN MODIFIANT LES ÉLÉMENTS DES LIQUIDES ET PAR SUITE LA COMPOSITION DES SOLIDES, ET PROPRES A COMBATTRE QUELQUES MALADIES.

Altérants et Fondants.

On donne généralement le nom d'altérants à des médicaments qui ont pour propriété de ramener les organes de l'état maladif à l'état de santé, sans susciter une déperdition bien notable de l'économie. Ces agents apportent dans la composition intime du sang des changements d'état tels que ce fluide, en parcourant et en nourrissant les solides organiques altérés, leur imprime des modifications capables de procurer la guérison de quelques maladies dont ils peuvent être atteints.

Que les effets curatifs des altérants s'opèrent, soit parce qu'ils facilitent la circulation capillaire, soit parce qu'ils favorisent l'absorption intersticielle , soit enfin parce qu'ils modifient le mouvement de composition et de décomposition des solides ; toujours est-il qu'à l'égard de quelques maladies, ces altérants procurent des effets curatifs avantageux. Nous n'entrerons point dans de plus grands détails à cet égard dans cet ouvrage , et nous renvoyons nos lecteurs au *Traité de Thérapeutique générale* de l'un de nous (Delafond).

Les médicaments altérants sont le mercure, l'iode, leurs composés, leurs préparations et les alcalins.

MERCURE , *Mercurius, hydrargyrum*, encore appelé VIF-ARGENT, *argentum vivum*.

Le mercure est un corps simple métallique, dont la connaissance remonte aux siècles les plus reculés. Il se rencontre abondamment répandu dans la nature. Des mines de ce métal existent en France, en Espagne, en Allemagne et dans l'Amérique méridionale. On le trouve à l'état natif combiné avec le soufre ou allié à certains métaux.

Caractères. Le mercure est fluide à la température ordinaire , très brillant, d'un blanc argentin un peu bleuâtre. Il est treize fois et demi aussi pesant que l'eau distillée (13,568). Exposé à un froid de —40°, il se solidifie et est susceptible d'être obtenu cristallisé régulièrement en octaèdres au moment où il se congèle. Exposé à l'air libre à la température ordinaire, il se volatilise lentement ; soumis à une température de + 350°, il bout et se volatilise entièrement. L'oxygène et l'air sec ou humide n'ont aucune action sur ce métal à la température ordinaire, mais à une température voisine de son point d'ébullition , ils se combinent avec lui pour l'oxyder. L'eau n'exerce aucune action sur lui ni à froid ni à chaud. Les acides minéraux l'attaquent et se combinent avec lui pour donner naissance à des composés salins.

Propriétés médicinales. Le mercure pur est rarement employé. On l'a cependant conseillé à l'intérieur dans les cas d'invaginations. On l'associe à la graisse pour préparer la pommade mercurielle. (Voyez cette préparation.)

Les combinaisons de mercure que nous allons examiner sont beaucoup plus employées.

DEUTOXIDE DE MERCURE, OXYDE ROUGE DE MERCURE, PRÉCIPITÉ ROUGE, PRÉCIPITÉ PERSE. Résultant de la combinaison de deux atomes de mercure et d'un atome d'oxygène, cet oxyde est rouge orangé en masse, d'une saveur un peu âcre et désagréable, d'un aspect micacé et cristallin lorsque le nitrate qui a servi à l'obtenir était cristallisé. Il prend une teinte jaunâtre par la pulvérisation. L'air n'a aucune action sur lui; l'eau à la température ordinaire en dissout assez pour acquérir une saveur âcre et styptique.

Propriétés médicinales. Il n'est jamais employé à l'intérieur, à cause de son action vénéneuse. On s'en sert à l'extérieur pour composer des pommades, des cérats, fort utiles pour combattre les dartres anciennes. (*Voyez* ces préparations.)

SULFURES DE MERCURE. On distingue le *proto-sulfure* et le *deuto-sulfure*.

PROTO-SULFURE, *sulfure noir de mercure, éthiops minéral.* Ce composé se présente sous la forme d'une poudre noire, très pesante, inodore, insoluble dans l'eau et par conséquent insipide.

Il se volatilise par la chaleur.

Ce sulfure, qu'on prépare dans les pharmacies en triturant dans un mortier de fer deux parties de soufre sublimé et lavé avec une partie de mercure jusqu'à extinction parfaite de ce métal, ne doit pas être regardé comme un sulfure à proportions définies ; mais bien comme un mélange de deuto-sulfure de mercure et d'un grand excès de soufre.

Propriétés médicinales. Le proto-sulfure de mercure est généralement peu employé en médecine vétérinaire. Il mériterait de l'être davantage dans le farcin chronique et les affections galeuses et dartreuses. Bourgelat en a fait usage avec succès dans le farcin.

Doses. De 16 à 32 grammes (1/2 once à 1 once) pour les grands animaux, de 4 à 8 (1 à 2 gros) pour les petits. On doit l'unir au miel et à quelques poudres inertes pour en confectionner des pilules.

DEUTO-SULFURE DE MERCURE, CINABRE, VERMILLON, *cinnabaris.* Le cinabre existe à l'état natif dans plusieurs mines de mercure qui se rencontrent en Espagne, en Hongrie, au Pérou, en Chine, et en France dans le département du Mont-Tonnerre.

Celui que l'on prépare dans les laboratoires, et qui a été sublimé est connu sous le nom de *cinabre* et sous celui de *vermillon* ; lorsqu'il est pulvérisé.

Caractères. Ce sulfure est inaltérable à l'air, insipide, volatil, insoluble dans les acides. Chauffé au contact de l'air, il noircit et brûle avec une flamme bleue, sans laisser de résidu ; par la pulvérisation on le réduit en une belle poudre rouge vif. Il n'est attaqué ni par les acides nitrique, sulfurique, hydrochlorique, ni par les solutions alcalines. Il est composé de 100 parties de mercure, et de 16 de soufre.

Propriétés médicinales. Ce sulfure n'est point employé à l'intérieur ; on lui préfère le proto-sulfure, et c'est à tort selon nous. Ce composé renfermant beaucoup plus de soufre, est moins vénéneux. A l'extérieur, il sert à faire des fumigations, qui sont employées pour détruire les épizoaires.

Doses. On pourrait le donner dans les anciennes affections galeuses à la dose de 16 à 32 grammes (1/2 once à 1 once) en pilules pour les grands animaux, et à celle de 4 à 8 grammes (1 à 2 gros) pour les petits.

PROTO-CHLORURE DE MERCURE, MURIATE DE MERCURE DOUX, CALOMÉLAS, MERCURE DOUX, *mercurius dulcis aquila alba.*

Nous avons déjà inscrit le proto-chlorure dont il s'agit parmi les purgatifs minoratifs, et nous le plaçons encore ici dans la liste des altérants. En effet, selon la dose à laquelle il est employé, il peut faire obtenir des résultats thérapeutiques différents. Dans la médecine vétérinaire, il est beaucoup plus souvent usité comme purgatif vermicide. (Voyez sa description à l'article *médicaments anthelmintiques.*)

Doses. Comme altérant le mercure doux *préparé à la vapeur* se donne en pilules au cheval depuis 8 grammes jusqu'à 16 (2 à 4 gros), au bœuf et à la vache en suspension, à la même dose, pour le mouton et pour le chien à celle de 4 à 12 grammes (1 à 3 gros).

DEUTO-CHLORURE DE MERCURE, *sublimé corrosif, muriate suroxygéné de mercure.* On a déjà vu figurer le sublimé corrosif parmi les agents caustiques ; mais à dose très fractionnée et administré à l'intérieur, ce violent poison escharotique soluble peut être donné comme un puissant altérant. (*Voyez* sa description, page 188.)

On peut l'administrer avec avantage dans la morve, le farcin, les affections cutanées anciennes. Son action, toutefois, se fait mieux sentir dans les animaux carnivores que dans les herbivores.

Mode d'administration et doses. Ce composé, d'après les observations de MM. Boullay, Henry et Chantourelle, est plus ou moins complètement décomposé et ramené à l'état de proto-chlorure insoluble lorsqu'il reste quelque temps en contact avec la gomme, le sucre, les matières extractives, résineuses, les huiles fixes, les eaux distillées, surtout lors- que ces associations se font à chaud. Il est donc important, toutes les fois que les praticiens voudront administrer le sublimé à l'intérieur, de tenir compte de ces effets. Nous ajouterons en outre que les matières astringentes décom- posent le sublimé corrosif et le dénaturent complètement ; d'où il suit qu'il faudra toujours, autant que faire se pourra, l'administrer lorsque les animaux herbivores, surtout, au- ront subi une diète prolongée, et ne leur donner à manger des fourrages que deux heures après son emploi.

Préparations et doses. On peut le donner dissous dans l'eau distillée ou de rivière à la dose de 9 à 19 décigrammes (18 à 36 grains) dans un demi-litre d'eau, jusqu'à celle de 4 grammes (1 gros).

Beaucoup de praticiens préfèrent administrer quelques composés de ce médicament, comme l'eau phagédénique, la liqueur de Van Swiéten. (*Voyez* ces préparations.)

Le CYANURE DE MERCURE est un composé de cyanogène et de mercure, qui a été employé dans ces derniers temps contre la syphilis de l'homme par le docteur Parent. Ce com- posé soluble est très vénéneux ; mais il paraît, d'après les recherches qui ont été faites, qu'il fatigue moins les or- ganes digestifs que le sublimé corrosif. On pourrait l'essayer dans la morve ou le farcin à la même dose que ce dernier.

DEUTO-NITRATE ACIDE DE MERCURE. Ce sel n'est guère employé qu'à l'extérieur comme caustique; il entre dans la composition de la pommade citrine usitée pour guérir la gale. (*Voyez* cette préparation.)

PROTO-ACÉTATE DE MERCURE. Nommé encore *sel acétique mercuriel*, composé qui n'est usité que dans les préparations externes.

Nous ne disons rien du SOUS-DEUTO-SULFATE DE MERCURE, ou *turbith minéral*, qui n'est plus usité aujourd'hui.

Iode et ses composés.

IODE, *iodium*. L'iode est un corps simple, non métallique, découvert en 1811 par M. Courtois, étudié avec soin par M. Gay-Lussac, et introduit en médecine par M. Coindet de Genève. Il existe dans les eaux-mères des soudes de Vareks, dans les fucus et dans diverses plantes marines. On le trouve aussi dans quelques eaux minérales.

Caractères. L'iode est solide à la température ordinaire, d'un noir bleuâtre avec éclat métallique. Il est en petites lames de différentes dimensions, et peut affecter des formes régulières, rhomboïdales ou octaédriques; son odeur est désagréable, et ressemble un peu à celle du chlore; sa saveur est âcre et chaude. Il se volatilise par l'action de la chaleur, en donnant naissance à de belles vapeurs violettes; est très peu soluble dans l'eau, mais très soluble dans l'alcool et dans l'éther. Ces solutions, mises en contact avec l'amidon, donnent naissance à une belle couleur bleue. Il se combine avec le potassium, le soufre, le fer, le plomb, le mercure, pour former des composés qui sont employés en médecine vétérinaire.

Propriétés médicinales. L'iode administré à l'état de

pureté à la dose de 1 à 2 grammes (18 à 36 grains), à des chiens peut leur causer la mort, en rubéfiant et en cautérisant la muqueuse de l'estomac. Cependant on prépare avec cet agent une teinture alcoolique et une teinture éthérée, qui sont employées en médecine humaine, mais très peu usitées dans la médecine des animaux. (Voyez ces préparations).

Les composés suivants sont plus employés soit à l'intérieur soit à l'extérieur.

Iodure de potassium, regardé autrefois comme un sel, et nommé Hydriodate de potasse.

Caractères. L'Iodure de potassium est blanc, solide, fusible, un peu deliquescent; sa saveur est très piquante et un peu âcre. Il est soluble dans l'eau et dans l'alcool, et cristallise aisément en gros cristaux cubiques, analogues à ceux du sel marin. Ce composé binaire existe en solution dans quelques eaux salées minérales. Plusieurs productions animales en renferment, comme les éponges et quelques enveloppes de mollusques.

Propriétés médicinales. Administré à l'intérieur, l'iodure de potassium est un puissant fondant. On s'en sert pour combattre l'hypertrophie des glandes thyroïdes des jeunes animaux.

Doses. De 4 à 16 grammes (1 à 4 gros) à l'intérieur, pour les grands animaux; et 2 à 8 grammes (36 grains à 2 gros) pour les petits.

Préparations. On compose une pommade qui est très employée à l'extérieur en friction sur les engorgements chroniques récents et dans le goître.

Proto-iodure et deuto-iodure de mercure.

Caractères. Le proto-iodure est jaune, insoluble dans

l'eau et dans l'alcool, fusible et volatil; a une douce chaleur, il se change en deuto-iodure qui se sublime, et en mercure métallique. Il est peu employé, le second l'est beaucoup plus.

DEUTO-IODURE DE MERCURE.

Caractères. Il est d'un rouge coquelicot très vif, insipide, insoluble dans l'eau, soluble dans l'alcool, et peut être obtenu cristallisé par l'évaporation. Exposé à la chaleur il jaunit d'abord, se fond ensuite et se sublime entièrement en belles lames rhomboïdales d'un jaune d'or, qui deviennent rouges éclatantes par le refroidissement.

Il doit être conservé à l'abri des rayons lumineux.

Propriétés médicinales. C'est un puissant fondant qu'on pourrait employer à l'intérieur, à la dose de 4 à 8 grammes (1 à 2 gros), et plus pour les grands animaux, en solution dans l'alcool. Nous l'avons donné avec succès dans le farcin chronique.

Préparations. On en compose une pommade très bonne pour fondre certains engorgements chroniques. (Voyez cette préparation).

PROTO-IODURE ET DEUTO-IODURE DE FER.

L'iode et le fer forment deux composés qui sont d'excellents fondants.

PROTO-IODURE DE FER.

Caractères. Ce composé qui s'obtient en chauffant le fer dans la vapeur d'iode, est d'une belle couleur brune foncée; il se dissout facilement dans l'eau en lui communiquant une couleur verdâtre et lui donnant une saveur très styptique. Cette solution, lorsqu'elle reste exposée à l'air, se trouble et laisse précipiter du peroxide de fer hydraté.

Deuto-iodure de fer. Il se prépare en dissolvant l'hydrate de per oxide de fer dans l'acide hydriodique. Il est rouge brunâtre, incristallisable, d'une saveur styptique très prononcée.

Propriétés médicinales. Ces deux préparations, et notamment la première, sont très bonnes dans les maladies du système lymphatique, accompagnées de pâleur des muqueuses et d'une diminution de quantité de la matière colorante du sang.

Doses. De 8 à 16 grammes (2 à 4 gros), pour les grands animaux, en dissolution dans un demi litre d'eau; de 2 à 8 grammes (36 grains à 2 gros) pour les petits.

Iodure d'arsenic. L'iode et l'arsenic s'unissent en chauffant dans une petite cornue un mélange de trois parties d'iode et une partie d'arsenic pulvérisé.

Caractères. Il est solide, d'une couleur rouge foncée, fusible et volatil, l'eau le décompose en acide hydriodique et en acide arsenieux.

Préparation. On compose avec cet iodure une pommade fort utile pour combattre les dartres ulcéreuses du pli du genou, du jarret et des parties inférieures des phalanges. (Voyez cette préparation).

Arsenic et préparations arsénicales.

L'Acide arsenieux. Oxide d'arsenic. Mort aux rats, (dont nous avons parlé page 189), est aussi employé à l'intérieur comme fondant dans les maladies cutanées. On sait qu'en médecine, Rush, Valentin, Villiam, Pearson, Biett et Cazenave, ont donné avec succès à l'intérieur ce poison violent pour combattre des maladies cutanées rebelles. M. Berthe, vétérinaire, est venu annoncer la guérison inespérée d'une jument atteinte de gale rebelle par son emploi. On sait d'ailleurs que les bains arsénieux sont héroïques pour la guérison de la gale du mouton. (Voyez Tessier, *Maladies des bêtes à laine*, et *Recueil de Médecine vétérinaire*).

Doses. On peut le donner en solution à la dose de 2 à 4 grammes (36 grains à 1 gros) pour les grands animaux, et à celle de 1 à 2 décigrammes (2 à 4 grains) pour les petits. On doit être bien réservé dans l'emploi de ce médicament pour les femelles pleines.

L'ARSENITE DE POTASSE ET L'ARSENITE DE SOUDE, sont douées de propriétés analogues et doivent se donner aux mêmes doses.

On peut les administrer sous formes pilulaires. (Voyez quelques-unes de ces préparations).

Altérants Alcalins.

Les altérants alcalins sont la soude, la potasse et l'ammoniaque, combinées à l'acide carbonique.

Beaucoup de préparations que nous avons étudiées jusqu'à présent sont considérées par nous comme douées de la propriété de rendre au sang la fluidité qu'il avait perdue. Ce sont surtout dans les maladies polyémiques ou dues à une grande abondance de sang, dans tout le système circulatoire réunie à une forte proportion de matière fibrino-albumineuse et cruorique, comme dans la fourbure aiguë, le pissement de sang, la pneumonite, la congestion rachidienne, l'ébullition cutanée, que nous avons fait usage avec succès de ces altérants, soit comme auxiliaires, soit comme succédanés aux émissions sanguines. C'est toujours à grandes doses qu'on doit les employer pour atteindre ce but. Ces médicaments sont les carbonates et les bicarbonates de soude et de potasse, les acétates de soude et de potasse, le nitrate de potasse, le tartrate de potasse et d'antimoine, et enfin, le chlorure de sodium ou sel marin dont nous allons tracer les propriétés ci-après.

Ces sels doivent se donner à grandes doses. Cependant il faut en modérer l'usage lorsqu'il existe une inflammation des muqueuses intestinales qui complique la maladie et qui en réclame l'emploi.

Doses. Pour tous ces composés, excepté l'émétique, la dose doit être de 96 à 160 grammes (3 à 5 onces) pour les grands animaux, et en continuer l'usage jusqu'à ce qu'ils coulent avec les urines. L'émétique peut être porté jusqu'à celle de 16, 32 et 64 grammes (1/2 once, 1 et 2 onces); pour les petits animaux, elle est de 16 à 64 grammes (1/2 once à 2 onces), et l'émétique de 4 à 8 grammes (1 à 2 gros).

Chlorure de sodium. Ce composé, connu depuis longtemps, a été regardé comme un sel et désigné sous le nom de *sel commun*, de *sel marin*, de *muriate de soude*, et enfin d'*hydrochlorate de soude*. On le regarde aujourd'hui comme un simple composé binaire de chlore et de sodium.

Ce chlorure est abondamment répandu dans la nature. On le trouve à l'état solide et dissous dans certaines eaux. Sous le premier état, il constitue des masses immenses qui se rencontrent dans différents pays, et qu'on exploite avec avantage pour le commerce. Il est alors connu sous le nom de *sel gemme*, de *sel natif*. La Pologne, la Hongrie, plusieurs parties de l'Allemagne et surtout le Tyrol, renferment plusieurs abondantes mines de ce sel. On a découvert en France, dans le département de la Meurthe, une mine de sel gemme qui a une étendue de vingt à vingt-cinq lieues de rayon.

A l'état de solution, le sel marin existe 1° dans l'eau de la mer; 2° dans des eaux de source qui sont celles, en France, de Salins, de Dieuze, de Château-Salins, de Moutiers, de Bourbonne-les-Bains, de Luxeuil, de Plombières, etc., qui peuvent être utilisées au besoin en thérapeutique vétérinaire.

Caractères. Le chlorure de sodium natif peut affecter la couleur rougeâtre, blanchâtre ou grise, selon les parties dont on le retire. A l'état de pureté ou après l'avoir fait dissoudre dans l'eau bouillante et cristallisé, il est blanc, inodore, d'une saveur salée particulière connue de tout le monde. Lorsqu'il a cristallisé lentement, il s'offre en petits cubes bien prononcés. Ces cristaux sont souvent implantés les uns sur les autres, et forment par leur disposition successive des pyramides creuses quadrangulaires. Il est inaltérable à l'air. Lorsque ce dernier est saturé d'humidité, il s'humecte un peu. Soumis à l'action de la chaleur, il décrépite, se brise et saute en éclats. Deux parties et demie d'eau à la température ordinaire peuvent en dissoudre une partie. Pendant cette dissolution, il y a abaissement de température. L'eau bouillante n'en dissout pas davantage que l'eau froide. Il est formé de 100 parties de sodium et de 150 de chlore.

Propriétés médicinales. Pris en petite quantité, le chlorure de sodium excite l'estomac, favorise la digestion des animaux et tonifie toute l'économie, dans l'organisation de laquelle il entre en grande proportion et fait partie de la composition de nos humeurs circulatoires sécrétées et excrétées. C'est un excellent condiment pour les animaux. Sa dose dans ce cas est de 16 à 32 grammes (1/2 once à 1 once) par jour pour les grands animaux, et de 8 à 12 grammes (2 à 3 gros) pour les petits, et notamment les moutons.

A la dose, pour les grands animaux, de 96 à 128 grammes et même 250 grammes (3 à 4 onces et 1/2 livre) par jour, en dissolution dans 1, 2 à 3 litres d'eau, il rend le sang plus fluide et concourt à faciliter sa circulation dans les parties enflammées.

Cependant, nous ferons observer qu'on doit en modérer l'usage lorsqu'il détermine des coliques ou la diarrhée. Cette dose ne doit pas non plus être continuée longtemps, parce qu'alors elle amènerait l'amaigrissement et le marasme. (Voyez Godine, *Hygiène vétérinaire*.)

Septième classe.

MÉDICAMENTS QUI ONT LA PROPRIÉTÉ D'EXCITER LE CANAL INTESTINAL ET D'AGIR SPÉCIALEMENT SUR L'UTÉRUS, EN PROVOQUANT LE DÉCOLLEMENT ET L'EXPULSION DES PRODUITS DE LA CONCEPTION.

Utérins obstétricaux.

Les médicaments utérins sont ceux qui ont pour vertu médicinale de provoquer une fluxion sanguine de la muqueuse de l'utérus capable de susciter une sécrétion active propre à détacher de sa surface les enveloppes du fœtus et de susciter leur expulsion. Aussi bien dans notre médecine qu'en médecine humaine, nous ne connaissons pour remplir cette indication que la rue odorante, la sabine et le safran. Il existe un autre agent que nous classons à côté de ceux-ci, et qui détermine spécialement des contractions violentes de la membrane charnue de l'utérus, lorsque cette membrane est frappée d'inertie, c'est l'ergot de seigle. Les uns et les autres constituent les agents de la médication *obstétricale*.

Famille des Rutacées.

RUE ODORANTE, *ruta graveolens*, L. Sous-arbrisseau qui croît dans les lieux stériles des provinces méridionales, en Espagne, en Suisse. Les feuilles et les sommités de la plante sont usitées, *rutæ herba*, *rutæ folia*.

Caractères. Toutes les parties de cette plante à l'état frais répandent une odeur fétide et repoussante. Sa saveur est chaude et âcre. Son odeur est due à une huile volatile d'un jaune verdâtre qui a cependant peu d'âcreté.

La partie active de cette plante paraît résider plus spécialement dans l'huile essentielle.

Propriétés médicinales. La rue, ainsi que l'a expérimenté M. Orfila, administrée à une dose assez forte, irrite violemment l'estomac et les intestins. Mais son influence porte spécialement sur la muqueuse de l'utérus, qu'elle irrite, congestionne, tout en augmentant la sécrétion qui doit détacher le placenta de sa surface après l'expulsion du fœtus.

Préparations et doses. Autant que possible, on doit employer la rue à l'état frais. On en prend les feuilles et les tiges, on les pile dans un mortier, on les exprime dans un linge pour en retirer le jus, qui est âcre et odorant, et le donner aux femelles.

Sa dose est de 32 à 96 grammes (1 à 3 onces) pour les grandes femelles.

On peut aussi employer à l'état frais en macération dans l'eau ou dans l'alcool. Celle-ci se fait avec 96 grammes de rue (3 onces) dans 3 litres d'eau, qu'on donne en trois breuvages aux grandes femelles. Sa macération dans l'alcool ou dans l'eau-de-vie se fait en mettant macérer pendant 12 heures 96 grammes (3 onces) de rue fraiche dans un demi-litre d'eau-de-vie ; on donne cette macération en trois doses.

On pourrait aussi faire usage de son huile essentielle à la dose de 2 à 4 grammes (36 à 72 grains) dans une infusion d'armoise.

La poudre de rue peut être donnée en pilules à la dose de 32 à 64 grammes (1 à 2 onces).

La dose est moitié moindre pour les petites femelles.

La rue a été aussi recommandée comme vermifuge et antispasmodique, mais elle n'est point employée pour cet usage.

Famille des Conifères.

GÉNÉVRIER SABINE, *juniperus sabina*, L., arbrisseau qui croît dans les montagnes du Jura, du Dauphiné, et dans les lieux secs et pierreux de la Provence.

Partie usitée : Les feuilles, *sabinæ folia*.

Caractères. Les feuilles sont extrêmement petites, squammiformes, dressées, rapprochées, imbriquées sur la tige, opposées, ovales, aiguës, non épineuses. Ces feuilles ont une odeur forte, aromatique et térébenthacée, une saveur très âcre et amère. On en retire une huile essentielle, incolore, très odorante, très amère et très active.

Propriétés médicinales. La sabine est un excitant beaucoup plus énergique que la rue, ses effets se passent sur le canal intestinal et sur l'utérus. Elle congestionne et enflamme ces parties si sa dose est trop forte.

On la donne pour remplir les mêmes médications que la rue.

Mode d'emploi et doses. La sabine peut s'employer fraîche ou sèche. Ordinairement on la donne sèche sous la forme pulvérulente. La dose est de 16 à 32 grammes (1/2 once à 1 once pour les grandes femelles. On la fait infuser dans un litre d'eau vineuse que l'on donne en deux doses à quatre heures d'intervalle. On peut aussi donner cette poudre en bols, mais alors elle irrite davantage le canal intestinal.

On peut également faire un bon usage de son huile essentielle, qui est très active ; on l'a prescrit à la dose de 2 à 4 grammes (36 à 72 grains) dans deux verres d'infusion de plantes aromatiques. Elle entre dans la composition de la teinture citrine de M. Caramija. (*Voyez* cette teinture.)

Quant au Safran, stygmates et pistils du *crocus sativus*, que Moiroud conseille comme médicament utérin dans les animaux, nous croyons que cette substance, très chère, difficile à conserver, très souvent falsifiée avec les pistils du carthame, et dont les effets sont d'ailleurs très incertains dans les animaux, ne doit point être usitée dans la médecine vétérinaire.

Ergot de seigle. L'ergot du seigle est un allongement anormal du grain de seigle. Cette production est de la longueur de 4 à 30 lignes et a quelque ressemblance avec l'ergot d'un coq.

Caractères. L'ergot est à peu près du volume d'un grain de seigle, un peu recourbé, bleuâtre, fragile, blanchâtre et quelquefois bleuâtre en dedans; marqué d'un sillon longitudinal sur une de ses faces; d'une odeur faible, mais désagréable et nauséabonde, surtout lorsqu'il est frais ou récemment pulvérisé; d'une saveur âcre et mordicante.

Examiné à une certaine période de son accroissement sur l'épi qui le porte, on voit que le sommet de l'ergot est couronné par une petite efflorescence divisée en trois petits lobes. Cette petite production surajoutée, que nous regardons comme un champignon, ne se rencontre que très rarement sur les ergots du seigle qui existent dans les officines des pharmaciens. Est-elle une partie active de l'ergot? C'est ce que nous ne saurions affirmer ou infirmer.

Récolte et choix. Dans les terrains humides, dans ceux qui sont sablonneux, mais dont l'argile forme le fond, comme dans la Sologne, il n'est point rare de voir toutes les années du seigle ergoté; mais c'est surtout dans les années pluvieuses que cette production se fait remarquer dans les épis de seigle.

On doit le récolter dans le courant de juin, alors que son extrémité libre est surmontée de la production dont nous avons parlé, et qu'il offre une couleur brune bleuâtre et répand une odeur nauséabonde.

On doit le renfermer dans des flacons de verre exactement bouchés.

Choix. L'ergot du seigle ne possède de vertus thérapeutiques qu'autant qu'il a été récolté dans l'année. Celui qui est frais possède surtout une puissante énergie sur l'utérus. Il doit être pesant, âcre et nauséabond.

Altération. Celui qui a vieilli dans les pharmacies, qui

est long, étroit, léger, sans odeur et piqué des insectes doit être rejeté.

Opinions sur la formation de cette production. Pendant très longtemps on a considéré l'ergot du seigle comme le résultat d'une altération du grain qui en dénaturait la substance intérieure, lorsque M. De Candolle vint annoncer que cette végétation était une espèce particulière de champignon du genre sclerotium, et auquel il a donné le nom de *sclerotium claus.* Plus tard, M. Léveillé a prétendu que l'ergot se composait de l'ovaire altéré et d'un champignon tuberculeux, qu'il propose de nommer *sphacelia segetum.*

Quoi qu'il en soit de ces opinions, auxquelles le pharmacien vétérinaire ne doit attacher qu'une faible importance, l'essentiel est de faire choix surtout d'un ergot de seigle récemment récolté.

Analyse chimique. Nous ne possédons qu'une seule analyse chimique de l'ergot de seigle, c'est celle qui a été faite par Vauquelin, et qu'il a insérée dans les *Annales de chimie et de physique*, t, III, p. 337. Ce savant chimiste a rencontré dans cette végétation, comme substances immédiates :

1° Deux matières colorantes, l'une d'un jaune fauve et soluble dans l'alcool ; l'autre violette, analogue à l'orseille, mais insoluble dans l'alcool et pouvant être employé dans la teinture ;

2° Une matière huileuse douceâtre et très abondante ;

3° Un acide indéterminé ;

4° De l'ammoniaque libre ;

5° Enfin une substance végéto-animale, très abondante et très disposée à la putréfaction.

L'ergot du seigle ne renferme donc ni amidon, ni sucre, ni mucilage, ni albumine, ni fibrine végétale, matières dont est presque entièrement composée la farine de seigle. Cependant, ainsi que le fait remarquer Moiroud, il renferme une matière qui, en se décomposant, donne un acide comme l'amidon, et une substance végéto-animale qui, comme le gluten altéré, fournit par sa putréfaction de l'ammoniaque; d'où il serait fort raisonnable de conclure que ceux qui pensent que l'ergot du seigle est une simple altération du grain des céréales ne sont point éloignés de la vérité.

Effets sur l'économie. Le seigle ergoté a une influence funeste sur les hommes qui mangent du pain fabriqué avec du seigle ergoté, et sur les animaux qui avalent des ergots associés aux grains de seigle qu'on leur donne comme aliments. Il détermine un empoisonnement connu sous le nom d'*ergotisme*, qui s'annonce par des enivrements, des vertiges, des convulsions; enfin son usage prolongé finit par amener une gangrène sénile, qui commence par les extrémités des membres.

Propriétés médicinales. La principale propriété de l'ergot du seigle, la plus constante, la plus incontestable est celle de provoquer des contractions utérines dans le cas d'inertie de la matrice pendant la parturition, ou après celle-ci pour opérer la délivrance. Les effets de son action se font sentir d'une demi-heure à une heure et demie après son administration.

Mode d'administration. L'ergot du seigle doit être grossièrement pulvérisé au moment de l'employer, et traité par décoction dans l'eau, ou bien, ce qui vaut mieux, le pulvériser et le mettre en suspension dans une infusion aromatique. On peut en continuer l'usage pendant quelques jours.

Doses. On peut en donner aux grandes femelles de 8 à 16 grmmes (2 à 4 gros) en suspension dans un demi-litre d'infusion légère d'absinthe et réitérée trois fois par jour ; pour les petites femelles, comme la truie, la brebis, la dose doit être de 4 grammes (72 grains) par breuvage donné trois fois par jour, et pour les chiennes à la dose de 2 à 4 grammes (36 à 72 grains) au plus, deux fois par jour, selon leur taille.

Huitième classe.

MÉDICAMENTS QUI ONT LA PROPRIÉTÉ D'ENGOURDIR, DE TUER ET D'EXPULSER LES ANIMAUX PARASITES ET LES LARVES D'INSECTES, QUI VIVENT A L'INTÉRIEUR ET A L'EXTÉRIEUR DES ANIMAUX DOMESTIQUES.

Anthelmintiques.

Les médicaments qui portent ce nom sont ceux qui sont doués de la vertu d'engourdir, de tuer et quelquefois d'expulser des cavités où ils sont contenus, les animaux parasites qui habitent l'intérieur du corps (*entozoaires*), et ceux qui vivent à la surface de la peau (*épizoaires*).

Ces médicaments reçoivent encore les noms de *vermifuges*, de *vermicides*.

Nous dirons ici que ces médicaments doivent être administrés les uns étant à jeun, quelques-uns doivent toujours êtres suivis, six heures après, de l'emploi d'un purgatif.

ESSENCE DE TÉRÉBENTHINE. Cette essence est un médicament héroïque qui tue promptement tous les vers qui habitent le canal intestinal des animaux. Ses effets ne sont pas moins énergiques et constants à l'égard des épizoaires. (Voyez pour les propriétés de ce médicament page 157).

Mode d'administration et doses. En solution dans un jaune d'œuf étendu d'eau ou dans l'eau-de-vie faible, à la dose de 32 à 64 grammes (1 à 2 onces). En deux breuvages dans les grands animaux, et à celle de 2 à 4 grammes (1/2 gros à 1 gros) pour les petits, également en deux breuvages.

ETHER SULFURIQUE (Voyez page 195). L'éther à grande dose est encore un excellent vermicide. La dose doit être pour les grands animaux de 32 à 64 grammes (1 à 2 onces), et pour les petits, de 2 à 4 grammes (1/2 gros à 1 gros). On le donne dans un demi-litre ou un verre d'infusion aromatique froide.

HUILE EMPYREUMATIQUE. On appelle huiles empyreumatiques ou huiles *pyrogénées*, huiles *pyrozooniques* des produits oléagineux provenant de la distillation des matières animales.

L'huile pyrogénée médicinale la plus anciennement connue était celle de *Dippel* que l'on obtenait par la distillation de la râpure de corne de cerf.

Dans la médecine vétérinaire l'huile empyreumatique de *Chabert*, ainsi nommée, parce que ce praticien vétérinaire en a surtout préconisé l'usage, s'obtenait en distillant à feu nu dans une cornue de fonte ou de grès, munie d'une allonge et

d'un récipient ; les parties solides des animaux et principalement la corne. Cette préparation a été abandonnée.

Aujourd'hui les fabricants d'hydrochlorate d'ammoniaque livrent en abondance et à bon marché , au commerce,
une huile pyrogénée qu'ils obtiennent par la calcination des
os et de la corne des animaux.

En pharmacie, on distingue cette huile en *non rectifiée*
et *en rectifiée*.

HUILE EMPYREUMATIQUE NON RECTIFIÉE. Cette huile dans
cet état est un liquide épais, de consistance sirupeuse,
noirâtre, d'une saveur âcre, amère et d'une fétidité insupportable ; elle est moins pesante que l'eau et s'unit difficilement à ce liquide. L'alcool, l'éther, les huiles fixes en
opèrent la dissolution. Cette huile dans cet état a des vertus
anthelminthiques, il est vrai, mais beaucoup moins prononcées que lorsqu'elle est rectifiée.

HUILE EMPYREUMATIQUE RECTIFIÉE. Cet à cette huile
qu'on doit donner spécialement le nom d'HUILE EMPYREU-
MATIQUE DE CHABERT. Elle jouit de grandes propriétés vermicides.

On l'obtient en rectifiant l'huile empyreumatique avec la
moitié de son poids d'essence de térébenthine. Le résultat
de l'opération est l'obtention d'une huile plus pure et associée encore à beaucoup d'essence de térébenthine.

Caractères. Cette huile est plus claire, moins colorée et
moins épaisse ; elle répand une odeur moins désagréable ;
mais elle s'épaissit et se colore de nouveau avec le temps ;
surtout lorsqu'elle reste exposée à l'air et à l'influence de
la lumière.

Effets sur l'économie. L'huile empyreumatique introduite à dose élevée dans l'estomac des chiens excite des

nausées et le vomissement. Dans les animaux comme le cheval et les ruminants qui ne peuvent pas vomir, elle irrite le canal intestinal, cause des coliques, de l'anxiété, des baillements, de l'accélération de la respiration, de l'élevation et de l'irrégularité dans le pouls. On lui accorde aussi des effets antispasmodiques.

Propriétés médicinales. Moiroud dit avoir guéri trois chiens épileptiques avec cette huile employée en frictions sur le ventre. Elle n'a point eu le même succès entre nos mains. La propriété la plus remarquable de l'huile empyreumatique est d'engourdir et de tuer les vers intestinaux du genre ascaride-strongle qui habitent les petits et les gros intestins, ainsi que les larves dœstres qui se rencontrent dans l'estomac du cheval.

Mode d'administration et doses. On l'associe à l'eau-de-vie ou à une décoction de plantes aromatiques. Moiroud conseille de la donner en pilules, associée à la poudre de fougère. Il est préférable de la donner sous la forme liquide. On peut en faciliter beaucoup l'administration en l'unissant au lait ou à un jaune d'œuf qu'on délaye ensuite dans l'eau.

Doses. De 16 à 32 grammes (1/2 once à 1 once) et même 48 grammes (1 once 1/2) pour les grands animaux, et 16 à 32 grammes (4 à 8 gros) pour les petits.

HUILE DE CADE. On obtient cette huile par la combustion lente et étouffée d'une espèce de génevrier (*le juniperus oxicedrus*), qui croît surtout en Espagne et dans le midi de la France.

Caractères. C'est un liquide brun, épais, d'une odeur désagréable analogue à celle du goudron.

Propriétés médicinales. On peut la donner à l'intérieur

comme vermicide, à la même dose que l'huile empyreumatique ; mais elle est généralement négligée. Les bergers du midi s'en servent pour guérir la gale du mouton. Elle produit un bon effet, mais elle a l'inconvénient de tâcher la laine d'une manière indélébile.

PROTO CHLORURE DE MERCURE. *Mercure doux. Aquila alba. Calomelas, mercurius dulcis.* Nous avons déjà fait figurer ce composé parmi les purgatifs et les altérants ; mais comme sa principale propriété, selon nous, est d'être anthelmintique, nous avons renvoyé son étude à cet article. Il est très important de bien s'entendre sur ce que l'on appelle, en pharmacie, *mercure doux sublimé, précipité blanc et mercure doux préparé à la vapeur* ; attendu que ces trois composés ont des propriétés médicinales très différentes. Le premier est d'une dangereuse administration. Les deux autres peuvent être donnés en toute sûreté, s'ils ont été bien préparés.

Préparation du mercure doux sublimé. On obtient ce composé par deux procédés. Le premier consiste à triturer dans un mortier de verre, le deuto-chlorure de mercure humecté d'eau, avec les 3/4 de son poids de mercure, jusqu'à ce que ce métal soit tellement divisé, qu'on n'aperçoive plus de globules. Alors on fait sécher la masse à une douce chaleur, on la pulvérise de nouveau et on procède, à plusieurs reprises, à la sublimation dans des matras qu'on chauffe au bain de sable. Comme le proto-chlorure, ainsi préparé, renferme toujours un peu de deuto-chlorure qui a échappé à la réaction en se volatilisant, on doit le pulvériser et le laver à plusieurs reprises, avec de l'eau distillée, avant d'en faire usage. Nous conseillons aux vétérinaires de ne jamais se servir de mercure doux préparé de cette manière.

Il peut arriver qu'il renferme du sublimé corrosif. Nous avons été témoin de l'empoisonnement de deux chevaux, par l'administration du mercure doux préparé par ce procédé.

Précipité blanc. On le prépare en versant une solution de chlorure de sodium, dans une solution de proto-nitrate acide de mercure. Il se forme du nitrate de soude et un précipité blanc abondant de proto-chlorure qu'on lave bien et qu'on dessèche à l'étuve. Ce proto-chlorure préparé, peut être employé sans danger. Cependant, ainsi qu'on l'a constaté chez l'homme, il occasionne toujours des coliques. Nous avons fait la même observation dans les animaux.

Mercure doux préparé à la vapeur ou *hydro-sublimé* de *Howard* et de *Jewel*. On fait arriver séparément à l'état de vapeur dans un ballon de verre, de l'eau et du proto-chlorure de mercure sublimé ou précipité. Dans ce mélange de ces deux produits gazeux, le sublimé corrosif est nécessairement dissous ; et par la condensation qui s'opère, on obtient une poudre très fine et très divisée, qui est le proto-chlorure de mercure dans un état de pureté ; c'est ce dernier qui doit être employé pour l'usage médical.

Caractères. Ce chlorure est blanc, insipide, volatil et indécomposable par la chaleur, insoluble dans l'eau, dans l'alcool et dans l'éther. Il noircit peu à peu par suite de son exposition à la lumière. Il est décomposé par la chaux, la potasse, la soude et l'ammoniaque. Il est composé de 100 parties de mercure et de 18 de chlore.

Propriétés médicinales. Ce médicament est vermicide et vermifuge, ou en d'autres termes il possède la double propriété de tuer et d'expulser les vers intestinaux des genres ascaride et strongle, parce qu'il est anthelmintique et purgatif. Nous avons toujours eu à nous louer de cette préparation faite à la vapeur.

Doses. Sa dose est de 16 à 32 grammes (1/2 once à 1 once) pour le cheval; on peut même en porter la dose, pour les gros animaux, à 48 grammes (1 once et 1/2). Pour le bœuf et la vache, elle est de 8 à 16 grammes jusqu'à 32 (2 gros, 1/2 once à 1 once); et pour le chien de 2 à 4 grammes (1/2 gros à 1 gros).

On peut le faire prendre en suspension dans un liquide visqueux. Mais il vaut mieux l'incorporer au miel et à la poudre de racine de fougère et le faire prendre en pilules. (Voyez cette préparation au formulaire.)

Famille des Myrtinées.

GRENADIER COMMUN, *punica granatum*, partie usitée, l'écorce de la racine, *cortex punicœ*. Selon Richard, les côtes septentrionales de l'Afrique, baignées par la méditerranée, paraissent être la véritable patrie du grenadier. Les romains l'introduisirent en Italie, à l'époque des guerres avec les carthaginois, et de là il s'est répandu dans tout le midi de l'Europe. Il croît particulièrement en Provence, où on le cultive pour ses fruits. Il orne les jardins du nord où, par la culture, sa fleur est devenue double.

Caractères. L'écorce de racine du grenadier est fibreuse, d'un gris cendré à l'extérieur, de couleur jaunâtre à l'intérieur, inodore; elle donne, lorsqu'on la mâche, une saveur astringente et légèrement amère.

Analyse chimique. D'après M. Mitouard, cette écorce renferme du tannin, de l'acide gallique, une matière analogue à la cire, une substance sucrée, dont une partie est soluble dans l'alcool, l'autre dans l'eau; la première cristallisable, la seconde ayant les caractères de la mannite. M. Latour a nommé cette dernière *Grenadine*.

Choix. On doit préférer l'écorce des grenadiers qui croissent en Afrique, en Piémont, en Espagne, en Italie, en Portugal et dans le midi de la France, à celle des grenadiers qui sont cultivés dans nos jardins et que l'on conserve dans les serres chaudes pendant l'hiver. L'écorce de ces derniers est douée de peu de vertu anthelmintique.

Propriétés médicinales. Elle est usitée pour tuer particulièrement les vers tænias. Elle tue aussi et expulse les strongles et les ascarides.

Modes de préparation et doses. On prépare des décoctions et des extraits de cette écorce pour l'administrer. Sa dose est variable selon les animaux. Elle est de 32 à 128 grammes (1 à 4 onces) pour les grands animaux, et de 32 à 48 grammes (1 once à 1 once et 1/2) pour les petits. Elle détermine souvent le vomissement et la purgation dans les carnivores. (Voyez les préparations anthelmintiques au formulaire.)

Famille des Fougères.

NÉPHRODE, FOUGÈRE MALE, *nephrodium filix mas.* Rich. *Polypodium filix mas* L., plante qui croît abondamment dans les bois humides de toute la France.

La partie usitée est la racine, *filicis maris radix*.

Caractères. Cette racine constitue une souche horizontale, longue de six à huit pouces, de la grosseur du pouce, noueuse, brune et écailleuse à l'extérieur, blanchâtre à l'intérieur. L'odeur en est nauseuse, la saveur acerbe et un peu amère.

Cette racine croît et meurt tous les ans. D'un côté elle pousse des renflements noueux, écailleux, qui constituent les *bourgeons de fougère*, lesquels donnent naissance aux feuilles ; de l'autre, ces corps radicaux qui ont acquis 3 à 4 ans au plus, meurent. Ce sont ces bourgeons qui renferment le principe actif de la racine.

Récolte. C'est au *mois d'Août* qu'il faut la récolter, la monder et la conserver dans un lieu sec. En hiver, en automne ou au printemps, cette racine est presque inerte.

Analyse chimique. D'après M. Morin de Rouen, cette racine est formée : 1° d'huile volatile ; 2° d'une matière grasse composée de stearine et d'elaine d'une odeur nauséabonde, d'une saveur désagréable, d'un jaune brunâtre ; 3° de tannin ; 4° des acides gallique et acétique ; 5° de sucre incristallisable ; 6° d'amidon ; 7° d'une matière gélatineuse insoluble dans l'eau et dans l'alcool ; 8° de ligneux. (*Journal de pharmacie*, t. 10, page 223.)

En faisant digérer les bourgeons de fougère, réduits en poudre, dans l'éther sulfurique, M. Peschier, pharmacien à Genève, en a extrait le principe gras dans lequel parait résider la vertu anthelmintique de la racine. Cette teinture éthérée a été donnée, avec beaucoup de succès, contre le tænia. M. Caventou a isolé ce principe gras, par l'évaporation lente de l'éther, et il a reconnu qu'il était visqueux, d'une saveur acre et d'une odeur nauséabonde.

Effets sur l'économie. La poudre de fougère administrée par nous à la dose de 250 grammes (1/2 livre) au cheval, et à celle de 128 grammes (4 onces) au chien, n'a produit aucun trouble dans les organes digestifs.

Propriétés médicinales. On peut donner cette poudre en décoction dans l'eau au cheval, aux bêtes bovines et canines.

Doses. De 250 grammes (1/2 livre) pour le cheval, de 128 grammes (4 onces) pour les bœufs et vaches, et de

32 à 64 grammes (1 à 2 onces) pour le mouton, le veau et le chien.

Pour obtenir des effets plus sûrs il vaut mieux administrer la teinture éthérée. (Voyez cette préparation et sa dose). On peut en l'unissant avec l'aloès composer un excellent anthelmintique.

Précautions. On doit toujours, six heures après son administration, donner un purgatif. Elle engourdit et tue les strongles, les arcarides et surtout les tœnias.

MOUSSE DE CORSE. *Fucus helmintho-corton.* La mousse de Corse, d'après M. De Candole, est un mélange confus de plus de vingt espèces de plantes qu'on nomme *Algues marines*, qui croissent sur les rochers des bords de la mer, autour des îles de Corse et de Sardaigne.

Caractères. Elle est sous la forme de touffes serrées composées d'un grand nombre de filaments d'un gris brunâtre, bifurqués au sommet, mêlés d'autres filaments rougeâtres irrégulièrement rameux et de lamelles membraneuses, ainsi que de petites tiges blanchâtres et articulées. On rencontre aussi au milieu de ces touffes, des petits coquillages des graviers et d'autres corps étrangers, (Moiroud). Elle a une odeur saumatre et désagréable, une saveur salée, amère et nauséabonde.

Analyse chimique. M. Bouvier a analysé la mousse de Corse (*Annales de Chimie*). Il a retiré sur 1010 parties :

Gelatine.	602
Fibres végétales.	110
Sulfate calcaire.	112
Chlorure de sodium..	92
Carbonate de chaux.	75
Fer, silice, manganèse, etc.	9

1,010

On ne connait point encore précisément le principe actif de la mousse de Corse. On suppose qu'il réside dans le
principe marin non isolé que renferme la mousse.

Effets sur l'économie. Elle peut être administrée à très
grande dose sans nuire à la santé des animaux.

Propriétés médicinales. Elle jouit de la vertu de tuer
les vers intestinaux du genre strongle et ascaride des petits
animaux. Elle est inefficace pour les grands.

Mode d'administration et doses. On la fait infuser dans
l'eau pendant trois quarts d'heure, et on donne cette infusion en breuvage.

La dose est de 32 à 64 grammes (1 à 2 onces), dans 4 décilitres d'eau. On peut aussi le faire infuser dans du lait
que les chiens alors prennent seuls; ou bien aussi édulcorer l'infusion aqueuse avec du miel ou du sucre.

SUIE DE CHEMINÉE. La suie de cheminée dont nous avons
déjà parlé (Voyez *Médicaments astringents.*), renferme
toujours une huile pyrogénée ou empyreumatique qui
donne à cette substance, facile à se procurer partout, la
propriété anthelmintique. On peut l'administrer avec succès aux jeunes poulains, aux veaux, aux agneaux et aux
chiens.

Mode d'administration et doses. Après l'avoir bien
broyée et passée à travers un linge ou un tamis de crin, on
la délaye dans un à deux décilitres d'eau-de-vie et on
ajoute le tout dans une décoction d'armoise ou de toute
autre plante aromatique; ou bien on l'associe au miel et à
une poudre inerte pour en composer des pilules.

La dose est de 64 à 96 grammes (2 à 3 onces) pour les
grands animaux et à celle de 16 à 32 grammes (1/2 once à
1 once) pour les petits.

Médicaments anthelmintiques propres à tuer les épizoaires.

On appelle épizoaires les animaux parasites qui vivent sur la peau des animaux, dans son épaisseur ou dans les plaies. Ce sont les poux, les puces, les hypobosques, ainsi que leurs larves, et enfin les larves des œstres et de la mouche carnassière qu'on nomme *asticots*.

Plusieurs médicaments sont employés pour faire périr ces parasites.

ESSENCE DE TÉRÉBENTHINE. Cette essence donnée à l'intérieur à la dose de 32 à 64 grammes (1 à 2 onces) au cheval et aux bêtes à cornes, a la propriété de tuer les épizoaires en s'échappant par la transpiration cutanée.

Les frictions de cette liqueur sur toutes les parties où existent ces animaux les fait périr à l'instant. On peut aussi l'employer en vapeur en la projettant sur une pelle chaude.

L'ONGUENT MERCURIEL, employé sous la forme de frictions cutanées, détruit rapidement les animaux, leurs larves ou leurs œufs. Ces frictions doivent être faites avec beaucoup d'attention dans les jeunes animaux.

LES HUILES GRASSES, L'AXONGE PURE, en se répandant sur tout le corps de ces parasites et bouchant les pores qui servent à leur respiration, produisent aussi de bons effets.

LES DÉCOCTIONS DE TABAC employées en lotions, les fumigations en brûlant le tabac, d'après la méthode de M. Jefferson, produisent aussi de bons effets.

LES FUMIGATIONS DE DEUTO-CHLORURE DE MERCURE dans les écuries, les bouveries, les chenils, les poulaillers, les colombiers, font périr tout à la fois les poux et les œufs qui y existent quelquefois en grand nombre. Ici il faut avoir la précaution, après la fumigation, de bien laver à l'eau chaude les crêches, les auges, les rateliers et les murs, pour éviter l'empoisonnement des animaux s'ils venaient à les lécher, ou si ce composé se mélangeait aux aliments. Enfin, une plante a été aussi conseillée pour faire périr les poux et les puces. Nous allons la faire connaître.

Famille des Renonculacées.

DAUPHINELLE STAPHISAIGRE, *delphinium staphisagria*, L., plante indigène qui croît dans tout le midi de la France. Elle est cultivée dans beaucoup de contrées.

Les parties usitées sont les graines. *Fructus staphisa- griæ.*

GRAINES. Ces graines sont d'un gris noirâtre, irrégu- lièrement triangulaires, comprimées, d'une odeur vireuse lorsqu'elles sont fraîches, et d'une saveur amère, âcre et brûlante.

Analyse chimique. M. Feneulle, et l'un de nous (Las- saigne) et Brandes de son côté, ont retiré, en 1819, de cette graine un alcaloïde qu'ils ont nommé DELPHINE. Cette substance est, sans contredit, la partie active de la graine.

DELPHINE. Ce principe est combiné dans la graine à l'a- cide malique; à l'état de pureté il se présente sous la forme d'une poudre blanche, cristalline lorsqu'elle est humide, et qui devient opaque par son exposition à l'air. La delphine est inodore, d'une saveur un peu amère, et ensuite d'une âcreté très prononcée et persistante. L'eau froide a peu d'action sur elle; cependant elle en dissout de petites quantités. L'alcool et l'éther la dissolvent avec facilité. Cet alcali s'unit à tous les acides pour former des sels.

Action sur l'économie. D'après les expériences de M. Orfila, la staphysaigre est un violent poison narcotico-âcre.

La Delphine, à la dose de 25 à 30 centigrammes (5 à 6 grains), occasione chez les chiens une violente inflammation du tube digestif, suivie d'une mort prompte.

On ne l'emploie qu'à l'extérieur.

Mode de préparation et doses. On incorpore la poudre à la graisse et on en fait une pommade contre les épizoaires, ou bien on fait macérer la poudre dans du vinaigre ou de l'eau-de-vie, et on se sert de cette préparation pour lotionner les parties affectées de poux. (Voyez ces préparations au formulaire).

MÉDICAMENTS QUI SONT USITÉS POUR ARRÊTER LES HÉMORRHAGIES CAPILLAIRES OU *Hémostatiques.*

On donne le nom d'hémostatiques de αἷμα, sang, et ἵστημι, j'arrête, à des agents pharmaceutiques ou à des procédés chirurgicaux, tels que le tamponnement, la cautérisation, la ligature, etc., etc., propres à arrêter les hémorrhagies actives ou passives. Les premiers doivent seuls nous occuper.

Parmi les agents hémostatiques tirés de la pharmacie, on doit compter les refrigérants, comme l'eau froide, l'eau glacée, la glace, la neige, etc. ; les astringents ou styptiques, comme l'eau salée, l'eau acidulée avec le vinaigre, les acides sulfurique, nitrique, hydrochlorique, etc. ; les décoctions d'écorce de chêne, de noix de galle, de bistorte, etc., ainsi que les dissolutions d'acétate de cuivre, de sulfate de zinc, de cuivre, de fer, d'alun, de nitrate acide de mercure, l'eau de Rabel, etc., etc. Mais nous ne reviendrons point sur ces agents que nous avons déjà traités à l'article *Réfrigérants et Astringents*. (Voyez page 94.) Les hémostatiques dont nous allons nous occuper ont la propriété de s'incorporer les éléments albumino-fibrineux du sang, de s'attacher à la partie saignante et de former un corps dur qui adhérant à l'ouverture des capillaires, forme un bouchon qui arrête l'écoulement du sang. Les hémostatiques dont il s'agit sont tantôt des corps poreux et absorbants, ou bien des poudres qui, unies au sang, forment une composition plastique qui bientôt prend de la consistance et de la dureté pour s'opposer à l'écoulement sanguin.

On a cherché dans ces derniers à trouver des hémostatiques capables même d'arrêter l'hémorrhagie des gros vaisseaux veineux et artériels, mais les recherches qui ont été faites ont été sans succès. Cependant, quelques hémostatiques dont la composition a été inconnue ont été vantés, mais ils ont été aussitôt oubliés.

Voici les hémostatiques dont l'expérience a constaté les bons résultats.

AGARIC, *agaricus*. On donne le nom d'agaric à plusieurs champignons, dont quelques uns appartiennent au genre BOLET, *boletus*. Celui qu'on emploie comme hémostatique est l'AGARIC DE CHÊNE OU BOLET AMADOUVIER, *agaricus querci* ou *boletus igniarius*, L.

Caractères. Le bolet amadouvier croît sur le tronc des vieux chênes, et quelquefois aussi des noyers et des peupliers, il est sessile, orbiculaire, aplati, mais intérieurement, recouvert d'une couche corticale noirâtre et coriace; blanc sur sa face inférieure et sur ses bords; d'une odeur de moisi et d'une saveur amère lorsqu'il est récent.

Récolte et préparation. On le récolte en août et septembre. Après l'avoir dépouillé de sa couche corticale, on le fait tremper dans l'eau, puis on le coupe par tranches que l'on bat fortement et longtemps sur un billot de bois avec un maillet pour détruire les fibres qui le traversent. Cette opération lui donne de la souplesse et le rend doux au toucher. On le fait ensuite sécher. Ainsi préparé, c'est l'agaric des chirurgiens que l'on emploie comme hémostatique.

L'Amadou, que tout le monde connaît, est cet agaric que l'on a fait macérer dans une eau chargée de nitrate ou de chlorate de potasse, et que l'on fait ensuite sécher à l'air.

Cet agaric est celui qui est le plus souvent employé et que l'on trouve partout.

Nous pensons que les substances qui sont employées pour en activer la combustion en activent l'action hémostatique.

Emploi. On déchire l'amadou par morceaux plus ou moins grands, et on applique la partie molle douce et comme veloutée qui résulte de la déchirure sur la partie saignante. On l'y maintient pendant quelque temps, jusqu'à ce qu'elle adhère aux parties environnantes. On soutient ensuite ce petit tampon par la compression. Lors d'hémorrhagies en nappes sur quelques surfaces, on applique de larges portions d'amadou dénudées de leur écorce qu'on a enlevée en la grattant. Toujours ici une compression légère doit maintenir l'amadou sur la partie saignante.

Poudre de résine ou de colophane. La poudre de colophane (Voyez *Colophane*, page 314) est aussi employée comme hémostatique.

On s'en sert dans le cas d'hémorrhagie capillaire et d'hémorrhagie en nappe. Souvent aussi on en fait usage pour arrêter la saignée à la veine saphène, lorsque les animaux sont très méchants ou très sensibles à la piqûre de l'épingle.

Effets. La colophane absorbe le sang et forme avec lui un caillot résistant qui arrête l'hémorrhagie.

On cite comme très bon hémostatique une poudre composée de :

<pre>
Poudre de colophane. . . . .   1 partie.
   —   de gomme arabique . .   2
   —   de charbon 1
</pre>

Enfin, les *toiles d'araignées imprégnées de farine* qu'on va chercher dans les moulins, la *farine de seigle*, sont des hémostatiques qui sont parfois utiles pour arrêter les légères hémorrhagies.

FIN DE LA PREMIÈRE PARTIE.

DEUXIÈME PARTIE.

---

§ I. De la Pharmacie et de son but.

DEFINITION DE LA PHARMACIE.

On donne le nom de Pharmacie à cette partie des sciences médicales qui a pour objet, non seulement la préparation des médicaments simples et composés, mais qui enseigne encore les préceptes pour les bien choisir et les conserver avec toutes leurs propriétés.

Cette branche de l'art de guérir, aussi essentielle aux médecins qu'aux vétérinaires, peut être considérée sous les deux points de vue de la théorie et de la pratique.

La pharmacie théorique expose les bases des différents procédés pour confectionner les médicaments, suivant des préceptes reconnus et sanctionnés par l'expérience ; *la pharmacie pratique* est une application directe de ces préceptes ; l'une et l'autre sont indispensables à connaître pour ceux qui s'occupent de la préparation des médicaments d'une manière raisonnée.

Les médicaments ou produits pharmaceutiques sont de deux sortes, savoir : les *médicaments magistraux* et les *médicaments officinaux*. Les premiers, préparés au moment de leur emploi et d'après la formule ou l'ordonnance du médecin ou du vétérinaire, sont généralement peu susceptibles d'être conservés, tandis que les seconds, confectionnés d'après les quantités et les règles rapportées dans les codex ou les pharmacopées, et qui exigent d'ailleurs un temps plus ou moins long pour leur préparation, se trouvent tout formés dans les officines des pharmaciens, et par conséquent prêts à être employés sur le champ ; ceux-ci ont une durée plus ou moins grande sans éprouver de détérioration.

§ II. Des divers modes de préparation des médicaments.

La préparation des médicaments, considérée d'une manière générale, consiste dans les modifications que l'on fait subir, soit physiquement soit chimiquement, aux drogues simples fournies par la nature, pour les transformer en substances propres à être administrées aux malades.

Pour parvenir à ce but on emploie différents procédés dont quelques uns, purement mécaniques, exigent le concours d'instruments particuliers, qu'on trouve dans tous les laboratoires de pharmacie, et qu'en conséquence nous décrirons succinctement dans ce chapitre.

La plupart des substances médicamenteuses que nous tirons des règnes organique et inorganique, ne peuvent être immédiatement employées telles que nous les extrayons ou les récoltons dans les divers pays qui les fournissent, il est nécessaire de les soumettre à certaines préparations dont l'ensemble constitue l'étude propre de la pharmacie.

Suivant plusieurs pharmacologistes, les modes de préparation usités généralement sont au nombre de quatre, savoir : la *division*, l'*extraction*, la *mixtion* et la *combinaison*, ou l'action chimique des corps entre eux. A ces quatre modes principaux de préparation, nous pensons qu'on doit en ajouter un cinquième, c'est la préparation par solution des principes médicamenteux dans les différents liquides aqueux, alcooliques, éthérés ou huileux, etc. Ce mode, que nous distinguons ici en particulier et qui est confondu, par quelques pharmacologistes, avec les opérations par extraction, doit, suivant nous, en être distingué; en effet, les médicaments ainsi préparés sont tous liquides, forme qu'ils doivent au véhicule ou menstrue, qui tient en solution les principes médicamenteux; d'un autre côté, leur action thérapeutique doit être quelquefois modifiée par la nature même de leur dissolvant.

D'après les considérations exposées ci-dessus, nous diviserons, dans cet ouvrage élémentaire, les préparations pharmaceutiques usitées en médecine vétérinaire, suivant les cinq modes que nous venons d'établir et que nous décrirons successivement dans autant de chapitres particuliers.

Tableau de la distribution des médicaments, d'après les cinq modes généraux de préparation.

I. Médicaments qu'on prépare par *division*.
  1° Poudres simples;
  2° Pulpes.

II. Médicaments qu'on prépare par *extraction*.
  1° Extraits des végétaux (aqueux ou alcooliques).
  2° Huiles fixes;
  3° — volatiles.

III. Médicaments qu'on prépare par *mixtion* ou mélange.
  1° Espèces;
  2° Poudres composées;
  3° Bols;
  4° Electuaires;
  5° Topiques ou charges;

6° Pommades — ou liparolés ;

7° Onguents — ou rétinolés ;

8° Cérats — ou oléocérolés.

IV. Médicaments qu'on forme par *solution* ou action d'un liquide sur une substance médicamenteuse solide.

1° {
Breuvages simples ou composés — (hydrolés) ;
Infusions,
Macérations,
Digestions,
Décoctions,
Solutions aqueuses ;

2° Teintures ou alcoolés ;

3° Vins médicinaux ou œnolés ;

4° Vinaigres médicinaux ou oxéolés ;

5° Oxymels ou oxeomellites ;

6° Huiles médicinales — ou élœolés.

V. Médicaments qu'on prépare par *réaction chimique* ou combinaison des corps entre eux.

Acides, — oxides, — sulfures, — chlorures, — iodures, — oxysulfures,— sels inorganiques et organiques, éthers, — produits pyrogénés, — (huile empyreumatique ani- — male, — créosote).

Des poids et mesures usités en pharmacie et dans le commerce.

Dans toutes les opérations pharmaceutiques, les proportions des substances employées sont évaluées au moyen d'instruments, de poids et de mesures dont la connaissance est importante.

Le poids des corps se détermine à l'aide de l'instrument fort connu sous le nom de *balance* et qui , réduit à son principe élémentaire, n'est qu'un levier du premier genre, à bras égaux. La forme d'une balance ordinaire consiste en une colonne sur laquelle repose, par son centre de gravité, un fléau d'acier ou d'autre métal qui tient suspendus librement, à ses deux extrémités, deux plateaux ou bassins en cuivre jaune. C'est dans l'un des plateaux qu'on place la substance à peser, et l'on met dans l'autre des poids jusqu'à ce que l'équilibre soit établi. L'exactitude d'une balance se vérifie en élevant les deux plateaux lorsqu'ils sont chargés de poids égaux, et que ces derniers, étant changés de plateaux, ne dérangent rien à l'équilibre qui a été d'abord établi.

Les poids usités aujourd'hui, dans toute espèce de commerce financier, sont ramenés, depuis 1790, à un système unique qui a été adopté généralement pour la France, d'après un décret rendu vers la fin de 1839.

L'unité pondérale est le gramme ou le poids d'un centimètre cube d'eau distillée, pris à son maximum de densité et pesé dans le vide. Cette unité a été divisée en dix parties, dont chacune a été également subdivisée en dix autres parties plus petites, auxquelles on a donné le nom de *décigramme, centigramme, milligramme*, de manière à représenter des dixièmes, centièmes ou millièmes du gramme.

Les multiples du gramme, par dixaine, ont reçu le nom de *décagramme* ou 10 grammes, *hectogramme* ou 100 grammes, *kilogramme* ou 1000 grammes, *myriagramme* ou 10,000 grammes.

La division de la livre ancienne par moitié, quart, huitième et seizième, étant d'un usage général et consacré par le temps, nous exposons ici les rapports qui existent entre la livre métrique et la livre ancienne qui n'est plus employée.

Rapport de la livre métrique et de ses divisions avec les poids décimaux.

1 livre ou 16 onces	=	500	grammes.
½ livre ou 8 onces . . . ' . . .	=	250	»
1 quarteron ou 4 onces	=	125	»
1 once ou 8 gros	=	31,25	»
½ once ou 4 gros.	=	15,60	»
1 gros ou 72 grains . '	=	3,98	»
2 scrupules ou 48 grains	=	2,60	»
½ gros ou 36 grains	=	1,95	»
1 scrupule ou 24 grains	=	1,30	»
1 grain.	=	0,054	»

D'après ces données on a établi, pour l'usage de la pharmacie, le rapport approximatif suivant, qui représente en nombres ronds les anciens poids :

2 livres . . . . 1 kilogr. ou		1000	grammes.
1 livre	=	500	»
½ livre ou 8 onces	=	250	»
4 onces	=	125	»
1 once.	=	32	»
1 gros ou 72 grains	=	4	»
½ gros ou 36 grains.	=	2	»
18 grains	=	1	»
2 grains.	=	0,1	»
1 grain	=	0,05	»

Les mesures de capacité qui ont été établies sur le même système métrique et qui remplacent les anciennes mesures sont :

Le litre ou la pinte.	=	1000 gr. d'eau ou 1 kilog. (2 liv.)
Le demi-litre, chopine ou sextier	=	500 . . id. . . 5 hect. (1 liv.)
Le quart de litre ou demi sextier	=	250 . . id. . . . 2 h. ½ (8 onc.)
Le huitième de litre ou poisson	=	125 . . id. . . 1 h. ¼ (4 onc.)
Le seizième de litre ou demi-poisson	=	62,5 . id. . . 6 déca. 2,5 (2 on.)

Le poids des divers liquides employés dans un grand nombre d'opérations pharmaceutiques pouvant être déterminé à l'aide de ces mesures, nous indiquons ici les poids relatifs d'un litre de chacun de ces liquides, à la température de $+ 4°$.

ou approximativement.

Eau distillée (1 litre pèse) . . . 1000 grammes (2 livres).
Acide acétique concentré. . . . 1063 — (2 livres 2 onces).
— hydrochlorique à 22°. . . 1180 — (2 livres 6 onces).
— nitrique ou azotique . . . 1510 — (3 livres 2 gros).
— sulfurique à 66° . . . . . 1847 — (3 liv. 11 onces).
Alcool anhydre . . . 792 gram. $=$ 100° cent. (1 liv. 9 onces).
— à 33° . . . . 863 gram. $=$ 84°,4 cent. (1 liv. 12 onces).
— faible à 22° ou
      eau de vie. . 923 gram. $=$ 58°,7 cent. (1 liv. 14 onces).
Ammoniaque liquide à 22° . . . 923 grammes (1 liv. 14 onces).
Éther sulfurique à 63° Baumé. . 729 — (1 liv. 9 onces).
Huile d'olives . . . . 915,3 — (1 liv. 14 onces).
Huile de ricin . . . . 940,9 — (1 liv. 14 onces).
Essence de térébenthine . . . . 869,7 — (1 liv. 12 onces).
Lait de vache. . . . . 1032,4 — (2 liv. 1 onces).
Petit lait. . . . . 1019,3 — (2 liv. 5 gros).
Vin de Bourgogne . . . . 991,7 — (1 liv. 15 on. 5 gros).
Vinaigre d'Orléans . . . . . . 1013,5 — (2 liv. 4 gros).
Vinaigre distillé. . . . . 1009,5 — (2 livres 2 gros).

CHAPITRE PREMIER.

DES MÉDICAMENTS PRÉPARÉS PAR DIVISION.

La division est une opération mécanique qui a pour but de détruire la cohésion des molécules intégrantes des corps simples ou composés, en produisant leur séparation en particules plus ou moins fines.

Cette opération qu'on pratique sur la plupart des substances médicamenteuses avant de les employer, a pour résultat principal d'étendre le nombre des parties qui sont mises en contact immédiat avec les organes malades, de favoriser ainsi plus promptement l'action des médicaments, et leur absorption, ou au moins celle des principes actifs qu'ils contiennent.

Parmi les différentes manières d'opérer la division en pharmacie, nous ne mentionnerons que celles qui sont les plus généralement usitées. Chaque mode a reçu un nom particulier qui est en rapport avec l'opération en elle-même, comme ces opérations peuvent être parfois exécutées, nous les indiquerons ici, en les définissant aussi exactement que possible.

Dans plusieurs cas on se propose de diviser une masse quelconque en un certain nombre de petites masses, en la soumettant soit à l'action du feu, soit à l'action d'instruments tranchants. L'opération qui s'exécute en faisant rougir au feu certains corps inorganiques peu fusibles, et les plongeant dans l'eau froide pour faciliter ensuite la désunion de leurs parties, est désignée sous le nom d'*extinction*. Une autre qui se pratique en faisant couler directement un métal fondu dans l'eau, ou en le faisant passer à travers les trous d'un vase perforé, afin de le réduire en grains ou grenailles, est appelée *granulation*. Quant à la division au moyen d'instruments tranchants ou de limes, cette opération qui s'exécute en pharmacie plus souvent que les deux premières, est connue sous les noms de *section* et de *rasion*.

La section se produit en séparant les corps en petites parties, au moyen de couteaux, de ciseaux de différentes formes, ou de petites haches.

Un des instruments le plus employés à la section d'un grand nombre de substances médicamenteuses tirées du règne organique, est le couteau à manche. Cet instrument, qu'on trouve dans le commerce, consiste, comme le représente la figure 1 ci-contre, en un couteau long, en

Fig. I.

forme de hache, fixé à l'une de ses extrémités entre les jambages d'une fourchette en fer, et portant à l'autre une poignée destinée à le lever.

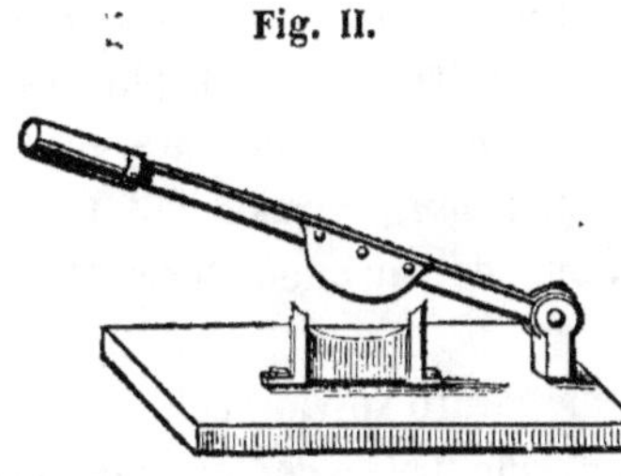

Fig. II.

La figure 2 offre le dessin d'un autre couteau à tranchant circulaire que l'on peut abaisser sur l'arète d'un plan d'acier de même forme, afin de couper nettement toutes les racines ou les substances ligneuses qui sont placées en avant de ce plan.

Ces couteaux servent journellement dans les laboratoires des pharmaciens pour couper les racines et les tiges ligneuses fraîches ou desséchées.

Dans quelques circonstances on emploie pour diviser les corps durs, des instruments contondants, tels que marteau de fer ou d'acier. Ce mode de division est désigné sous le nom de *quassation*.

Le mode de division le plus usité dans les laboratoires est la réduction des corps en poudre dans des vases particuliers, désignés sous le nom de mortiers, ou sur des porphyres. Cette manière d'opérer est connue généralement sous le nom de *pulvérisation*. Pour l'effectuer dans des mortiers et avoir les corps pulvérisés au même degré de ténuité, on se sert d'instruments accessoires qui permettent de réduire toutes les poudres en molécules homogènes plus ou moins déliées; ce sont ces instruments qu'on appelle *tamis* et qui sont employés secondairement dans la pulvérisation.

Des mortiers.

Les mortiers sont des vases creux, hémisphériques à leur fond, plus ou moins évasés à leur partie supérieure, dans lesquels les matières à pulvériser sont placées et soumises à l'action du poids d'une masse pesante, plus ou moins alongée, qu'on nomme *pilon;* et qu'on fait tomber verticalement sur elles, pour détruire leur force de cohésion.

Ces vases varient par leur nature suivant celle des substances à pulvériser et leur dureté. On en confectionne pour les divers besoins de la pharmacie et des arts, en fer, en fonte, en cuivre jaune, en marbre, en verre, en porcelaine et en agate. Les pilons sont formés de la même substance que celle des mortiers; quelquefois ils sont en bois dur, de buis ou de gaïac.

La forme des mortiers est peu variable, comme les figures 1, 2, 3, 4 et 5 ci-dessous la représentent.

2   1

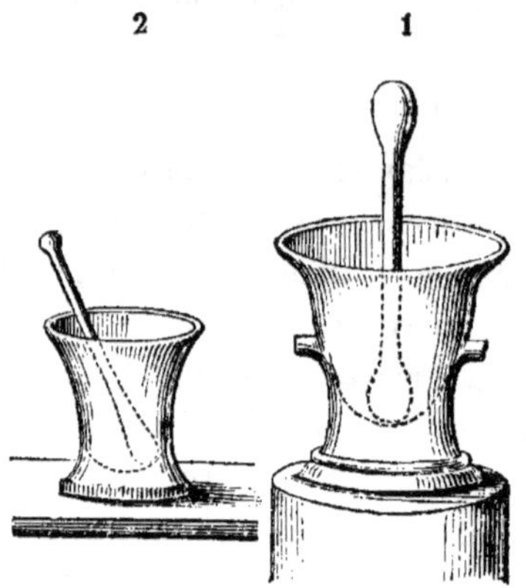

1 Mortier en fonte placé sur un billot en bois.
2 Mortier en fer fondu ou en laiton.

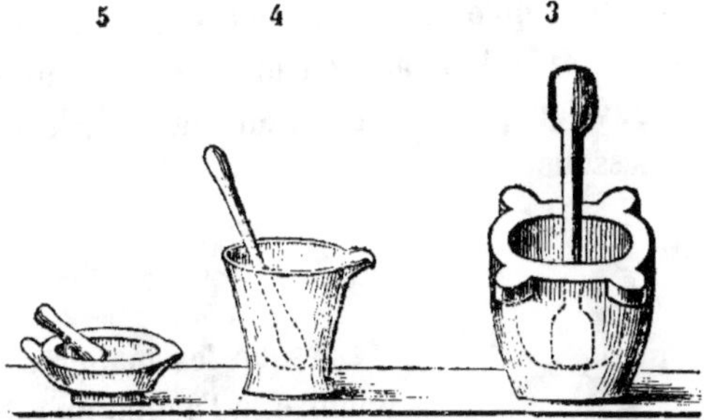

3 Mortier en marbre avec pilon en bois.

4 Mortier en porcelaine avec pilon à manche de bois.

5 Petit mortier d'agate.

La pulvérisation dans les mortiers se pratique souvent en frappant verticalement, avec le pilon, les substances placées au fond du mortier, et répétant cette opération un certain nombre de fois; cette manière, employée pour réduire en poudre grossière certains métaux cassants, les bois, les écorces et les racines, se nomme *pulvérisation par contusion*. Dans d'autres circonstances on est obligé, pour désagréger les substances, de les broyer circulairement, en les frottant, avec l'extrémité du pilon, contre le fond du mortier; ce mode d'agir est désigné sous le nom de pulvérisation par trituration.

On opérant la pulvérisation dans les mortiers, il se présente un inconvénient auquel il est important de remédier, c'est la dispersion dans l'air d'une partie de la poudre, par l'agitation et le mouvement qu'on imprime à la substance soumise à cette opération. Cette dispersion est non seulement une cause de déchet, mais elle peut être plus ou moins nuisible à celui qui exécute l'opération et se trouve ainsi exposer à respirer de l'air chargé de particules plus ou moins irritantes. On se garantit de ces inconvénients en recouvrant le mortier et son pilon, d'une poche faite en peau de mouton, qu'on lie avec une corde autour du mortier et autour du pilon, afin d'empêcher l'air du mortier de se renouveler pendant la chute du pilon : voyez la figure ci-dessous.

Des Tamis.

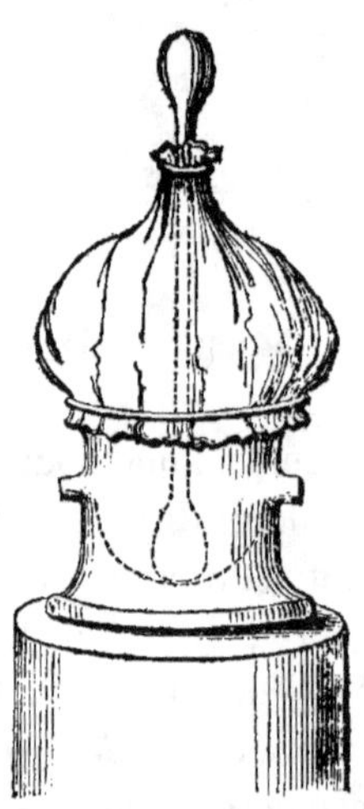

Lorsque les matières ont été soumises à l'action du pilon dans les mortiers, il est nécessaire de séparer les particules les plus ténues des parties grossières qui n'ont pas encore été suffisamment divisées. On y parvient en se servant de tamis de différentes grosseurs : ces tamis sont formés d'un tissu de soie, de crin ou de fil métallique, tendu sur un cercle de bois à la manière de la peau d'un tambour. On se sert de ces tamis simples pour séparer la poudre des corps qui ont déjà été divisés, en plaçant ces derniers sur le tamis et imprimant un léger mouvement de va et vient qui facilite le passage des particules les plus ténues. On reçoit celles-ci soit sur une feuille de papier placée dessous le tamis, soit sur un vase qui sert de récipient.

Ce mode de tamisation présente un inconvénient dépendant de la plus ou moins grande légèreté des poudres qu'on sépare par ce moyen ; une certaine quantité de poudre très fine reste en supension dans l'air agité et va se déposer sur les corps voisins ambiants. On s'oppose à cet effet, qui est la cause d'un déchet plus ou moins grand, en employant un tamis fermé par un couvercle et reposant sur une espèce de tambour, dans lequel entre exactement le tamis.

Ces sortes de tamis sont d'un usage fréquent dans la pulvérisation de la plupart des poudres simples minérales et organiques ; il est convenable d'en consacrer quelques uns exclusivement à la pulvérisation de certaines substances douées d'une action énergique.

Du Porphyre et de son emploi comme moyen de division.

La réduction d'un corps en poudre, par le frottement qu'on lui fait éprouver en le broyant, avec une molette, sur une table horizontale de porphyre, de granit ou de verre dépoli, constitue cette opération qu'on a désignée sous le nom de *porphyriation*. Cette méthode, adoptée dans plusieurs circonstances pour amener à une grande division les molécules de certains corps médicamenteux, s'exécute de deux manières, à sec ou par l'intermède de l'eau. Ce dernier mode n'est pratiqué que pour les substances minérales et organiques qui ne sont pas susceptibles de se dissoudre, ni d'être altérés dans leurs propriétés par ce véhicule.

Les porphyres en marbre et en pierre sont peu usités dans les laboratoires de pharmacie ; mais dans les arts on en fait un fréquent usage pour le broiement d'un grand nombre de substances.

Les tables de porphyre ou de granit qui servent si souvent dans plusieurs opérations pharmaceutiques, pour obtenir les corps médicamenteux en poudre impalpable, sont disp osées sur un pied en bois, de manière à les rendre portatives et plus commodes ; leur molette est de la même nature que le plan sur lequel le broiement a lieu.

Dans la porphyrisation humide ou à l'aide de l'eau, on

se sert d'une spatule très mince, en acier, et ayant la forme d'un couteau très flexible, pour ramener au centre du porphyre les portions de matière qui en ont été éloignées par le mouvement circulaire qu'on a imprimé à la molette.

Les corps divisés à l'aide de l'eau sur le porphyre et réduits en une pâte homogène très déliée, sont ensuite délayés dans une certaine quantité d'eau froide pour séparer, par le repos ou la décantation, les parties les plus grossières qui se sont précipitées au bout de quelques instants ; en laissant alors éclaircir l'eau trouble qui a été décantée, il se forme un nouveau dépôt occasionné par la substance la plus divisée. On recueille ce dépôt insoluble, par une nouvelle décantation, et lorsqu'il est encore sous forme de pâte, on lui donne, afin d'en hâter la dessiccation, la forme de petites masses coniques qu'on appelle *trochisques*.

Cette opération, connue sous le nom de *trochiscation*, suit ordinairement la porphyrisation à l'aide de l'eau ; elle s'exécute à l'aide d'un entonnoir en ferblanc ou en verre, qu'on place sur un manche en bois et à pied, comme le représente la figure ci-dessous.

Après avoir introduit la [pâte dans l'entonnoir, on étend une feuille de papier sur une table, et en frappant légèrement au-dessus de celle-ci, avec le pied du support, on fait sortir une portion de pâte qui tombe sur la feuille de papier et y prend une forme conique. Lorsque toute la pâte a été ainsi moulée, on procède à sa dessiccation dans l'étuve ou à l'air libre.

Un autre mode de pulvérisation, admis pour certaines graines farineuses et huileuses, d'un très grand emploi, est la pulvérisation au moulin, mu par une force naturelle ou artificielle. Mais ce moyen de division n'est pratiqué que dans les arts.

De la préparation des poudres simples.

Sous le nom de poudre simple on désigne, en pharmacie, une substance médicamenteuse solide, réduite à un état de division plus ou moins grand, par l'un des moyens que nous avons rapportés dans les paragraphes précédents.

Les procédés qu'on exécute sur les substances solides desséchées pour les pulvériser, consistent à piler celles-ci dans un mortier approprié à leur dureté et à leur nature, et à séparer ensuite, au moyen de tamis plus ou moins fins, les parties les plus ténues des plus grossières.

Ces diverses manipulations déterminent toujours un déchet plus ou moins grand, auquel il faut joindre pour un grand nombre de substances ligneuses, telles qu'écorces, racines et bois, le résidu ligneux qui reste après la pulvérisation et qu'on rejette comme matière tout à fait inerte ; aussi l'expérience indique que le poids des poudres obtenues est toujours moindre que celui des substances, avant les opérations mécaniques auxquelles elles sont soumises dans les laboratoires.

Le déchet, dû aux causes que nous avons relatées ci-dessus, est peu variable pour les substances végétales de la même espèce ; il est tel, en général, que pour les racines la quantité de poudre obtenue d'un kilogramme s'élève, terme moyen, de 850 à 900 grammes ; que pour la poudre des écorces, le déchet n'est pas beaucoup moindre ; que la poudre des fleurs et des feuilles forme ordinairement les 720 à 800/1000 de leur propre poids. Enfin les substances minérales et végétales qu'on pulvérise sans résidu, fournissent toujours un produit inférieur à leur propre poids, par la perte inévitable pendant les opérations qui sont exécutées dans les mortiers et sur les tamis.

Confection des poudres de racines, d'écorces et de bois.

La pulvérisation de ces diverses parties de végétaux doit être faite sur ces parties mondées et nouvellement séchées à l'étuve, jusqu'à ce qu'elles deviennent cassantes. Il est nécessaire, lorsqu'elles présentent un volume assez grand, de les diviser préalablement en tranches minces avec un instrument tranchant ou avec le couteau à racine. Pour les racines charnues, plus ou moins chevelues, comme elles peuvent renfermer de la terre entre leurs fibres, on doit les frapper d'abord dans le mortier et les secouer ensuite sur un tamis de crin, avant de les réduire en poudre par l'action du pilon.

Les racines, écorces et bois doivent être pilés dans un mortier de fer couvert, et à l'aide d'une percussion modérée ; au bout d'un certain temps on en retire la poudre grossière qu'on passe à travers un tamis de soie serré et couvert : on soumet à une nouvelle percussion le résidu qu'on tamise de la même manière, et on cesse de pulvériser dès qu'on reconnaît que ce résidu est devenu ligneux et n'a plus de saveur sensible. Souvent une partie de ce résidu fibreux se divise et passe avec la poudre, ce qui nécessite de soumettre celle-ci à une nouvelle tamisation pour l'obtenir plus fine.

Les différentes poudres végétales recueillies par la tamisation doivent être mélangées exactement, soit avec une carte, soit dans le mortier, pour rendre la masse aussi homogène que possible.

Les principes généraux que nous venons d'établir, sont appliqués à la pulvérisation des racines de guimauve, de gentiane, de réglisse, de jalap, d'anis, de gingembre.

Plusieurs écorces étant souvent recouvertes d'un épiderme, il importe de les en débarrasser en les râclant avec un couteau avant de les soumettre à la pulvérisation dans le mortier ; c'est ce que l'on pratique pour les diverses écorces de quinquina et de cannelle, qui sont pulvérisées sans résidu.

Certains bois, tels que ceux de gaïac, de santal et sassafras, sont réduits d'abord en poudre grossière au moyen de la râpe ; et leur râpure séchée à l'étuve est ensuite pulvérisée par contusion dans un mortier.

Les poudres de feuilles, de tiges, sont également pilées dans un mortier de fer couvert, après avoir été mondées et séchées à l'étuve ; le résidu qui reste sur le tamis est soumis à la même opération une deuxième et une troisième fois. On cesse de piler lorsque le résidu ne présente plus que les pétioles et les côtes brisées des feuilles.

Les poudres des fleurs se préparent avec les pétales séchés : quant à celles des graines et semences, on les obtient par les mêmes procédés mécaniques, après les avoir toutefois mondées et soumises à une dessiccation convenable dans une étuve, à une température de $+ 30$ à $+ 35$ degrés centigrades.

Les poudres de graine de lin et de moutarde, qu'on désigne vulgairement sous les noms de farines de lin et de moutarde, sont préparées en grand dans des moulins. Ces produits, plus ou moins récents, varient dans leurs qualités suivant le laps de temps écoulé depuis leur préparation ; c'est pourquoi il est préférable que les pharmaciens pulvérisent eux-mêmes, dans un mortier de fer, la graine qui les fournissent, et passent la poudre qui en provient à travers un tamis en toile métallique. Les farines qu'on obtient par ce procédé, sont supérieures à celles qu'on trouve dans le commerce, et on ne court pas le risque de faire usage d'un produit souvent falsifié avec une plus ou moins grande quantité de recoupe de blé.

Quelques semences dures, d'un tissu dense et serré, sont concassées d'abord dans un mortier et broyées ensuite dans un moulin semblable à ceux qu'on emploie pour réduire en poudre le café et le poivre. Les poudres obtenues par ce moyen sont également tamisées comme celles des autres substances.

Certains produits végétaux, tels que gommes, résines, gommes-résines, aloès, et quelques substances animales, comme les cantharides, sont réduits en poudre dans des mortiers de fer, les uns par contusion, les autres par trituration. Ce dernier mode est applicable surtout aux produits qui peuvent se ramollir et s'agglomérer par la chaleur développée pendant l'opération.

La pulvérisation des matières minérales acides ou salines se pratique dans des mortiers dont la substance doit être appropriée à la nature du composé qu'on doit réduire en poudre. On fait usage en conséquence de mortiers de fer, de cuivre, de marbre, de verre et de bois de gaïac ou de porcelaine.

Les sels alcalins neutres sont pulvérisés dans des mortiers de marbre ou de fer bien propres.

Les sels métalliques à base d'oxyde de mercure, d'oxyde de cuivre, d'oxyde de plomb et d'antimoine, doivent être pulvérisés dans des mortiers de verre, de porcelaine ou de bois de gaïac. Souvent, quand on a besoin d'obtenir ces corps dans un grand état de division, on les broye à sec sur le porphire.

De la conservation des poudres simples.

Les poudres simples obtenues par les méthodes que nous avons exposées dans le paragraphe précédent, doivent être mises, immédiatement après leur préparation, dans des bocaux de verre bouchés avec un bouchon de liège afin d'éviter qu'elles n'absorbent une portion de l'humidité de l'air. Les vases appropriés à cet objet sont appelés *poudriers* ; ils doivent être placés dans un lieu sec, et autant que possible à l'abri de la lumière solaire : quelques poudres végétales exigent même qu'on conserve les vases qui les contiennent dans des armoires fermées.

On fait aussi usage de boîtes rondes en bois bien garnies de leur couvercle et qu'on appelle *gallons* ; ces boîtes, destinées à conserver de grandes quantités de poudre, sont moins convenables que les vases de verre ; elles ferment généralement mal, laissent pénétrer l'air et l'humidité, et si elles ne sont pas placées dans des endroits secs, les poudres se pelotonnent bientôt en absorbant de l'humidité, fermentent et se moisissent au bout d'un certain temps.

L'état pulvérulent de ces produits, la plus ou mois grande affinité de quelques principes immédiats pour l'eau, exigent que toutes les poudres des substances organiques soient soustraites autant qu'il est possible à l'action de l'air humide.

Les poudres de certaines substances minérales déliquescentes doivent être conservées avec soin dans des vases de verre hermétiquement bouchés, par exemple dans des flacons à large ouverture, bouchés avec des bouchons de verre usés à l'émeril.

Des pulpes.

On donne le nom de pulpe à la partie molle et charnue des végétaux, que l'on a réduite en une sorte de pâte molle, homogène, par divers procédés de division.

L'opération par laquelle on convertit la substance des végétaux en pulpe est désignée sous le nom de *pulpation*.

Plusieurs modes sont usités pour cette opération, savoir :

1° On divise au moyen d'une râpe les racines récentes que l'on veut pulper ;

2° On pile dans un mortier les fleurs et feuilles qui doivent être transformées en pulpe ;

3° On fait macérer dans de l'eau tiède les substances à diviser pour les ramollir ;

4° On opère quelquefois leur coction dans l'eau ou à la vapeur.

Ces opérations préliminaires étant effectuées, on pile dans un mortier de marbre les substances ainsi préparées, et lorsqu'elles sont amenées à l'état d'une masse molle, on force les parties les plus divisées à passer à travers le tissu d'un tamis de crin, en les pressant avec une sorte de spatule en bois appelée *pulpoir*.

Lorsque le produit a été obtenu par humectation ou coction, on le fait quelquefois épaissir au bain-marie pour lui donner plus de consistance et le rendre propre à la conservation. C'est ce que l'on pratique pour les pulpes de casse et de tamarin que l'on trouve toutes préparées dans les officines.

Les autres pulpes sont ordinairement préparées au fur et à mesure du besoin, et employées à titres de topiques ou de cataplasmes dans plusieurs cas.

Conservation des pulpes simples. Ces sortes de médicaments formés par la division du tissu charnu des végétaux, et contenant par conséquent beaucoup d'eau, ne sont point susceptibles d'être conservés, à moins qu'ils aient été privés d'une partie de ce liquide par l'action de la chaleur et amenés à une consistance plus grande, comme on le fait pour la conservation de quelques pulpes officinales.

CHAPITRE II.

DES MÉDICAMENTS PRÉPARÉS PAR EXTRACTION.

L'extraction est une opération qui a pour but de séparer des substances médicamenteuses un ou plusieurs de leurs principes à l'effet de produire avec eux une médication plus active et plus sûre.

Les modes usités en pharmacie pour la préparation des médicaments par extraction sont très variables et assez nombreux ; nous ne nous occuperons ici que de ceux qui sont mis en pratique pour la confection des médicaments vétérinaires, ainsi que des opérations qui s'y rattachent directement.

Les médicaments qui font partie de cette catégorie sont généralement préparés par trois modes différents qui sont : *l'expression, la solution* et *la distillation.*

1° *L'expression* est une opération qui consiste à soumettre à une pression plus ou moins forte les corps succulents et humides, afin d'en séparer les liquides et les parties solubles qu'ils contiennent.

La pression à laquelle les corps sont exposés peut être plus ou moins forte ; on l'obtient, tantôt en enfermant la substance à exprimer dans un tissu de toile, roulant les bords l'un sur l'autre et tordant en sens contraire. Ce moyen simple est exécuté pour obtenir le suc ou jus d'un grand nombre de fruits mûrs, ou d'autres parties de végétaux , telles que feuilles et tiges , après avoir pilé ces dernières dans un mortier de marbre avec un peu d'eau.

Dans le plus grand nombre des cas, on se sert d'une presse en bois ou en fer pour obtenir une pression plus considérable. La substance à exprimer est placée dans un carré de toile replié sur lui-même, ou dans un sac de toile, ou dans un seau percé de trous , pour laisser écouler le liquide qui sort pendant l'opération.

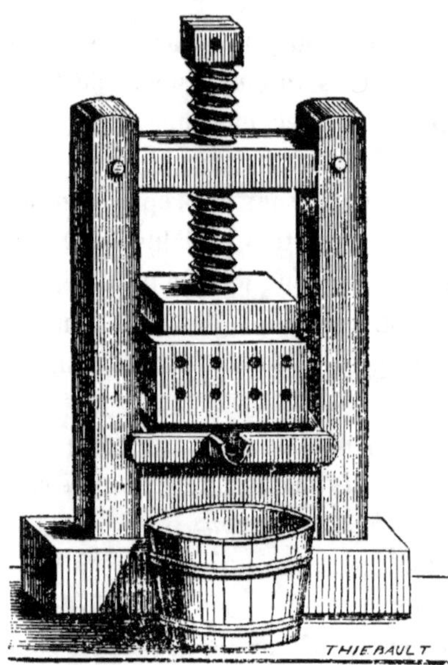

La presse la plus employée dans les pharmacies consiste en deux plans horizontaux A et B, entre lesquels on met la substance à exprimer ; l'un est fixé inférieurement, et l'autre mobile peut être mis et rapproché du premier par une vis tournant dans son écrou.

Cette presse suffit pour les diverses opérations qu'on pratique ordinairement dans les laboratoires de pharmacie.

Le produit de l'expression d'une substance est ensuite soumis à d'autres opérations subséquentes, qui ont pour but d'en séparer les matières qui sont en suspension dans ce liquide, et troublent sa transparence.

Les procédés employés dans cette circonstance, et dont l'ensemble constitue les différents moyens de *clarification*, sont pratiqués concurremment ou isolément, suivant les cas.

La clarification s'opère : 1° par le repos et la décantation ,

2° Par la chaleur ,

3° Par la filtration.

Le premier procédé, souvent employé, est plus long que les deux autres ; on le pratique , en laissant reposer le liquide exprimé dans un vase cylindrique, jusqu'à ce que les particules solides suspendues dans la masse se soient précipitées entièrement au fond , alors on sépare le liquide clair qui les surnage, soit par inclinaison, soit à l'aide d'un siphon de verre.

La clarification, par la chaleur, est fondée sur la coagulation de certains principes par le calorique; principes qui, en se solidifiant, deviennent insolubles , et entraînent dans leur précipitation les substances qui troublaient les liquides. C'est sur ce principe qu'est établi , dans les pharmacies , l'emploi du blanc d'œuf pour clarifier les sirops , et, dans les arts, celui du sang de bœuf pour le raffinage des sucres, qui agit en raison de l'albumine qu'il contient.

Certains sucs de plantes troubles , tenant en solution de l'albumine végétale, sont clarifiés, en les chauffant dans un vase de verre ou d'étain , et les filtrant ensuite pour isoler le dépôt formé.

Le mode de clarification, par filtration, est le plus général et le plus prompt ; il consiste à passer le liquide à travers un tissu ou un papier non collé disposé convenablement pour en séparer les parties hétérogènes qui y sont suspendues.

On désigne, sous le nom de *colature* , l'espèce de clarification qu'on exécute simplement , en faisant passer les liquides à travers un tissu de toile ou de laine peu serré, afin d'en séparer seulement les parties solides qu'ils tiennent en suspension. On se sert, à cet effet, de carrés de toile ou de laine claire dite *étamine* qu'on tend sur un cadre de bois à pieds ou sans pieds, portant quatre pointes de fer à ses quatre angles. *Voyez* fig. 1 et 2.

Fig. 1.   Fig. 2.

Fig. 3.

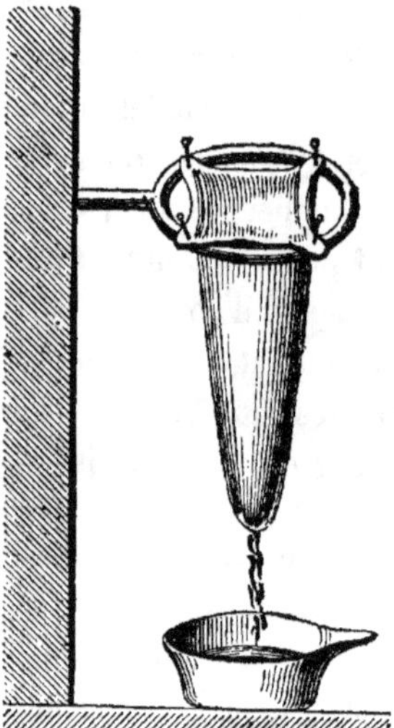

Dans quelques circonstances, pour avoir des liquides plus clairs, on fait la colature à travers un carré en molleton de laine, nommé *blanchet*. Lorsque le liquide à clarifier est très épais et en grande quantité, on fait usage d'une espèce de sac conique en étoffe de laine qu'on nomme *chausse* (fig. 3), et qui est maintenu ouvert en l'attachant à quatre crochets fixés à la circonférence d'un cercle en fer scellé près d'un mur ou d'un point d'appui.

Les moyens les plus usités dans les laboratoires sont la filtration à travers une feuille de papier non collé étendue sur une toile fixée à un cadre de bois, ou pliée en cône et disposée dans un entonnoir de verre ou de métal. C'est à ces papiers divisés en seize plis égaux, qu'on donne le nom de *filtres*. On les fait en papier gris non collé et en papier blanc dit *joseph*. Pour s'en servir, après les avoir ouverts, on les place dans un entonnoir de verre, de manière que chaque pli s'applique contre un des points de la circonférence de l'entonnoir, et que la pointe du filtre ne soit ni trop enfoncée, ni trop élevée, ce qui ralentirait la filtration dans le premier cas, et déterminerait la déchirure du papier à cette base, dans le second cas, par le poids du liquide qu'elle supporterait.

L'entonnoir, muni d'un filtre en papier, est placé sur un trépied ou support en bois, ou on introduit la douille dans

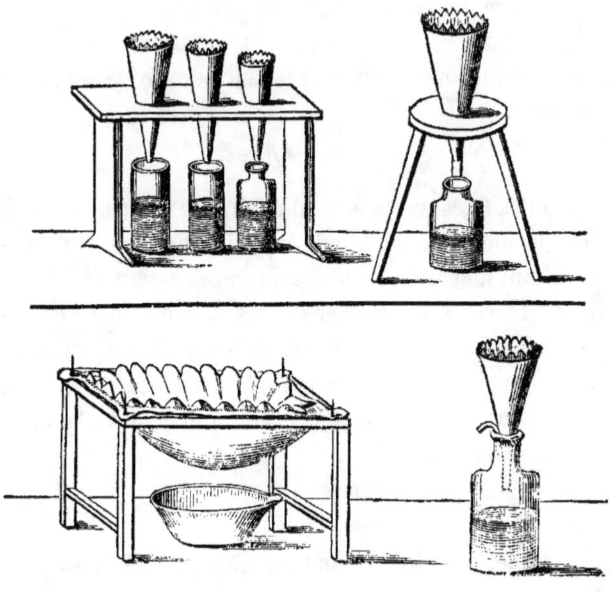

le goulot d'un flacon, en interposant un papier plié en plusieurs doubles pour empêcher le contact immédiat de la

douille contre le goulot , maintenir plus solidement l'entonnoir, et permettre à l'air de sortir du flacon pendant la
filtration.

Lorsqu'on a à filtrer des acides concentrés ou des solutions concentrées d'alcalis , on ne pourrait le faire avec les
filtres ordinaires de papier , qui seraient immédiatement
brûlés et décomposés ; mais on y parvient sûrement et
commodément , en tassant au fond de l'entonnoir de verre
une couche plus ou moins épaisse de verre pilé et de grosseur variable ; quelquefois on intercalle dans le verre pilé
une couche de charbon animal lavé pour absorber la couleur du liquide qu'on se propose de clarifier.

Tels sont les procédés auxiliaires qu'on met en pratique
secondairement à la suite de l'expression.

Les médicaments vétérinaires obtenus par ce mode d'extraction sont les huiles fixes et les sucs de diverses parties
de végétaux.

Des huiles fixes.

Les huiles fixes employées en médecine vétérinaire, tant
à titre de médicaments , qu'à titre d'excipients ou de véhicules, sont fournies par le commerce; ce sont les huiles
d'olives, de ricin, de laurier. Si les pharmaciens-vétérinaires ne les préparent pas ordinairemnt, il est essentiel
qu'ils sachent distinguer leur pureté ou leur sophistication,
soit à leurs caractères physiques, soit à quelques réactions
chimiques assez simples.

Huile d'olive.

Oleum olei.

Cette huile, extraite par une pression graduée des olives
bien mûres, est fluide à la température ordinaire, d'une
odeur et d'une saveur douces, agréables, d'une couleur
jaune verdâtre ou jaune doré; sa densité $= 0,919$. Elle

se congèle à quelques degrés au dessus de 0. Solidifiée à cette température, on doit la conserver dans un endroit frais et ne faire usage que d'huile récente.

Caractères distinctifs. 1° Agitée dans une fiole qui en est en partie remplie, les bulles d'air qu'on y interpose s'élèvent bientôt à la surface, crèvent et ne forment point de *chapelet* comme l'huile d'œillet et d'autres huiles de graines le présentent.

2° Mêlée à la température ordinaire avec son volume d'acide nitrique concentré et fumant, elle se décolore peu à peu et ne prend aucune teinte rose comme le font les huiles de graine en général.

3° L'acide hyponitrique, uni à 3 parties d'acide nitrique concentré pour lui donner plus de fixité, solidifie, d'après M. Boudet fils, l'huile d'olives plutôt que les autres huiles fixes ; 1/33 d'acide hyponitrique solidifie 100 grains d'huile d'olives en 73 minutes, tandis ques les autres huiles exigent pour leur congélation un temps plus long. (Voyez *Dictionnaire des réactifs chimiques.*)

4° Enfin, une dissolution de mercure, faite à froid dans 7 parties 1/2 d'acide nitrique à 38°, étant agitée avec 12 fois son volume d'huile d'olives pure dans un tube, transforme entièrement cette dernière en une masse solide, de la consistance du beurre fondu, dans l'intervalle de vingt-quatre heures ; tandis qu'elle est seulement coagulée en une bouillie de la consistance de l'huile figée, ou d'une consistance plus fluide, si l'huile d'olive est mélangée avec une autre huile végétale.

Usages et doses. (Voyez la première partie, page 42.)

Huile de ricin.

Oleum seminum ricini (CODEX).

Cette huile, d'une couleur ambrée, d'une odeur faible, a une saveur fade, désagréable, et une consistance visqueuse. Exposée à l'air, elle s'altère promptement, s'épaissit, se décolore et contracte une saveur âcre qui va toujours en augmentant.

L'alcool à 90° centésimaux la dissout en toutes proportions, ce qui permet de la distinguer lorsqu'elle est pure et non mélangée à d'autres huiles fixes.

Préparation. Après avoir mondé les graines de ricin pour en séparer les matières étrangères, on les réduit en poudre dans un moulin ou dans un mortier, et l'on soumet ensuite à une pression graduée la poudre renfermée dans des sacs de coutil, jusqu'à ce qu'il cesse de s'écouler aucune portion d'huile. On clarifie ce produit huileux en le passant à travers un filtre de papier à la chaleur d'une étuve. On peut aussi préparer l'huile de ricin par ébullition dans l'eau des graines réduites en pâte, enlever l'huile rassemblée à la surface, la chauffer pour faire évaporer l'eau qu'elle contient et la filtrer. Ce procédé, pratiqué autrefois en Amérique sur les graines fournies par ce pays, et qui renfermaient à l'état de mélange des graines de pignons d'Inde, était utile pour en séparer le principe âcre, volatil ; mais il n'est pas avantageux pour l'extraction de l'huile des graines récoltées en France, qui sont dépourvues de tout principe âcre.

Conservation. L'huile de ricin ne doit être préparée pour l'usage médical qu'en petite quantité à la fois, en raison de sa facile altération. Il est convenable de la contenir dans des vases fermés, que l'on place dans un lieu frais et à l'abri de la lumière : on doit la renouveler dès qu'elle commence à contracter une saveur âcre.

Usages et doses. (Voyez la première partie, page 291.)

Huile de laurier.

Oleum fructuum lauri (Codex).

Cette huile concrète, à la température ordinaire, a une couleur verte et une odeur forte et agréable due à une certaine quantité d'huile volatile qu'elle contient.

Extraction. On l'obtient en écrasant les baies récentes de laurier dans un mortier de marbre, et exposant à une douce chaleur la pulpe qui en provient avant de la soumettre à la presse, ou en délayant dans l'eau les baies écrasées, les y faisant bouillir pendant un quart d'heure, et les exprimant fortement à la presse entre des plaques de fer étamé, chauffées dans l'eau bouillante. Par le refroidissement, l'huile se sépare de l'eau et la surnage.

Pour purifier cette huile, on la fait fondre à une douce chaleur et on la filtre dans une étuve.

Usages et doses. (Voyez la première partie, page 42.)

Huile de croton tiglium.

Oleum seminis crotonis (CODEX).

Cette huile fixe, qui contient un principe âcre extrêmement actif, est fluide à la température ordinaire ; elle est colorée en jaune brunâtre.

On l'extrait des semences de croton réduites en poudre, qu'on enferme dans un sac de coutil et qu'on soumet à la presse entre deux plaques de fer étamé échauffées dans l'eau bouillante. Le marc est ensuite broyé et traité à chaud par deux fois son poids d'alcool à 31°, puis soumis à une nouvelle pression pour en séparer la solution alcoolique qu'on distille dans une cornue. Cette nouvelle portion d'huile est abandonnée à elle-même, puis clarifiée par la filtration avant de la mélanger à l'huile obtenue par simple expression.

Usages et doses. (Voyez la première partie, page 271.)

Des sucs.

On donne le nom de sucs aux liquides de nature diverse qu'on sépare de certaines parties des plantes fraîches par l'expression. Ces liquides, qui ont généralement pour base l'eau de végétation, tiennent en solution un assez grand nombre de principes immédiats et salins dans lesquels résident leurs propriétés médicales.

L'extraction des sucs des plantes vertes est simple ; elle consiste à diviser par contusion dans un mortier de marbre la partie de la plante de laquelle on veut obtenir le suc, et à la soumettre ensuite à la presse. Le suc qui en découle est trouble et souvent coloré en vert par une portion de chlorophylle , qu'il tient en suspension ; on le clarifie à froid par filtration.

Les sucs, sous le rapport de leur composition , ont été distingués en sucs *acides, sucrés, gommeux, gommo-résineux* ou *laiteux* et *salins* ; en général ils sont d'une conservation de peu de durée et se préparent peu de temps avant de les employer.

On peut extraire des différentes parties des végétaux les sucs qu'ils contiennent par le moyen exposé plus haut, et qu'on modifie suivant la nature des parties des plantes. En général, pour obtenir le suc des racines fraîches on les reduit d'abord en pulpe au moyen d'une râpe, et on place cette pulpe dans un sac de toile ou de crin afin de l'exprimer fortement à la presse. Le suc est abandonné à lui-même dans un lieu frais et filtré ensuite à travers un papier non collé. C'est par ce procédé qu'on prépare les sucs de carottes, de navet et de betteraves.

Les sucs qu'on retire des feuilles fraîches, récentes et mondées, s'obtiennent en les lavant pour enlever la terre, les secouant ensuite, les pilant dans un mortier de marbre avec un pilon de bois de gaïac ou de buis, et soumettant le produit à l'action de la presse comme il est dit plus haut. Ce procédé est généralement suivi pour la préparation des sucs de toutes les feuilles et tiges fraîches.

Les sucs des fruits se préparent en les écrasant entre les mains lorsqu'ils sont parvenus à une parfaite maturité, les passant à travers un tamis pour séparer une partie du suc du marc, et exprimant celui-ci fortement à la presse.

Suc de nerprun.

Succus rhamni cathartici (CODEX).

Ce suc, le seul qu'on emploie en médecine vétérinaire, se prépare simplement en écrasant les baies de nerprun entre les mains, au dessus d'une terrine bien propre, et les abandonnant ainsi pendant vingt-quatre heures avec le marc afin de dissoudre la matière colorante contenue dans les pellicules des baies ; après ce laps de temps ou l'exprime dans un linge pour en retirer le suc qu'on laisse se clarifier par le repos et qu'on passe à travers un blanchet au bout de deux jours.

Le suc de nerprun jouit de propriétés purgatives qui le font employer avec avantage pour produire la médication purgative chez les chiens. Il entre dans la composition du sirop qui en porte le nom, et qui est d'un usage assez fréquent dans la médecine de ces animaux. Sa dose est de 32 à 96 grammes (1 à 3 onces). (Voyez *Nerprun*, première partie, page 286).

Des extraits.

On appelle *extrait* le produit mou ou solide résultant de l'évaporation du suc d'une plante ou d'un liquide avec lequel on a traité une substance végétale ou animale.

D'après cette définition les extraits sont de deux sortes :

1° Les extraits préparés sans intermède ;

2° Les extraits obtenus par l'intermède d'un dissolvant ou liquide convenable.

Les premiers résultent de l'évaporation du suc propre d'une plante ; les seconds de l'action de l'eau ou de l'alcool sur certaines parties des végétaux et de l'évaporation de ces véhicules, jusqu'à ce que le résidu ait une consistance molle ou solide.

Les extraits présentent des différences, à raison du grand nombre de principes immédiats qui composent les végétaux et les animaux d'où ils ont été retirés, et de l'espèce de dissolvant employé pour les préparer : en général ils offrent, concentrés sous un plus petit volume, les principes actifs des substances médicamenteuses, ce qui permet de produire une médication plus sûre et plus prompte.

Sous les rapports des principes immédiats qu'ils contiennent, les extraits comme les sucs des végétaux, sont distingués sous les noms de *sucrés, gommeux, gommo-résineux, salins*, etc., suivant les principes qui prédominent. D'après leur mode de préparation ils peuvent être divisés en trois sections, savoir :

1° Extraits préparés avec les sucs tirés des substances organiques ;

2° Extraits préparés par l'intermède de l'eau ou *aqueux*;

3° Extraits préparés par l'intermède de l'alcool ou *alcooliques*.

Ces produits, quel que soit leur mode d'obtention, sont, quant à leur consistance, désignés encore sous le nom d'extraits *mous, solides* ou *secs*, suivant qu'ils se présentent en masse ductile ou cassante à froid, ou bien en écailles sèches.

Pour obtenir les extraits par l'un des trois procédés rapportés plus haut, il faut soumettre ensuite le liquide qui tient en solution les principes médicamenteux à une évaporation directe par le feu; mais cette opération complémentaire exige quelques règles afin d'altérer le moins possible les principes qui forment la base de ces médicaments.

L'évaporation à l'aide du calorique qui est l'opération qu'on fait le plus souvent en pharmacie, se pratique de plusieurs manières, *à feu nu, au bain-sable, au bain-*

marie, à la vapeur et *à l'étuve.* En plaçant les liquides à évaporer dans des bassines de cuivre pur ou étamé.

L'évaporation *à feu nu* s'exécute en mettant le liquide dans une bassine qu'on chauffe directement sur le feu dans un fourneau approprié à la forme de la bassine. Cette opération ne se pratique en général que pour les liquides dont les principes solubles ne sont pas altérables à la température de l'ébullition au contact de l'air.

L'évaporation *au bain de sable* consiste à placer les liquides dans des capsules de verre ou de porcelaine qui sont chauffées sur un bain de sable posé sur un fourneau large et peu profond.

L'évaporation *au bain-marie* se pratique en disposant la capsule ou la bassine au dessus d'une cucurbite contenant de l'eau en ébullition. Ce mode est assez fréquemment employé, car il permet de maintenir une température fixe pendant toute la durée de l'opération.

Pour ces sortes d'évaporations on construit des cucurbites hémisphériques en cuivre, rétrécies à leur ouverture et munies d'un large collet aplati, sur lequel on place les capsules en métal qui contiennent les liquides. Une douille latérale permet d'introduire de l'eau dans la cucurbite au fur et à mesure qu'elle s'évapore.

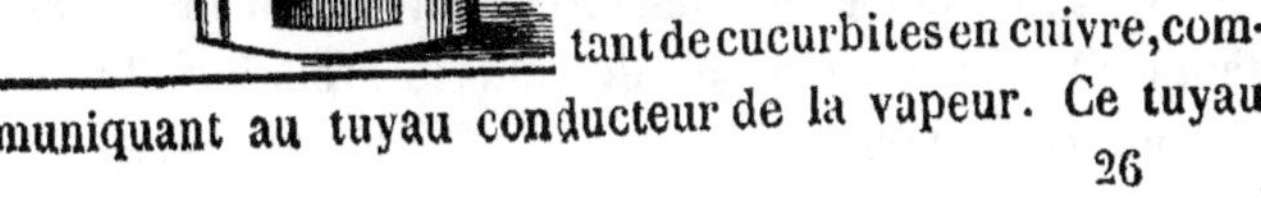

Dans l'évaporation *à la vapeur* on fait arriver celle-ci d'un chaudière à soupape qui contient de l'eau en ébullition sous différentes capsules placées sur autant de cucurbites en cuivre, communiquant au tuyau conducteur de la vapeur. Ce tuyau incliné sert à restituer à la chaudière la portion de vapeur condensée dans les cucurbites pendant l'opération.

L'évaporation *à l'étuve* consiste à mettre les liquides sur des assiettes plates de porcelaine, couvertes d'un canevas clair, dans une étuve échauffée à + 40 ou + 45 degrés. Ce mode d'évaporation est quelquefois employé en pharmacie humaine pour la préparation de certains extraits secs.

Règles générales.

Extraits prepares avec les sucs des plantes. Après avoir obtenu les sucs des végétaux par les procédés que nous avons indiqués, tant pour leur extraction que pour leur clarification, on procède à leur évaporation. Cette opération doit s'exécuter au bain-marie ou à la vapeur, en agitant continuellement jusqu'à ce que le produit ait la consistance convenable.

Extraits préparés par l'intermède de l'eau (extraits aqueux.) Ces produits doivent, en général, être préparés par macération ou infusion, et non par décoction, d'après les observations de M. Guibourt. Ce pharmacien a constaté, en effet, que dans le plus grand nombre de cas, les extraits obtenus par la macération et l'infusion sont, non-seulement en quantité plus grande, mais plus beaux et plus homogènes. Il n'y a qu'un petit nombre d'extraits qui soient faits par décoction. La macération ou l'infusion se pratiquent en mettant dans un vase d'étain ou de grès qu'on couvre, les plantes sèches ou récentes préalablement hachées ou brisées dans un mortier et y versant de l'eau soit à la température ordinaire, soit à $+$ 25 ou 30, ou a $+$ 100 degrés. On laisse macérer ou infuser pendant douze ou vingt-quatre heures et après ce laps de temps on soutire la liqueur du marc, et après l'avoir passée à travers un blanchet, on la fait évaporer comme nous l'avons indiqué ci-dessus. Le marc est mis en macération avec une nouvelle quantité d'eau pour l'épuiser de toute partie soluble.

Extraits préparés par l'intermède de l'alcool (extraits alcooliques.) On les prépare en mettant dans une cucurbite d'étain, la substance grossièrement pulvérisée avec quatre ou cinq fois son poids d'alcool à 22° ou à 86° cent., suivant la nature de la matière à extraire ; on chauffe jusqu'à l'ébullition et on laisse refroidir ; après vingt-quatre heures on passe à travers une toile, on exprime le marc et on le traite une deuxième et une troisième fois par de nouvelles quantités d'alcool. Les solutions alcooliques étant réunies, on les filtre et on les distille dans un alambic pour retirer l'alcool. Le résidu de la distillation est ensuite évaporé dans une capsule au bain-marie.

Extrait de genièvre.

Extractum baccarum juniperi. (CODEX.)

℞ Baies sèches de genièvre. . . . 500 grammes (1 livre).
Eau distillée à + 30°. . . . . . 1500 grammes (3 livres).

Après avoir contusé légèrement les baies de genièvre dans un mortier de marbre avec un pilon en bois, on les fait macérer dans l'eau pendant vingt-quatre heures, on passe, avec une très légère expression, dans une toile, et on fait macérer de nouveau le marc avec une même quantité d'eau, pendant douze heures; après avoir passé cette nouvelle macération, on la réunit à la première et on filtre les liqueurs à la chausse avant de les faire évaporer au bain-marie, en consistance d'extrait mou.

1 kilogramme de baies de genièvre produit 150 grammes d'extrait.

Propriétés médicinales et doses. Cet extrait jouit de propriétés très toniques. On l'administre aux chevaux et aux bêtes bovines, depuis la dose de 16 grammes jusqu'à celle de 32 (8 gros jusqu'à 1 once), en solution dans le vin, la bière, le cidre, ou dans une infusion de plantes aromatiques.

Extrait de gentiane.

Extractum radicis gentianæ luteœ (CODEX).

℞ Racine sèche de gentiane. . . . . . quantité suffisante.

Après avoir coupé en tranches minces cette racine avec le couteau, on la fait sécher à l'étuve, afin de la réduire en poudre grossière au moulin ou dans le mortier de fer; on humecte cette poudre avec la moitié de son poids d'eau distillée froide, et après douze heures de macération, on la tasse entre deux diaphragmes d'étain, dans un cylindre de même métal, puis on lessive avec de l'eau distillée à + 20° jusqu'à ce que celle-ci ne soit plus que légèrement colorée. Les lavages à l'eau étant réunis on les concentre, et

après les avoir filtrés pour séparer le dépôt qui s'y est
formé, on procède à l'évaporation au bain-marie, jusqu'à
consistance d'extrait mou.

Un kilogramme de racine de gentiane sèche fournit 330
grammes (11 onces) environ d'extrait.

Propriétés médicinales. Cet extrait est un excellent
tonique.

Doses. On l'administre depuis la dose de 16 grammes
jusqu'à celle de 32 à 48 grammes (d'une demi-once jusqu'à
une once à une once et demie) pour les grands animaux,
en dissolution dans le vin, la bière, le cidre, ou dans une
infusion aromatique.

Extrait alcoolique de noix vomique.

Extractum nucis vomicæ alcoole paratum (CODEX).

℞ Poudre de noix vomique (*Strychnos nux vomica*).   500 gr. (1 livre).
Alcool à 34° Cart. (80° centésimaux) . . . . . 2000 gr. (4 livres).

On fait macérer, pendant quelques jours, les substances
placées dans un ballon de verre ; on passe avec expression,
on filtre la colature et on verse sur le marc 1000 grammes
de nouvel alcool. Après deux ou trois jours on passe de
nouveau avec expression, on réunit les solutions et on les
distille dans une cornue, pour en retirer toute la partie
alcoolique qui peut servir à une opération semblable. Le
résidu de la distillation est évaporé dans une capsule, en
consistance d'extrait.

1000 grammes (2 livres) de noix vomique râpée donnent
de 90 à 110 grammes (3 à 4 onces) d'extrait. —*Voyez* noix
vomique, dans la première partie.

Propriétés médicinales. Cet extrait, administré à l'intérieur, agit violemment sur le système nerveux, destiné
à la locomotion et à la sensibilité.

Doses. Sa dose est de 20 à 30 grammes (5 gros à 1 once)

pour le cheval et les autres grands animaux domestiques, et de 1 à 5 centigr. (1/5 de grain à 1 grain) pour les petits.

Extrait aqueux d'opium exotique.

Extractum opii aquâ paratum (CODEX).

℞ Opium choisi. . . . . . 500 grammes (1 livre).

On coupe l'opium en tranches minces et on verse dessus trois litres d'eau distillée froide; au bout de douze heures on malaxe avec les mains, et après un temps de macération égal au premier, on passe sur une toile avec expression. Le marc est soumis à une nouvelle macération, dans six parties d'eau froide, et on passe ensuite avec expression. Les liqueurs étant réunies, on les évapore au bain-marie jusqu'en consistance d'extrait; ce produit est redissous à froid dans seize fois son poids d'eau distillée : la solution qui en résulte est filtrée et évaporée presqu'en consistance d'extrait solide.

1000 grammes (2 livres) d'opium fournissent, par ce procédé, de 500 à 560 grammes (16 a 18 onces) d'extrait. En substituant le vin blanc à l'eau on prépare, par ce procédé, l'extrait d'opium au vin.

Cet extrait est très rarement employé comme calmant, dans la médecine vétérinaire, à cause de son prix très élevé.

Extrait d'opium privé de narcotine.

Extractum opii narcotinâ (CODEX).

Cet extrait, qui est calmant et privé de sa propriété narcotique, se prépare en délayant l'extrait aqueux d'opium dans une petite quantité d'eau froide, introduisant la liqueur sirupeuse dans un flacon et y versant huit fois son volume d'éther sulfurique, on bouche le flacon et on agite vivement de temps à autre pendant vingt-quatre heures. L'éther est ensuite décanté à l'aide d'un entonnoir, ou le remplace

par une nouvelle quantité égale à la première, qu'on agite
de même avec l'extrait, et on répète cette agitation avec
de nouvelles doses d'éther, jusqu'à ce que ce liquide ne
dissolve plus rien. La substance aqueuse de l'extrait est
ensuite évaporée au bain-marie dans une capsule de porcelaine.

Extrait de pavot indigène.

Extractum papaveris somniferi Gallicæ.

Cet extrait, qu'on emploie en médecine vétérinaire en
raison de son prix peu élevé, remplace, à l'intensité près,
l'opium exotique. Son action est à celle de ce dernier produit naturel comme 1 est à 5.

On le prépare en écrasant les capsules de pavot pour en
séparer les semences qui ne renferment que de l'huile et du
mucilage, et on les fait infuser pendant vingt-quatre heures
dans 5 à 6 parties d'eau bouillante ; après ce laps de temps
on passe l'infusion avec expression, on la filtre et on la fait
évaporer au bain-marie ou à un feu modéré dans une bassine, en ayant soin d'agiter le résidu de l'évaporation avec
une spatule en bois jusqu'à ce qu'il ait acquis la consistance
d'un extrait.

Propriétés médicinales. Nous les avons fait connaître
d'une manière générale en traitant de l'opium, dans notre
première partie. (voyez page 130.)

Doses. 8, 16, et 32 grammes (2, 4 gros et 1 once) pour
les gros animaux, 1 à 8 grammes (20 grains à 2 gros) pour
les petits.

Mode de conservation des extraits. La généralité des
extraits aqueux s'altérant souvent très vite en raison de l'humidité de l'air qu'ils attirent plus ou moins fortement, il est
donc nécessaire de les conserver dans des vases de faïence
ou de porcelaine qui puissent être bouchés aussi exactement
que possible, et de maintenir ces vases dans des endroits secs.

Les extraits bien préparés ont une couleur d'un brun plus ou moins foncé, une odeur et une saveur particulière sans arrière goût de brûlé. Ils doivent se redissoudre presque entièrement dans l'eau quand ils ont été obtenus par ce dernier véhicule.

Des médicaments obtenus par distillation.

La distillation est un mode d'extraction qui a pour but de séparer par l'action du calorique certains corps volatils de ceux qui le sont moins ou tout à fait fixes. Ce mode d'opération est usité dans un grand nombre de manipulations chimiques et pharmaceutiques, mais nous ne nous bornerons à parler ici que de la distillation appliquée à l'extraction de quelques corps médicamenteux très employés en médecine vétérinaire.

Comme moyen de purification la distillation est pratiquée sur un grand nombre de liquides employés en pharmacie soit pour les isoler des substances fixes qu'ils contiennent, soit pour les priver d'une partie de l'eau qui leur est combinée : c'est dans ce double but que cette opération sert à purifier l'eau ordinaire, à séparer du vinaigre l'acide acétique qu'il contient, à concentrer l'alcool et les liquides spiritueux. La distillation s'exécute à l'aide d'appareils ou de vases particuliers : les *alambics* et les *cornues*.

Les alambics consistent en chaudières cylindriques de cuivre étamé portant le nom de *curcubites*, et dans laquelle on met le liquide à distiller ; ces cucurbites sont surmontées d'un chapiteau en étain qui porte latéralement un tuyau s'ajustant dans un conduit renflé et contourné en spirale nommé *serpentin*. Ce conduit placé dans un grand seau en bois ou en cuivre est entouré de toutes parts d'eau froide pour refroidir et condenser les vapeurs qui y passent, ce qui a fait donner à cette partie de l'alambic le nom de *ré-frigérant*.

La figure A ci-dessous donne une idée des alambics qui sont employés dans les laboratoires de pharmacie, et la figure B du récipient florentin qui sert à obtenir les huiles essentielles par la distillation.

A

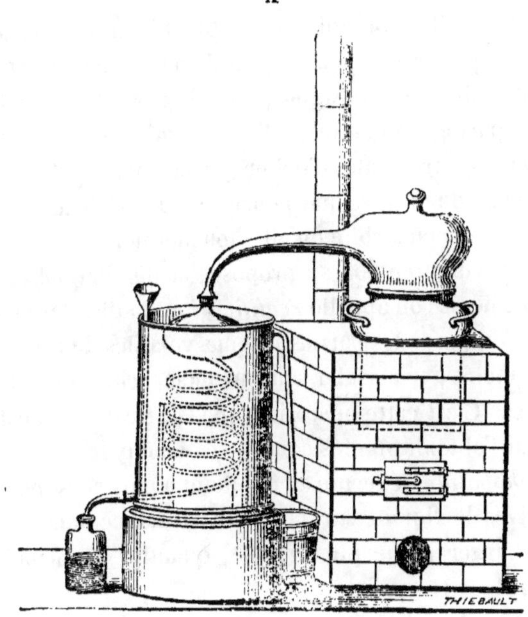

B

La distillation à l'alambic se pratique de deux manières : 1° dans un grand nombre de cas à *feu nu,* c'est à dire en plaçant le liquide dans la cucurbite qui reçoit l'action immédiate du feu ; 2° dans quelques circonstances, en introduisant la matière à distiller dans une espèce de seau en étain qui s'enfonce dans la cucurbite en partie remplie d'eau et qui se trouve échauffée par l'intermède du calorique que ce liquide reçoit. Ce mode particulier est désigné sous le nom de *distillation au bain-marie* ; on l'exécute lorsque la température de la distillation ne doit pas s'élever au delà de 100°, et pour éviter l'altération des substances organiques qui sont chauffées dans l'alambic.

Dans la distillation qui a pour but d'extraire certains principes volatils des plantes, on dispose souvent dans la cucurbite soit un diaphragme percé de trous sur lequel on place les parties de plantes à distiller, soit un seau métallique percé de trous afin d'éviter que ces parties ne s'altèrent par la température que pourraient acquérir le fond et les parois de la cucurbite qu'elles toucheraient.

Suivant l'objet qu'on se propose, la distillation prend différents noms : on appelle *rectification*, la distillation qui consiste à séparer les parties les plus volatiles de celles qui le sont moins, et à isoler souvent même entièrement ces dernières. C'est cette opération que l'on pratique sur l'alcool pour l'obtenir ou plus concentré ou anhydre.

La *cohobation* s'exécute en distillant à plusieurs reprises successives le liquide sur la même substance dans le but de le charger d'une plus grande quantité de principes volatils.

Enfin on a donné anciennement le nom de *déphlegmation* à cette opération qui a pour but de séparer par une nouvelle distillation d'un produit déjà distillé les premières parties aqueuses qui s'en évaporent par la chaleur.

La distillation à la cornue se fait dans des cornues de verre tubulées, de terre ou de porcelaine ; on les dispose soit à feu nu, ou au bain de sable, ou au bain-marie. On ajuste à leur col une alonge en verre qui se rend, en traversant un bouchon, dans un ballon tubulé qui fait office de récipient et qu'on place sur un rond de paille au fond d'une terrine ou d'un vase rempli d'eau froide. La tubulure du ballon porte ou un tube droit effilé pour le dégagement de l'air, ou un tube recourbé plongeant dans un flacon. (voyez ci-dessous.)

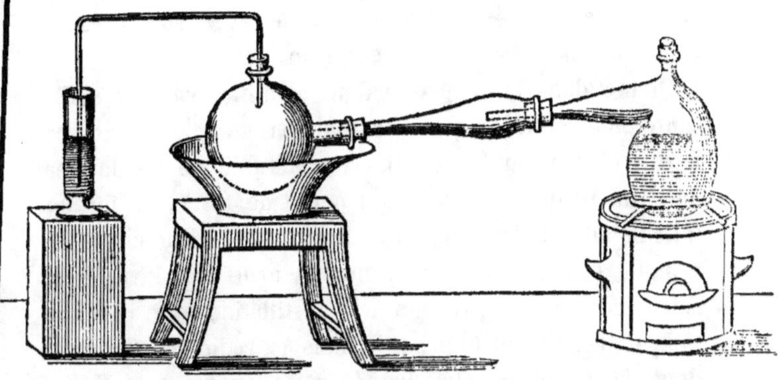

Les cornues de verre servent en général pour la distillation des liquides qui ne pourraient être placés dans les alambics métalliques sans agir sur eux et s'altérer ; et celles de grès et de porcelaine pour la calcination et la décomposition des matières solides à une température plus ou moins élevée.

Des huiles volatiles ou essentielles.

Les huiles volatiles, qu'on appelle *essences*, sont toutes formées dans les parties des végétaux d'où on les extrait. On les obtient soit par l'*expression*, soit par la *distillation* avec de l'eau dans un alambic.

La médecine vétérinaire ne fait usage que d'un petit nombre de ces produits végétaux, au rang desquels nous plaçons en première ligne les huiles essentielles de lavande et de térébenthine.

Huile volatile de lavande.

Oleum volatile lavandulæ veræ (CODEX).

Cette huile qu'on désigne dans le commerce sous le nom d'*huile d'aspic*, ou *de spic,* du mot *spica*, nom d'une espèce de lavande, se prépare avec les feuilles et les sommités de la lavande au moment de sa floraison.

On met dans la cucurbite d'un alambic avec une suffisante quantité d'eau pour les baigner complètement ces parties de la lavande, ou il est préférable de les laisser dans un bain-marie en étain percé de trous, ou fait en toile métallique, qu'on plonge dans la cucurbite en partie remplie d'eau ; on ajoute promptement le chapiteau et le réfrigérant, et l'on procède à la distillation avec précaution, en réunissant le produit dans le récipient florentin dont la forme a été donnée précédemment. (Voyez page 409). L'opération doit être continuée jusqu'à ce que l'eau qui distille ne soit plus que faiblement odorante.

L'eau et l'huile qui ont distillé ensemble s'étant séparées dans le récipient florentin au bout de vingt-quatre heures, on les sépare l'un de l'autre au moyen d'une pipette de verre. Cette huile, après avoir été filtrée, doit être conservée dans des flacons bouchés, à l'abri de la lumière.

(Voyez pour les propriétés médicinales et les usages de cette huile essentielle, première partie, page 159).

Huile volatile de térébenthine.

Oleum volatile terebenthinæ laricis (CODEX).

Cette huile, appelée vulgairement *essence de térébenthine*, est un produit commercial qui se prépare en grand pour les besoins des arts, et que les pharmaciens n'extrayent jamais eux-mêmes : on l'obtient en chauffant graduellement, dans un alambic en tôle épaisse ou en fonte, d'une forme particulière , la térébenthine qui y a été introduite après liquéfaction. Le résidu de cette opération retiré de la chaudière , constitue la résine du commerce qu'on appelle communément *brai sec*, *arcanson* ou *colophane*. 100 parties de térébenthine en fournissent 12 d'huile.

L'huile volatile de térébenthine est incolore, d'une odeur forte, désagréable, et d'une saveur âcre et chaude. Sa densité est de : 0,869.

Pour les *propriétés médicinales*, les *usages* et la *dose* (Voyez la première partie, page 157).

Les procédés que nous avons exposés ci-dessus doivent être appliqués à l'extraction de la plupart des huiles volatiles à quelques modifications près ; c'est ainsi que pour l'obtention des huiles essentielles qui sont moins volatiles que l'eau et plus denses, on pratique cette opération en ajoutant à l'eau 1/10 ou 1/8 de son poids de sel marin , afin de retarder le point d'ébullition de l'eau.

Lorsque les huiles volatiles ont été altérées par le temps au contact de l'air et de la lumière, on les rectifie en les distillant dans une cornue de verre (voyez l'appareil, p. 411) avec deux fois leur poids d'eau ordinaire. L'huile en partie résinifiée reste au fond de la cornue , tandis que celle qui n'a pas été altérée se trouve condensée dans le récipient avec une partie de l'eau. On la sépare de cette dernière au moyen d'un entonnoir de verre dont la douille est tenue bouchée avec un doigt.

Mode de conservation. L'altération que toutes les huiles essentielles ou volatiles éprouvent à l'air et à la lumière, et qui détermine leur coloration et leur épaississement, doit engager à les conserver dans des flacons bien bouchés, que l'on tient dans un lieu frais et obscur. Lorsque cette altération a été produite, on les rectifie en les distillant avec de l'eau comme nous l'avons exposé plus haut.

Médicaments préparés par mixtion ou mélange.

La mixtion est un mode de préparation fréquemment usité en pharmacie, qui a pour objet de déterminer un mélange intime entre les particules des corps qui sont mis en présence.

Cette opération est pratiquée en général entre les corps qui ne peuvent pas réagir entre eux dans les circonstances où on les met. Cependant il arrive quelquefois que les substances qui sont mélangées exercent avec le temps, sous l'influence de l'air et de l'humidité, des réactions telles, que les propriétés respectives de ces mélanges ne sont plus les mêmes que dans les premiers moments de leur préparation. Ces altérations, que la chimie fait connaître, ne doivent pas être ignorées des pharmaciens lorsqu'ils possèdent déjà les éléments de cette science.

La mixtion qui se réduit à une simple interposition de parties *sans qu'il y ait combinaison,* s'exécute sur des médicaments simples ou composés, solides, mous ou liquides. Sous le premier état il importe que ces corps soient déjà désagrégés par les moyens de division que nous avons rapportés, et que leur mélange soit fait par agitation ou trituration dans un mortier après avoir pesé exactement les proportions dans lesquelles ils doivent être unis.

Les substances molles sont mélangés entre elles tantôt par trituration, tantôt par liquéfaction ou fusion : si ce dernier moyen est pratiqué on fait d'abord fondre les substances dans l'ordre de leur moindre fusibilité, et lorsque la mixtion en est faite on agite continuellement jusqu'à refroidissement du composé, pour éviter la séparation des parties les moins fusibles. (Onguents, cérats.)

Les médicaments liquides se mêlent simplement dans le

vase qui doit les contenir, en agitant par secousses afin de mélanger les liquides légers avec ceux qui sont plus denses. Cet état liquide rendant plus ou moins mobiles les molécules, les plus légères se séparent peu à peu et nagent à la surface du mélange; c'est pourquoi il est convenable de les remettre en suspension par l'agitation avant d'employer le médicament.

Ces règles simples ne doivent pas être inconnues des praticiens; elles sont importantes à observer pour conserver aux médicaments préparés par mixtion leurs propriétés respectives, et pour que les effets de la médication ne soient pas susceptibles de varier.

Les médicaments par mixtion ont été placés dans deux sections, suivant qu'ils présentent un excipient ou qu'ils en sont dépourvus. Ceux-ci comprennent *les espèces* et *les poudres composées*, ceux-là admettent dans leur rang les médicaments qu'on a désignés sous les noms *d'électuaires, de bols, de pommades, de cérats* et *d'onguents*.

Des espèces.

Sous ce nom, qui a des significations si différentes dans la langue française, on indique en pharmacie la réunion de différentes substances, seulement incisées ou concassées, et qui ont entre elles quelque analogie par leur propriétés médicinales.

Les espèces sont généralement composées de parties de plantes reconnues pour avoir des propriétés analogues; on y fait entrer quelquefois des gommes, des gommes-résines et des sels.

Dans les espèces officinales le mélange se fait à parties égales, et quand les substances ont été préalablement desséchées, secouées pour les priver de poudre, et ensuite incisées ou concassées par les procédés ordinaires. Après avoir pesé les diverses substances qui entrent dans la composition des espèces, on les mêle à la main aussi exactement que possible, soit sur un tamis, soit sur des feuilles de papier étendues sur une table.

1. Espèces amères.

Species amaræ (CODEX).

℞ Feuilles sèches de germandrée ou petit chêne . . . .
Sommités de petite centaurée . . . .
— d'absinthe. . . . .
} ãã 32 grammes (1 once).

On mêle et on conserve pour l'usage.

2. Espèces aromatiques.

Species aromaticæ (CODEX).

℞ Feuilles ou sommités. . . . .
De sauge. . . . .
De thym. . . . .
De serpolet. . . . .
D'hyssope . . . .
De menthe poivrée . . . .
D'origan. . . . .
D'absinthe . . . .
Fleurs de lavande . . . .
} ãã 32 grammes (1 once).

On mêle aussi exactement que possible et on conserve dans des boîtes en bois qu'on tient fermées à l'abri de l'humidité.

On donne communément le nom de *plantes aromatiques* à la réunion de ces diverses parties de plantes.

3. Espèces anthelmintiques ou vermifuges.

Species anthelminticæ (CODEX.)

℞ Sommités sèches d'absinthe. . . . . . .
— de tanaisie. . . . .
Fleurs de camomille romaine . . . . . .
— semen contra. . . . .
} ãã 32 grammes (1 once).

Mêlez exactement.

4. Espèces apéritives ou diurétiques.

Species diureticæ (CODEX).

℞ Racines sèches de fenouil
        de petit houx
        d'ache   } āā 32 grammes (1 once).
        d'asperge
        de persil

Mêlez et conservez.

Espèces astringentes.

Species astringentes (CODEX).

℞ Racines sèches de bistorte. . . . . }
    —   de tormentille . . . . . . } āā 32 grammes (1 once).
Écorce de grenadier. . . . . }

Espèces ou semences carminatives.

Species carminativæ.

℞ Semences d'anis. . . . . }
    —   de carvi. . . . . } āā 32 grammes (1 once).
    —   de coriandre. . . . . }
    —   de fenouil. . . . . }

Espèces émollientes.

Species emollientes.

℞ Feuilles sèches de bouillon blanc. . . . . }
    —   de guimauve . . . . . . }
    —   de mauve. . . . . } āā 32 grammes (1 once).
    —   de pariétaire . . . . . . }
    —   de séneçon . . . . }

Espèces sudorifiques.

Species sudorificæ (CODEX).

℞ Bois de gaïac râpé. . . . . }
Racine de salsepareille fendue et coupée . } āā 32 grammes (1 once).
    —   de squine coupée par tranches . . }

Espèces toniques amères.

Species tonicæ amaræ.

℞ Racines de gentiane. . . . . }
    —   de chicorée. . . . . } āā 32 grammes (1 once).
    —   d'aunée . . . . }
    —   de patience. . . . . }

Sommités fleuries de centaurée . . . . . . }
Feuilles de chamædris.. . . . . } āā 10 gram. (2 gros ½).
Fleurs de camomille. . . . . }

Après avoir coupé les racines, on hache les plantes et on mêle le tout ensemble.

Espèces toniques excitantes.

Species tonicæ excitantes.

Racines d'aunée . . . . }
   —   d'angélique. . . . . }
   —   de gentiane. . . . . }
   —   de galanga mineur.. . . . . . . }
   —   d'iris de Florence . . . . }
   —   de rhubarbe indigène. . . . . . }
   —   de réglisse . . . . }
Écorce de cannelle . . . . } āā 32 grammes (1 once).
   —   de citron . . . . }
Baies de laurier . . . . }
   —   de genièvre. . . . . }
Semences d'anis . . . . }
   —   de coriandre. . . . . }
   —   de fenouil. . . . . }
Sommités d'absinthe. . . . . }
   —   de menthe. . . . . } āā 10 gram. (2 gros ½).
   —   de romarin . . . . }
   —   de sauge . . . . }

Des poudres composées.

Les poudres composées résultent du mélange de différents corps médicamenteux séparément pulvérisés.

Certaines règles doivent être prises en considération dans leur préparation :

1° Il est nécessaire que chaque corps soit pulvérisé en particulier, et à cet égard on doit observer ce que nous avons rapporté pour ce mode de division.

2° Le mélange exact des poudres organiques doit être exécuté dans un mortier par trituration et en les faisant passer à travers un tamis moins serré que celui qui a servi à les obtenir.

3° Les substances minérales doivent être incorporées à la masse par porphyrisation, et non par tamisation, qui opérerait leur séparation des substances végétales en raison de leur plus grande densité.

4° Il faut éviter d'introduire dans les poudres composées des corps composés déliquescents, qui attirent plus ou moins avidement l'humidité de l'air, et des semences huileuses qui s'altèrent par l'action de l'air sur l'huile qu'elles contiennent.

5° Leur conservation exige de les renfermer dans des bocaux ou des boîtes qu'on tient bouchés.

Les poudres composées, comme les espèces, portent des noms qui rappellent leurs propriétés médicinales. Les plus employées dans la médecine des animaux domestiques sont les suivantes, dont plusieurs sont officinales, mais qui peuvent toujours être préparées peu de temps avant leur administration.

Poudre adoucissante, n. 1.

℞ Poudre de guimauve. . . . .   500 grammes (1 livre).
—   de gomme arabique. . . .   250 grammes (½ livre).

On mêle ces poudres ensemble par trituration, et on conserve dans un poudrier qu'on tient bouché.

Dose. Pour le cheval, 32 à 64 gram. (1 once à 2 onces).

Poudre adoucissante, n. 2.

℞ Poudre de réglisse.. . . . . . .   500 grammes (1 livre).
—   de guimauve.. . . . . .   250 grammes (½ livre).

Cette poudre, plus économique que celle n° 1, se prépare comme elle.

Dose. Pour le cheval, 32 à 64 gram. (1 once à 2 onces).

27

Poudre caustique de Rousselot.

℞ Sang-dragon. . . . . 1000 grammes (3 livres 3 onces).
Sulfure rouge de mercure (vermillon). 800 grammes (1 liv. 10 onces).
Acide arsénieux . . . . 100 grammes (3 onces).

Après avoir réduit en poudre impalpable chacune de ces substances, on les mêle intimement dans un mortier de porcelaine ou de verre.

Poudre arsénicale du frère Cosme.

℞ Deutosulfure de mercure . . . . 62 grammes (2 onces).
Sang-dragon. . . . . 6 décigrammes (12 grains).
Acide arsénieux . . . . 5 grammes (1 gros).

On se sert de ces deux dernières poudres pour cautériser des surfaces ulcéreuses ou dartreuses anciennes.

Poudre arsénicale modifiée par M. Schaack, contre les eaux aux jambes.

℞ Acide arsénieux ou oxyde blanc d'arsenic . 2 grammes (½ gros).
Sang-dragon. . . . . 16 grammes (½ once).
Cinabre. . . . . 32 grammes (1 once).

On porphyrise ces trois substances ensemble et on les conserve.

Emploi et usage. On délaie ces poudres avec de l'eau jusqu'à consistance de bouillie, et on étend celle-ci en couches sur la partie malade à l'aide d'un pinceau.

On ne doit faire usage de cette préparation que dans les eaux aux jambes chroniques (voyez pour plus de détails, *Recueil de Médecine vétérinaire*, 1834, page 524).

Poudre astringente dessiccative de Bracy-Clarke.

℞ Sulfate de zinc, ... ⎫
  Poivre blanc. . . . . ⎬ āā 250 grammes (½ livre).
  Craie légèrement calcinée. . . . . ⎭

Broyez ensemble et conservez.

Cette poudre s'emploie avec de grands avantages pour

dessécher les eaux aux jambes des chevaux et les dartres humides des chiens. On s'en sert aussi dans le catarrhe auriculaire ancien du même animal.

Poudre excitante pour les yeux, n. 1.

Collyre sec.

℞ Alun cristallisé. . . . . . . 5 décigrammes (10 grains).
Sulfate de zinc. . . . . . . 25 centigrammes (5 grains).
Sucre candi. . . . . 4 grammes (1 gros).

On se sert de cette poudre pour détruire les taies qui accompagnent la conjonctivite chronique.

Poudre excitante, n. 2.

Autre collyre sec.

℞ Deutoxide de mercure. . . . . . . 2 grammes (½ gros).
Agaric blanc . . . . 2 grammes (½ gros).
Sucre blanc. . . . . 32 grammes (1 once).

Poudre excitante (Mathieu) pour les bêtes à cornes.

℞ Poudre de moutarde noire. . . . 16 grammes (½ once).
Fleur de soufre . . . . 32 grammes (1 once).
Poudre cordiale. . . . . 32 grammes (1 once).
Fenugrec pulvérisé. . . . . . . 128 grammes (4 onces).
Sel de cuisine. . . . . 500 grammes (1 livre).

On mélange toutes ces parties.

On étend une forte pincée de cette poudre sur une tranche de pain que l'on donne à l'animal. Le gros bétail est friand de cette poudre.

On l'emploie dans toutes les maladies anémiques. M. Mathieu en fait usage dans le cours de la péripneumonie du gros bétail.

Poudre diaphorétique de Bracy-Clark.

℞ Protosulfure d'antimoine. . . . . 125 grammes (4 onces).
Fleur de soufre. . . . . 62 grammes (2 onces).
Farine d'orge . . . . 250 grammes (½ livre).

Dose. 32 à 64 grammes (1 à 2 onces) pour le cheval.

Poudre diurétique du Codex.

Pulvis diureticus.

℞ Poudre de gomme arabique . . . . 64 grammes (2 onces .
—   de sucre blanc. . . . . . 64 grammes (2 onces).
—   de nitrate de potasse. . . 32 grammes (1 once).
—   de racine de guimauve . . 32 grammes (1 once).

Mêlez et conservez pour l'usage.

Dose. 16 à 32 grammes (1/2 once à 1 once) pour les grands animaux.

Poudre diurétique de Lebas.

Imité d'après l'analyse.

℞ Nitrate de potasse pulvérisé. . . . . 32 grammes (1 once).
Résine en poudre. . . . . 32 grammes (1 once).
Deutoxide de fer. . . . . 4 grammes (1 gros).
Peroxide de fer . . . . 28 grammes (7 gros).
Tartrate de potasse et d'antimoine. . 1 décigramme (2 grains).

On mêle bien ces diverses substances pulvérisées séparément, et on triture le tout dans un mortier de marbre pour rendre la poudre homogène.

Cette poudre est divisée en paquets de 62 à 125 grammes. (2 à 4 onces).

On peut confectionner avec cette poudre des *diuretic-bols* du poids de 8 gram. (2 gros), que l'on fait avaler aux chevaux au nombre de deux tous les matins. Ces pilules sont excellentes dans les maladies cutanées et les hydropisies.

Nous les avons aussi employées avec avantage dans le farcin.

Poudre incisive et pectorale, n. 1.

℞ Poudre de réglisse. . . . . 180 grammes (6 onces).
—   de racine d'iris de Florence. . 120 grammes (4 onces).
Kermès minéral. . . . . 90 grammes (3 onces).

On mêle pour former une masse uniforme.

On donne cette poudre dans la période de sécrétion des bronchites aiguës et chroniques.

Poudre incisive et pectorale, n. 2.

℞ Poudre de guimauve. . . . . 250 grammes (½ livre).
— d'aunée. . . . . 125 grammes (4 onces).
Fleur de soufre lavée. . . . . 125 grammes (4 onces).

Poudre incisive et pectorale, n. 3.

℞ Poudre de réglisse. . . . . 250 grammes (½ livre).
— d'aunée. . . . . 125 grammes (4 onces).
— d'assa-fœtida . . . . 125 grammes (4 onces).

F. s. a.

On donne ces deux dernières poudres à la même dose et dans les mêmes circonstances que celles indiquées ci-dessus.

Poudre tonique.

℞ Poudre de gentiane. . . . . . . 250 grammes (½ livre).
Baies de genièvre . . . . 125 grammes (4 onces).
Peroxide de fer . . . . 100 grammes (3 onces).

F. s. a.

Poudre tonique avec le quinquina.

℞ Poudre de quinquina rouge. . . . 125 grammes (4 onces).
— de gentiane. . . . . . . 125 grammes (4 onces).
Peroxide de fer. . . . . 62 grammes (2 onces).
Hydrochlorate d'ammoniaque. . . 62 grammes (2 onces).

Ces deux poudres toniques que nous avons employées fréquemment dans les maladies anémiques ou hydroémiques, le mal de tête de contagion et les affections charbonneuses, se donnent à la dose de 16 à 64 grammes (1/2 once à 1 once).

Poudre vermifuge, n. 1.

℞ Poudre de racine de fougère mâle. . 125 grammes (4 onces).
— de sommités de tanaisie. . . 62 grammes (2 onces).
— d'assa-fœtida. . . . . . . 32 grammes (1 once).
— d'aloès . . . . 32 grammes (1 once).

Doses. De 16 à 32 et à 64 gram. (1/2 once 1 à 2 onces) pour le cheval, et de 8 à 16 grammes (2 à 4 gros) pour les petits animaux.

Poudre vermifuge, n. 2.

℞ Poudre de racine de fougère. . . . . . . 250 grammes (½ livre).
   — de mousse de Corse . . . . . . ⎫
   — de gentiane. . . . . ⎬ ãã 50 grammes (1 onces ½).
   — de rhubarbe. . . . . ⎭
Protochlorure de mercure, lavé. . . . . 25 grammes (6 gros).

Même dose que la précédente.

Poudre vermifuge du Codex.

Pulvis vermifugus.

℞ Poudre de mousse de Corse. . . . . 32 grammes (1 once).
   — de semen contra. . . . . 32 grammes (1 once).
   — de rhubarbe. . . . . 16 grammes (½ once).

Dose. De 8 à 16 gram. (2 à 4 gros) pour les petits animaux.

Farines émollientes.

Farine émollientes (CODEX).

℞ Farine de graine de lin. . . . . ⎫
   — de seigle . . . . ⎬ ãã 500 grammes (1 livre).
   — d'orge . . . . ⎭

Des électuaires.

On confond aujourd'hui sous le nom d'*électuaires*, de *confections*, d'*opiats*, des médicaments internes d'une consistance de pâte molle, composés de poudres divisées, de pulpes ou d'extraits qu'on a incorporés dans du sirop, du miel ou de la mélasse, afin d'en faciliter l'administration aux divers animaux domestiques.

Ces préparations pharmaceutiques qui , pour la plupart, doivent être regardées comme des préparations magistrales à l'exception de quelques unes, sont exécutées au moment de s'en servir; elles exigent une mixtion exacte des différentes substances qui entrent dans leur composition.

Les électuaires sont simples ou composés; les premiers

sont ceux qui ne contiennent qu'une seule substance médicamenteuse ajoutée au miel ou à la mélasse qui sert d'excipient ; les seconds renferment plusieurs substances médicamenteuses.

Le nom d'*opiats* était réservé autrefois aux électuaires dans lesquels il entrait de l'opium, mais cette distinction n'est plus admise de nos jours.

Sous le rapport de leurs propriétés médicales, les électuaires sont distingués par des noms qui rappellent leur action sur l'organisme.

Electuaires adoucissants.

Electuaire adoucissant simple.

℞ Poudre de racine de guimauve. . 125 grammes (4 onces).
  Miel commun. . . . . 250 grammes (8 onces).

Mélangez bien avec une spatule la poudre au miel, et administrez-en deux fois au cheval.

Electuaire adoucissant composé, n. 2.

℞ Poudre de racine de guimauve. . 62 grammes (2 onces).
  — de racine de réglisse. . . 62 grammes (2 onces).
  Miel commun. . . . . 250 grammes (8 onces).

Electuaire adoucissant gommeux, n. 3.

℞ Poudre de gomme arabique. . . . 32 grammes (1 once).
  — de guimauve. . . . . . . 62 grammes (2 onces).
  Miel commun. . . . . 250 grammes (8 onces).

En une seule dose.

Electuaire adoucissant opiacé, n. 4.

℞ Poudre de gomme arabique. . . . 32 grammes (1 once).
  — de guimauve. . . . . . . 62 grammes (2 onces).
  Extrait aqueux d'opium exotique. . 4 grammes (1 gros).
  Miel. . . . . 250 grammes (3 onces).

On broie l'extrait d'opium avec un peu d'eau et on l'incorpore dans le miel avant d'y ajouter les poudres de gomme et de guimauve.

Electuaire adoucissant et calmant, n. 5.

℞ Poudre de racine de guimauve... 125 grammes (4 onces).
— de racine de réglisse.... 125 grammes (4 onces).
Extrait de pavot......... 62 grammes (2 onces).
Huile d'amandes douces..... 125 grammes (4 onces).
Miel commun. - - - - - - - 500 grammes (1 livre).

Ces deux derniers électuaires sont surtout recommandés dans les bronchites avec quintes de toux.

Electuaire astringent.

℞ Poudre de racine de bistorte.... 32 grammes (1 once).
Magnésie calcinée........ 16 grammes (½ once).
Miel............... 125 grammes (4 onces).

En une seule dose.

Electuaire astringent opiacé.

℞ Poudre de racine de bistorte.... 32 grammes (1 once).
Extrait aqueux d'opium indigène.. 16 grammes (½ once).
Miel............... 125 grammes (4 onces).

Après avoir trituré l'extrait d'opium dans un peu d'eau, on l'ajoute au miel et on y mélange exactement la poudre de bistorte.

Cet électuaire s'administre en une seule fois et en une seule dose dans les cas de diarrhée et de dysenterie du cheval et des bêtes à grosses cornes.

Electuaire expectorant.

℞ Manne grasse............ 62 grammes (2 onces).
Miel............... 160 grammes (5 onces).

On broie peu à peu la manne avec le miel en triturant dans un mortier de marbre.

En une seule dose pour le cheval.

Autre, n. 2.

℞ Poudre de racine de guimauve. . . . 62 grammes (2 onces).
    — de racine d'iris de Florence. . 32 grammes (1 once).
    Kermès minéral. . . . . 24 grammes (6 gros).
    Miel commun. . . . . 250 grammes (8 onces).

Electuaire expectorant, n. 2.

℞ Poudre de racine de réglisse. . . . . 250 grammes (8 onces).
    — d'aunée. . . . . 125 grammes (4 onces).
    Fleur de soufre lavée. . . . . 62 grammes (2 onces).
    Miel scillitique . . . . 1000 grammes (2 livres).

En deux doses pour le cheval.

Electuaire diaphorétique simple, n. 1.

℞ Fleurs de soufre lavées. . . . . . . 32 grammes (1 once).
    Poudre de racine d'angélique.. . . 46 grammes (1 once ½).
    Miel. . . . . 125 grammes (4 onces).

Electuaire diaphorétique, n. 2.

℞ Protosulfure d'antimoine pulvérisé. . 46 grammes (1 once ½).
    Poudre de racine d'aunée . . . . . 62 grammes (2 onces).
    Miel. . . . . 125 grammes (4 onces).

Electuaire diaphorétique, n. 3.

℞ Crocus métallorum. . . . . 32 grammes (1 once).
    Poudre de gaïac. . . . . 64 grammes (2 onces).
    Miel. . . . . 125 grammes (4 onces).

Electuaire diaphorétique, n. 4.

℞ Kermès minéral. . . . . 32 grammes (1 once).
    Poudre de racine d'aunée . . . . . 24 grammes (6 gros).
    — de sassafras. . . . . 24 grammes (6 gros).
    Miel. . . . . 180 grammes (5 onces).

Electuaires diurétiques.

On peut préparer un électuaire diurétique en mêlant 32 à 64 grammes de poudre diurétique à 125 à 250 grammes (4 et 8 onces) de miel commun.

Electuaire diurétique, n. 1.

℞ Nitrate de potasse (azotate de potasse). . 32 grammes (1 once).
    Camphre. . . . . 8 grammes (2 gros).
    Jaunes d'œufs. . . . . N° 2.
    Miel ou oxymel simple. . . . . . . 125 grammes (4 onces).

Après avoir broyé le camphre avec un peu d'alcool, on le délaie dans les deux jaunes d'œuf, on ajoute le nitrate de potasse au miel et on opère la mixtion des quatre substances par trituration.

Electuaire diurétique, n. 2.

℞ Acétate de potasse. . . . . : 62 grammes (2 onces).
Oxymel scillitique. . . . . 125 grammes (4 onces).
Farine ou poudre de réglisse . . . quantité suffisante.

C'est à l'aide de la farine ou de la poudre de réglisse que l'on donne la consistance convenable à l'électuaire.

Dose. En une seule dose pour le cheval.

Electuaire diurétique, n. 3.

℞ Savon blanc râpé . . . . 32 grammes (1 once).
Extrait de baies de genièvre. . . . quantité suffisante.

On broie ces deux substances ensemble pour en composer deux masses égales que l'on roule dans du son ou de la poudre de réglisse.

Electuaire diurétique, n. 4.

℞ Térébenthine . . . . 320 grammes (10 onces).
Jaunes d'œufs. . . . . N° 6.
Miel. . . . . 400 grammes (13 onces).
Poudre de réglisse. . . . . . quantité suffisante.

On mêle les jaunes d'œufs à la térébenthine, on ajoute le miel et la poudre de réglisse.

Electuaire diurétique, n. 5.

℞ Résine en poudre. . . . . . . 48 grammes (1 once ½).
Carbonate de soude. . . . . . 16 grammes (½ once).
Extrait de genièvre. . . . . quantité suffisante.

On mélange ces substances pour former avec la masse quatre bols qu'on administre d'heure en heure au cheval et à jeun.

Electuaire fondant, n. 1.

℞ Pommade mercurielle. . . . . 160 grammes (5 onces).
Savon blanc et râpé fin. . . . . 64 grammes (2 onces).
Amidon. . . . . 64 grammes (2 onces).

La masse qui résulte de ce mélange doit être divisée en douze bols qu'on roule dans une poudre végétale et qu'on administre aux chevaux, un bol tous les matins.

Electuaire fondant antifarcineux, n. 2.

℞ Poudre d'asa fœtida.. . . . . 160 grammes (5 onces).
Deuto-sulfure de mercure pulvérisé. . 64 grammes (2 onces).
Poudre de galanga. . . . . 32 grammes (1 once).
Chlorure de calcium pulvérisé.. . . . 12 grammes (3 gros).
Pommade mercurielle. . . . . 64 grammes (2 onces).

On mêle dans un mortier de marbre les diverses substances qui composent cet électuaire, et on divise en six masses égales qu'on roule en bols dans la poudre de réglisse. On administre un bol tous les matins.

Electuaire fondant, n. 3.

℞ Proto-sulfure de mercure pulvérisé. . 250 grammes (8 onces).
Poudre de racine de bardane. . . . . 500 grammes (1 livre).
Miel ou mélasse. . . . . quantité suffisante.

Après avoir mélangé exactement les deux poudres, on y ajoute du miel pour en former une masse d'une consistance pâteuse qu'on partage en trente-deux parties. Administrez trois ou quatre de ces bols tous les matins.

Electuaire laxatif.

℞ Sulfate de magnésie (sel d'Epsum).. . 125 grammes (4 onces).
Miel. . . . . 500 grammes (1 livre).
Son . . . . 1 litre.

Le miel et le sulfate de magnésie sont mélangés au son, qu'on a fait cuire dans une suffisante quantité d'eau.

En une seule dose pour le cheval.

Electuaire laxatif, n. 2.

℞ Sulfate de soude (sel de Glauber). . . 160 grammes (5 onces).
Manne grasse. . . . . 125 grammes (4 onces).
Son. . . . . 1 litre.

Cet électuaire se prépare comme le précédent.

En une seule dose pour le cheval.

Electuaire purgatif, n. 1.

℞ Poudre d'aloès des Barbades . . . . 46 grammes (1 once ½).
Poudre de réglisse. . . . . 32 grammes (1 once).
Miel. . . . . quantité suffisante.

On compose avec cet électuaire trois ou quatre bols qui devront être roulés dans la poudre de réglisse.

En une seule dose pour le cheval.

Electuaire purgatif, n. 2.

℞ Sulfate de soude (sel de Glauber) . . . 64 grammes (2 onces.)
Poudre d'aloès des Barbades . . . . . 32 grammes (1 once).
Poudre de séné. . . . . 16 grammes (½ once).
Miel. . . . . quantité suffisante.

On divise cet électuaire comme le précédent.

En une seule dose pour les gros chevaux.

Electuaire purgatif savonneux, n. 3.

℞ Poudre d'aloès des Barbades . . . . 32 grammes (1 once).
— de jalap. . . . . 16 grammes (½ once).
Savon blanc râpé. . . . . 32 grammes (1 once).
Miel. . . . . quantité suffisante.

On ajoute le savon au miel et on mélange bien les poudres à la masse, qu'on doit diviser ensuite en quatre ou cinq bols.

En une seule dose pour le cheval.

Electuaire purgatif, n. 4.

℞ Huile de croton-tiglium . . . . 20 gouttes.
Poudre de séné. . . . . 16 grammes (½ once).
Miel. . . . . quantité suffisante.

On verse l'huile sur la poudre de séné et on l'incorpore ensuite au miel, de manière à former une masse qu'on divise en deux bols pour l'administrer en une seule fois.

Electuaire purgatif, n. 5.

℞ Poudre de rhubarbe. . . . . . . 64 grammes (2 onces).
— d'aloès. . . . . 64 grammes (2 onces).
— Miel. . . . . quantité suffisante.

Mêlez, et divisez la masse en seize bols. On administre deux de ces bols chaque matin.

D'autres électuaires purgatifs sont composés avec le proto-chlorure de mercure et le sirop de nerprun.

Electuaire purgatif, n. 6.

℞ Aloès des Barbades. . . . . . . 8 grammes (2 gros).
Poudre de réglisse. . . . . . . 32 grammes (1 once).
Miel. . . . . 125 grammes (4 onces).

Mélangez les deux substances et confectionnez quatre bols.

Administrez en une seule dose au cheval.

Cet électuaire purge souvent les gros chevaux.

La dose doit être diminuée de moitié pour les poulains. Il constitue les purge-bols anglais.

Electuaire purgatif, n. 7.

℞ Poudre d'aloès des Barbades. . . 64 grammes (2 onces).
Poudre de réglisse . . . . 96 grammes (3 onces).
Miel. . . . . 250 grammes (8 onces).

Mêlez toutes ces substances, et confectionnez douze bols, qu'on administre en douze fois aux chevaux, un tous les matins.

Electuaire tonique, n. 1.

℞ Deutoxide de fer (éthiops martial). 384 grammes (12 onces).
Poudre de gentiane . . . . . . 250 grammes (8 onces).
Miel. . . . . 1000 grammes (2 livres).

F. s. a.

Doses. En deux doses pour le cheval.

Electuaire tonique, n. 2.

℞ Deutoxide de fer (éthiops martial) .   384 grammes (12 onces).
Poudre de racine d'angélique . . .   192 grammes (6 onces).
Miel. . . . .   1000 grammes (2 livres).

On mêle par trituration légère.
En deux doses pour le cheval.

Electuaire tonique, n. 3.

℞ Poudre de quinquina orangé. .   . . .   64 grammes (2 onces).
— d'année. . . . .   64 grammes (2 onces).
Miel. . . . .   250 grammes (8 onces).

On peut remplacer la poudre de quinquina par le sulfate de quinine à la dose de 4 grammes, et la poudre d'aunée par celle de gentiane.

En une seule dose pour le cheval.

Electuaire tonique, n. 4.

℞ Peroxide de fer . . . .   250 grammes (8 onces).
Poudre de gentiane. . . . .   384 grammes (12 onces)
Extrait de genièvre. . . . .   1000 grammes (2 livres),

En deux doses pour le cheval.

Electuaire tonique et stimulant, n. 5.

℞ Poudre de quinquina jaune. . . . . .   128 grammes (4 onces).
— de cannelle. . . . .   32 grammes (1 once).
— de gingembre . . . .   32 grammes (1 once).
Camphre . . . .   24 grammes (6 gros).
Jaunes d'œufs . . . .   N° 2.
Miel . . . .   500 grammes (1 livre).

Après avoir pulvérisé le camphre dans un mortier en le triturant avec un peu d'alcool, on le délaie dans les jaunes d'œufs et on l'ajoute au miel avec les poudres. Cet électuaire est ensuite divisé en trois ou quatre parties, qu'on administre à différentes époques de la journée.

Électuaire tonique, n. 6.

℞ Tartrate de potasse et de fer. . . . . . .   32 grammes (1 once).
Extrait de genièvre . . . . 16 grammes (½ once).
Poudre de quinquina . . . .   8 grammes (2 gros).

Faites trois bols.

En une seule dose pour le cheval.

Électuaire tonique, n. 7.

℞ Proto-acétate de fer. . . . .   32 grammes (1 once).
Extrait de gentiane . . . .   16 grammes (½ once).
Poudre de quinquina. . . . .   8 grammes (2 gros).

Faites un électuaire en trois bols.

En une seule dose pour le cheval.

Électuaire vermifuge ou anthelmintique, n. 1.

℞ Huile empyreumatique animale . . . . . .   32 grammes (1 once).
Poudre de racine de fougère mâle . . . . .   64 grammes (2 onces).
Miel . . . .   quantité suffisante.

On ajoute l'huile animale à la poudre de racine de fougère, et on délaie le tout avec le miel pour former une masse qu'on divise en quatre ou cinq bols.

En une seule dose pour le cheval.

Électuaire vermifuge, n. 2.

℞ Poudre de racine de fougère mâle. . . . . .   64 grammes (2 onces).
Protochlorure de mercure préparé à la vapeur.   8 grammes (2 gros).
Sirop de nerprun . . . .   quantité suffisante.

On divise la masse en quatre bols.

En une seule dose pour le cheval.

Électuaire vermifuge, n. 3.

℞ Savon empyreumatique . . . . 128 grammes (4 onces).
Poudre d'aloès. . . . .   32 grammes (1 once).
Protochlorure de mercure préparé à la vapeur.   8 grammes (2 gros).
Poudre de racine de fougère mâle. . . . . .   quantité suffisante.

La masse de cet électuaire doit être divisée en six parties ou bols.

En trois doses pour le cheval.

Des bols.

On donne le nom de bols à des portions d'électuaires
assez solides pour être divisées et roulées en boules ovoïdes
d'un poids déterminé, et que l'on fait avaler aux animaux à
divers intervalles de la journée.

Leur composition est très variable suivant la médication
qu'on veut produire ; en général on les confectionne comme
les électuaires dont nous avons donné la préparation plus
haut, et avec les mêmes substances.

Leur administration se fait facilement dans le cheval.

On les divise, suivant leurs propriétés médicales, en *bols
adoucissants*, *béchiques*, *antifarcineux*, *purgatifs* ou
fondants, *vermifuges*, *toniques* et *excitants*, etc., etc.

Tous les électuaires peuvent être convertis en bols en
leur donnant plus de consistance, soit en y introduisant une
moins grande quantité d'excipient mou, soit en augmentant
la proportion des poudres qui y entrent. Nous ne donne-
rons donc aucune formule de bols. (Voyez à l'article *Électuaires.*)

Des charges.

Sous ce nom particulier on désigne en médecine vétérinaire des topiques de consistance molle ou solide, destinés à être appliqués immédiatement sur la peau dépilée des
régions malades, ou après avoir été liquéfiés par l'action
du calorique.

Ces médicaments, dont plusieurs se rapprochent par
leur composition de certains onguents, ont généralement
pour base la poix grasse ou noire, le goudron ou la térébenthine, auxquelles on associe certaines huiles volatiles,
quelques teintures ou alcoolés, à base de camphre ou

de cantharides, suivant la médication qu'on désire produire.

Leur préparation est simple ; elle consiste à unir par la fusion les substances résineuses solides, et à y ajouter ensuite les produits liquides qui doivent y entrer.

Leur emploi est indiqué pour fortifier dans les cas d'écarts, de foulures, d'entorses, de faiblesses de nerfs et de reins, etc., etc. On les applique en friction, ou après les avoir étendues sur des étoupes qu'on place sur les régions qu'on veut médicamenter.

Les charges sont ordinairement employées à titre de résolutif ou de fortifiant, en excitant les parties sur lesquelles elles sont appliquées.

Voici la composition de celles dont on fait le plus fréquent usage dans la médecine des animaux :

Charge résolutive, n. 1.

℞ Poix grasse de Bourgogne. . . . . . . 250 grammes (8 onces).
Huile d'olives . . . . 96 grammes (3 onces).
Essence de térébenthine ou de lavande. 96 grammes (3 onces).

On fait fondre la poix dans l'huile à une douce chaleur, en remuant avec une spatule, on retire du feu et on ajoute l'essence de térébenthine.

Charge simple, n. 2.

℞ Poix grasse . . . . 125 grammes (4 onces).
Térébenthine. . . . . 32 grammes (1 once).

On fait fondre ces deux substances dans un poêlon de terre vernissée, et on y plonge des étoupes qu'on applique en topique sur la peau rasée des poils qui la recouvraient.

Charge résolutive, n. 3.

℞ Térébenthine. . . . . 192 grammes (6 onces).
Huile de laurier. . . . . » . 96 grammes (3 onces).
Essence de lavande . . . . 96 grammes (3 onces).

On mêle par agitation ces trois substances et on applique la charge comme ci-dessus.

Charge résolutive ammoniacale, n. 4.

℞ Térébenthine . . . . 250 grammes (8 onces).
Alcool camphré . . . . 64 grammes (2 onces).
Ammoniaque liquide concentré à 22°. 64 grammes (2 onces).

On ajoute l'alcool camphré à la térébenthine, et on mêle ensuite peu à peu l'ammoniaque par trituration.

Charge, n. 5.

℞ Térébenthine . . . . 125 grammes (4 onces).
Suie de cheminée. . . . . 96 grammes (3 onces).

On broye peu à peu la suie avec la térébenthine afin d'opérer un mélange intime.

Charge astringente résolutive, n. 6.

℞ Blancs d'œufs . . . . N° 6.
Alun pulvérisé . . . . 64 grammes (2 onces).
Alcool . . . . 96 grammes (3 onces).
Miel. . . . . 250 grammes (8 onces).

On mêle par le battage les trois premières substances et on les incorpore peu à peu dans le miel.

Charge résolutive fortifiante. n. 7.

℞ Goudron . . . . 250 grammes (8 onces).
Suif.. . . . . 125 grammes (4 onces).
Essence de térébenthine . . . . . 96 grammes (3 onces).
Teinture de cantharides . . . . . 96 grammes (3 onces).

Après avoir fait fondre le suif et le goudron on retire du feu le produit et on ajoute l'essence et la teinture qu'on y mélange exactement.

Des cataplasmes.

Les cataplasmes sont des topiques de la consistance d'une bouillie épaisse ou d'une pâte molle. On les compose avec des pulpes de végétaux ou avec des poudres ou des farines cuites, avec de l'eau pure, soit avec des décoctions de plantes ou avec du lait.

On ajoute souvent aux cataplasmes des substances actives dont ils doivent favoriser l'effet, comme des huiles, des onguents, ou d'autres substances médicamenteuses préalablement réduites en poudres.

Le nom de *sinapisme* est particulièrement affecté aux cataplasmes préparés avec la farine de moutarde noire. Les autres cataplasmes sont distingués entre eux par leurs effets médicamenteux.

Cataplasme émollient, n. 1.

℞ Farines émollientes. . . . . 1 ou 2 poignées.
Eau commune. . . . . quantité suffisante.

On délaie les farines dans l'eau froide de manière à en composer une bouillie claire qu'on fait cuire en remuant continuellement avec une spatule de bois jusqu'à consistance convenable.

Ce cataplasme est ensuite étendu en couche plus ou moins épaisse sur une toile qu'on maintient appliquée sur telle ou telle partie du corps à l'aide de bandelettes de toile ou des ligatures.

On remplace le plus souvent les farines émollientes par une seule farine qui est celle de graine de lin.

Cataplasme émollient, n. 2.

℞ Feuilles récentes de mauve . . . . . 1 poignée.
Farine de graine de lin . . . . . . 1 poignée.
Eau commune . . . . quantité suffisante.

On fait cuire les feuilles de mauve dans une certaine quantité d'eau, de manière à en former une pulpe dans laquelle on ajoute la farine de lin.

Cataplasme émollient, n. 3.

Avec la fécule.

℞ Fécule de pomme de terre. . . .　64 grammes (2 onces).
Eau commune . . . .　500 grammes (1 livre).

On délaie la fécule dans une petite quantité d'eau froide, et lorsque l'autre partie de l'eau est en ébullition on y verse la fécule délayée et on fait jeter un à deux bouillons avant de retirer du feu.

Cataplasme émollient, n. 4.

Avec la mie de pain.

℞ Mie de pain émiettée . . . .　1 poignée.
Lait . . . .　quantité suffisante.

On fait cuire jusqu'à consistance convenable la mie de pain dans le lait. Quelquefois on ajoute à ce cataplasme, avant de l'appliquer tiède, un jaune d'œuf et 2 grammes (36 grains) de poudre de safran.

On remplace aussi la mie de pain par de la farine d'orge tamisée.

Cataplasme émollient et calmant, n. 5.

℞ Farine de graine de lin. . . . . . .　2 poignées.
Feuilles de jusquiame ou de pavot. . .　1 poignée.
Eau. . . . .　quantité suffisante.

On fait cuire les feuilles dans l'eau jusqu'à ce qu'elles soient réduites en pulpe molle et homogène, et on y incorpore peu à peu la farine de lin. Ce cataplasme étant appliqué sur la partie qu'on veut médicamenter, on l'arrose de temps à autre avec une décoction tiède de tête de pavot.

Cataplasme émollient facile à préparer.

℞ Farine d'orge . . . .　500 grammes (1 livre).
Lait . . . .　quantité suffisante.

Faites bouillir la farine dans le lait, et ajoutez :

Graisse ou beurre.   250 grammes (½ livre).

Cataplasme calmant et narcotique.

♃ Poudre de racine de guimauve . . . .   1 poignée.
— de têtes de pavot. . . . . . .   1 poignée.
Laudanum de Sydenham . . . . . .   32 grammes (1 once).

Après avoir délayé les deux poudres avec une suffisante quantité d'eau froide, de manière à former une bouillie claire, on fait cuire en consistance de cataplasme et on étend sur la toile; on arrose la surface de ce topique avec le laudanum avant de l'appliquer sur la partie malade.

Ce cataplasme est excellent pour calmer les douleurs dues aux javarts cutanés et tendineux.

On compose un cataplasme jouissant des mêmes propriétés avec les feuilles de belladone ou de jusquiame qu'on réduit à l'état de pulpe par la coction dans l'eau et y ajoutant de la farine de lin avant de l'appliquer. Ce cataplasme peut être maintenu tiède en l'arrosant de temps en temps avec une décoction tiède de têtes de pavot.

Cataplasme astringent résolutif.

♃ Pulpe de pomme de terre ou de carotte.   1 kilogramme (2 livres).
Sous-acétate de plomb . . . .   quantité suffisante.

On râpe la pomme de terre ou la carotte avec une râpe à la main, et après avoir étendu cette pulpe, on l'arrose avec une certaine quantité de sous-acétate de plomb, d'eau-de-vie camphrée, ou d'une solution d'hydrochlorate d'ammoniaque.

On compose encore d'autres cataplasmes astringents en remplaçant la pulpe de pomme de terre, par de la farine de seigle ou de la suie qu'on délaye dans du vinaigre ordinaire pur ou en partie saturé par du carbonate de chaux. Ce dernier moyen a été indiqué par Solleysel; et c'est à la présence de l'acétate de chaux formé dans cette circonstance qu'il faut attribuer les propriétés médicamenteuses.

Voici quelques-uns de ces cataplasmes qui peuvent se préparer partout et à bon marché.

Cataplasme astringent.

℞ Proto-sulfate de fer . . . . 120 grammes (4 onces).
Terre alumineuse ou glaise . . . . quantité suffisante.
Vinaigre. . . . . quantité suffisante.

On dissout le sulfate de fer après l'avoir pulvérisé dans le vinaigre.

On ajoute la terre glaise et on fait de tout une bouillie épaisse et consistante. Ce cataplasme est excellent pour combattre la fourbure récente de tous les animaux domestiques.

Autre.

℞ Suie de cheminée . . . . }
Terre glaise. . . . . } ãã quantité suffisante.
Vinaigre. . . . . }

On délaye toutes ces parties et on fait un cataplasme excellent pour la fourbure.

A défaut de terre glaise, on y ajoute de la fiente de vache.

Autre.

℞ Farine de seigle. . . . . 160 gramm. (5 onces).
Craie ou blanc d'Espagne, carbonate de chaux. 64 gramm. (2 onces).
Vinaigre. . . . . 3 à 4 déc. (10 à 13 onc.).

Faites chauffer le tout, remuez le mélange jusqu'à ce qu'il ne se fasse plus d'effervescence; appliquez-le froid.

On combat très bien les œdèmes par ces divers cataplasmes.

Cataplasme maturatif.

℞ Oseille cuite dans l'eau et exprimée. . . . 400 grammes (13 onces).
Ognons cuits sous la cendre. . . . . . . 100 grammes (3 onces).
Onguent basilicum. . . . . 100 grammes (3 onces).

Après avoir écrasé les ognons dans un mortier, on les mêle à l'oseille et on incorpore dans la masse l'onguent basilicum. Ce cataplasme qui a été préconisé par M. Vatel, doit être appliqué chaud sur les parties du corps des animaux où l'on désire produire cette espèce de médication. Il est surtout très employé dans le cas de javarts cutanés.

Cataplasme rubéfiant simple avec la farine de moutarde.

Vulgò sinapisme.

℞ Farine de moutarde . . . . . . 1500 grammes (3 livres).
Eau tiède . . . . quantité suffisante.

On délaie la farine de moutarde dans l'eau pout obtenir une masse d'une consistance convenable qu'on applique de suite sur la partie de la peau qui a été rasée de ses poils.

D'après de nombreuses observations, il importe que cette préparation soit faite avec de l'eau tiède et non avec de l'eau chaude ou du vinaigre chaud, qui ont la propriété de s'opposer au développement du principe âcre volatil dans lequel résident les propriétés irritantes de la graine de moutarde.

On emploie aussi à titre de cataplasme irritant ou rubéfiant la pulpe de la racine du grand raifort sauvage. Cette pulpe s'applique immédiatement sur la partie de la peau qu'on veut rubéfier.

Cataplasme irritant résolutif.

℞ Poudre de graine de moutarde. . 125 grammes (4 onces).
— de racine de guimauve . 500 grammes (1 livre),
Eau tiède. . . . . quantité suffisante.

On mélange les deux poudres qu'on délaie avec une certaine quantité d'eau tiède, et on applique de suite ce topique pour résoudre certains engorgements indolents.

Cataplasme rubéfiant composé.

℞ Pâte de froment aigrie. . . . .   1000 grammes (2 livres).
    Poudre de moutarde noire. . . . . .   500 grammes (1 livre).
    —   d'euphorbe. . . . .   125 grammes (4 onces).
    Vinaigre froid. . . . .   quantité suffisante.

Après avoir opéré la mixtion des poudres et du levain, on délaie le tout avec une certaine quantité de vinaigre et on applique immédiatement.

Cataplasme rubéfiant avec l'euphorbe.

℞ Euphorbe en poudre . . . . . .   64 à 96 grammes (2 à 3 onces).
    Pâte de seigle ou de froment aigrie.   quantité suffisante.

On saupoudre la pâte avec la poudre d'euphorbe et on applique sur la peau que l'on veut rubéfier.

Sachets.

On enferme souvent dans un petit sac en toile des substances, comme le son bouilli, les mauves, les guimauves cuites à l'eau, etc., ce petit sac est appliqué alors sur les parties malades, dans le but de les modifier et de les guérir. Ces applications de substances médicamenteuses ainsi contenues dans un petit sac, portent les noms de *sachets*.

Les sachets peuvent être émollients, excitants, narcotiques, etc., selon la nature des bouillies ou des substances qu'ils renferment.

Les sachets émollients se confectionnent avec le son, la farine d'orge, la farine de graine de lin et les diverses plantes émollientes qu'on introduit dans le sachet sous forme de bouillie. On confectionne aussi d'excellents sachets, peu pesants, et qu'on applique sur les reins et autour des articulations, avec des balles d'avoine placées dans le sachet puis exposées à la vapeur émolliente. Ces sachets se placent sur les articulations, sur les reins, autour de la couronne, sur les épaules et la tête.

Ils ont besoin d'être fréquemment arrosés avec des décoctions émollientes.

Les sachets astringents se préparent avec la suie de cheminée délayée dans le vinaigre et le sulfate de fer, ou bien de l'argile, et du carbonate de chaux ou craie délayé dans le vinaigre.

Les sachets excitants se font avec des baies de genièvre concassées exposées à la vapeur du vinaigre — l'avoine cuite dans du vinaigre — la farine de moutarde unie à la farine d'orge, etc.

On fait souvent usage de ces divers sachets sur les reins dans les inflammations gastro-intestinales, la métro-péritonite, les inflammations de la moelle épinière, les congestions rachidiennes avec paraplegie, les néphrites, la cystite, etc.

Provendes médicamenteuses.

Nous donnons le nom de provendes médicamenteuses à des mélanges de matières alimentaires et de substances médicamenteuses, qu'on donne aux animaux dans un but thérapeutique.

On fait usage de ces provendes dans le cours des maladies à type chronique, dans celles surtout où le sang est appauvri, séreux, comme dans l'anémie, l'hydroémie ; enfin, pendant le cours de la convalescence des maladies aigues, dont la marche a été rapide, et qui ont été combattues par une diète rigoureuse et de nombreuses et abondantes émissions sanguines.

Provende tonique et nourrissante, n. 1.

℞   Farine d'orge . . . . 500 grammes (1 livre).
    Avoine concassée . . . . 500 grammes (1 livre).
    Sel marin . . . . 32 grammes (1 once).

Mélangez toutes ces substances et donnez aux animaux en une seule ou en plusieurs fois, selon l'espèce, la taille et l'âge.

Provende nourrissante et excitante, n. 2.

℞   Avoine concassée . . . . 2000 grammes (4 livres).
    Baies de genièvre concassées. . . . . . 64 grammes (2 onces).
    Sel marin . . . . 32 grammes (1 once).

Mélangez, et donnez à l'animal ou aux animaux en plusieurs rations.

Provende nourrissante et tonique, n. 3.

℞   Avoine concassée . . . . 2000 grammes (4 livres).
    Poudre de gentiane. . . . . 32 grammes (1 once).
    Proto-sulfate de fer. . . . . 8 grammes (2 gros).
    Carbonate de Soude . . . . 8 grammes (2 gros).
    Paille ou foin haché. . . . . 1000 grammes (2 livres).

Faites un mélange que vous donnez dans l'auge aux moutons ou aux bêtes bovines.

Provende excitante et nourrissante, n. 4.

℞   Foin haché . . . . 2000 grammes (4 livres).
    Avoine concassée . . . . 3000 grammes (6 livres).
    Feuilles vertes hachées de sapin. . . . 500 grammes (1 livre).
    Sel marin. . . . . 64 grammes (2 onces).

Faites un mélange et donnez aux animaux en une ou plusieurs rations, selon la période de la maladie, l'âge, la pâleur des muqueuses et la maigreur des animaux.

Soupes ou panades.

Soupe émolliente pour le gros et le menu bétail, n. 1.

℞   Pain ordinaire . . . . 1000 grammes (2 livres).
    Farine d'orge . . . . 500 grammes (1 livre).
    Petit lait, lait coupé ou crème délayée
    avec moitié d'eau . . . . 3 litres.

Faites bouillir le lait ou le petit lait, coupez le pain, mélangez-le dans un seau avec la farine d'orge, et versez dessus le lait ou le petit lait bouillant.

Cette soupe se donne tiède, en trois rations, aux bêtes bovines et ovines qui sont convalescentes de maladie de poitrine, ou qui ont été atteintes d'inflammations gastro-intestinales.

Soupe émolliente et acidule, n. 2.

℞ Pain ordinaire . . . . 500 grammes (1 livre).
Forte décoction d'oseille. . . . . . 2 litres.
Crême . . . . 250 grammes (8 onces).

Délayez la crême dans la décoction d'oseille et versez sur le pain coupé par morceaux. Délayez le tout et donnez à l'animal.

Soupe émolliente, n. 3.

℞ Chair de citrouille. . . . . 1000 grammes (2 livres).
Pain ou châtaignes cuites et écrasées . 500 grammes (1 livre).

Faites bouillir la citrouille dans une quantité suffisante d'eau, ajoutez lait ou petit lait 1/2 litre et versez sur le pain préalablement coupé par tranches, ou les châtaignes.

Ces deux soupes se donnent dans les angines et les convalescences des maladies dont nous avons parlé au n° 1.

Soupe nourrissante et tonique, n. 1.

℞ Pain . . . . 500 grammes (1 livre).
Haricots, lentilles ou pommes de terre
cuites et écrasées . . . . 1000 grammes (2 livres).
Sel de cuisine . . . . 32 grammes (1 once).
Vin coupé par moitié d'eau. . . . . . ½ litre à 1 litre.

Faites chauffer le vin coupé et versez sur le pain et la bouillie de haricots, ou de lentilles ou de pommes de terre et mélangez. Administrez-en une ou deux fois aux animaux.

Nous avons souvent fait usage de ces soupes avec de très grands avantages dans le cours des maladies anémiques et hydroémiques, et pendant la convalescence des moutons atteint de clavelée confluente. On est quelquefois forcé de les administrer en gros bols avec une palette ou une cuiller.

Soupe nourrissante et tonique, n. 2.

℞ Pain ordinaire . . . . 500 grammes (1 livre).
Pommes de terre, navets ou carottes cuites
    et réduites en bouillie . . . . 1000 grammes (2 liv).
Sel marin . . . . 32 gramm. (1 once).
Poudre de gentiane ou baies de genièvre
    concassées . . . . 64 grammes (2 onces).
Infusion aromatique et chaude de sauge. . 1 litre.
Vin chaud . . . . ½ litre).

Mélangez toutes les premières substances et ajoutez les liquides chauds. — Faites prendre en deux fois aux animaux.

Soupe nourrissante et tonique pour les bêtes bovines, ovines et canines, n. 3.

℞ Pain ordinaire . . . . 1000 grammes (2 livres).
Sel marin . . . . 32 grammes (1 once).
Vin . . . . 3 décilitres.
Bouillon de viande de bœuf ou de basse
    viande . . . . 2 litres.

Faites une soupe que vous donnez aux animaux, matin et soir.

Cette soupe convient beaucoup pendant la convalescence des maladies dues aux altérations septiques du sang, comme le charbon, le typhus, etc., etc.

Des pommades.

On désigne encore aujourd'hui sous ce nom consacré par l'usage, des médicaments d'une consistance molle, qui ont ordinairement pour base la graisse de porc ou tout autre corps gras rendu médicamenteux par la mixtion ou la solution de principes organiques ou inorganiques, simples ou composés.

Ces produits pharmaceutiques ont reçu autrefois le nom qu'ils portent encore aujourd'hui , en raison de la *pulpe de pommes* qui entrait dans la composition de quelques-uns d'entre eux, employés d'ailleurs comme *cosmétiques*.

C'est d'après des considérations puisées en général sur la nature des excipients qui forment la base des médicaments composés , que MM. Henri père et Guibourt ont proposé de désigner les pommades sous le nom de *liparolés*. Cette expression qu'ils ont adoptée dans leur pharmacopée raisonnée est tirée du mot grec λιπως *graisse*, d'où les Grecs ont formé le mot λιπαραι, affecté aux médicaments onctueux.

Sous le rapport de leur préparation, les pommades ou liparolés peuvent être divisés en trois groupes ;assez naturels. Dans le premier groupe seraient placées les pommades obtenues par simple mixtion ; dans le second , les pommades formées par solution dans la graisse liquefiée d'un ou de plusieurs principes médicamenteux ; et enfin le troisième groupe comprendrait les pommades dont les éléments auraient éprouvé des changements chimiques dans leur nature au moment de leur préparation.

Pommade antipsorique d'Helmeric.

℞ Graisse de porc récente . . . .   800 grammes (1 livre 9 onces).
Soufre sublimé et lavé . . . . .   200 grammes (6 onces).
Carbonate de potasse neutre. .   200 grammes (6 onces).

Après avoir pulvérisé le carbonate de potasse on le mélange au soufre et on incorpore exactement ces deux substances dans la graisse en broyant dans un mortier de marbre ou de porcelaine.

La dose de soufre et de carbonate de potasse peut être doublée pour rendre cette pommade plus active.

On emploie cette pommade contre la gale du chien et du mouton avec succès.

Pommade antipsorique pour les chiens.

Pomatum cum sulfureto potassico compositum.

℞ Tri-sulfure de potassium (foie de soufre).   500 grammes (1 livre).
Savon vert. . . . .   400 grammes (12 once.)
Pommade mercurielle double. . . . .   400 grammes (12 onc.).
Graisse de porc. . . . .   2400 gr. (4 liv. 12 onc.).

Après avoir réduit en poudre le sulfure de potassium dans un mortier de fer, on le broie peu à peu avec la graisse et on y incorpore ensuite par trituration la pommade mercurielle et le savon vert.

Cette préparation prend, au bout d'un certain temps, une teinte plus foncée par la transformation d'une partie du mercure en proto-sulfure.

Pommade anti-ophthalmique de Dessault.

Pomatum doctore Dessault. (Codex.)

℞ Deutoxide de mercure . . . . ⎫
Oxide de zinc. . . . . ⎬ āā 4 grammes (1 gros).
Alun calciné . . . . ⎭
Proto-acétate de plomb. . . . .
Bichlorure de mercure . . . .   6 décigrammes (12 grains).
Pommade ou onguent rosat . . . . .   32 grammes (1 once).

On pulvérise à part dans un mortier de verre les sels et oxydes qui entrent dans cette pommade, et on les mélange ensuite dans l'onguent par trituration jusqu'à ce que la masse soit homogène dans toutes ses parties.

M. Rodet ajoute à cette formule :

Cinabre pulvérisé. . . . .   32 grammes (1 once).

Cette pommade combat parfaitement les ophthalmies chroniques de tous les animaux domestiques.

Pommade anti-ophthalmique, modifiée par le pharmacien Lebas (1).

℞ Oxyde de mercure rouge par l'acide ni-
trique (précipité rouge). . . . .
Oxyde de plomb rouge (minium). . . . .   ͞aa 32 grammes (1 once).
Oxyde de zinc gris (tuthie préparée). . . .
Sulfate d'alumine calciné. . . . .
Deuto-chlorure de mercure, sublimé corrosif   60 centig. (12 grains).
Sulfure rouge de mercure, cinabre. . . . . .   4 grammes (1 gros).
Onguent rosat ou cerat non lavé. . . . . . .   32 grammes (1 once).

Broyez les six premières substances sur le porphyre;
après qu'elles seront réduites en poudre impalpable, ajoutez
l'onguent rosat ou le cérat, et continuez à porphyriser jusqu'à ce que vous ayez un mélange bien homogène.

**Pommade anti-ophthalmique contre la fluxion périodique des
chevaux (Bernard.)**

℞ Nitrate d'argent. . . . .   10 centigrammes (2 grains).
Graisse récente. . . . .   8 grammes (2 gros)

Usage. On introduit tous les jours ou tous les deux jours
gros comme un pois de cette pommade à la face interne de
la paupière supérieure du cheval. On en suspend de temps
en temps l'usage, on y revient, enfin on peut le continuer
longtemps à peu de frais.

Pommade de Cirillo, ou de deuto-chlorure de mercure.

Pomatum doctore Cirillo. (Codex).

℞ Graisse récente . . . .   800 grammes (1 liv. 9 onces).
Bichlorure de mercure. . . . .   100 grammes (3 onces).

Après avoir réduit en poudre impalpable le bichlorure de
mercure en le broyant dans un mortier de verre ou sur le
porphyre, on y ajoute peu à peu la graisse qu'on y mélange
uniformément par trituration.

(1) *Recueil de médecine vétérinaire,* 1824, p. 270

Pommade de cyanure de mercure.

℞ Graisse récente. . . . . 800 grammes (1 liv. 9 onces).
Cyanure de mercure. . . . . . 100 grammes (3 onces).

Cette pommade se prépare comme la précédente.

Cette préparation guérit très bien les affections dartreuses et galeuses rebelles.

Pommade dessiccative, n. 1.

℞ Sous acétate de cuivre brut . . . 200 grammes (6 onces).
Alun calciné. . . . . 100 grammes (3 onces).
Hydrochlorate d'ammoniaque. . 100 grammes (2 onces).
Camphre. . . . . 50 grammes (1 once ½).
Pommade de peuplier . . . . . 800 grammes (1 liv. 9 onces).

On pulvérise à part, d'abord les trois premières substances, on humecte ensuite le camphre de quelques gouttes d'alcool pour en opérer à part la réduction en poudre ; puis on les incorpore peu à peu dans la pommade de peuplier jusqu'à ce que le mélange soit bien exact.

Pommade dessiccative contre les eaux aux jambes, n. 2.

℞ Graisse récente de porc. . . . . . . 125 grammes (4 onces).
Oxymellite cuivreux. . . . . 250 grammes (8 onces).
Sulfate de zinc cristallisé . . . . . 32 grammes (1 once).

Après avoir réduit en poudre fine le sulfate de zinc, on l'ajoute par trituration à la graisse et à l'oxymellite placés dans un mortier de verre ou de porcelaine, et on broie le tout jusqu'à ce que la masse soit homogène. La surface de cette pommade prend avec le temps une belle teinte verte qui est due à l'oxydation du cuivre contenu dans l'oxymellite et à sa transformation en deutoacétate.

Pommade dessiccative (Rodier), n. 3.

℞ Sous-acétate de cuivre . . . 32 grammes (1 once).
Axonge. . . . . 128 grammes (4 onces).
Miel. . . . . quantité suffisante pour donner
                              une consistance de pommade.

F. S. A. On mélange avec soin et on conserve pour l'usage.

Cette pommade est excellente pour combattre les eaux aux jambes. De même que dans le traitement ordinaire, on fait précéder l'emploi de cette pommade, notamment dans les chevaux fins, de bains, de cataplasmes émollients pendant quelques jours quand la douleur locale est très vive; puis on fait des applications en couches aussi peu épaisses que possible et de deux ou trois jours l'un, jusqu'à l'entière dessiccation de la partie malade. On devra avoir soin à chaque nouvelle application de diminuer un peu l'activité de la pommade en y ajoutant une petite quantité de miel, lorsque surtout on commence à s'apercevoir des bons effets qu'elle produit. On devra aussi avoir la précaution, avant d'appliquer une nouvelle couche, d'enlever la précédente avec une dissolution de savon vert. On devra tenir les animaux sur une litière bien sèche (1). Nous avons mis en usage cette pommade avec beaucoup de succès, et nous la recommandons aux vétérinaires.

Pommade escharotique.

2⌇ Deuto-sulfure de mercure. . . . . 16 grammes (4 gros).
Deuto-chlorure de mercure. . . . 16 grammes (4 gros).
Huile de laurier . . . . 250 grammes (8 onces).
Beurre frais. . . . . 250 grammes (8 onces).

Le sulfure et le chlorure de mercure ayant été réduits en poudre impalpable dans un mortier de porcelaine ou de verre, on les incorpore peu à peu par trituration dans le beurre et l'huile de laurier mêlés ensemble.

Cette pommade est conseillée par Solleysel pour cautériser l'intérieur des boutons de farcin.

Pommade d'iode modifiée.

Pomatum cum iodo (CODEX).

2⌇ Graisse de porc récente. . . . . 2 grammes (1 once).
Iode. . . . . 5 grammes (92 grains).

(1) *Recueil de médecine vétérinaire*, 1853, p. 397.

Après avoir trituré l'iode dans un mortier de verre ou de porcelaine et l'avoir réduit en poudre fine en l'humectant avec un peu d'éther sulfurique, on incorpore peu à peu la graisse jusqu'à ce que le mélange soit homogène.

Cette pommade doit être conservée à l'abri de l'air et de la lumière pour éviter la volatilisation de l'iode.

Cette pommade est peu usitée ; on lui préfère la suivante,

Pommade d'iodure de potassium.

Pomatum cum iodureto potassico (Codex).

℞ Iodure de potassium . . . . 4 grammes (1 gros).
    Graisse de porc récente . . . . . 32 grammes (1 once).

On porphyrise l'iodure de potassium, et lorsqu'il est réduit en poudre très fine on le broie peu à peu avec l'axonge jusqu'à ce que la masse ne laisse plus sentir de grains en en écrasant une portion entre les doigts.

Cette préparation est encore désignée dans quelques ouvrages sous le nom de pommade d'hydriodate de potasse. On peut la rendre plus active en y ajoutant de l'iode dans la proportion d'un tiers du poids de l'iodure de potassium.

Pommade contre la gale du mouton (Daubenton et Tessier).

℞ Graisse récente . . . . 128 grammes (4 onces).
    Essence de térébenthine . . . . 128 grammes (4 onces).

Faites un mélange.

On gratte les parties atteintes de la gale avec le grattoir, et on les frictionne avec cette pommade.

Pommade de deuto-iodure de mercure.

Pomatum cum deuto-iodureto hydrargyrico.

℞ Deuto-iodure de mercure . . . 4 grammes (1 gros).
    Graisse récente . . . . 48 grammes (1 once ½).

On broie les deux substances ensemble jusqu'à ce que le mélange soit exact.

On prépare de la même manière les pommades de protoiodure de mercure et de protoiodure de plomb.

Ces pommades s'emploient en frictions légères sur les engorgements chroniques et sur les engorgements des ganglions lymphatiques.

Pommade de Lyon.

Pomatum doctore Lyon.

℞ Pommade rosat . . . . . 32 grammes (1 once).
 Deutoxide de mercure . . 2 grammes (36 grains).

Après avoir porphyrisé le deutoxide de mercure on l'incorpore exactement dans la pommade rosat. On substitue sans inconvénient le cérat blanc à la pommade rosat pour cette préparation.

On l'emploie dans les inflammations chroniques de la conjonctive.

Pommade mercurielle double.

Pomatum hydrargyrosum (CODEX).

℞ Mercure métallique . . . 500 grammes (1 livre).
 Graisse de porc récente. . 500 grammes (1 livre).

On triture le mercure avec le quart de la graisse dans un mortier de marbre ou de fer jusqu'à ce qu'un peu de pommade frottée entre deux morceaux de papier gris ne laisse apercevoir aucun globule métallique ; on ajoute ensuite par fraction le reste de la graisse, et on continue de broyer pour obtenir un mélange exact.

Pour abréger la trituration on a proposé différents procédés qui ont tous pour but de faciliter l'extinction du mercure et sa division dans la graisse. C'est ainsi qu'on emploie pour cette opération soit une petite quantité de pommade mercurielle ancienne, soit une petite quantité d'huile d'œuf, d'huile d'amandes douces, ou de styrax. Ces intermèdes employés dans la proportion d'une partie contre huit, de mercure, opèrent plus promptement la division du mercure et sa mixtion à la graisse.

Cette pommade était désignée sous les noms d'*onguent mercuriel* et d'*onguent napolitain*, on la connaît encore dans quelques ouvrages sous ces noms.

Pommade mercurielle simple.

Pomatum hydrargyrosum simplex.

℞ Pommade mercurielle double . . 125 grammes (4 onces).
    Graisse de porc . • ° . . . . . . 575 grammes (18 onces ½).

On mêle exactement la graisse avec la pommade jusqu'à ce que le mélange soit homogène. Cette préparation est encore connue sous le nom impropre d'*onguent gris*.

Usages. Ces deux pommades mercurielles sont employées comme fondantes sous la forme de frictions. On en fait aussi un excellent usage pour détruire les épizoaires de tous les animaux domestiques. Dans ces derniers temps on a conseillé ces pommades en frictions et leur administration à l'intérieur pour faire avorter les inflammations.

Pommade soufrée.

Pomatum sulfuratum (Codex).

℞ Graisse de porc . . . . 575 grammes (18 onces ½).
    Soufre sublimé et lavé . . . . . 125 grammes (4 onces).

On broie peu à peu le soufre avec la graisse dans un mortier de marbre jusqu'à ce que le mélange soit exact.

Cette préparation est rendue plus active dans le traitement des maladies psoriques en y ajoutant 8 grammes d'hydrochlorate d'ammoniaque et 8 grammes d'alun l'un et l'autre réduits en poudre fine.

Pommade de nitrate de mercure (Guy).

Pomatum cum nitrate hydrargyrico.—Liparolé de nitrate de mercure.

    ℞ Graisse de porc . . . . . 250 grammes (8 onces).
      Huile d'olives . . . . . 250 grammes (8 onces).
      Mercure métallique . . . 32 grammes (1 once).
      Acide azotique à 32° . . . 48 grammes (1 once ½).

On place le mercure dans un petit ballon de verre avec l'acide azotique et on le fait dissoudre à l'aide d'une douce chaleur, d'une autre part on fait liquéfier la graisse avec l'huile, et lorsque ce mélange commence à se figer on y verse la dissolution de mercure qu'on y incorpore bien par l'agitation avec un bistortier, et on coule la pommade dans des carrés de papier qu'on a repliés d'avance sur leur bord pour lui donner la forme de tablettes.

Cette pommade était désignée par les anciens médecins sous le nom d'*onguent citrin*, en raison de sa couleur jaune qui est due à la formation du sous-deutonitrate de mercure au moment où la graisse réagit sur une partie de l'acide nitrique.

Usages. Cette pommade est très usitée pour combattre les affections cutanées galeuses et dartreuses.

Pommade nitrique ou oxygénée d'Alyon.

Pomatum nitricum (CODEX).

    ℞ Graisse de porc . . . . . . 500 grammes (1 livre).
      Acide azotique à 32° . . . 64 grammes (2 onces).

On fait fondre la graisse dans un vase de verre vernissée, on ajoute l'acide azotique, et on continue de chauffer en remuant continuellement avec une baguette de verre jusqu'à ce qu'il commence à se dégager de bulles de gaz deut-oxyde d'azote reconnaissables à leur couleur jaune rutilant; on retire alors le mélange du feu; on continue d'agiter jusqu'à ce que la pommade soit à moitié refroidie, et on la coule dans des moules de papier.

Usages. Cette pommade est employée aux mêmes usages que la précédente.

Pommade de peuplier saturnée.

℞ Pommade de peuplier . . . . 125 grammes (4 onces).
Sous-acétate de plomb liquide . . . . . 16 grammes (½ once).

On ajoute peu à peu par trituration le sous-acétate de plomb à la pommade placée dans un mortier de marbre ou de porcelaine, et on triture jusqu'à ce que le mélange soit homogène. Cette pommade est adoucissante et légèrement dessiccative.

Pommade de précipité blanc ou de proto-chlorure de mercure.

℞ Graisse de porc récente . . . . 250 grammes (8 onces).
Protochlorure de mercure par précipitation,
ou préparé à la vapeur . . . . 32 grammes (1 once).

On broie peu à peu sur un porphyre ou dans un mortier de verre, le protochlorure avec la graisse.

Usages. Elle est employée pour combattre les dartres furfuracés des jeunes animaux.

Pommade de Régent.

Pomatum doctore Regent (CODEX).

℞ Beurre frais lavé à l'eau de roses . . . 72 grammes (2 onces ½).
Camphre . . . . 3 décigrammes (6 grains).
Deutoxide de mercure . . . . 4 décigrammes (1 gros).
Acétate de plomb cristallisé . . . . . 4 décigrammes (1 gros).

Après avoir porphyrisé le deutoxide de mercure et le sel de plomb, on pulvérise le camphre à l'aide de quelques gouttes d'alcool, on mélange ces trois substances ensemble et on les broie sur un porphyre ou dans un mortier avec le beurre. Cette préparation doit être conservée dans un pot bien bouché pour éviter la volatilisation du camphre. On la conseille comme anti-ophthalmique.

Pommade de sulfure de potasse.

Pomatum cum sulfureto potassico.

℞ Sulfure de potasse . . . . . 100 grammes (3 onces).
Axonge . . . . 400 grammes (13 onces).

Voyez *Pommade antipsorique*, page 448.

Pommade stibiée ou émétisée d'Autenrieth,

Pommatum cum tartrate stibico potassico (CODEX).

℞ Émétique porphyrisé . . . . 4 grammes (1 gros).
Graisse récente . . . . . . 12 grammes (3 gros).

On mêle exactement sur un porphyre.

Usages. Cette pommade s'emploie comme rubéfiante, elle est aussi fort utile pour opérer la guérison des affections cutanées rebelles, comme la gale et les dartres anciennes.

Pommade arsénicale de Naples.

℞ Acide arsénieux . . . . . 30 grammes (1 once).
Sulfure jaune d'arsenic . 50 grammes (1 once ½).
Sublimé corrosif . . . . 50 grammes (1 once ½).
Euphorbe en poudre . . 25 grammes (6 gros.)
Pommade de laurier . . 200 grammes (7 onces).

Cette pommade d'une extrême activité est employée en frictions légères ou en applications topiques pour cautériser les boutons de farcin superficiel et faire disparaître les glandes dans le cas de morve. Toutefois on doit l'employer avec la plus grande circonspection afin d'éviter la formation d'eschares considérables et la chute de la peau.

Pommade d'euphorbe.

℞ Euphorbe en poudre . 100 grammes (3 onces).
Axonge . . . . . . 800 grammes (1 liv. 9 onces)

Cette pommade est employée pour produire la vésication quand on craint l'absorption du principe actif des cantharides dans l'emploi de l'onguent vésicatoire sur une large surface.

Pommade arsénicale.

℞ Acide arsénieux . . . . 1 gramme (18 grains).
Cire blanche . . . . 32 grammes (1 once).
Beurre. . . . . 32 grammes (1 once).

Cette pommade est excellente pour combattre les gales et les dartres rebelles. Il faut avoir le soin de ne l'employer que sur une petite surface pour éviter l'absorption, absorption qui, au reste, à cette dose, offre peu de danger pour les animaux.

Pommade de cantharides.

Pomatum cum cantharidibus.

℞ Cantharides pulvérisées . . . 32 grammes (1 once).
Cire jaune . . . . 64 grammes (2 onces).
Graisse récente. . . . . 384 grammes (13 onces).

Après avoir fait fondre la graisse dans un poêlon de terre vernissée, on y mêle les cantharides avec une petite quantité d'eau et on maintient le tout sur le feu à une douce chaleur, en remuant de temps en temps, et en remplaçant l'eau au fur et à mesure de son évaporation ; au bout de trois quarts d'heure d'infusion on passe avec expression à travers un linge, on laisse refroidir pour séparer l'eau interposée et on fait fondre le produit avec la cire jaune. Le mélange étant fondu et en partie refroidi doit être coulé dans un pot.

Usages. Cette pommade est usitée pour faire suppurer les vésicatoires et les sétons ; mais on ne doit l'employer qu'avec la plus grande circonspection. La cantharidine ou le principe excitant est absorbé et détermine l'irritation des voies urinaires. Nous préférons employer la pommade d'Euphorbe qui n'a pas cet inconvénient.

Pommade épispastique verte.

Pomatum viride cantharidibus (CODEX).

℞ Cantharides pulvérisées .   32 grammes (1 once).
Pommade de peuplier . 875 grammes (1 liv. 12 onces).
Cire blanche ou jaune . 125 grammes (4 onces).

Après avoir fait liquéfier la cire à une douce chaleur avec la pommade de peuplier, on ajoute les cantharides et on agite jusqu'à refroidissement.

Nous dédaignons également cette pommade pour les raisons que nous avons exposées à l'égard de la pommade de cantharides.

Pommade de laurier.

Pomatum laurinum (CODEX).

℞ Feuilles récentes de laurier . .   500 grammes (1 livre).
Baies de laurier. . . . . . . 500 grammes (1 livre).
Graisse de porc. . . . . . . 1000 grammes (2 livres).

Après avoir contusé les feuilles et les baies de laurier, on les fait chauffer avec la graisse sur un feu modéré jusqu'à ce que toute l'humidité soit dissipée ; on passe avec expression à travers un tissu de toile, on laisse refroidir lentement pour séparer le dépôt par décantation et on coule dans un pot.

Usages. Cette pommade est émolliente et résolutive, elle est très bonne pour exciter la suppuration des abcès et pour exciter la sortie du bourbillon dans les javarts cutanés superficiels ou profonds.

Pommade de peuplier.

Pomatum populeum (Codex).

℞ Bourgeons secs de peuplier . . . . 575 grammes (18 onces ½).
Feuilles récentes de pavot . . . . ⎫
—   de belladone . . . . ⎬ ãã 250 grammes (8 onces).
—   de jusquiame . . . . ⎭
—   de morelle . . . . .
Graisse récente . . . . 2000 grammes (4 livres).

On pile les plantes dans un mortier de marbre, on les met dans une bassine avec la graisse et on les fait cuire sur un feu modéré jusqu'à évaporation de toute l'humidité ; on ajoute alors les bourgeons de peuplier concassés et on les fait digérer dans la graisse pendant plusieurs heures. Après ce laps de temps on passe avec expression à travers une toile, on laisse refroidir pour séparer le dépôt, et on fond de nouveau la pommade avant de la couler dans les pots où on doit la conserver.

Cette pommade peut encore être préparée en faisant d'abord infuser dans la graisse liquéfiée les bourgeons récents de peuplier jusqu'à disparition de toute leur humidité, coulant dans un pot et conservant jusqu'à la saison où les feuilles de pavot, de jusquiame, de belladone et de morelle, sont développées et dans leur vigueur. Alors on termine la préparation en faisant infuser à leur tour ces plantes pilées dans la graisse fondue, et se comportant comme nous l'avons indiqué plus haut.

Usages. La pommade de peuplier est adoucissante et calmante. On s'en sert pour faire des embrocations émollientes et anodines sur tous les engorgements douloureux. Cette pommade est très fréquemment usitée. Néanmoins on devra se défier beaucoup de celle qui est préparée chez les droguistes qui la falsifient souvent ou qui la confectionnent avec de l'axonge pure qu'ils colorent avec l'acétate de cuivre, l'indigo et le curcuma. Autant que faire se pourra, les vétérinaires devront eux-mêmes se charger de la confection de cettre précieuse pommade.

Des cérats ou élæocérolés.

Les cérats sont des médicaments de la consistance des pommades, mais qui ont pour base un mélange de cire et d'huile, ce qui leur a valu le nom qu'ils portent et qui leur a été donné dans ces derniers temps par MM. Henri et Guibourt dans leur pharmacopée raisonnée.

Ces composés peuvent servir d'excipient à des matières médicamenteuses très diverses et former des préparations destinées à être employées dans une foule de pansements. On les a divisés en cérats simples et en cérats composés.

Cérat simple, élæocérolé simple.

Ceratum simplex (CODEX).

℞ Huile d'olives . . . . 375 grammes (12 onces).
Cire jaune . . . . 125 grammes (4 onces).

On fait fondre dans l'huile à une douce chaleur, ou au bain-marie, la cire coupée en petits morceaux, lorsque la fusion est complète, on verse dans un mortier de marbre échauffé et on triture jusqu'à refroidissement complet pour éviter la séparation de la cire. Pour l'ordinaire on coule dans un pot et on remue de temps en temps avec une spatule jusqu'à refroidissement partiel du composé.

Le cérat ainsi préparé avec l'huile d'olives et la cire jaune est moins cher que celui qu'on forme pour la médecine humaine, avec les mêmes quantités d'huile d'amandes douces et de cire blanche.

Cérat de Galien, élæocérolé à l'eau.

Ceratum Galeni (CODEX).

℞ Huile d'olives . . . . 500 grammes (1 livre).
Cire blanche ou jaune . . . . 125 grammes (4 onces).
Eau distillée de roses ou eau ordinaire . . . 375 grammes (12 onces).

Après avoir fait liquéfier la cire blanche dans l'huile, on verse le produit dans un mortier de marbre échauffé par l'eau bouillante, on remue continuellement le mélange jusqu'à ce qu'il soit presque entièrement refroidi, et on y incorpore par trituration avec le bistortier l'eau de roses qu'on y verse par petites parties.

Dans les proportions du cérat prescrites ci-dessus, la dose de cire est très convenable pour l'hiver et le printemps, mais dans les saisons chaudes elle est insuffisante ; quelques pharmaciens ont proposé avec raison de l'augmenter d'un huitième en sus pour conserver au cérat une consistance qui le rend plus facile à employer dans les pansements.

Ces cérats sont très adoucissants ; on les emploie dans le pansement des plaies qui offrent tous les caractères d'une vive inflammation. On en enduit les bords des plaies qui sont irritées par la dessiccation de la suppuration.

Cérat camphré, élœocérolé de camphre.

Ceratum camphoratum.

℞ Cérat simple. . . . . . . 500 grammes (1 livre).
   Camphre. . . . . 64 grammes (2 onces).

On pulvérise d'abord le camphre en l'humectant avec une petite quantité d'alcool et lorsqu'il est réduit en poudre impalpable on l'incorpore par trituration dans le cérat.

Ce cérat est légèrement excitant et s'emploie pour le pansement des plaies pâles et débilitées.

Cérat laudanisé, élœocérolé de laudanum.

Ceratum cum laudano.

℞ Cérat simple . . . . 64 grammes (2 onces).
   Laudanum liquide . . . 16 grammes (½ once).

On place le cérat dans un petit mortier de verre ou de

porcelaine et on y mêle par incorporation le laudanum pesé d'avance dans une fiole. Cette composition se prépare peu de temps avant son emploi.

Cérat opiacé, élœocérolé d'opium.

Ceratum cum extracto opii.

℞ Cérat simple. . . . . 64 grammes (2 onces).
Extrait aqueux d'opium. . . . . . 4 grammes (1 gros).
Jaune d'œuf. . . . . N. 1.

Après avoir broyé l'extrait d'opium avec le jaune d'œuf, on l'incorpore peu à peu dans le cérat par trituration et jusqu'à ce que la masse soit homogène.

Ces deux cérats sont très employés dans le pansement des plaies très douloureuses des tendons et des ligaments articulaires et des nerfs.

Cérat de quinquina, élœocérolé de quinquina.

Ceratum cum extracto kinkinœ.

℞ Cérat simple . . . . 500 grammes (1 livre).
Extrait alcoolique de quinquina. . . . 125 grammes (4 onces).
Alcool . . . . quantité suffisante.

On dissout l'extrait de quinquina dans la plus petite quantité possible d'alcool et on l'incorpore exactement par trituration dans le cérat.

Usages. Ce cérat est employé dans les plaies d'un mauvais aspect et qui tendent à la gangrène.

Cérat de saturne, élœocérolé de sous-acétate de plomb (Cérat de Goulard.)

Ceratum cum sub acetate plumbico (Codex).

℞ Cérat de Galien. . . . . 32 grammes (1 once).
Sous-acétate de plomb liquide. . 2 grammes (36 grains).

On mêle dans un mortier de marbre avec un bistortier jusqu'à ce que le mélange soit parfait.

Usages. Ce cérat est légèrement dessiccatif. On ne doit le préparer que peu de temps à l'avance parce qu'il est susceptible de se rancir facilement.

Cérat soufré, élæocérolé de soufre.

Ceratum sulfuratum (CODEX).

℞ Soufre sublimé et lavé. . . . . 32 grammes (1 once).
Cérat de Galien . . . . 112 grammes (3 onces ½).
Huile d'amandes douces ou
    d'olives . . . . 16 grammes (½ once).

On mêle d'abord le soufre au cérat par trituration dans un mortier de marbre, puis on ajoute l'huile et on triture de nouveau.

Usages. Ce cérat s'emploie pour combattre les irritations prurigineuses des bords des plaies, et pour la guérison des dartres furfuracées.

Cérat arsénical, n. 1.

℞ Acide arsénieux, oxyde blanc
    d'arsenic pulvérisé . . . . . 8 centigrammes (1 grain ½).
Cérat simple . . . . 16 grammes (4 gros).

Faites un mélange intime.

Usage. Nous employons ce cérat avec un très grand avantage dans la gale et les dartres des chiens.

Cérat arsénical, n. 2.

℞ Sulfure jaune d'arsenic préparé dans les laboratoires. . 10 centigrammes (2 grains).
Cérat simple . . . . 16 grammes (4 gros).

Ce cérat, un peu moins actif que le précédent, s'emploie dans les mêmes circonstances. Nous pouvons en certifier l'efficacité.

Des onguents. — Rétinolés.

On donne le nom d'*onguents* à des médicaments externes, de consistance molle, formés de différentes résines et

de corps gras qui y sont mélangés. Ces composés renferment quelquefois des poudres minérales et organiques.
Sous le rapport de leur consistance, ceux qui contiennent une grande proportion de résine sèche, de cire ou
de graisse, sont fermes et solides, tandis que ceux qui admettent de l'huile au nombre de leurs éléments sont mous
et onctueux ; ce qui les a fait diviser par quelques pharmaciens en *onguents solides* et en *onguents mous*.

Dans la préparation des onguents, on fait d'abord fondre
ensemble les substances résineuses et grasses, on passe à
travers une toile pour séparer les impuretés, si cela est nécessaire, et l'on agite la masse avec un bistortier ou une
spatule jusqu'à refroidissement. Lorsqu'il entre dans les
onguents des matières de différents degrés de fusibilité on
les fait fondre ou à part, ou successivement dans le même
vase, en commençant par soumettre à l'action du feu les
moins fusibles. On doit observer pour les substances odorantes ou volatiles qui entrent dans la composition d'un
onguent, de ne les ajouter qu'à la fin, après avoir retiré du
feu le vase où la fusion a été opérée. C'est aussi à cette
époque de l'opération qu'on incorpore les poudres réduites
préalablement à un grand degré de ténuité.

MM. Henry et Guibourt, dans leur nouvelle nomenclature pharmaceutique, ont proposé de donner à ces composés le nom de *rétinolés* dérivé du mot grec ρητίνη, résine.
Cette dénomination est fondée sur la nature de l'excipient
qui forme la base de ces médicaments et leur donne leur
consistance.

Onguent d'Althæa, rétinolé d'huile de fenugrec et de cire.
Unguentum de Althœa (CODEX).

2 Huile de fenugrec . . 1000 grammes (2 livres).
   Cire jaune . . . . . 250 grammes (8 onces).
   Poix résine . . . . . 125 grammes (4 onces).
   Térébenthine. . . . . 125 grammes (4 onces).

Après avoir fait fondre ensemble la poix-résine et la cire, on ajoute l'huile et la térébenthine, et après liquéfaction complète on coule dans un pot en agitant avec une spatule jusqu'à ce que l'onguent soit en partie solidifié. L'huile de fenugrec qu'on a substituée à l'huile de mucilage qui entrait anciennement dans cet onguent, se prépare en faisant infuser au bain-marie, dans un pot de faïence, pendant cinq à six heures, une partie de graine de fenugrec dans huit parties d'huile d'olives.

Usages. Cet onguent est adoucissant; mais généralement peu employé.

Onguent d'Arcœus, dit baume d'Arcœus, rétinolé de suif et d'élemi (Henry et Guibourt).

Balsamum Arcœi (Codex).

℞ Suif de mouton . . . 1000 grammes (2 livres).
Térébenthin . . . 750 grammes (1 livre ½).
Résine élemi . . . . . 750 grammes (1 livre ½).
Graisse de porc . . . 500 grammes (1 livre).

On fait fondre à une douce chaleur le suif, la graisse et la résine, ensuite on ajoute la térébenthine en retirant le vase du feu, et on remue jusqu'à ce que le mélange soit presque entièrement refroidi.

Usages. Cet onguent est légèrement excitant; il convient beaucoup dans le pansement des plaies blafardes et dont la suppuration est séreuse.

Onguent basilicum ou tetrapharmacum, rétinolé d'huile avec la poix (H. et G.)

Unguentum basilicum.

℞ Poix noire . . . . . . 125 grammes (4 onces).
Poix résine . . . . . . 125 grammes (4 onces).
Cire jaune . . . . . . 125 grammes (4 onces).
Huile d'olives . . . . 500 grammes.

On fait fondre dans une bassine la poix noire et la poix-résine ; après liquéfaction de ces substances on ajoute la cire coupée en morceaux, et lorsque le mélange est opéré on verse l'huile d'olives qu'on y incorpore par l'agitation et on coule dans un pot. L'onguent placé dans le vase où l'on doit le conserver doit être agité avec une spatule jusqu'à ce qu'il soit devenu assez épais pour que toute séparation de partie soit impossible ; alors on le laisse refroidir en repos.

Usages. Cet onguent est résolutif et excitant. On l'emploie en applications et frictions sur les œdèmes, les engorgements phlegmoneux récents, peu douloureux. On s'en sert aussi avec avantage pour le pansement des plaies et pour animer les sétons. On y ajoute quelquefois de l'essence de térébenthine pour le rendre plus excitant.

Onguent brun, rétinolé d'huile, de poix et d'oxyde de mercure.

Unguentum fuscum (CODEX).

℞ Onguent basilicum . . . . . 64 grammes (2 onces).
Deutoxyde de mercure. . . . 4 grammes (1 gros).

On porphyrise le deutoxyde de mercure et on l'ajoute peu à peu à l'onguent en triturant avec soin jusqu'à ce que le mélange soit exact.

Usages. Cet onguent est peu employé. Cependant on en fait quelquefois usage pour exciter des plaies ulcéreuses et favoriser leur cicatrisation.

Onguent digestif simple, rétinolé d'huile et de jaunes d'œuf (H. et G.)

Digestivum simplex (CODEX).

℞ Térébenthine . . . . 64 grammes (2 onces).
Jaune d'œufs n° 2 ou . . . . . . 32 grammes (1 once).
Huile d'olives ou d'hypericum, . 16 grammes (4 gros).

On broie dans un mortier de marbre ou de verre la térébenthine avec les jaunes d'œufs, et on ajoute peu à peu l'huile afin d'obtenir un onguent d'une consistance un peu molle.

L'huile d'hypéricum que le Codex et plusieurs pharmaciens proposent pour la confection de cet onguent, se prépare en faisant digérer pendant deux heures dans un vase couvert, et à la chaleur du bain-marie, les fleurs de millepertuis (*hypericum perforatum*), dans huit fois leur poids d'huile d'olives, passant ensuite le produit et le filtrant.

Usages. L'onguent digestif simple est légèrement excitant et dessiccatif. On l'emploie dans le pansement des plaies pour exciter leur suppuration.

Onguent digestif opiacé

Digestivum cum vino opii.

℞ Digestif simple. . . . . 125 grammes (4 onces).
   Laudanum . . . . 32 grammes (1 once).

On incorpore exactement par trituration le laudanum dans le digestif simple, et on place le mélange dans un vase couvert.

Cet onguent est résolutif et calmant.

Onguent digestif animé.

Digestivum cum styrace (CODEX).

℞ Digestif simple . . . . . 125 grammes (4 onces).
   Styrax liquide . . . . . . 125 grammes (4 onces).

On mêle exactement par trituration.

Usages. Cet onguent est un excitant et dessiccatif.

Onguent digestif mercuriel.

Digestivum hydrargyrosum (CODEX.

℞ Digestif simple . . . . 125 grammes (4 onces).
   Pommade mercurielle . 125 grammes (4 onces).

On mêle exactement par trituration.

Usages. Il est excitant et fondant.

Onguent épispastique.

Unguentum compositum cum cantharidibus.

℞ Onguent basilicum . . . . . . 500 grammes (1 livre).
Pommade de peuplier.. . . . . 500 grammes (1 livre).
Cantharides pulvérisées . . . . 32 grammes (1 once).

On broie ensemble la pommade et l'onguent, et on ajoute peu à peu par trituration la poudre de cantharides.

Usages. Cet onguent est excitant, rubéfiant et épispastique. Il est peu employé.

Onguent fondant (Girard), rétinolé de deuto-chlorure de mercure.

℞ Térébenthine . . . . 384 grammes (12 onces).
Deutochlorure de mercure. . 32 grammes (1 once).

On réduit le deutochlorure en poudre fine dans un mortier de verre ou de porcelaine, et on le triture peu à peu avec la térébenthine. La proportion de sublimé corrosif peut être augmentée jusqu'à un huitième.

Usages. Cet onguent est un excellent fondant résolutif. Nous en faisons un fréquent usage pour obtenir la résolution des cordes farcineuses récentes, des tumeurs chroniques, et pour faire résorber les liquides épanchés dans des kystes récents. On augmente son action en échauffant la partie avec une pelle rouge.

Onguent irritant, dit onguent chaud résolutif (Lebas).

℞ Onguent vésicatoire . . . . . 500 grammes (1 livre).
Pommade mercurielle double. 250 grammes (8 onces).
Savon vert . . . . 125 grammes (4 onces).
Huile de laurier . . . . 160 grammes (5 onces).
Cire jaune . . . . 96 grammes (3 onces).

Après avoir fait fondre la cire à une douce chaleur, on

ajoute l'huile de laurier et l'onguent vésicatoire, on retire du feu le mélange, qu'on remue jusqu'à ce qu'il commence à se figer, alors on y incorpore exactement par trituration avec le bistortier la pommade et le savon vert.

Usages. Cet onguent est très bon pour obtenir la résolution d'engorgements chroniques et faire fondre les glandes de l'auge lorsqu'elles sont engorgées comme dans les cas de morve et de farcin.

Onguent de pied.

Unguentum pro pede.

℞ Cire jaune . . . .
Graisse de porc . . . .
Huile d'olives . . . . } ãã 500 grammes (1 livre).
Térébenthine . . . .
Huile de pieds de bœuf ou miel. . . . .

Après avoir fait fondre à une douce chaleur, dans une bassine de cuivre, la cire, la graisse et l'huile mêlées ensemble, on retire le vase du feu et on y ajoute la térébenthine et le miel en remuant jusqu'à refroidissement de l'onguent.

Quelques vétérinaires le colorent en noir par un peu de noir de fumée ou de noir d'os, lorsqu'il doit être appliqué immédiatement sur le sabot.

Nous remplaçons le miel, dans cet onguent, par l'huile de pied, parce que cette huile le rend plus onctueux.

Usages. Cet onguent est surtout employé pour graisser le sabot lorsque la corne est dure et desséchée. Il favorise l'accroissement de la corne et prévient le développement des sanies.

Onguent vésicatoire, rétinolé de cantharides.

Unguentum cum cantharidibus et euphorbiá.

℥ Poix noire . . . .   400 grammes (12 onces).
Poix résine . . . .   400 grammes (12 onces).
Cire jaune . . . .   300 grammes (10 onces).
Huile d'olives . . . . 1200 grammes (38 onces).
Cantharides en poudre. . . . .   600 grammes (19 onces).
Euphorbe pulvérisé. . . . . .   200 grammes (6 onces).

On fait liquéfier à une douce chaleur la poix noire, la poix-résine et la cire ; lorsque le mélange est fondu on y ajoute l'huile d'olives et on passe à travers une toile pour séparer les impuretés qui peuvent se trouver dans la poix. Après cette première opération on remet le mélange sur le feu et on y projette avec précaution les poudres de cantharides et d'euphorbe préalablement humectées d'un peu d'eau pour éviter leur dispersion dans l'air ; on agite avec une spatule de bois pour favoriser la mixtion, et on chauffe doucement jusqu'à ce que l'eau ajoutée soit à peu près vaporisée ; alors on coule la préparation dans le vase où elle doit être conservée, et l'on continue de la remuer jusqu'à ce qu'elle commence à se figer. Cette dernière précaution est indispensable pour empêcher la poudre de cantharides de se séparer et conserver à cet onguent son homogénéité.

Cet onguent préparé d'après la formule rapportée ci-dessus est souvent trop actif ; on mitige son action en le mêlant à de l'onguent basilicum à parties égales.

Usages. Cet onguent est très irritant et épispastique ; huit à dix heures après son application on voit apparaître des ampoules remplies de liquide séreux, qui bientôt se crèvent et mettent le corps muqueux de la peau à découvert. Bientôt celui-ci suppure et on obtient alors une surface suppurante. On en fait particulièrement usage pour poser des vésicatoires.

Onguent vésicatoire par infusion.

Unguentum cum solutione cantharidum.

℞ Résine . . . . 200 grammes (6 onces).
Cire jaune . . . . 200 grammes (6 onces).
Térébenthine . . . . 400 grammes (13 onces).
Graisse de porc . . . . . . 400 grammes (13 onces).
Cantharides pulvérisées. . . 200 grammes (6 onces).
Eau de rivière . . . . . . 800 grammes.

Après avoir fait infuser les cantarides dans l'eau à
+ 100° pendant douze heures, on passe l'infusion à travers
un blanchet, on la met dans une bassine avec la graisse et
on fait évaporer toute l'eau à une douce chaleur. Lorsqu'on
est arrivé à ce point on ajoute la cire et la résine qu'on a
fait fondre ensemble dans un vase à part, on retire du feu
le mélange et on y incorpore par agitation la térébenthine.

Cet onguent est beaucoup moins actif que le précédent,
aussi s'en sert-on pour animer les exutoires qu'on a établis
sous la peau des animaux, et pour faire des frictions sur
les engorgements indolents afin de les résoudre.

Des médicaments préparés par solution.

Nous rangeons dans cette section particulière tous les
médicaments composés liquides, résultant de l'action d'un
liquide quelconque sur une substance médicamenteuse,
sans altération des propriétés chimiques du dissolvant et du
corps dissous.

La solution peut être définie d'une manière générale,
l'acte par lequel un corps solide change d'état en s'unissant
à un liquide en vertu d'une faible affinité qui détruit l'état
d'agrégation.

Cette opération simple doit être distinguée de la dissolution dans laquelle le corps à dissoudre et le dissolvant

réagissent réciproquement l'un sur l'autre, et donnent naissance à un nouveau produit doué de propriétés différentes. Cette action doit être rangée parmi celles qui président aux combinaisons chimiques.

Ainsi, le sel dissous dans l'eau forme une solution, tandis que le fer et le mercure, traités par l'acide nitrique, sont d'abord oxydés par une partie de l'acide, et s'unissent à l'état d'oxyde à l'autre partie de l'acide pour constituer une dissolution renfermant des nitrates de ces métaux.

Les modes de solution usités en pharmacie sont au nombre de quatre, et portent des noms dépendant de la température à laquelle l'opération est faite et de la manière dont elle est effectuée. Ces quatre modes sont : *l'infusion*, la *macération*, la *digestion* et la *décoction*; et leurs produits sont désignés sous les noms d'*infusum*, de *macératum*, de *digestum*, de *décoctum*.

La macération consiste dans le séjour plus ou moins prolongé, à la température de l'air, des substances médicamenteuses dans les liquides propres à en extraire certains principes solubles.

Cette opération se pratique en plaçant, dans des ballons de verre ou d'autres vases, les matières incisées, concassées ou pulvérisées avec les liquides, et bouchant plus ou moins hermétiquement les vases pour s'opposer à la vaporisation d'une partie du liquide. Le temps de la macération étant écoulé, on décante le liquide et on exprime le marc pour en retirer le plus possible de liquide qu'on réunit au premier afin de les filtrer ensemble.

La digestion ne diffère de la macération qu'en ce qu'elle est faite à une température plus élevée que celle de l'atmosphère ; elle se pratique à une température de $+\,30°$ à $50°$ de toutes les manières qui peuvent procurer de la chaleur naturelle ou artificielle, tels sont l'exposition des vases à l'ardeur des rayons solaires, l'échauffement au bain-marie ou dans une étuve, l'apposition sur des cendres chaudes, sur un bain de sable médiocrement chauffé, sur la cucurbite d'un alambic en distillation, ou l'enfouissement du vase dans du fumier de cheval ou dans du marc de raisin en fermentation.

Le produit de cette opération doit être également décanté et soumis à la filtration, comme le précédent. On le connaît sous le nom de digestum.

L'infusion se pratique en versant un liquide bouillant sur les substances médicamenteuses desquelles on veut extraire les principes solubles, et les laissant refroidir ensemble en vase clos.

Cette opération peut être faite dans toutes espèces de vases incapables de se briser par les changements brusques de température. On se sert avec avantage des vases de faïence, de porcelaine ou de métal, qu'on bouche pendant l'infusion afin d'empêcher les principes volatils de se dégager.

La décoction est un mode de solution qui consiste à faire bouillir dans les liquides les substances médicamenteuses ou autres, afin d'en extraire les principes solubles à la température de l'ébullition. Cette opération, fréquemment employée dans la pharmacie, peut être effectuée dans des vases en cuivre étamé ou non étamé ; elle est mise en pratique sur les bois, les écorces et les racines. Les solutions peuvent être faites avec de l'eau, de l'alcool, de l'éther, du vin, du vinaigre, de l'huile, etc. Ces solutions, suivant la nature du liquide, portent différents noms et forment plusieurs médicaments.

Des breuvages.

Sous le nom de breuvage, on désigne en médecine-vété-

rinaire des médicaments liquides, magistraux, fournis par
solution de principes médicamenteux ordinairement dans
l'eau, et quelquefois dans le vin, le cidre ou l'eau-de-
vie.

Ces médicaments s'administrent en général aux animaux
à des heures prescrites et à l'aide d'une bouteille dont le
goulot est garni d'étoupes pour éviter la fracture du verre
dans la bouche, avec une corne, ou avec un entonnoir
particulier à bridon qui s'adapte à la tête des animaux.

Les breuvages diffèrent beaucoup dans leur composition,
suivant l'espèce de médication que l'on veut produire. Ils
se préparent par l'un des modes de solution que nous avons
décrits dans le premier paragraphe de ce chapitre, et ne
présentent aucune difficulté pour leur confection.

Leur administration exige quelques précautions afin
d'éviter l'introduction d'une partie du liquide dans la tra-
chée; c'est pourquoi la quantité du liquide, qui en forme
l'excipient, ne doit pas être trop grande; elle doit s'élever
de 1 litre à 1 litre 1/2 au plus pour les grandes espèces
domestiques, et de 1 à 3 ou 4 décilitres au plus pour les
petites.

Nous ferons bien remarquer ici que les breuvages qu'on
administre aux ruminants, bœufs, vaches et moutons,
doivent toujours être versés lentement et à petite gorgée
dans la bouche. Le liquide alors suit la gouttière œsopha-
gienne et arrive dans la caillette, et de là passe dans l'intestin où il produit l'effet évacuatif désiré. Si au contraire on verse le breuvage à grande gorgée, comme les
gens de la campagne ont généralement l'habitude de le
faire, le liquide ouvre les lèvres de la gouttière et tombe
dans la panse ou le réseau, viscères où il ne produit aucun
effet; l'animal qui devait être purgé ne l'est pas, le but est
donc manqué et l'effet curatif nul.

A l'égard du chien, nous dirons que le breuvage doit être versé doucement et à petite gorgée entre la commissure des lèvres. Donné à grande gorgée, quelques portions du liquide tombent ordinairement dans le larynx, excitent la toux et forcent de suspendre l'opération. Si, d'ailleurs, le breuvage est irritant, il peut exciter le développement d'une laryngo-bronchite.

Breuvages adoucissants.

Breuvage adoucissant, n. 1.

℞ Gomme arabique en poudre . . . . .   64 grammes (2 onces).
   Miel. . . . .   125 grammes (4 onces).
   Eau tiède . . . . 1000 grammes.

Après avoir fait dissoudre la gomme dans l'eau, on y ajoute le miel qu'on y délaie bien jusqu'à solution complète, et on administre de suite.

Breuvage adoucissant, n. 2.

℞ Racine de guimauve mondée et coupée   64 grammes (2 onces).
   Miel ou mélasse . . . .   125 grammes (4 onces).
   Eau commune. . . . .   1500 grammes.

On fait bouillir la racine de guimauve pendant quinze à vingt minutes environ ; on passe la décoction et on y fait dissoudre le miel ou la mélasse ; lorsque le breuvage est refroidi, on le fait prendre à l'animal.

Un breuvage semblable, jouissant des mêmes propriétés, peut être fait en ajoutant à la racine de guimauve une même quantité de racine de réglisse.

Breuvage adoucissant, n. 3.

℞ Graine de lin . . . .   46 grammes (1 once ½).
   Miel . . . .   125 grammes (4 onces).
   Eau bouillante . . . .   1000 grammes.

On verse l'eau bouillante sur les graines de lin et on fait

infuser pendant un quart d'heure en remuant de temps en temps. On passe l'iufusion à travers un tamis de crin ou une toile et on y fait dissoudre le miel.

Breuvage adoucissant, n. 4.

℞ Orge. . . . . 500 grammes (1 livre).
Eaude rivière. . . . . . . 4 litres ou 4000 grammes.

Faites bouillir pendant cinq à huit minutes, jetez la première eau qui est âcre, remettez la même quantité d'eau, faites bouillir jusqu'à ce que l'orge soit crevée, et ajoutez la livre de miel pour édulcorer.

Breuvage adoucissant huileux, n. 5.

℞ Cétine ou blanc de baleine pur. . . . 16 grammes (½ once).
Huile d'olives. . . . . 96 grammes (3 onces).
Miel . . . . 125 grammes (4 onces).
Eau . . . . 1000 grammes.

On fait fondre à une douce chaleur le blanc de baleine dans l'huile, on incorpore par trituration le miel dans la masse fondue, et on y mélange peu à peu l'eau. Ce breuvage, qui a l'aspect d'une émulsion, s'administre aussitôt à l'animal.

Breuvage adoucissant et calmant, n. 6.

℞ Racine de guimauve mondée et coupée. 64 grammes (2 onces).
Têtes de pavot. . . . . N. 4.
Jaunes d'œufs. . . . . N. 4.
Huile d'olive . . . . 125 grammes (4 onces).
Miel. . . . . 192 grammes (6 onces).
Eau. . . . . 1500 grammes.

On fait bouillir la racine de guimauve et les têtes de pavot brisées dans l'eau jusqu'à réduction du tiers du liquide ; on passe le décoctum, et lorsqu'il est tiède, on y ajoute l'huile et les jaunes d'œufs battus ensemble.

Breuvages astringents.

Breuvage astringent simple, n. 1.

℞ Racine de bistorte concassée. . . .   96 grammes (3 onces).
Miel. . . . .   125 grammes (4 onces).
Eau. . . . . 1500 grammes.

Après avoir fait un décoctum avec la racine de bistorte, on y fait dissoudre le miel, et on administre lorsque le breuvage est refroidi.

On peut remplacer la racine de bistorte par l'écorce de chêne.

Breuvage astringent, n. 2.

℞ Fleurs de grenadier . . . .   48 grammes (1 once ½).
Alcool sulfurique (eau de Rabel). . .   16 grammes (½ once).
Miel. . . . .   125 grammes (4 onces).
Eau commune bouillante. . . . . . 1500 grammes.

Après avoir fait infuser les fleurs dans l'eau pendant vingt minutes on passe l'infusum à travers une toile, on y fait dissoudre le miel, et on y ajoute l'alcool sulfurique.

Breuvage astringent opiacé, n. 3.

℞ Racine de bistorte ou écorce de chêne. .   64 grammes (2 onces).
Extrait aqueux d'opium. . . . . . .   8 grammes (2 gros).
Miel. . . . .   125 grammes (4 onces).
Eau. . . . . 1000 grammes.

On délaie l'extrait d'opium dans le décoctum de bistorte fait par les procédés ordinaires, et on administre en une seule fois.

On prépare un breuvage astringent plus promptement en délayant dans 1 litre de vin tiède 64 grammes d'électuaire astringent opiacé n° 3 (voyez page 426), ou la même quantité de diascordium.

Breuvage astringent aluné, n. 4.

℞ Sulfate d'alumine et de potasse. . . .   16 grammes (½ once).
Sommités de sauge. . . . .   64 grammes (2 onces).
Eau commune à + 100°. . . . . . . 1000 grammes.

Après avoir fait infuser les sommités de sauge dans l'eau bouillante, on passe la colature et on y fait dissoudre l'alun réduit en poudre grossière.

Breuvages carminatifs.

Breuvage carminatif, n. 1.

2⟋ Espèces carminatives (anis ou fenouil .   125 grammes (4 onces).
Eau bouillante . . . . 1000 grammes (2 livres).
Éther sulfurique. . . . .   64 grammes (2 onces).

On fait infuser les espèces dans l'eau bouillante jusqu'à refroidissement de la liqueur, on passe l'infusion, et après l'avoir introduit dans une bouteille on y ajoute l'éther qu'on y fait dissoudre par agitation. Ce breuvage s'administre en deux fois à une heure d'intervalle pour le cheval, et en une seule fois pour le bœuf.

Usages. Ce breuvage s'administre dans les indigestions gazeuses simples.

Breuvage carminatif avec l'ammoniaque, n. 2.

2⟋ Fleurs de camomille . . . .   2 poignées.
Éther sulfurique . . . .   64 grammes (2 onces).
Ammoniaque. . . . .   16 grammes (½ once).
Eau bouillante . . . . 2000 grammes.

Après avoir fait une infusion avec les fleurs de camomille on la laisse refroidir, et on y ajoute l'éther et l'ammoniaque qu'on y fait dissoudre par l'agitation.

Usages. Ce breuvage, plus excitant que le premier, se donne particulièrement aux vieux animaux dont le ventre est paresseux et dans les digestions gazeuses.

Breuvage stimulant, n. 1.

2⟋ Extrait de genièvre. . . . .   32 grammes (1 once).
Cannelle en poudre . . . .   16 grammes (½ once).
Vin rouge de bonne qualité . . . . .   1 litre (2 livres).

On fait dissoudre l'extrait de genièvre dans le vin, et on

ajoute la poudre de cannelle qu'on y met en suspension par l'agitation.

Usages. Ce breuvage et le suivant s'administrent dans les coliques dues à une indigestion d'eau froide.

Breuvage stimulant, n. 2.

℞ Sommités de menthe. . . . . 64 grammes (2 onces).
Fleurs de camomille. . . . . 16 grammes (½ once).
Eau commune bouillante. . . . . 1500 grammes.

On fait une infusion par les procédés ordinaires.

Breuvages diaphorétiques ou sudorifiques.

Breuvage diaphorétique, n. 1.

℞ Espèces diaphorétiqu . . . . 125 grammes (4 onces).
Sesqui-carbonate d'ammoniaque. . 48 grammes (1 once ½).
Miel. . . . . 125 grammes (4 onces).
Eau commune. . . . . 2 litres ou 2000 gr.

Après avoir fait bouillir les espèces dans l'eau pendant un quart d'heure on passe le décoctum, et quand il est refroidi on y fait dissoudre le miel et le sesqui-carbonate d'ammoniaque.

Breuvage diaphorétique, n. 2.

℞ Gaïac rapé . . . . 64 grammes (2 onces).
Sassafras contusé . . . . 64 grammes (2 onces).
Salsepareille coupée. . . . . 32 grammes (1 once).
Oxy-sulfure d'antimoine hydraté (kermès). . 16 grammes (½ once).
Eau commune. . . . . 1500 grammes.

Après avoir fait macérer pendant douze heures les bois et la racine dans l'eau, on fait bouillir jusqu'à réduction d'un tiers, on passe à travers un tamis et on délaie le kermès dans le décoctum refroidi.

Usages. Les deux breuvages ci-dessus, et particulièrement le dernier, sont préconisés dans le farcin à son début, et dans les maladies cutanées anciennes.

Breuvage diaphorétique, n. 3.

℞	Sous-antimoniate de potasse. . .	32 grammes (1 once).
	Miel.	64 grammes (2 onces).
	Fleurs de sureau.	1 poignée.
	Eau bouillante.	1 litre.

On fait infuser les fleurs de sureau pendant un quart d'heure dans l'eau bouillante, on passe l'infusum, et après y avoir fait dissoudre le miel on y mélange par agitation le sous-antimoniate de potasse.

Breuvage diaphorétique, n. 4.

℞	Bois de sassafras incisé	125 grammes (4 onces).
	Acétate d'ammoniaque.	125 grammes (4 onces).
	Miel.	125 grammes (4 onces).
	Vin blanc.	½ litre.
	Eau.	1 litre.

Après avoir fait infuser pendant une heure le bois de sassafras dans l'eau on passe l'infusum, et on ajoute le vin blanc et le miel qu'on y fait dissoudre par agitation, et on verse l'acétate d'ammoniaque.

On administre ce breuvage en deux fois.

Breuvages diurétiques.

Breuvage diurétique simple, n. 1.

℞	Nitrate de potasse pulvérisé . . .	96 grammes (3 onces).
	Décoctum de graine de lin.	2 litres.

On dissout le sel dans le décoctum, et on administre en trois fois dans le courant de la journée.

Breuvage diurétique avec l'oxymel, n. 2.

℞	Orge mondée.	2 poignées.
	Oxymel simple.	250 grammes (8 onces).
	Nitrate de potasse.	64 grammes (2 onces).
	Eau.	2 litres ½.

On fait bouillir l'orge dans l'eau jusqu'à ce qu'elle soit crevée, on passe le décoctum et on y fait dissoudre le sel et l'oxymel simple.

Ce breuvage s'administre en deux fois.

Breuvage diurétique acidulé, n. 3.

℞ Décoctum de racine de carotte.   4 litres.
Nitrate de potasse. . . . . .   125 grammes (4 onces).
Miel. . . . .   250 grammes (8 onces).
Vinaigre blanc. . . . . .   32 grammes (1 once).

On fait dissoudre dans le décoctum de carotte le nitre et le miel, et on ajoute le vinaigre dont la proportion peut être augmentée jusqu'à acidité convenable.

Breuvage diurétique camphré, n. 4.

℞ Acétate de potasse. . . . .   64 grammes (2 onces).
Camphre . . . .   8 grammes (2 gros).
Jaunes d'œufs . . . .   n° 2.
Décoctum de graine de lin . . . .   2 litres.

Après avoir humecté le camphre avec quelques gouttes d'alcool on le pulvérise dans un mortier, et on le broie avec les jaunes d'œufs; cette mixtion étant opérée exactement on la délaie dans le décoctum mucilagineux.

On administre ordinairement ce breuvage en deux fois dans l'intervalle de deux à trois heures.

Breuvage diurétique avec la térébenthine, n. 5.

℞ Térébenthine fine . . . .   64 grammes (2 onces).
Jaunes d'œufs . . . .   n° 6.
Décoctum de graine de lin . . . .   2 litres.

On incorpore la térébenthine dans les jaunes d'œufs et on délaie le tout dans le décoctum.

Ce breuvage s'administre comme le précédent.

Breuvage diurétique avec la scille, n. 7.

℞ Oxymel scillitique. . . . . 125 grammes (4 onces).
Décoctum de pariétaire ou de guimauve   1 litre.

Après avoir délayé l'oxymel dans le décoctum refroidi on l'administre en une seule fois.

Usages. Ce breuvage est recommandé dans les hydropisies.

Breuvage diurétique avec le carbonate de soude, n. 8.

℞ Carbonate neutre de soude . . . . . . 32 grammes (1 once).
Miel . . . . 192 grammes (6 onces).
Vin blanc sec. . . . .   1 litre.
Eau commune . . . .   1 litre.

On fait dissoudre à froid le carbonate de soude dans l'eau, on ajoute à celle-ci le vin, et on délaie le miel. La dose rapportée ci-dessus s'administre en deux fois.

Breuvage diurétique avec le savon, n. 9.

℞ Savon blanc de Marseille. . . . . . . 32 grammes (1 once).
Essence de térébenthine . . . . 32 grammes (1 once).
Miel . . . . 125 grammes (4 onces).
Décoctum de graine de lin . . . .   2 litres.

Après avoir fait dissoudre le savon râpé dans le décoctum tiède, on ajoute le miel, et on verse l'essence de térébenthine qu'on y mêle par une vive agitation.

Breuvage diurétique avec l'alcool nitrique, n. 10.

℞ Alcool nitrique. . . . . 125 grammes (4 onces).
Vin blanc . . . .   1 litre ½.
Eau commune. . . . .   1 litre ½.

Après avoir mêlé le vin et l'eau on y verse l'alcool nitrique, et on partage en trois doses qu'on administre à différentes époques de la journée.

L'alcool nitrique peut être remplacé par 96 gram. (3 onc.)

d'alcool à 33° et 32 gram. (1 once) d'acide nitrique à 34°, qu'on mélange ensemble dans un flacon avant leur introduction dans le breuvage.

Breuvages émétiques.

Les breuvages émétiques sont employés seulement dans la médecine du chien.

Breuvage émétique avec l'ipécacuanha, n. 1.

℞ Ipécacuanha pulvérisé . . . . 1 gramme (18 grains).
Eau sucrée. . . . . ½ verre.

On délaie la poudre dans l'eau et on administre de suite.

Breuvage avec l'émétique, n. 2.

℞ Tartrate de potasse et d'antimoine . . 0,1 décigram. (2 grains).
Eau distillée tiède. . . . . ½ verre.

On dissout le sel dans l'eau et on fait prendre le tout en une seule fois.

Breuvage avec le kermès, n. 3.

℞ Oxysulfure d'antimoine hydraté (Kermès) . 6 décigr. (12 grains).
Lait tiède . . . . ½ verre.

Après avoir bien délayé le kermès dans le lait on fait prendre le breuvage comme le précédent.

Usages. Les trois breuvages ci-dessus s'emploient dans le début de la maladie dite des chiens. Les résultats qu'ils font obtenir sont souvent avantageux.

Breuvages fondants.

Breuvage avec l'iode, n. 1.

℞ Teinture d'iode . . . . 16 grammes (4 gros).
Eau commune . . . . 1 litre.

On verse la teinture d'iode dans l'eau, on agite, et on administre en deux fois.

Breuvage avec l'iodure de potassium, n. 2.

℞ Iodure de potassium. . . . .   4 grammes (1 gros).
Eau commune. . . . .   1500 grammes (3 livres).

On fait dissoudre l'iodure de potassium dans l'eau, et on administre comme le breuvage précédent.

Breuvage d'iodure ioduré de potassium, n. 3.

℞ Iodure de potassium . . .   2 grammes (36 grains).
Iode. . . . .   0,3 décigrammes (6 grains).
Eau commune. . . . . .   1 litre.

On triture dans un mortier de verre l'iodure avec l'iode, et on dissout peu à peu dans l'eau le mélange qui se transforme alors en iodure ioduré.

Breuvage d'iodure de potassium et de mercure, n. 4.

℞ Iodure de potassium . . .   1,5 décigrammes (20 grains).
Bichlorure de mercure . .   0,3 décigrammes (6 grains)
Eau distillée . . . . . .   1000 grammes (2 livres).

On dissout séparément dans une petite quantité d'eau distillée l'iodure et le chlorure de mercure, et on verse la première solution dans la seconde jusqu'à ce que le précipité de bi-iodure de mercure soit redissous, et on ajoute le reste de l'eau distillée.

Breuvage avec le deuto-chlorure de mercure, n. 5.

℞ Deuto-chlorure de mercure . .   0,9 décigram. (18 grains).
Alcool . . . .   64 grammes (2 onces).
Décoctum d'orge . . . . . .   1 litre.

Après avoir pulvérisé le deutochlorure de mercure on le dissout dans l'alcool, et on mêle la solution alcoolique au décoctum d'orge. Ce breuvage doit être administré lorsque les animaux sont à jeun , pour éviter la précipitation du deutochlorure par les substances alimentaires.

Breuvage fondant, n. 6.

℞   Bois de gaïac râpé . . . .   64 grammes (2 onces).
     Bois de sassafras. . . . .   32 grammes (1 once).
     Graine de lin. . . . .   16 grammes (4 gros).
     Eau commune. . . . .   1500 grammes (3 livres).

On fait bouillir les trois substances dans l'eau jusqu'à réduction d'un tiers , on passe le décoctum et on y ajoute 0,6 décigrammes (12 grains) de deutochlorure de mercure, et 8 grammes (2 gros) d'hydrochlorate d'ammoniaque qu'on fait dissoudre dans une petite quantité d'alcool à 33°.

Usages. Les six breuvages ci-dessus sont employés dans les affections scrofuleuses du porc, goîtreuses et farcineuses de tous les animaux.

Breuvage avec le chlorite de chaux, n. 7.

℞ Solution saturée de chlorite de chaux.   64 grammes (2 onces).
    Eau commune . . . .   1 litre.

On verse la solution de chlorite de chaux dans l'eau, et on administre en une seule fois.

Ce breuvage peut être composé avec le chlorite de soude dans la proportion de 16 grammes (4 gros) par litre d'eau.

Breuvage fondant avec l'arsenic, n. 10.

℞   Acide arsénieux . . . . . .   5 décigrammes (10 grains).
    Eau miellée . . . .   ½ litre.

La dose doit être moitié moindre pour le chien.

Liqueur fondante de Fowler, n. 11.

℞   Acide arsénieux . . . . .   5 centigrammes (1 grain).
    Carbonate de potasse . . .   5 décigrammes (9 grains).
    Eau . . . .   5 grammes (1 gros, 18 grains).

Cette solution peut se donner au chien à la dose de 5 à 20 gouttes dans un demi-verre d'eau miellée.

Breuvage fondant, n. 12.

℞ Arséniate neutre de soude .   2 centigrammes (2/5 de grains).
   Eau miellée . . . . 1 décilitre.

Ces proportions sont faites pour les chiens. On peut donner l'arsenic à triple dose pour le cheval.

Ces breuvages sont usités avec beaucoup de succès pour combattre les maladies cutanées rebelles des animaux, comme la gale, les dartres, l'éléphantiasis.

Breuvages narcotiques.

Breuvage antispasmodique ou calmant, n. 1.

℞ Extrait aqueux d'opium exotique .   8 grammes (2 gros).
   Miel . . . . 125 grammes (4 onces).
   Décoctum d'orge. . . . . . . 1 litre.

On fait dissoudre l'extrait et le miel dans le décoctum et on administre à l'animal en une seule fois.

Breuvage antispasmodique ou calmant, n. 2.

℞ Feuilles sèches de belladone . .   64 grammes (2 onces).
   Fleurs de coquelicot . . . . .   32 grammes (1 once).
   Eau commune. . . . . 1500 grammes (3 livres).

On fait une décoction avec les feuilles de belladone, on la passe et on la verse bouillante sur les fleurs de coquelicot pour obtenir l'infusion. On peut édulcorer avec du miel ce breuvage avant de l'administrer.

Breuvage antispasmodique ou calmant, n. 3.

℞ Laudanum de Sydenham . . . . .   8 grammes (2 gros).
   Têtes de pavot . . . .   4 grammes (1 gros).
   Racine de guimauve . . . . 32 grammes (1 once).
   Eau commune. . . . . 1 litre.

Après avoir brisé les têtes de pavot on les fait bouillir pendant un quart d'heure avec la racine de guimauve incisée, on passe le décoctum et on y verse le laudanum.

Breuvage anodin camphré, n. 4.

℞ Opium brut . . . .   8 grammes (2 gros).
Camphre . . . .   16 grammes (4 gros).
Miel . . . .   250 grammes (8 onces
Décoctum de guimauve. . . .   2 litres.

Après avoir pulvérisé le camphre par la méthode usitée, on le broie avec le miel et on délaie le tout dans une partie du décoctum, d'autre part on broie l'opium et on le dissout dans l'autre partie du décoctum, et on mélange le tout ensemble pour l'administrer en une ou deux fois.

Usages. Les quatre breuvages ci-dessus s'administrent dans le vertige essentiel, la diarrhée et surtout la dysenterie du cheval et des bêtes bovines.

Breuvage anodin pour le mouton et le chien, n. 5.

℞ Extrait gommeux d'opium. . .   4 grammes (1 gros).
Têtes de pavot. . . . .   2 grammes (36 grains).
Riz. . . . .   16 grammes (4 gros).
Eau. . . . .   1 litre ½.

Faites bouillir le riz et les têtes de pavots dans l'eau, passez à travers un linge. Ajoutez l'extrait aqueux d'opium, et administrez en trois breuvages.

Ce breuvage est excellent pour combattre la diarrhée et la dysentere du mouton et du chien.

Breuvage excitant nerveux avec la noix vomique, n. 6.

℞ Noix vomique râpée . . . . .   8 grammes (2 gros).
Racine de valeriane sèche . . .   32 grammes (1 once).
Alcool à 33° . . . .   125 grammes (4 onces).
Eau commune. . . . .   1 litre.

On fait une infusion de noix vomique dans l'alcool et une autre de valériane dans l'eau, on mélange ces deux infusions après les avoir passées au blanchet, et on administre en deux fois dans le courant de la journée.

Usages. Ce breuvage s'administre au cheval dans les paralysies du mouvement et de la sensibilité. Il a réussi entre les mains de quelques praticiens.

Breuvage excitant du système nerveux, plus actif que le n. 6, n. 7.

℞ Extrait alcoolique de noix vomique . . 2 décigram. (4 grains).
Infusion aromatique . . . . 3 décilitres).

Administrez en une seule fois au cheval ou aux grands ruminants.

Breuvage excitant du système nerveux, pour le chien, le mouton et le porc, n. 7.

℞ Extrait alcoolique de
noix vomique . . . 2 à 5 centigrammes (½ grain à 1 grain).
Infusion aromatique . 1 à 2 décilitres.

En un seul ou en deux breuvages. Ces doses peuvent être augmentées ou diminuées selon les effets produits.

Breuvages purgatifs.

Breuvage purgatif simple, n. 1.

℞ Aloès des Barbades . . De 10 à 16 grammes (2 gros ½ à 4 gros).
Miel ou mélasse . . . 125 grammes (4 onces).
Eau commune . . . . 1 litre.

Après avoir pulvérisé l'aloès on le fait dissoudre dans l'eau bouillante et on broie par trituration dans un mortier le résidu insoluble afin de le mettre en suspension dans le solutum ; on ajoute le miel ou la mélasse et on administre le breuvage tiède.

Breuvage purgatif composé, n. 2.

℞ Feuilles de séné . . . . 32 grammes (1 once).
Aloès en poudre . . . . 32 grammes (1 once).
Eau bouillante . . . . ½ litre.

On verse l'eau bouillante sur les feuilles de séné et on les y laisse infuser pendant trois heures, au bout de ce temps on passe l'infusum et on y fait dissoudre l'aloès en ayant la précaution de bien délayer la partie résineuse insoluble dans l'eau. Ce breuvage s'administre comme le précédent.

Breuvage purgatif composé, n. 3.

℞ Aloès succotrin ou hépatique pulvérisé. . 32 grammes (1 once).
Sulfate de soude . . . . 125 grammes (4 onces).
Eau tiède . . . . 1 litre.

On fait dissoudre l'aloès dans l'eau tiède en y délayant bien le dépôt insoluble, et on projette dans la solution aqueuse, le sel qui s'y dissout avec facilité par l'agitation.

On peut préparer ce breuvage avec une infusion de séné au lieu d'eau tiède, ce qui le rend plus actif.

Breuvage purgatif composé avec le sirop de nerprun, n. 4.

℞ Sirop de nerprun . . . . 125 grammes (   ).
Aloès des Barbades en poudre. . . . . 10 grammes (2 gros ½).
Eau tiède . . . . 1 litre.

Après avoir délayé l'aloès dans l'eau on y fait dissoudre le sirop de nerprun et on administre la solution à jeun au cheval.

Breuvage purgatif drastique, n. 5.

℞ Huile de croton tiglium . . . . 20 gouttes.
Alcool à 33° . . . . 32 grammes (1 once).
Feuilles de séné . . . . 24 grammes (6 gros).
Eau bouillante. . . . . 1 litre.

On fait infuser le séné dans l'eau bouillante, on passe l'infusum au bout d'une demi-heure et on y verse l'huile de croton préalablement dissoute à froid dans l'alcool.

Breuvage purgatif minoratif, n. 6.

℞ Jus de pruneaux . . . . 1 litre.
Manne grasse. . . . . 192 grammes (6 onces).
Bitartrate de potasse soluble. . . . . . 192 grammes (6 onces).

On fait dissoudre 250 grammes de pruneaux secs dans un litre et demi d'eau, lorsque le décoctum est réduit aux deux tiers on passe à travers un linge et on y fait dissoudre ensemble la manne et le bitartrate de potasse ; lorsque le décoctum est refroidi on l'administre aux animaux.

Le jus de pruneaux peut être remplacé, dans cette formule, par un décoctum de mauve, d'orge ou de graines de lin.

Breuvage purgatif minoratif avec le sel d'Epsum, n. 7.

℞ Sulfate de magnésie. . . . . 500 grammes (1 livre).
   Décoctum d'orge ou de mauve.. . .   2 litres.

On fait dissoudre le sel dans le décoctum refroidi et on partage en deux le breuvage qu'on administre dans le courant de la matinée.

Ce purgatif s'emploie pour les gros animaux.

Breuvage purgatif laxatif, n. 8.

℞ Huile de ricin . . . . 384 grammes (2 onces).
   Décoctum concentré de guimauve.   6 décilitres.

On verse l'huile dans le décoctum et on agite fortement pour opérer la mixtion qu'on administre immédiatement.

Breuvage purgatif pour les bêtes bovines, d'après Bourgelat et Vicq-d'Azyr, n. 1.

℞ Aloès succotrin pulvérisé. . . . . . 32 grammes (1 once).
   Feuilles de séné . . . . 64 grammes (2 onces).
   Eau bouillante. . . . .   1 litre.

On fait infuser, en vase clos, le séné dans l'eau bouillante pendant deux heures, on passe à travers un blanchet ou une toile et on délaie bien dans l'infusum l'aloès.

Breuvage purgatif pour les bêtes bovines, d'après Bourgelat et Vicq-d'Azyr, n. 2.

℞ Feuilles de séné . . . . 64 grammes (2 onces).
Sulfate de magnésie. . . . . 32 grammes (1 once).
Bitartrate de potasse . . . . 4 grammes (1 gros).
Nitrate de potasse . . . . 4 grammes (1 gros).
Miel . . . . 96 grammes (3 onces).
Décoctum bouillant de guimauve. . 1 litre.

On verse le décoctum bouillant de guimauve sur les feuilles de séné qu'on y laisse infuser pendant deux heures, on passe ensuite et on fait dissoudre les sels et le miel. Ce breuvage s'administre tiède et à petites gorgées.

Breuvage purgatif minoratif pour les bêtes bovines, n. 3.

℞ Sulfate de soude. Sel de Glauber . 250 grammes (8 onces).
Miel ou mélasse . . . . 250 grammes (8 onces).
Eau de rivière . . . . 1 litre.

Faites dissoudre et administrez en une seule fois.

Breuvage purgatif pour les bêtes ovines (Bourgelat).

℞ Feuilles de séné. . . . . 16 grammes (4 gros).
Aloès pulvérisé. . . . . 8 grammes (2 gros).
Sulfate de magnésie. . . . . 64 grammes (2 onces).
Eau bouillante. . . . . 4 décilitres.

On fait infuser le séné dans l'eau bouillante, et après avoir fait dissoudre le sel dans l'infusum, on y délaie bien l'aloès.

Breuvage purgatif pour les chiens, n. 1.

℞ Sirop de nerprun. . . . . 64 grammes (2 onces).
Eau tiède . . . . 3 décilitres.

On dissout le sirop dans l'eau et on fait prendre de force à l'animal à l'aide d'une bouteille.

Breuvage purgatif minoratif pour les chiens, n. 2.

℞ Feuilles de séné . . . .   4 grammes (1 gros).
    Pulpe de casse ou de tamarin . 64 grammes (2 onces).
    Eau bouillante . . . .   2 décilitres.

On fait d'abord une infusion avec les feuilles de séné et l'eau, et on délaie la pulpe de casse dans l'infusum tiède.

Breuvage purgatif pour les chiens, n. 3.

℞ Poudre de racine de jalap. . . 5 grammes (25 grains).
    Eau tiède . . . . 3 décilitres.

On délaie bien la poudre de jalap dans le lait tiède, et après avoir bien agité pour opérer une mixtion exacte, on administre en une seule fois à l'animal.

Brenvage purgatif pour les chiens, n. 4.

℞ Manne grasse . . . . 32 grammes (1 once).
    Feuilles de séné . . . . . .   8 grammes (2 gros).
    Sulfate de magnésie . . . .   8 grammes (2 gros).
    Eau bouillante . . . . 125 grammes (4 onces).

On verse la quantité d'eau bouillante indiquée ci-dessus, sur les trois substances placées dans un vase de faïence, et après une demi-heure d'infusion, on passe à travers une toile ou un blanchet.

Breuvage tempérant d'après Lebas, n. 1.

℞ Nitrate de potasse. . . . 48 grammes (1 once ½).
    Miel . . . . 250 grammes (8 onces).
    Décoctum d'orge. . . . .   2 litres.

On fait dissoudre le miel et le nitre dans le décoctum d'orge encore tiède, et on divise en deux parties pour administrer en deux fois au cheval et aux ruminants.

Breuvage tempérant, d'après Lebas, n. 2.

℞ Oxymel simple . . . . . . 250 grammes (8 onces).
    Décoctum de carotte . . .   2 litres.

On prépare le décoctum de carotte en faisant bouillir 500 grammes (1 liv.) de carottes coupées par morceaux dans 2 litres d'eau, jusqu'à réduction d'un tiers du volume du liquide ; on passe à travers un tamis et on fait dissoudre l'oxymel dans le décoctum en partie refroidi.

On peut remplacer ce breuvage par un décoctum de laitue qu'on édulcore avec du miel et qu'on acidule avec un peu de vinaigre (Lebas).

Breuvage tempérant, n. 3.

℞ Eau de Rabel . . . . 128 grammes (4 onces).
   Eau commune . . . . 4 litres.
   Miel . . . . 500 grammes (1 livre).

Pour quatre breuvages.

Breuvage tempérant (Moiroud), n. 4.

℞ Feuilles d'oseille ou de patience ou de surelle . 2 poignées.
   Miel. 250 grammes (8 onces).
   Eau commune . . . . 2 litres.

On fait bouillir les feuilles d'oseille dans l'eau pendant dix à douze minutes ; on passe le décoctum et on y ajoute le miel. Ce breuvage tempérant, qu'on peut préparer partout, s'administre en deux fois.

Breuvage tempérant, n. 5.

℞ Décoctum d'orge . . . . 6 litres.
   Vinaigre. . . . . 5 décilitres.
   Miel . . . . 1 kilogramme (2 livres).

Breuvage tonique simple, n. 1.

℞ Racine de gentiane mondée et coupée . . . 160 grammes (5 onces).
   Eau commune . . . . 1 litre ½.

On fait bouillir dans l'eau la gentiane jusqu'à réduction du liquide à deux tiers ; on passe à travers un tamis ou une toile et on administre en une seule fois.

On peut remplacer la racine de gentiane par l'extrait de cette racine dans la proportion de 64 grammes pour 1 litre d'eau et de vin rouge de bonne qualité.

Breuvage tonique et stimulant, n. 2.

℞ Extrait de genièvre . . . . 64 grammes (2 onces).
   Cannelle en poudre . . . . 32 grammes (1 once).
   Vin rouge de bonne qualité. . . . . . 1 litre.

On délaie l'extrait dans le vin et on ajoute la poudre de cannelle qu'on y mêle par l'agitation avant d'administrer à l'animal.

Breuvage tonique avec le quinquina, n. 3.

℞ Poudre de quinquina jaune. . . . . . 32 grammes (1 once).
   Infusum de sauge ou de menthe. . . . . 1 litre.

Après avoir préparé l'infusum en versant 1 litre d'eau bouillante sur une poignée de sommités de sauge ou de menthe, on y délaie bien la poudre de quinquina et on administre en une seule fois.

Breuvage tonique excitant, n. 4.

℞ Écorce de quinquina orangé concassée . 64 grammes (2 onces).
   Acétate d'ammoniaque. . . . . 250 grammes (8 onces).
   Eau commune . . . . 1 litre ½.

On fait bouillir l'écorce de quinquina concassée dans l'eau jusqu'à réduction d'un tiers; on passe le décoctum, et après l'avoir laissé refroidir, on y ajoute de l'acétate d'ammoniaque.

Ce médicament, qui jouit des propriétés antiseptiques, s'administre dans les affections typhoïdes et charbonneuses.

On ajoute quelquefois à ce breuvage 4 grammes de camphre pulvérisé qu'on y mêle par l'intermède d'un jaune d'œuf.

Breuvage tonique excitant, n. 5.

℞ Racine de gentiane coupée en morceaux . 32 grammes (1 once).
Écorce de chêne . . . . 32 grammes (1 once).
Fleurs de camomille . . . . 24 grammes (6 gros).
Acide sulfurique . . . . 4 grammes (1 gros).
Eau commune. . . . . 1 litre ½.

On prépare d'abord un décoctum avec la racine de gentiane et l'écorce de chêne ; on verse le produit bouillant sur les fleurs de camomille et on le laisse refroidir avant de le passer. On ajoute ensuite au décoctum l'acide sulfurique.

Breuvage tonique et stimulant, n. 6.

℞ Thé noir. . . . . 16 grammes (½ once).
Eau commune . . . . 1 litre ½.

Faites bouillir l'eau, jetez-y le thé et laissez infuser pendant quinze minutes ; donnez-en une seule dose au cheval.

Ce breuvage est très usité dans les indigestions simples ou vertigineuses stomacales.

Breuvage tonique et stimulant plus actif, n. 7.

℞ Thé noir. . . . . 16 grammes (½ once).
Vin blanc coupé d'un tiers d'eau. . . . 1 litre ½.

Même préparation que pour le précédent. Il est indiqué dans les mêmes cas. Nous en avons fait aussi un excellent usage en y ajoutant 4 grammes d'éther dans les indigestions d'eau froide chez le cheval et les ruminants.

Breuvage tonique pour le mouton (Gellé).

℞ Poudre de gentiane . . . . 6 grammes (1 gros ½).
Proto-sulfate de fer. . . . . 3 grammes (¾ gros).
Carbonate de soude. . . . . 3 grammes (¾ gros).
Décoction de petite centaurée ou d'absinthe 2 décilitres.

On fait dissoudre le sulfate de fer et le carbonate de soude;
on ajoute la poudre de gentiane qui est tenue en suspension
dans le liquide, et on administre à l'animal deux fois par
jour.

Ce breuvage est conseillé dans la pourriture des moutons.

Breuvage stimulant antiputride, n. 6.

℞ Essence de térébenthine. . . . .   8 grammes (2 gros).
    Teinture de quinquina. . . . .   16 grammes (4 gro s)
    Vin coupé de moitié d'eau. . . . .   1 litre.

On mélange bien ces liquides et on administre ce breuvage au cheval et aux ruminants qui sont atteints de maladie due à l'altération septique du sang. Nous pouvons
vanter l'emploi de ce breuvage dans les affections charbonneuses et gangréneuses.

Breuvage stimulant et antiputride, n. 7.

℞ Thériaque fraîchement préparée . . . . . .   64 grammes (2 onces).
    Vin blanc chaud ou bière chaude . . . . .   1 litre.

On fait dissoudre la thériaque dans le vin chaud ou la
bière et on administre tiède.

Nous avons fait usage avec avantage de ce breuvage
dans les maladies charbonneuses du gros et du menu
bétail.

Breuvage tonique et antiputride pour le chien et pour le mouton, n. 8.

℞ Teinture de quinquina . . . .   16 grammes (4 gros).
    Vin rouge, bière ou infusum aromatique. . . .   1 à 2 décilitres.

A administrer en une seule fois.

Autre pour le mouton et le porc, n. 9.

℞ Ail commun . . . .   16 grammes (4 gros).
    Jus de cresson de fontaine ou raifort sauvage .   16 grammes 4gros

Ecrasez l'ail, ajoutez le jus de cresson ou de raifort, associez au vin ou au cidre et faites prendre.

Breuvage antiputride pour tous les animaux , n. 10.

℞ Eau de Rabel alcool sulfurique) .   32 grammes (1 once).
   Miel. . . . . 150 grammes (5 onces).
   Eau tiède . . . . 1 litre.

On fait fondre le miel, on ajoute l'eau de Rabel et on administre tiède. On donne en une seule dose pour le cheval et les grands animaux, et en quatre doses pour les petits.

Breuvages utérins.

Sous cette dénomination, on connaît en médecine-vétérinaire des médicaments liquides dont l'usage est indiqué dans les cas d'un part laborieux, ou de l'inertie de la matrice chez la jument ou la vache.

Breuvage utérin simple, n. 1.

℞ Sommités sèches de rue. . . . . . 64 grammes (2 onces).
   Vin vieux rouge. . . . . 1 litre.

On fait chauffer le vin dans un poêlon, et on le verse bouillant sur les sommités de rue qu'on a placées dans un vase de faïence ; après une heure d'infusion, on passe à travers un tamis ou une toile et on administre tiède.

Breuvage utérin composé, n. 2.

℞ Feuilles sèches de sabine. . . . . . 32 grammes (1 once).
   Écorce de cannelle concassée. . . . 32 grammes (1 once).
   Eau commune. . . . . 1 litre.

On fait une infusion selon les préceptes précédemment rapportés.

Breuvage utérin avec l'ergot du seigle, pour la jument et la vache, n. 3.

℞ Poudre d'ergot de seigle de l'année
     et fraîchement préparée . .   32 grammes (1 once).
    Miel . . . .   250 grammes (8 onces).
    Vin rouge . . . .   1 litre.

On fait tiédir le vin, et après y avoir fait dissoudre le miel, on y délaie la poudre d'ergot qu'on y tient en suspension par une vive agitation. Ce breuvage s'administre tiède, et il est quelquefois utile de répéter cette dose deux ou trois fois dans la journée.

Breuvage utérin pour la brebis, la truie et la chienne, n. 4.

℞ Ergot de seigle pulvérisé . .   4 à 8 grammes (1 à 2 gros).
    Infusum d'armoise . . . . .   2 décilitres.

On administre trois breuvages par jour.

Breuvages vermifuges ou anthelmintiques.

Breuvage contre le tænia, n. 1.

℞ Ecorce de racine de grenadier
     sauvage, concassée . . . . .   64 grammes (2 onces).
    Eau commune. . . . .   1 litre.

On fait macérer l'écorce de grenadier dans l'eau pendant vingt-quatre heures avant de la soumettre à l'ébullition, et lorsque la proportion du liquide est réduite à moitié, on passe et on divise le produit en trois doses qui doivent être administrées de demi-heure en demi-heure.

Les animaux qu'on doit soumettre à l'action de ce médicament sont préparés la veille par un breuvage purgatif, et mis ensuite à la diète pendant vingt-quatre heures.

Breuvage vermifuge avec l'huile empyreumatique, n. 2.

℞ Huile empyreumatique de Dippel
       rectifiée. . . . . 48 grammes (1 once ½).
       Alcool. . . . . 64 grammes (2 onces).
       Infusum de tanaisie. . . . . 1 litre.

On verse un litre d'eau bouillante sur une poignée de tanaisie ; on passe l'infusum et on y ajoute l'huile empyreumatique préalablement délayée dans l'alcool. Six heures après l'administration, on doit administrer le purgatif selon la formule. (Voyez, page 489, breuvage purgatif.)

Breuvage vermifuge (selon Lebas), n. 3.

℞ Huile empyreumatique de Dippel. . . 32 grammes (1 once).
     Jaunes d'œufs. . . . . n° 2.
     Miel . . . . 64 grammes (2 onces).
     Eau ou décoctum de racine de fougère. 1 litre.

On triture l'huile avec les jaunes d'œufs, on ajoute le miel et on délaie le tout dans la décoctum.

Même observation que pour le précédent.

Breuvage vermifuge économique, n. 4.

℞ Savon blanc. . . . . 32 grammes (1 once).
     Sel gris. . . . . 64 grammes (2 onces).
     Miel. . . . . 64 grammes (2 onces).
     Infusum d'absinthe. . . . . 1 litre.

Après avoir fait infuser une poignée de sommités d'absinthe ou d'armoise dans un litre d'eau bouillante, on fait dissoudre le sel et le savon blanc qu'on a eu le soin de râcler d'avance avec un couteau.

On emploie quelquefois à la place de ce breuvage un infusum d'absinthe ou d'armoise, dans lequel on fait dissoudre 64 grammes de sel gris ordinaire.

Breuvage vermifuge avec la racine de fougère, n. 5.

℞ Racines de fougère mâle. . . . . . . 192 grammes (6 onces).
     Eau commune. . . . . 2 litres.

On fait bouillir la racine de fougère dans l'eau jusqu'à

réduction du tiers de l'eau employée, on passe et on administre le matin à jeun ce breuvage.

Une purgation doit suivre cette médication qu'on réitère deux ou trois fois, si le cas l'exige.

En ajoutant à ce décoctum 16 grammes (1/2 once) d'aloès on rend le médicament vermifuge et légèrement purgatif en même temps.

Autre pour le chien, n. 6.

℞ Bourgeons de fougère mâle. . . . . . . 16 grammes (4 gros).
Éther sulfurique . . . . 32 grammes (1 once).

Mettez le tout dans un vase; bouchez-le bien. Laissez macérer pendant vingt-quatre heures, et administrez le tout le matin à jeun.

Les breuvages vermifuges pour les chiens se préparent en ajoutant à un verre ou 3 décilitres (9 onces) d'infusum de mousse de Corse, 10 à 12 gouttes d'huile empyreumatique dissoutes préalablement dans 16 grammes (1/2 once) d'alcool à 33°.

On administre aussi très souvent, pour chasser les tænias qui sont si fréquents chez ces animaux, un décoctum concentré d'écorce de racine de grenadier.

Breuvage vermifuge avec l'essence de térébenthine (cheval et grands ruminants, n. 7.

℞ Essence de térébenthine. . . . . 16 grammes (4 gros).
Jaunes d'œufs. . . . . n° 2.

Associez l'huile essentielle avec les jaunes d'œufs et ajoutez :

Infusum aromatique d'armoise. . . . . ½ litre.

Breuvage vermifuge avec l'éther sulfurique, n. 8.

℞ Éther sulfurique . . . 32 à 48 grammes (1 once à 1 once ½).
Décoctum d'armoise ou
   de racine de fougère,
   froid. . . . . 1 litre.

Donnez en une seule dose. Réitérez l'administration du breuvage pendant trois jours, le matin à jeun.

Ajoutez l'éther à l'infusum, remuez vivement la bouteille et administrez.

Continuez le breuvage pendant deux jours, le troisième administrez le purgatif formulé n° 1 ou 2, page 489.

Des boissons médicinales.

Le nombre et la variété des substances médicamenteuses qui entrent dans la composition des boissons ressemblent, sous tant de points, à celles qui forment la base des breuvages que nous ne décrirons point en particulier leur préparation en raison de leur excessive simplicité.

Comme les breuvages, les boissons jouissent de propriétés adoucissantes, rafraîchissantes, laxatives ou diurétiques, suivant la nature de la substance qui est dissoute dans l'eau dont s'abreuvent les animaux.

En général, on rend les boissons adoucissantes en ajoutant à un seau d'eau ordinaire un décoctum de 400 à 500 grammes (12 à 16 onces) d'orge; 500 grammes (1 livre) d'oxymel simple pour les boissons rafraîchissantes; 64 grammes (2 onces) de bitartrate de potasse pour les boissons laxatives, et 32 grammes (2 onces) de nitrate de potasse par seau d'eau ou 10 litres (20 livres) pour les boissons diurétiques.

Des bains.

On donne le nom de *bain* au milieu dans lequel on plonge et on fait séjourner plus ou moins longtemps le corps des animaux en totalité ou seulement en partie.

Cette médication peu employée généralement sur les grands animaux l'est plus au contraire sur les animaux de petite espèce.

Sous le rapport de leur nature, de leur température, du mode et de la durée de leur application, les bains ont été divisés en quatre sections :

1° *Bains liquides* composés avec l'eau douce, l'eau de mer, les eaux minérales ou des solutums médicamenteux ;

2° *Bains mous* formés de boues d'eaux minérales, de marc de raisin, de marc d'olives, etc., etc.;

3° *Bains secs*, préparés avec du sable chaud, la cendre, la terre desséchée, etc.;

4° *Bains gazeux* ou *de vapeurs*, obtenus en exposant la totalité ou une partie du corps dans de l'air chaud sec, des gaz ou des vapeurs aqueuses simples ou mélangées à des produits organiques volatils.

Suivant que le corps est plongé en totalité ou en partie dans les liquides des bains, ces derniers sont encore subdivisés en *bains entiers* ou *généraux*, et en *demi-bains*, partiels ou locaux.

L'eau commune ordinaire, courante ou stagnante, est employée comme bain pour les animaux en bonne santé, et comme moyen hygiénique; elle s'emploie à la température de l'atmosphère. On pourrait, si les localités le permettaient, comme l'ont conseillé plusieurs vétérinaires distingués, faire usage d'un grand nombre d'eaux minérales salines; mais ces moyens demanderaient l'établissement de plusieurs bassins particuliers ou abreuvoirs qu'on réserverait seulement aux animaux malades des pays où existent les sources de ces eaux.

Les bains généraux, pour les animaux de petite espèce, s'administrent en se servant de baignoires en bois ayant la forme de grand seaux oblongs; quant aux bains partiels, on les remplace par des fomentations et des lotions qu'on fait sur les parties malades.

Les bains de vapeur et les fumigations s'administrent

soit en disposant une pièce dans laquelle on place les animaux pendant un certain temps à l'action de la vapeur d'eau qui se dégage d'une chaudière contenant de l'eau pure en ébullition, ou de l'eau chargée des principes émollients ou aromatiques, soit en recouvrant exactement l'animal d'une grande couverture de laine, et dirigeant sous son ventre, à l'aide d'un tube, de la vapeur d'eau, ou toute autre vapeur.

Nous consignons ici les formules des bains les plus employés, à l'école d'Alfort, dans le traitement de quelques maladies cutanées du chien.

Solutums aqueux pour bains.

Bain de sulfure de potasse.

℞ Sulfure de potasse. . . . . . . 500 grammes (1 livre).
Eau commune . . . . 100 litres.

Ce solutum est un peu faible ; mais comme le sulfure de potasse est très soluble, on peut facilement en augmenter la quantité , suivant les cas. On peut encore le rendre plus actif en ajoutant au bain, pendant que les animaux y sont plongés, deux ou trois centilitres (37 à 56 gram.) par hectolitre (200 livres), d'acide sulfurique du commerce qu'on étend préalablement de plusieurs fois son volume d'eau. Il se produit dans ce cas un précipité de soufre très divisé qui agit sur la peau des animaux avec beaucoup d'efficacité.

Bain de potasse.

℞ Potasse d'Amérique. . . . . . 100 grammes (3 onces).
Eau commune . . . . 5 litres.

Ce solutum marque ordinairement 3 ou 4 degrés à l'aréomètre, et contient 2/100 de potasse.

Il est employé contre la gale et les dartres des chiens,

et agit comme un léger irritant ; mais sa principale propriété est de nettoyer parfaitement la peau des corps gras qu'on a employés et des croûtes ou écailles furfuracées qu'elle sécrète. Cette propriété est due à l'action dissolvante qu'exerce la potasse sur les productions épidermiques. Ce solutum est un peu concentré pour les cas de gale récente : on peut alors doubler la quantité d'eau employée.

Bain d'acide arsénieux, n. 1.

℞ Acide arsénieux. . . . . 100 grammes (3 onces).
   Eau commune . . . . 40 litres.

Ce solutum renfermant 1/400 d'acide arsénieux est employé pour combattre la gale invétérée du chien. On plonge les animaux dans ce bain tiède et on les y laisse pendant quatre ou cinq minutes, suivant le cas. On peut prolonger ce laps de temps jusqu'à sept ou huit minutes, sans danger, en ayant le soin d'éviter que l'animal ne boive accidentellement quelques parties du liquide.

Il est utile que la personne chargée de maintenir l'animal dans la baignoire s'abstienne de plonger ses mains dans ce bain, ou au moins de les y laisser pendant un temps plus ou moins long, pour éviter l'absorption d'une petite quantité de cette substance vénéneuse.

Bain arsénical pour la gale du mouton (Tessier), n. 2.

℞ Acide arsénieux. . . . . 1 kilog. (2 livres).
   Proto-sulfate de fer. . . . . 10 kilog. (20 livres).

Mettez ces deux substances dans une chaudière et environ 94 litres (188 livres) d'eau.

Faites bouillir jusqu'à réduction au tiers : remettez autant d'eau qu'il s'en est évaporé, laissez bouillir un instant. — Retirez et versez dans un cuvier pour le bain.

Ce bain ne doit être employé qu'avec beaucoup d'attention. (Voyez Tessier, *Instructions sur les bêtes à laine*, page 214); mais il est très efficace contre les gales anciennes et invétérées.

Bain pour la gale du mouton, modifié (Tessier).

℞ Feuilles de tabac . . . . 5 kilog. (10 livres).
 Racine d'hellébore noir ou blanc. . . . 2 kilog. (4 livres).
Faites bouillir dans :
 Eau de rivière . . . . 50 litres.
Ajoutez ensuite :
 Essence de térébenthine délayée dans
  10 jaunes d'œufs . . . . 2 litres.

Remuez le tout et versez dans un cuvier pour faire prendre un bain d'un quart d'heure.

Cette dose suffit pour 100 bêtes.

Aspersions, douches, lotions, etc.

Les différents modes suivant lesquels les liquides médicamenteux sont employés pour laver ou baigner une partie du corps, sont désignés sous les noms d'*affusion*, d'*aspersion*, de *douche*, de *lotion*, de *fomentation* et d'*embrocation*.

L'*affusion* consiste à verser sur tout le corps ou sur l'une de ses parties un liquide d'une température tantôt un peu supérieure, tantôt inférieure à celle du corps des animaux.

L'*aspersion* ne diffère de l'affusion qu'en ce que le liquide est projeté sur la surface du corps sous formes de gouttelettes, soit avec une éponge qui en est imprégnée, soit avec des étoupes.

La *douche* consiste dans le jet d'un liquide qui va frapper avec une certaine force et d'une manière continue, une surface plus ou moins circonscrite du corps.

La *lotion* est une opération qui consiste à laver une partie quelconque du corps, en passant légèrement sur la surface une compresse ou de l'étoupe imbibée d'un liquide tel que de l'eau froide ou chaude, ou une liqueur médicamenteuse plus ou moins composée. Par extension on a donné le nom de *lotion* aux liquides eux-mêmes destinés à laver une partie du corps ; mais il est préférable de les désigner sous le nom de *solutums pour lotions*.

La *fomentation* s'effectue en appliquant sur une partie circonscrite du corps des compresses imbibées d'un liquide chaud, et les y maintenant en contact pendant un temps plus ou moins long.

Enfin, l'*embrocation* que l'on confond souvent avec la fomentation, est l'action de verser lentement et par arrosement un liquide sur une partie malade. Ce mot est aussi usité pour désigner les liquides eux-mêmes, et surtout les liquides huileux qui servent à cette opération.

Des fumigations.

Dans le sens le plus général, on désigne sous ce nom, en médecine, les expansions de vapeurs ou de gaz que l'on dirige sur une partie quelconque du corps, ou le corps entier, pour y déterminer un effet thérapeutique qui varie suivant la nature de la substance vaporisée ou gazéifiée.

Par extension on a donné aussi la même dénomination aux produits gazeux ou vaporeux que l'on répand dans l'air pour le purifier et le désinfecter des miasmes putrides qui s'y trouvent dans certaines circonstances.

Les premières que nous appellerons *fumigations médicinales*, pour les distinguer des secondes qui sont de véritables moyens hygiéniques, se préparent de diverses manières et portent différents noms ; ainsi les vapeurs de l'eau bouillante, celles des décoctums mucilagineux, sont des *fumigations émollientes* ; les vapeurs des décoctums de plantes aromatiques, celles du vin, de l'alcool ou de quelques teintures, sont des *fumigations excitantes :* des substances solides susceptibles de prendre la forme élastique par l'action du calorique, ou de fournir des produits vaporeux par leur décomposition au feu ou leur combustion à l'air servent souvent de base à certaines fumigations : tels sont le soufre, le cinabre, les bains de genièvre, etc., etc.

Lorsqu'on se propose d'agir sur tout le corps des animaux, on place ceux-ci dans des pièces étroites, munies d'un fourneau établi en maçonnerie à l'un des côtés de la muraille, et portant une chaudière en fonte pour faire bouillir l'eau avec les plantes émollientes ou aromatiques. La porte de cette pièce doit être munie d'une petite fenêtre vitrée, à coulisse, qui permet de surveiller les animaux. Les buanderies telles qu'on les construit sont très propres à l'administration de ces sortes de fumigations pour le cheval.

Les fumigations locales se pratiquent en couvrant d'une couverture de laine la partie du corps des animaux sur laquelle on veut diriger la vapeur, et faisant dégager celle-ci d'un vase contenant l'eau chaude ou en ébullition. Pour les fumigations des naseaux on se sert avec avantage d'une espèce de licol auquel est cousu un long sac de toile qui est fixé par l'une de ses extrémités à un seau de bois contenant le liquide chaud d'où se dégage la vapeur.

Dans les fumigations sèches ou la vapeur d'eau ne sert pas de véhicule, telles que les fumigations résultant de la combustion de certaines plantes aromatiques ou des baies de genièvre, ou celles produites par la vapeur du soufre ou du cinabre brûlant à l'air, on dispose sous la couverture, à une certaine distance de la partie qui doit recevoir la fumigation, un petit réchaud contenant des charbons

allumés sur lesquels on projette les substances médicamenteuses.

On pourrait, sans aucun doute, administrer aux animaux des bains de vapeur ou de soufre, en se servant
d'un appareil simple, analogue à celui que M. Duval a
imaginé pour soumettre l'homme dans son lit à l'action de
ces mêmes fumigations. Ce moyen consisterait à disposer
dans une stalle d'écurie deux ou trois arceaux en bois de
1 mètre 50 cent. à 1 mètre 60 cent. de hauteur, sur 60 à
75 cent. de largeur, recouverts de plusieurs couvertures,
et sous lesquels le corps de l'animal serait placé; par une
ouverture latérale on ferait arriver au moyen d'un tuyau les
vapeurs aqueuses pures ou chargées de principes aromatiques.

Partout où il sera possible d'établir cet appareil simple,
très commode et peu coûteux, on obtiendra des effets curatifs plus prompts et plus constants.

Les fumigations hygiéniques ont pour but la purification de l'air infecté par des miasmes putrides ou des virus
volatils. Un grand nombre d'agents désinfectants ont été
conseillés autrefois pour cette purification de l'air : tels
sont les *fumigations aromatiques*, la *détonation de la
poudre*, les *fumigations par des vapeurs acides*, les
feux allumés dans les écuries ou étables, les *fumiga-
gations de chlore*. De tous ces moyens qui ont été plus ou
moins vantés par ceux qui les ont employés, le plus efficace, sans contredit, est celui qui consiste à répandre dans
l'air une certaine quantité de gaz chlore. Ce corps gazeux
par son action spéciale sur les miasmes organiques, décompose immédiatement ceux-ci en les transformant en de
nouveaux composés qui n'ont plus de propriétés délétères.

Après avoir fait sortir les animaux des écuries et étables

on grattera bien le sol afin d'enlever la portion de terre imbibée des liquides contagieux ou putrides, et on le lavera ensuite avec un solutum de chlorite de chaux fait dans les proportions de 500 grammes (1 livre) de ce chlorite sur quatre seaux d'eau ordinaire.

Si le sol de l'écurie est pavé, on le dépavera et les pavés seront ensuite lavés et balayés, avant de les remettre en place.

Les planches, les murs, les crèches, les auges et les rateliers, seront grattés et lavés à l'eau bouillante ou à la lessive de cendre, avant de les soumettre à un dernier lavage avec le solutum de chlorite de chaux; enfin on terminera l'opération par la fumigation de chlore pour désinfecter l'air.

Ces sortes de fumigations proposées d'abord par Guyton de Morveau, ont été désignées sous le nom de *fumigations Guytoniennes*. On les produit d'une manière simple pour une écurie de douze animaux, par le procédé suivant :

> ℞ Sel gris (chlorure de sodium impur.. 750 grammes (1 livre ½).
> Peroxide de manganèse en poudre. .   250 grammes (½ livre).

Après avoir mêlé dans un mortier ces deux substances, on les introduit dans une petite terrine de terre vernissée qu'on place sur un réchaud contenant des charbons allumés, et on verse dessus un mélange fait d'avance de 500 grammes d'eau et de 500 grammes d'acide sulfurique.

On ferme toutes les issues en se retirant et on laisse le dégagement s'opérer pendant une heure environ. Ce laps de temps écoulé, on ouvre les portes et les fenêtres de l'étable ou de l'écurie, pour y établir un courant d'air qui chasse le gaz chlore qui s'y trouvait en excès. Deux ou trois heures après on peut faire entrer les animaux.

Dans le cas de maladies épizootiques contagieuses, on a

conseillé, pour plus de sûreté, de laisser l'étable ou l'écurie vide pendant une huitaine de jours, d'y pratiquer ensuite une nouvelle fumigation de chlore et de n'y faire rentrer les animaux que deux heures après cette dernière opération.

Des solutums aqueux.

Les solutums aqueux des principes médicamenteux se préparent en général par l'un des modes que nous avons rapportés page 473. MM. Henri et Guibourt, dans leur pharmacopée raisonnée, ont proposé de les désigner sous le nom d'*hydrolés*, pour les distinguer de ceux que l'on forme par distillation et auxquels ils ont cru devoir réserver le nom d'*hydrolats :* sous le nom d'*hydrolés*, on comprend aujourd'hui tous les solutums aqueux obtenus par infusion, macération, digestion ou décoction, tandis qu'on désigne sous le nom d'*hydrolats*, toutes les eaux distillées aromatiques qui sont des solutums aqueux d'huiles volatiles formés par distillation.

Solutum d'alun.

Hydrolé d'alun (H. G.)

℞ Sulfate d'alumine et de potasse cristallisé..   32 grammes (1 once).
Eau commune. . . . .   1000 grammes (2 livres).

On fait dissoudre à froid l'alun grossièrement pulvérisé et on filtre pour séparer l'alumine précipitée par le carbonate de chaux que contient l'eau ordinaire, ou bien on laisse éclaircir par le repos.

Ce solutum est employé dans le cas de pharyngite pour laver la bouche des animaux et diminuer la sécrétion de la bave visqueuse qui accompagne ces affections.

Solutum astringent et styptique ,

Dit eau d'Alibourg (Bourgelat).

℞ Sulfate de zinc . . . .   64 grammes (2 onces).
   Deuto-sulfate de cuivre. . . . . .   32 grammes (1 once).
   Safran pulvérisé . . . . }
   Camphre . . . .   } āā 8 grammes (2 gros).
   Alcool . . . .   quantité suffisante.
   Eau commune. . . . .   2 litres.

On fait dissoudre les deux sulfates dans l'eau et d'un
autre côté on broie le camphre avec quelques gouttes d'alcool pour le diviser et le dissoudre ensuite dans une petite
quantité de ce liquide, on ajoute au solutum alcoolique le
safran et on verse le tout dans le solutum aqueux. Comme
une partie du safran n'est que suspendue dans ce médicament liquide, il faut l'agiter chaque fois avant de s'en
servir.

Usages. On se sert de ce solutum pour faire des gargarismes dans les cas de fièvre aphteuse.

Solutum de chaux.

Hydrolé de chaux, dit eau de chaux.

On éteint un morceau de chaux vive avec de l'eau jusqu'à
ce qu'il soit transformé en une matière blanche pulvérulente qui est un hydrate de chaux.

On délaie ce dernier dans trois à quatre litres d'eau commune et on agite fortement dans un flacon bouché pour saturer l'eau. Le liquide blanc laiteux qui en résulte, et qui
provient de la suspension de l'hydrate de chaux dans l'eau
saturée, est connu sous le nom impropre de *lait de chaux;*
lorsqu'il est éclairci, on décante le liquide ou on le filtre
pour le conserver dans des flacons bouchés à l'abri de l'air.

Cette eau de chaux est employée comme dessiccative et
astringente.

Solutum astringent et escharotique.

Dit Mixture astringente et escharrotique de Villate.

℞ Sous-acétate de plomb liquide. .   125 grammes (4 onces).
Sulfate de zinc cristallisé. . . .   64 grammes (2 onces).
Deuto-sulfate de cuivre cristallisé.   64 grammes (1 onces).
Vinaigre blanc d'Orléans. . . .   1 litre.

Après avoir pulvérisé les deux sulfates on les dissout à froid dans le vinaigre, et on ajoute à ce solutum le sous-acétate de plomb qui se trouve alors entièrement décomposé par une partie des deux sulfates, comme l'a constaté l'examen chimique qui en a été fait par l'un de nous (Lassaigne). Ce solutum astringent tient en suspension au moment de sa préparation, du sulfate de plomb qui ne tarde pas à se précipiter en poudre blanche insoluble, et le liquide verdâtre qui le surnage contient avec l'excès de vinaigre employé, du deuto-sulfate de cuivre, du sulfate de zinc, de l'acétate de cuivre et de l'acétate de zinc. Ces deux derniers sels forment environ la moitié du poids des deux sulfates qui restent indécomposés.

Usages. Ce solutum est excellent dans le pansement des anciens maux de garrot et dans les trajets fistuleux tapissés par une muqueuse accidentelle.

Solutum de chlorite de chaux.

℞ Chlorite de chaux sec et saturé. .   100 grammes (3 onces).
Eau commune. . . . .   1000 grammes (2 livres).

Après avoir divisé le chlorite de chaux par trituration dans un mortier de marbre, on le délaie peu à peu dans l'eau en broyant continuellement, on place la liqueur dans un vase de grès et on laisse déposer pour séparer l'excès d'hydrate de chaux que renferme toujours le chlorite de chaux du commerce.

Ce solutum peut être préparé aussi en dissolvant 100

gram. de chlorite de chaux dans 4,800 gram. d'eau, mais il est plus faible que le précédent. On conserve ces solutums à l'abri de la chaleur, de la lumière et de l'air.

Solutum de chlorite de soude.

(Par double décomposition).

℞ Chlorite de chaux. . . . . .   500 grammes (1 livre).
    Carbonate de soude cristallisé.   1000 grammes (2 livres).
    Eau commune.. . . . . . .   9 litres.

On délaie comme ci-dessus le chlorite dans trois litres d'eau pour en obtenir un solutum clair qu'on met à part, on lave avec un litre de nouvelle eau, le marc qu'on reçoit sur un filtre et on réunit les deux portions de liquide.

On dissout d'un autre côté le carbonate de soude dans le reste de l'eau qu'on a fait chauffer, et lorsque ce solutum est refroidi, on l'ajoute à celui de chlorite de chaux et on agite pendant quelques instants.

Le chlorite de chaux est décomposé par le carbonate de soude, et il se forme du chlorite de soude soluble et du carbonate de chaux insoluble qui se dépose peu à peu ; lorsque la liqueur est éclaircie, on la décante ou on la filtre. Ce solutum de chlorite de soude doit être conservé dans des bouteilles bien bouchées et à l'abri de la chaleur et de la lumière.

Usages. Les deux solutums ci-dessus sont très employés dans le pansement des plaies qui présentent quelques uns des caractères de la septicité.

Solutum de bi-chlorure de mercure.

Dit liqueur de Van Swiéten.

Ce solutum, qu'il ne faut pas confondre avec celui qu'on emploie en médecine humaine, se prépare pour l'usage de la médecine des animaux, avec les proportions suivantes :

℞ Bichlorure de mercure (sublimé corros f).   4 grammes (1 gros).
    Alcool . . . .   96 grammes (3 onces).
    Eau distillée . . . .   2 litres ½.

Après avoir pulvérisé le chlorure de mercure dans un mortier de verre ou de porcelaine on le dissout dans l'alcool en le triturant peu à peu avec ce liquide et on ajoute ce solutum à l'eau distillée.

Usages. Ce solutum a été vanté contre la morve et le farcin, à la dose de 16 grammes (1/2 once) dans trois décilitres (9 onces) d'eau, et administrés tous les matins à jeun.

Solutum de nitrate d'argent.

℞ Nitrate d'argent fondu . . . .   50 grammes (1 once ½).
    Eau distillée. . . . . 1000 grammes (2 livres).

On met le nitrate en contact avec l'eau dans un flacon et on agite jusqu'à solution complète.

Ce solutum est employé assez souvent et avec avantage dans le cas de catarrhe auriculaire rebelle chez les chiens. On en fait usage pur ou étendu de trois fois son volume d'eau distillée. Il sert également en injection dans les naseaux du cheval, dans le cas de morve, pour cautériser légèrement les chancres de la membrane pituitaire ; suivant les cas, on peut l'étendre de quatre à cinq fois son volume d'eau. Il est aussi très avantageux dans les cas d'ophthalmies chroniques rebelles. M. Bernard l'a conseillé dans l'ophthalmie périodique du cheval.

Solutum escharrotique,

Dit eau phagédénique.

Ce composé qui résulte de la réaction de l'eau de chaux sur le deutochlorure de mercure, se prépare ainsi :

℞ Eau de chaux. . . . .   125 grammes (4 onces).
    Deuto-chlorure de mercure . . . .   0,4 décigrammes (8 grains).

On triture le deutochlorure dans un mortier de verre et on le dissout ensuite dans une petite quantité d'eau distillée ; on ajoute ce solutum à l'eau de chaux et on agite fortement pour que la décomposition soit uniforme. Il y a formation de chlorure de calcium soluble et de deutoxide de mercure hydraté, qui donne d'abord une couleur jaune orangé à la masse liquide et se précipite peu à peu.

Avant d'employer ce solutum il est nécessaire d'agiter le vase qui le renferme pour remettre en suspension dans le liquide le deutoxide de mercure auquel il faut rapporter les propriétés escharotiques de ce composé.

Usages. On emploie ce solutum dans la morve et le farcin.

Solutum de sulfure de potassium.

℞ Sulfure de potasse du commerce.   100 grammes (3 onces).
    Eau commune . . . . 1000 grammes (2 livres).

On met le sulfure de potasse concassé dans un bocal avec l'eau tiède et on agite pour favoriser la solution.

Ce solutum doit être conservé dans un vase bouché pour éviter l'action de l'air qui le décomposerait peu à peu. On l'emploie en lotions pour combattre les dartres rebelles et a gale ancienne des chiens.

Solutum de sous-acétate de plomb.

Eau végéto-minérale, eau de Goulard.

℞ Sous-acétate de plomb liquide. . .   32 grammes (1 once).
   Alcoolat vulnéraire . . . .   32 grammes (1 once).
   Eau distillée. . . . . 1000 grammes (2 livres).

On mêle ces divers liquides par l'agitation.

Usages. Ce solutum est astringent ; on l'emploie dans les eaux aux jambes, le catarrhe auriculaire chronique du chien et les dartres humides.

Solutum styptique et légèrement escharrotique.

℞ Vinaigre blanc. . . . . .   78 grammes (2 onces ½).
   Deuto-sulfate de cuivre. .   10 grammes (2 gros ½).
   Acide sulfurique . . . .   12 grammes (3 gros).

On pulvérise le deuto-sulfate de cuivre qu'on fait dissoudre dans le vinaigre froid, et on ajoute ensuite l'acide sulfurique.

Un grand nombre de solutums aqueux simples et composés étant employés dans la pratique, pour produire diverses médications, nous allons les exposer ici en les faisant connaître sous les noms que l'usage leur a consacrés en médecine.

Des lotions.

Lotion antipsorique (Lebas), n. 1.

℞ Feuilles de tabac. . . . .   64 grammes (2 onces).
   Sel marin. . . . .   96 grammes (3 onces).
   Savon vert. . . . . . .   64 grammes (2 onces).
   Eau commune. . . . . .   1 litre.

On fait bouillir les feuilles de tabac dans l'eau pendant dix à douze minutes, on passe le décoctum et on y fait dissoudre le sel et le savon.

Lotion antipsorique (Dupuytren).

℞ Sulfure de potasse. . . .   125 grammes (4 onces).
   Acide sulfurique . . . .   16 grammes (4 gros).
   Eau commune . . . . .   500 grammes (1 livre).

Après avoir dissout le sulfure de potasse dans l'eau on ajoutera peu à peu au solutum l'acide sulfurique et on coulera dans un vase bouché. Il y a décomposition d'une partie du sulfure de potassium, précipitation du soufre sous forme d'une poudre blanche jaunâtre très divisée, qui reste suspendue dans la liqueur, et production d'acide hydrochlorique qui se trouve en solution dans le liquide.

Les solutums simples de sulfure de potasse et de chlorite de chaux peuvent aussi être employés comme lotions antipsoriques.

Lotion antidartreuse (Vatel).

℞	Deuto-chlorure de mercure . .	2 grammes (40 grains).
	Sous-acétate de cuivre	1 gramme (20 grains).
	Eau commune	1 litre.

On triture ensemble dans un mortier de verre le chlorure de mercure et le sous-acétate de cuivre, et on les fait dissoudre en les broyant peu à peu avec l'eau. Cette lotion doit être agitée avant de s'en servir.

Lotions astringentes.

Ces lotions peuvent être produites avec les solutums de sous-acétate de plomb plus ou moins étendus d'eau, ou avec l'eau végéto-animale dont la préparation a été rapportée à la page 516.

Nous consignons ici celles qu'on peut faire avec d'autres substances médicamenteuses.

Lotion astringente très active.

℞	Proto-sulfate de fer.	64 grammes (2 onces).
	Sulfate d'alumine et de potasse.	64 grammes (2 onces).
	Vinaigre blanc d'Orléans . . .	250 grammes (8 onces).
	Eau commune.	2 litres.

On pulvérise dans un mortier de fer les deux sels et on les dissout dans l'eau ; lorsque cette solution est faite, on y ajoute le vinaigre.

Lotion astringente détersive (Bourgelat).

℞	Alcoolé de camphre.	16 grammes (4 gros).
	Sous-acétate de plomb liquide. .	4 grammes (1 gros).
	Eau de chaux..	500 grammes (1 livre).

On mêle ces divers liquides ensemble ; il se forme un

précipité blanc dû à une partie de l'acétate de plomb décomposé par l'eau de chaux, et à la précipitation d'une portion du camphre de l'alcoolé.

Lotion astringente végétale.

℞ Écorce de chêne. . . . .   250 grammes (8 onces).
Feuilles de noyer . . . .   125 grammes (4 onces).
Eau commune. . . . .   3 litres.

On fait bouillir dans l'eau l'écorce de chêne concassée et les feuilles de noyer coupées par la moitié; on retire du feu lorsque le liquide est réduit aux deux tiers, et on passe à travers un linge le décoctum qu'on doit employer froid.

On composerait de la même manière une lotion astringente avec la noix de galle ou la racine de bistorte, en en faisant bouillir de chacune 32 grammes (1 once) dans un litre d'eau.

Lotions excitantes.

Lotion excitante, n. 1.

℞ Hydrochlorate d'ammoniaque.   32 grammes (1 once).
Eau-de-vie. . . . .   192 grammes ou 2 décilitres (6 onces).
Eau commune. . . . . . .   1 litre.

Après avoir pulvérisé l'hydrochlorate d'ammoniaque et l'avoir fait dissoudre dans l'eau froide, on ajoute l'eau-de-vie et on emploie de suite le solutum.

Lotion excitante, n. 2 (Bourgelat).

℞ Fleurs de sureau. . . . .   1 poignée.
Hydrochlorate d'ammoniaque. . . . . . .   64 grammes (2 onces).
Eau commune. . . . .   2 litres.

On fait d'abord une infusion de fleurs de sureau, on la passe à travers un tamis et on y fait dissoudre le sel ammoniac.

Lotion excitante plus active, n. 3.

℞ Sommités de menthe poivrée. .   2 poignées.
Alcoolé faible de camphre . . . .   64 grammes (2 onces).
Vin rouge foncé. . . . .   1 litre.

On fait chauffer le vin jusqu'à ce qu'il commence à bouil·
lir, et on le verse sur les sommités de menthe dans un vase
couvert. Au bout de quelques heures, on passe l'infusum
et on y ajoute l'eau de vie camphrée.

Lotions émollientes et adoucissantes.

Lotion émolliente, n. 1.

℞ Feuilles de mauve. . . . .   1 poignée.
Graine de lin.. . . . .   32 grammes (1 once).
Eau. . . . .   4 litres.

On fait bouillir dans une bassine les feuilles avec la
graine de lin pendant une demi-heure, on passe à travers
un tamis le décoctum et on l'emploie encore un peu chaud.

Lotion émolliente et calmante, n. 2.

℞ Racine de guimauve coupée. .   250 grammes (8 onces).
Têtes de pavots. . . . . . .   n. 6.
Eau.. . . . .   4 litres.

On fait une décoction comme ci-dessus après avoir brisé
les capsules de pavot, et on emploie ce décoctum comme
le précédent.

Lotion émolliente amylacée, n. 3.

℞ Amidon de froment . . . . . .   24 grammes (6 gros).
Laudanum. . . . .   32 grammes (1 once).
Eau commune . . . .   2 litres.

Après avoir délayé l'amidon dans l'eau froide, on fait
bouillir pendant huit à dix minutes, et on retire du feu.
Lorsque le solutum d'amidon est en partie refroidi, on y
verse le laudanum.

On peut encore lotionner les diverses parties du corps qn'on veut amollir et adoucir avec un décoctum de 2 poignées de gros son de froment dans 6 litres d'eau.

Des solutums destinés à être injectés dans les diverses cavités naturelles ou accidentelles.

On a donné le nom d'*injection* non seulement à l'action par laquelle on introduit un liquide dans une cavité en l'y poussant, mais encore ce nom a été étendu au liquide lui-même qui sert à cette opération. Ce mode de médication peut être appliqué aux diverses membranes muqueuses qui tapissent la bouche, les yeux, les oreilles, les naseaux, les voies aériennes, ou le tube intestinal, etc. Des noms particuliers sont affectés à plusieurs de ces médicaments magistraux. C'est ainsi qu'on donne le nom de *gargarismes* à tous les médicaments qui sont mis en contact avec la muqueuse bucco-gutturale, et destinés à baigner et laver les parois de la bouche ou celles du gosier; les médicaments liquides que l'on applique sur la conjonctive dans les ophthalmies ont reçu le nom générique de *collyres*. Enfin, les liquides médicamenteux, qu'on introduit dans le tube intestinal, sur la muqueuse recto-colique, à l'aide d'une seringue, d'une vessie ou d'une bouteille percée d'un trou à son fond, sont connus vulgairement sous les noms de *lavements* ou de *clystères*.

Le nom d'*injection* est réservé à tous les autres liquides qui sont mis en contact par les mêmes moyens mécaniques, soit avec la muqueuse urétro-vésicale ou vagino-urétrale, ou encore portés dans les cavités des plaies pour les laver, donner écoulement au pus qui y est accumulé et en opérer ensuite la cicatrisation.

Des gargarismes.

Les gargarismes, suivant les principes médicamenteux qu'ils tiennent en solution, sont distingués sous les noms de gargarismes émollients, adoucissants et astringents.

Nous présentons ici la composition de quelques gargarismes magistraux assez fréquemment employés.

Gargarisme adoucissant, n. 1.

℞ Décoctum d'orge ou de guimauve. . . .   1 litre.
Miel. . . . .   250 grammes (8 onces).

On délaie le miel dans le décoctum légèrement chauffé et on l'injecte dans la bouche

Gargarisme émollient, n. 2.

℞ Racines de guimauve. . . . .   64 grammes (2 onces).
Figues grasses coupées en quatre . . .   32 grammes (1 once).
Eau. . . . .   2 litres.

On fait bouillir dans l'eau la racine et les figues jusqu'à réduction d'un tiers du liquide; on passe et on édulcore le décoctum avec 250 ou 500 grammes de miel.

Gargarisme acidulé, n. 3.

℞ Décoctum d'orge. . . . .   1 litre.
Miel. . . . .   250 grammes (8 onces).
Acide hydrochlorique du commerce. .   quantité suffisante.

Après avoir dissout le miel dans l'eau d'orge, on y ajoute peu à peu de l'acide hydrochlorique jusqu'à ce que le liquide ait contracté une saveur acide et styptique assez prononcé.

Gargarisme astringent de Jonnard, n. 4.

℞ Miel rosat. . . . .   64 grammes (2 onces).
Eau. . . . .   250 grammes (8 onces).
Acide tannique pur. . . . .   4 grammes (1 gros).

Après avoir dissous l'acide tannique dans l'eau, on délaie le miel rosat dans le solutum.

Ce gargarisme, dont la recette est publiée dans le *Journal de chimie médicale*, t. V, peut être imité en employant une infusion de noix de galles à la place de l'acide tannique. Sous ce dernier rapport, il conviendrait très bien dans la pratique de la médecine des animaux.

Gargarisme très acidulé.

℞ Miel. . . . .   64 grammes (2 onces).
Acide hydrochlorique. .   quantité suffisante jusqu'à acidité presque
                                          caustique.

Mélangez les deux substances.

Ce gargarisme est excellent dans le traitement de l'angine couenneuse ou dipthérite couenneuse du porc. On le porte à l'aide d'un pinceau ou d'un chiffon placé au bout d'un morceau de bois sur les parties recouvertes d'une couche de fausse membrane.

Les gargarismes astringents peuvent être également composés avec des sels minéraux doués de la propriété styptique, tels que l'alun, le sulfate de zinc, etc., etc.

Des collyres.

Les collyres liquides les plus employés sont des solutums de substances émollientes, excitantes, calmantes ou astringentes.

Indépendamment de ces médicaments liquides, on en compose de *secs* et de *mous*. Les premiers sont des mélanges de poudres simples ou composées qu'on insuffle entre les paupières à l'aide d'un tuyau de plume; les seconds sont des pommades qu'on applique à l'aide d'un petit Pinceau ou d'un peu de charpie sur les paupières. (Voyez pommades de Desault et de Régent, et de M. Bernard.)

Collyres émollients.

Ces collyres se composent toujours avec des infusums ou des décoctums de racine de guimauve, de feuilles de mauve, auxquels on ajoute parfois une ou deux têtes de pavot.

Collyres calmants.

Collyre calmant, d'après Lebas, n. 1.

'℞ Décoctum de têtes de pavot blanc. . .   250 grammes (8 onces).
    Safran gâtinais.. . . . .   2 grammes (½ gros .

On verse le décoctum bouillant des capsules de pavot sur le safran placé dans un vase de faïence, et on laisse infuser pendant un quart d'heure ; on passe lorsque l'infusum est refroidi, on y trempe des compresses qu'on applique sur les yeux.

Collyre calmant avec le laudanum, n. 2.

℞ Racine de guimauve mondée. . . .   32 grammes (1 once).
   Eau . . . .   750 grammes (1 livre ½).
   Laudanum de Sydenham. . . . .   4 grammes (1 gros).

On fait bouillir pendant un quart d'heure la racine de guimauve mondée, on passe le décoctum, et après l'avoir laissé refroidir, on y ajoute le laudanum liquide.

Collyre calmant avec l'opium (CODEX). n. 3.

℞ Eau distillée de rose. . . . . .   125 grammes (4 onces).
   Extrait gommeux d'opium . . .   2 décigrammes (4 grains).

On fait dissoudre par trituration l'extrait d'opium dans l'eau distillée.

Usages. Ces deux derniers collyres sont employés dans les ophthalmies internes et externes accompagnées de beaucoup de douleurs.

Collyres excitants.

Collyre excitant, dit de Lanfranc.

℞ Aloès. . . . . 24 décigrammes (48 grains).
Myrrhe . . . . 23 décigrammes (46 grains).
Sulfure jaune d'arsenic.. . . . . . 8 grammes (2 gros).
Eau de plantain.. . . . . 96 grammes (3 onces).
Eau de roses.. . . . . 96 grammes (3 onces).
Vin blanc. . . . . 500 grammes (1 livre).

On pulvérise séparément les trois premières substances, et après les avoir mélangées par trituration, on les délaie dans un mortier de verre avec les deux eaux distillées, et on ajoute le vin blanc. Ce collyre doit être conservé dans un flacon ; on ne doit l'employer que lorsqu'il est éclairci par le repos et séparé des matières insolubles qu'il contient.

Collyre excitant, dit eau céleste.

℞ Deuto-sulfate de cuivre . . . . 2 grammes (½ gros).
Eau distillée. . . . . 1 litre.
Ammoniaque liquide . . . . quantité suffisante.

On dissout à froid dans l'eau le deutosulfate de cuivre préalablement pulvérisé, et lorsque la solution est faite, on y ajoute peu à peu de l'ammoniaque jusqu'à ce que le précipité bleu d'hydrate de deutoxyde de cuivre soit redissous. Ainsi préparé, ce collyre présente une solution d'ammoniure de deutoxyde de cuivre mêlé de sulfate d'ammoniaque formé par la décomposition du deutosulfate de cuivre.

On fait avantageusement usage de ce collyre au début des inflammations aiguës des yeux, et lorsqu'elles tendent à passer à l'état chronique.

Collyre excitant de Gimbernat.

℞ Hydrate de protoxyde de potassium (pierre à cautère). . . . . 1 décigramme (2 grains).
Eau distillée. . . . . 32 grammes (1 once).

On fait dissoudre à froid la potasse dans l'eau. Ce solutum doit être employé avec circonspection pour faire disparaître les taies qui se forment sur la cornée lucide; on en fait pénétrer seulement 3 à 4 gouttes dans l'œil, et on bassine ensuite avec un décoctum de racine de guimauve.

Collyre irritant.

℟ Solutm faible de nitrate d'argent . .   25 centigrammes (5 grains).
   Eau . . . .   32 grammes (1 once).

Mêlez les deux substances.

Collyres astringents.

Collyre astringent, n. 1.

℟ Eau distillée de roses ou de plantain. . .   250 grammes (8 onces).
   Sous-acétate de plomb. . . . .   2 grammes (½ gros).

On ajoute le sous acétate de plomb à l'eau de roses et on agite pour bien mêler.

Ce collyre ainsi que les suivants s'emploient au début des ophthalmies aiguës et pour combattre les ophthalmies chroniques.

Collyre astringent, n. 2.

℟ Eau distillée de roses . . . . . .   192 grammes (6 onces).
   Sulfate de zinc. . . . .   4 grammes (1 gros).
   Camphre . . . .   6 décigrammes (12 grains).
   Poudre de racine d'iris de Florence.   12 décigrammes (24 grains).
   Blancs d'œufs . . . .   N° 2.

Après avoir pulvérisé le camphre à l'aide d'une goutte d'alcool, on l'ajoute au sulfate de zinc réduit en poudre ainsi qu'à la racine d'iris, on broie le mélange avec les deux blancs d'œufs, et on délaie le tout dans l'eau distillée jusqu'à ce que les parties insolubles soient exactement mélangées au liquide.

Ce collyre s'applique sur les yeux à l'aide de compresses.

Collyre astringent, n. 2 bis.

℞ Suie de cheminée. . . . . 64 grammes (2 onces .

Faites dissoudre dans eau bouillante, un demi-litre ;
filtrez, et bassinez les yeux avec cette eau.

Collyre astringent de Bourgelat, n. 3.

℞ Camphre. . . . . 6 décigrammes (12 grains).
Eau commune.. . . . . 1 décilitre ½.
Blancs d'œufs battus ensemble. . . . . . N. 2.

On triture dans un mortier de verre ou de porcelaine le
camphre préalablement pulvérisé avec les blancs d'œufs
et l'eau jusqu'à ce que la mixture soit homogène, et on
applique immédiatement ce collyre au moyen de compresses, comme le précédent.

Collyre astringent, n. 4.

℞ Sulfate d'alumine et de potasse pulvérisé. . . . 8 grammes (2 gros).
Blancs d'œufs. . . . . N. 2.
Eau commune . . . . 3 décilitres.

On met dans un flacon les trois substances et on agite
bien pour opérer par le battage la solution du sel.
Ce collyre s'emploie comme les deux précédents.

Collyre dit pierre divine (Codex), n. 5.

℞ Deuto-sulfate de cuivre cristallisé . . . . . 96 grammes (3 onces).
Sulfate d'alumine et de potasse cristallisé . . 96 grammes (3 onces).
Nitrate de potasse. . . . . 96 grammes (3 onces).
Camphre . . . . 4 grammes (1 gros).

Après avoir réduit en poudre les trois sels, on les mélange et on les fait fondre dans un creuset de terre ; lorsque le mélange est en fusion on y ajoute le camphre qu'on
a préalablement pulvérisé, et on coule le produit sur une
pierre huilée.

Ce collyre s'emploie en solution dans l'eau dans la proportion de 4 grammes (1 gros) par litre d'eau commune.

Des clystères ou lavements.

Les clystères ou lavements sont des médicaments liquides magistraux, qui peuvent jouir de diverses propriétés, suivant la nature des substances qui entrent dans leur composition. Leur préparation est simple en général, elle consiste en solutums aqueux de principes médicamenteux organiques, associés à des huiles ou à des sels minéraux, suivant le but que le vétérinaire se propose d'atteindre.

Lavement adoucissant simple.

℞ Graine de lin. . . . . . 64 grammes (2 onces).
   Eau commune. . . . . 3 litres.

On fait bouillir pendant un quart d'heure, on passe le décoctum à travers un tamis ou une grosse toile, et lorsqu'il est tiède on en fait usage.

On rend ce lavement plus adoucissant en y ajoutant 95 à 125 grammes (3 à 4 onces) d'huile d'olive qu'on agite avec le décoctum mucilagineux avant de l'introduire dans la seringue.

On peut remplacer le décoctum de graines de lin par celui de racine de guimauve.

Lavement adoucissant amylacé.

℞ Amidon de froment. . . 24 grammes (6 gros).
   Décoctum de guimauve . 2 litres.

On délaie d'abord l'amidon dans une petite quantité du décoctum de guimauve, on ajoute au reste du liquide, et on fait bouillir en remuant pendant trois à quatre minutes.

℞ Lavement adoucissant et calmant.

℞ Capsules de pavot blanc. . . . . . N. 6.
   Gros son de froment . . . . 2 poignées.
   Eau . . . . 2 litres.

On fait bouillir ensemble les capsules de pavot et le son pendant dix à quinze minutes, on passe le décoctum, et on le laisse en partie refroidir avant de l'administrer.

On rend ce lavement plus émollient en y ajoutant 125 grammes (4 onces) d'huile d'olives ou de pommade de peuplier.

Les deux lavements ci-dessus sont très utiles pour combattre les inflammations des dernières portions des intestins qui s'accompagnent de diarrhée.

Lavements acidules rafraîchissants.

℞ Décoctum de feuilles de mauve . .   3 litres.
Levain aigri . . . .   500 grammes (1 livre).

On délaie le levain dans le décoctum de mauve légèrement échauffé, et on divise en deux parties.

Lavement avec l'oxymel.

℞ Décoctum de son. . . . .   1 litre ½.
Oxymel simple. . . . .   192 grammes (6 onces).

On délaie l'oxymel dans l'eau de son, et on administre en une seule fois.

Lavement avec l'alcool nitrique.

℞ Décoctum d'orge. . . . .   1 litre ½.
Alcool nitrique . . . .   32 grammes (1 once).

Lavement excitant au sel, n. 1..

℞ Savon vert. . . . .   64 grammes (2 onces).
Chlorure de sodium. . . . . .   64 grammes (2 onces).
Eau . . . .   2 litres.

On fait dissoudre le sel et le savon dans l'eau tiède, et on administre en une seule fois.

Lavement excitant, n. 2.

℞ Infusum de sureau. . . . .   1 litre ½.
Hydrochlorate d'ammoniaque. . . .   16 grammes (4 gros).

On fait dissoudre le sel dans l'infusum tiède.

34

Lavement excitant carminatif, n. 3.

℞ Fleurs de camomille. . . . . 96 grammes (3 onces).
Semences d'anis. . . . . 32 grammes (1 once).
Têtes de pavot. . . . . N. 4.

Après avoir fait un décoctum des têtes de pavot dans un litre et demi d'eau, on y fait infuser les fleurs et les semences, et on passe l'infusum encore tiède.

Lavement très excitant, n. 4.

℞ Feuilles de tabac desséchées. . . . 64 grammes (2 onces).
Hydrochlorate d'ammoniaque. . . 32 grammes (1 once).
Eau. . . . . 2 litres.

On fait bouillir les feuilles de tabac dans l'eau jusqu'à réduction d'un tiers; on passe le décoctum, et on y fait dissoudre l'hydrochlorate d'ammoniaque.

Lavements diurétiques.

Lavement diurétique, n. 1.

℞ Décoctum de graine de lin. . . . . 1 litre ½.
Nitrate de potasse. . . . . 32 grammes (1 once).

Lavement diurétique, n. 2.

℞ Feuilles fraîches de pariétaire. . . 2 poignées.
Térébenthine. . . . . 64 grammes (2 onces).
Jaunes d'œufs . . . . N. 2.
Eau. . . . . 2 litres.

On fait bouillir les feuilles de pariétaire dans l'eau pendant un quart d'heure; on passe le décoctum, et on y incorpore la térébenthine qu'on a broyée d'avance avec les jaunes d'œufs.

La quantité de liquide exposée dans cette formule doit être employée en deux fois.

Lavement diurétique, n. 3.

℞ Décoctum de guimauve. . . . . . 1 litre ½
Miel scillitique . . . . 125 grammes (4 onces).

On dissout le miel scillitique dans le décoctum tiède, et on administre en une seule fois.

Lavements narcotiques ou calmants.

Lavement opiacé.

℞ Décoctum de guimauve. . . . . . . 1 litre ½.
  Extrait aqueux d'opium. . . . . . . 8 grammes (2 gros).

On délaie l'extrait dans une petite quantité de décoctum tiède, et lorsque la solution en est bien faite on ajoute toute la masse liquide.

On remplace ce lavement composé par un fort décoctum de têtes de pavot ou de feuilles de belladone.

Lavements nutritifs.

Ces lavements se composent en général avec un décoctum de basses viandes, de la farine de froment cuite dans l'eau, du lait, dans lequel on délaie deux ou trois jaunes d'œufs par litre de ce dernier liquide, ou de gélatine et d'amidon dans la proportion de 32 grammes (1 once) de chaque pour 2 litres d'eau.

Lavements purgatifs.

Lavement purgatif. n. 1.

℞ Feuilles de mercuriale. . . . . . 3 poignées.
  Sulfate de soude . . . . 196 grammes (6 onces).
  Miel commun . . . . 250 grammes (8 onces).
  Eau commune. . . . . 3 litres.

On fait une décoction de feuilles de mercuriale, et après avoir passé le produit à travers une toile on y fait dissoudre le miel et le sulfate de soude. On administre en deux fois.

Lavement purgatif, n. 2.

℞ Follicules de séné. . . . . 96 grammes (3 onces).
Sulfate de magnésie. . . . . 125 grammes (4 onces).
Miel commun . . . . 250 grammes (8 onces).
Eau . . . . 2 litres.

On verse l'eau bouillante sur les follicules et on les y laisse infuser pendant deux heures ; on passe l'infusum, et on y ajoute le miel et le sulfate de magnesie qui s'y dissolvent avec facilité.

Lavement purgatif avec l'aloès, n. 3.

℞ Aloès pulvérisé . . . . 64 grammes (2 onces).
Sulfate de magnésie. . . . . . . 125 grammes (4 onces).
Miel commun. . . . . 125 grammes (4 onces).
Eau chaude. . . . . 1 litre.

On délaie l'aloès dans l'eau tiède, et on fait dissoudre ensuite le sel et le miel dans le solutum aloétique.

Lavements indiqués pour favoriser la parturition.

Ces lavements se composent en général avec des décoctés de sommités de rue, ou de feuilles de sabine dans lesquels on fait dissoudre du chlorure de sodium, de l'hydrochlorate d'ammoniaque, dans la proportion de 64 gram. (2 onces) du premier, ou de 16 grammes (1/2 once) du second, pour 2 litres de décoctum.

Lavements vermifuges.

Lavement vermifuge, n. 1.

℞ Feuilles d'absinthe. . . . . 2 poignées.
Savon vert. . . . . 64 grammes (2 onces).
Huile empyreumatique animale. . 64 grammes (2 onces).
Eau commune bouillante. . . . . 3 litres.

On verse l'eau sur les feuilles d'absinthe et on les y

laisse infuser pendant une demi-heure ; on passe l'infusum
et on délaie dans ce produit le savon vert préalablement
mélangé à l'huile, afin de rendre cette dernière miscible à
l'eau.

Lavement vermifuge, n. 2 (Lebas).

℞   Espèces vermifuges. . . . . 125 grammes (4 onces).
   Savon vert . . . . 64 grammes (2 onces).
   Chlorure de sodium . . . . 125 grammes (4 onces).
   Eau commune . . . .   3 litres.

On fait bouillir pendant dix à douze minutes les espèces
dans l'eau, on passe le décoctum et on y fait dissoudre le
sel et le savon.

On peut rendre purgatif ce lavement vermifuge en y
faisant dissoudre 64 grammes d'aloès en poudre.

Ces lavements s'emploient particulièrement dans les
maladies vermineuses du canal intestinal des chiens, et notamment pour expulser de petits tœnias qui habitent le
rectum et qui causent de vives démangeaisons à l'anus.

Des sirops ou saccharolés liquides (H et G).

Les sirops sont des médicaments officinaux liquides,
visqueux, de consistance oléagineuse, résultant de la solution concentrée du sucre ou du miel dans l'eau, ou dans des
sucs de plantes, des eaux distillées, des infusums ou décoctums chargés des principes actifs d'une ou de plusieurs
subtances médicamenteuses.

Ces médicaments ont le triple avantage 1° de présenter
les principes médicamenteux sous forme liquide, par conséquent très faciles à administrer ; 2° d'être d'une conservation plus longue ; 3° de masquer en partie la saveur
désagréable que possèdent souvent ces principes actifs,
dans lesquels résident toutes leurs propriétés.

Dans les sirops, le rapport du sucre au liquide médicamenteux varie suivant la nature de ce dernier. Leur degré de concentration se reconnaît soit à leur densité qui est ordinairement de 1321 ou 35° à l'aréomètre de Baumè lorsqu'ils sont froids, et de 30° quand ils sont bouillants. Cependant tous les sirops n'ont pas exactement le même degré de concentration ; la proportion de sucre qui doit y entrer varie ; elle est plus faible pour les sirops préparés avec des liquides vineux ou des sucs acides, et plus forte, au contraire, pour ceux qui doivent contenir des principes mucilagineux ou extractifs.

Deux modes principaux de préparation sont mis en pratique ; 1° la *solution*, 2° la *coction*.

Le premier mode consiste à faire dissoudre, soit à froid, soit à une douce chaleur, le sucre cassé par morceaux et à filtrer à la chausse ou au papier.

Le second, plus généralement employé, se pratique en dissolvant à chaud le sucre dans une certaine quantité d'eau à laquelle on ajoute du charbon animal pour décolorer, clarifiant ensuite le liquide avec des blancs d'œufs, et cuisant jusqu'au degré déterminé.

Les sirops ont été divisés par quelques auteurs en deux sections ; savoir : les sirops simples et les sirops composés. Les premiers ne renferment qu'une seule substance médicamenteuse, comme les sirops de gomme, de nerprun, de guimauve, etc.; les seconds offrent l'association de plusieurs subtances médicamenteuses. M. Chéreau, dans une nomenclature pharmaceutique, a proposé d'appeler ceux-là monoïamiques (de μόνος seul, et ἴαμα médicament), et ceux-ci polyamiques (de πόλυς plusieurs, beaucoup, et ἴαμα médicament).

Conservation. Les sirops doivent, en général, être renfermés dans des bouteilles bien sèches et bien bouchées;

on doit les placer dans un lieu frais, à la cave ou dans un cellier.

Quoique les sirops, à l'exception d'un ou deux, ne soient pas employés dans la médecine vétérinaire, nous indiquerons cependant ici leur préparation par les deux procédés généraux que nous avons exposés ci-dessus, et nous rapporterons en particulier la préparation de ceux dont l'usage est établi dans la médecine vétérinaire.

Nous pensons qu'il y aurait de l'avantage pour la médecine des petits quadrupèdes à employer des sirops qu'on pourrait, du reste, préparer à bas prix, soit avec du miel commun, soit avec des cassonnades inférieures.

Sirop simple, dit sirop de sucre à froid.

℞ Sucre blanc en pains . . . . . . 2000 grammes (4 livres).
Eau commune filtrée . . . . . 1000 grammes (2 livres).

Après avoir concassé le sucre dans un mortier de marbre, on l'introduit dans un flacon avec l'eau, on bouche le vase et on l'agite de temps en temps jusqu'à solution complète, puis on filtre au papier après y avoir délayé 32 à 48 grammes de charbon animal en poudre pour décolorer le sirop.

Sirop de sucre par coction.

℞ Sucre en pains . . . . .   20 kilogrammes (40 livres).
Eau pure . . . . 12,500 grammes (25 livres).
Blancs d'œufs . . . . . n° 2.

On place dans une bassine étamée le sucre en pain, on y ajoute peu à peu 10 kilogrammes d'eau, de manière à bien en imprégner le sucre, et on fait chauffer jusqu'à l'ébullition. Pendant la fusion du sucre dans l'eau, on bat les blancs d'œufs avec le reste de l'eau et les coquilles d'œufs, et l'on verse en deux fois le liquide albumineux dans le sirop bouillant. Après quelques instants d'ébullition, on arrête le feu pour opérer la séparation de l'écume qu'on enlève avec une écumoire. Cette première opération étant effectuée, on porte à l'ébullition le liquide, on y verse de haut le reste de l'eau albumineuse et on se comporte comme précédemment pour séparer l'écume ; alors on entretient le feu jusqu'à ce que le sirop ait acquis le degré de consistance convenable, c'est à dire jusqu'à ce qu'il marque bouillant 35° à l'aréomètre de Baumè. Si le sirop est trop cuit, on y ajoute un peu d'eau ordinaire pour le ramener au degré déterminé ; on l'écume une dernière fois et on le passe à travers un blanchet.

Lorsqu'on fait usage de sucre coloré en pains, on doit clarifier et décolorer à chaud le sirop par le charbon animal, et à cet effet on emploie les proportions suivantes :

℞ Sucre en pains . . . .   30 kilogrammes (60 livres).
 Eau . . . .   17,500 grammes (35 livres).
 Charbon animal lavé à l'acide .   1900 grammes (4 livres).
 Blancs d'œufs. . . . . n° 6.

Après avoir délayé les six blancs d'œufs dans la quantité d'eau indiquée ci-dessus, on pulvérise le sucre qu'on place dans la bassine, et on y ajoute le charbon animal et l'eau albumineuse en réservant environ 2 litres de ce liquide pour la clarification. Lorsque le sirop bout, on y verse en deux fois l'eau albumineuse réservée, et on donne un dernier bouillon avant de retirer du feu. Lorsque l'écume est formée, on la sépare et l'on filtre la totalité du sirop à travers une chausse de laine, en repassant les premières portions de sirop rendues troubles et noires par des particules de charbon très divisé.

Sirop de nerprun.

Sirupus cum succo rhamni cathartici (Codex).

℞ Suc des baies de nerprun dépuré. . .   1000 grammes (2 livres).
 Sucre en pains. . . . .   1000 grammes (2 livres)

On mêle dans une bassine le suc de nerprun avec le sucre en pains, concassé, et on fait cuire jusqu'en consistance de sirop.

Ce sirop s'emploie comme purgatif pour les chiens à la dose de 16, 32 à 64 grammes ou 1/2, 1 à 2 onces.

Sirop de quinquina.

Sirupus cum cortice kina-kina (CODEX).

Ce sirop, qu'on emploie quelquefois dans la médecine des chiens, se prepare de la manière suivante :

℞ Ecorce de quinquina jaune . . .   96 grammes (3 onces).
   Eau commune. . . . . 1000 grammes (2 livres).
   Sucre blanc . . . .   500 grammes (1 livre).

On fait bouillir le quinquina dans l'eau pendant une demi-heure dans un vase ouvert, on passe le décoctum et on l'évapore jusqu'à réduction de la moitié de son volume; on ajoute alors le sucre, on fait cuire jusqu'à la consistance sirupeuse, et quand le sirop est refroidi, on le filtre à travers un papier pour l'obtenir parfaitement clair.

Quoique ce sirop soit d'un prix un peu élevé pour la médecine des animaux, on l'a cependant employé avec succès à la dose d'une ou deux cuillerées à bouche par jour contre la maladie des jeunes chiens (Dupuy et Lebas).

Sirop d'ipécacuanha.

℞ Poudre d'ipécacuanha . . . . .   64 grammes (2 onces).
   Alcool à 22° . . . .   ½ kilogramme (1 livre).

Faites digérer au bain-marie pendant douze heures, passez à travers un linge, exprimez et faites une seconde digestion dans une nouvelle quantité d'alcool. Filtrez les liqueurs réunies et retirez-en l'alcool par la distillation; évaporez le résidu à siccité dans une capsule et au bain-marie; versez-y alors un litre d'eau distillée et chauffez un instant, filtrez à froid ; ajoutez à la liqueur; sirop de sucre clarifié, 3 kilogrammes de sucre. Chauffez jusqu'à ce que le sirop bouillant marque de nouveau 30° à l'aréomètre.

Ce sirop se donne pour faire vomir les jeunes chiens ; nous l'avons employé avec de grands succès dans la bronchite muqueuse des jeunes chiens et dans les maladies d'été des chiens, à la dose de 10 à 20 grammes dans un décilitre d'eau légèrement tiède.

Mellites ou mélitolès (miels médicinaux).

Le nom de mellites a été donné à des médicaments liquides analogues aux sirops par leur consistance et leur densité, préparés par des procédés semblables, mais composés de miel uni soit à l'eau, comme le mellite simple ou sirop de miel, soit à des infusés ou des décoctés chargés de principes actifs médicamenteux, soit à des sucs de plantes, comme les mellites composés ou miels médicinaux.

Mellite simple, ou sirop de miel.

Mellitum simplex seu sirupus cum mellé.

    ℞ Miel blanc . . . . 3000 grammes (6 livres).
      Eau . . . . 1000 grammes (2 livres).

On fait dissoudre à chaud dans une bassine, et après quelques bouillons, on enlève l'écume et quand le liquide marque 30° bouillant on le passe à travers un blanchet.

Quand on opère avec du miel commun, on doit recourir au procédé suivant :

    ℞ Miel commun . . . . . 3000 grammes (6 livres).
      Eau commune . . . . . 750 grammes (1 livre et demie).
      Craie en poudre . . . . 96 grammes (3 onces).

On place ces substances dans une bassine étamée, et on

fait bouillir pendant deux à trois minutes , puis on ajoute 192 grammes (6 onces) de charbon animal pour décolorer le sirop, et 500 grammes (1 livre) d'eau dans laquelle on a délayé deux blancs d'œufs. On procède alors à la cuisson du sirop, et lorsqu'il a acquis la consistance convenable, on retire du feu, on laisse reposer un quart d'heure environ et on passe à la chausse par les procédés ordinaires.

Mellite de mercuriale simple,—miel mercurial.

℞ Suc des feuilles de mercuriale dépuré.   1000 grammes (2 livres).
  Miel . . . .   100 grammes (3 onces).

On fait cuire , on écume s'il y a lieu , et on cuit jusqu'à 31° bouillant.

Mellite de roses,—miel rosat.

℞ Pétales secs de roses rouges de Provins   500 grammes (1 livre).
  Eau bouillante . . . . 2000 grammes (4 livres).
  Miel blanc. . . . . 3000 grammes (6 livres).

Après avoir fait infuser pendant vingt-quatre heures les pétales de roses, on passe avec expression et on fait dissoudre le miel dans l'infusum et cuire le mellite à la manière ordinaire.

Mellite de scille ,—miel scillitique.

℞ Squammes sèches de scille . . . . .   32 grammes (1 once).
  Eau bouillante . . . .   500 grammes (1 livre).
  Miel . . . .   375 grammes (12 onces).

Après avoir pilé dans un mortier de marbre les squammes, on les fait infuser pendant vingt-quatre heures dans l'eau bouillante, on passe l'infusum et on y ajoute le miel , et on fait cuire jusqu'à 31° bouillant.

Le mellite colchique se prépare de la même manière.

Des liniments.

On donne ce nom à tous les mélanges médicamenteux, liquides ou seulement diffluents, quelle que soit du reste leur composition, qui sont destinés à être appliqués en frictions sur une surface plus ou moins étendue du corps, soit que l'on veuille agir sur cette surface même, soit que l'on veuille transmettre par voie d'absorption l'action exercée à la surface sur les parties internes du corps.

Leur composition est extrêmement variée ; et quoi qu'ils ne se rapprochent point des médicaments précédents, nous les avons placés ici en raison de leur forme liquide.

Les liniments officinaux sont composés avec des solutés alcooliques, des huiles chargées de principes médicamenteux, des mélanges de matière grasse et de liquides spiritueux. On y fait entrer souvent du savon, du camphre, de l'opium, etc.

Liniment anti-psorique. n. 1.

℞ Savon vert . . . . 500 grammes (1 livre).
Goudron . . . . 500 grammes (1 livre).

On mêle exactement par trituration et on étend sur les parties affectées de gale.

Liniment anti-psorique modifié, selon le docteur Jadelot, n. 2.

℞ Huile d'olives. . . . . 320 grammes (10 onces).
Savon blanc en poudre. . . . 125 grammes (4 onces).
Sulfure de potasse. . . . . . 64 grammes (2 onces).

On dissout le sulfure de potasse dans son poids d'eau et on broie dans un mortier de verre le savon avec ce solutum. Lorsque la matière est réduite en pâte, on y ajoute par trituration l'huile d'olives.

Liniment anti-psorique, n. 3.

℞ Huile de lin . . . .   128 grammes (4 onces).
  Pommade de nitrate de mercure. .   32 grammes (1 once).

On fait fondre ensemble à une douce chaleur et on mélange exactement en remuant pendant le refroidissement.

Liniment anti-psorique contre la gale des chiens, n. 4 (Vatel).

℞ Savon vert. . . . .   128 grammes (4 onces).
  Sulfure de potasse . . . .   32 grammes (1 once).

On réduit en poudre fine le sulfure de potasse, et ou l'incorpore par trituration dans le savon vert. Ce liniment doit
être conservé à l'abri de l'air.

Liniment adoucissant et émollient, n. 5.

℞ Racine de guimauve mondée . . .   64 grammes (2 onces).
  Huile d'olives. . . . .   125 grammes (4 onces).
  Eau commune . . . .   500 grammes (1 livre).

On fait bouillir la guimauve dans l'eau jusqu'à réduction
d'un tiers du liquide, on passe le décoctum et on l'agite
dans une bouteille avec l'huile.

Liniment adoucissant avec l'althæa (Bourgelat), n. 6.

℞ Onguent d'althéa. . . . .   125 grammes (4 onces).
  Huile d'olives . . . .   125 grammes (4 onces).

On fait fondre à une douce chaleur l'onguent et on
ajoute l'huile. On peut remplacer l'onguent d'althæa par la
pommade de peuplier.

Liniment ammoniacal, n. 1.

℞ Huile d'olives. . . . .   125 grammes (4 onces).
  Ammoniaque liquide à 22 degrés .   32 grammes (1 once).

On place dans une fiole les deux liquides et on agite vivement pour opérer la mixtion. Ce composé s'épaissit peu
à peu avec le temps par suite de la saponification de l'huile;

il est donc important de ne le préparer que peu de temps avant son emploi.

Usages. Ce liniment s'emploie sous la forme de frictions sur les engorgements charbonneux qui surviennent après la clavélisation des moutons, ou bien sur les tumeurs charbonneuses ou gangréneuses de tous les animaux.

Liniment dessiccatif (Delabère-Blaine).

2 Sous-acétate de cuivre. . . . .   64 grammes (2 onces).
   Goudron . . . .   125 grammes (4 onces).
   Savon vert. . . . .   64 grammes (2 onces).

Après avoir réduit en poudre fine le sous-acétate, on le mélange bien par trituration avec le goudron et le savon vert.

Usages. Ce liniment est excellent pour combattre la gale récente du cheval.

Liniment excitant résolutif, n. 1.

2 Huile de laurier. . . . .   125 grammes (4 onces).
   Essence de lavande. . . . . . .   96 grammes (3 onces).
   Camphre. . . . .   8 grammes (2 gros).

Après avoir pulvérisé le camphre par les moyens ordinaires, on le dissout par trituration dans l'essence et on mélange ce solutum à l'huile de laurier.

Liniment excitant résolutif, n. 2.

2 Savon blanc . . . .   32 grammes (1 once).
   Hydrochlorate d'ammoniaque. . .   16 grammes (4 gros).
   Alcool à 22° ou eau-de-vie. . . . . 125 grammes (4 onces).

On râcle le savon et on le fait dissoudre dans l'alcool à l'aide d'une douce chaleur. Ce solutum alcoolique étant préparé, on y fait dissoudre l'hydrochlorate d'ammoniaque.

On peut rendre ce liniment plus excitant encore en y faisant dissoudre du camphre dans la proportion de 8 à 16 grammes (2 à 4 gros).

Liniment excitant résolutif, n. 3, d'après M. Vatel.

℞ Baume tranquille. . . . . 64 grammes (2 onces).
Camphre. . . . . 8 grammes (2 gros).
Essence de lavande . . . . }
    — de térébenthine . . . . } 4 grammes (1 gros).
Amoniaque . . . . }

Après avoir fait dissoudre le camphre dans les deux essences mêlées ensemble , on place le solutum dans un flacon, et on y ajoute l'ammoniaque et le baume tranquille qu'on y incorpore par une agitation vive.

Liniment cantharidé camphré, n. 4.

℞ Huile d'olives . . . . 125 grammes (4 onces).
Savon . . . . 32 grammes (1 once).
Alcoolé de cantharides . . . . 32 grammes (1 once).
Camphre. . . . . 4 grammes (1 gros).

On fait dissoudre le camphre dans l'huile, et le savon dans l'alcoolé de cantharides, puis on mélange ensemble les deux liquides.

On peut rendre ce liniment plus actif en y ajoutant 32 grammes (1 once) d'essence de térébenthine.

Liniment irritant de Pott, n. 5.

℞ Essence de térébenthine. . . . . . . 64 grammes (2 onces).
Acide hydrochlorique. . . . . 32 grammes (1 once).

On agite vivement ces deux liquides dans un flacon ou une fiole pour en opérer la mixtion.

Liniment calcaire.

℞ Eau de chaux. . . . . 500 grammes (1 livre).
Huile d'olives ou d'amandes douces. . . 64 grammes (2 onces).

On bat fortement les deux liqueurs dans une bouteille, on laisse reposer, et on sépare la masse molle savonneuse qui nage à la surface du liquide. On l'emploie ordinairement au moment où le mélange a été fait, c'est à dire en suspension dans l'eau.

Liniment narcotique, n. 1.

℞ Baume tranquille . . . . 64 grammes (2 onces).
   Laudanum de Sydenham. . . . .   8 grammes (2 gros).

On mêle ces deux liquides par l'agitation et on emploie de suite.

Quelquefois on remplace le baume tranquille par de l'huile d'olives, ce qui est plus économique.

Liniment savonneux opiacé, n. 2.

℞ Huile d'olives. . . . . 125 grammes (4 onces).
   Alcoolé d'opium . . . .   64 grammes (2 onces).
   Savon blanc . . . .   16 grammes (4 gros).

On fait dissoudre le savon dans l'alcoolé d'opium, et on triture dans un mortier l'huile avec cet alcoolé.

Liniment savonneux simple.

℞ Alcoolé de savon. . . . . 32 grammes (1 once).
   Huile d'olives . . . .   4 grammes (1 gros).
   Alcool à 33° . . . . 32 grammes (1 once).

On mêle par l'agitation dans une bouteille bien bouchée, et on conserve pour l'usage.

Des teintures alcooliques ou alcoolés.

Les préparations liquides résultant de la solution d'un principe médicamenteux dans l'alcool ont été distinguées par les noms d'*esprits*, *eaux spiritueuses*, lorsqu'elles avaient été obtenues par distillation ; et sous le nom de *teintures alcooliques*, lorsqu'elles provenaient de l'action dissolvante de l'alcool sur une ou plusieurs substances fixes.

Les premiers médicaments, toujours chargés de principes volatils, et bien différents en cela des teintures, sont connus aujourd'hui sous le nom d'*alcoolats*, tandis que celui d'*alcoolés* est réservé aux véritables teintures alcooliques préparées par macération ou digestion.

Aucun alcoolat n'est employé en médecine vétérinaire, plusieurs alcoolés sont au contraire très usités ; nous ne relaterons donc pas la préparation des premiers, tandis que nous exposerons en détail la confection des alcoolés, dont les vétérinaires font un si fréquent usage dans leur pratique.

Nous pensons toutefois qu'il importe de définir exactement ces préparations, et d'exposer les règles générales à observer lorsqu'on doit les exécuter.

On appelait autrefois *teintures alcooliques*, et aujourd'hui on désigne plus convenablement sous le nom d'*alcoolés*, des médicaments liquides préparés avec de l'alcool à différents degrés, dans lequel, au moyen d'une macération ou d'une digestion plus ou moins prolongée, on fait dissoudre une ou plusieurs substances médicamenteuses, le plus ordinairement d'origine végétale ou animale.

On les divise en *simples* et en *composés*.

Les alcoolés simples ne sont préparés qu'avec une seule substance médicamenteuse ; dans les alcoolés composés on a fait servir plusieurs substances à leur préparation.

Les drogues ou substances médicamenteuses qui forment la base des alcoolés doivent être préalablement concassées ou pulvérisées pour que l'alcool exerce plus facilement sur elles son action dissolvante.

Le degré de rectification de l'alcool doit varier suivant la nature des substances sur lesquelles on opère ; en général on est dans l'usage d'employer de l'alcool sous les trois état de concentration suivants : ce sont l'alcool à 21 degrés Cartier ou 56 degrés centésimaux; à 31 degrés Cartier ou 80 degrés centesimaux, et à 34 degrés Cartier ou 86 degrés centésimaux, à + 12°.

Lorsqu'on doit employer de l'alcool faible, on le prépare avec de l'alcool pur, qu'on étend avec de l'eau distillée pour l'amener au degré convenable.

Les alcoolés (teintures alcooliques) peuvent être obtenus par deux procédés :

1° Par solution directe;

2° Par macération ou digestion.

Le premier mode de préparation est si simple qu'il n'exige pas de développement; le second se pratique en plaçant dans un matras à col court les substances médicamenteuses sèches convenablement divisées, avec la proportion d'alcool indiquée dans la formule, de boucher avec un parchemin l'orifice du vase et de laisser en macération ou en digestion pendant un temps plus ou moins long. Le parchemin doit être percé de plusieurs trous d'épingles pour la sortie de l'air dilaté. Pendant le contact de la substance médicamenteuse avec l'alcool on doit agiter de temps en temps pour renouveler les surfaces et favoriser la solution.

On ne doit pas mettre de suite toute la quantité d'alcool sur la matière en macération, mais on recommande avec raison de n'en verser que la moitié ou les deux tiers, de décanter le liquide et de réserver le reste de l'alcool pour épuiser plus complètement le marc qu'on doit en définitive exprimer fortement. Le solutum alcoolique doit alors être filtré à travers un papier non collé et conservé ensuite dans des flacons bouchés à l'émeril.

Comme il est difficile d'extraire par ce procédé tous les principes solubles d'une matière et que l'expression fait perdre une partie du liquide; quelques pharmaciens ont proposé de substituer à la méthode anciennement employée, la méthode *par voie de déplacement.*

Ce dernier procédé qui a été généralement mis en pratique par MM. Boullay père et fils pour la préparation des médicaments liquides par solution, peut être appliqué avec avantage dans un assez grand nombre de cas : il consiste à placer dans un entonnoir alongé, en cristal, dont la douille est fermée par un robinet de verre, d'abord une mèche de coton pour obstruer en partie la douille, puis à disposer au-dessus la substance solide réduite en poudre grossière sur laquelle on verse une partie de l'alcool. Après un repos de quelques jours on ouvre le robinet pour donner écoulement au solutum alcoolique qu'on reçoit dans un flacon ; lorsque tout écoulement a cessé on verse sur le marc la portion d'alcool mise en réserve qui chasse au-dessous d'elle le reste du solutum interposé entre les molécules de la matière solide, et dès qu'on s'aperçoit que l'alcool passe sans être coloré on ferme le robinet pour laisser macérer le liquide avec le marc. On soutire par le même procédé le solutum alcoolique et pour extraire enfin du résidu tout le liquide alcoolique on verse doucement sur le marc de l'eau qui par sa pression force tout l'alcool saturé de principes solubles à s'écouler dans le vase. L'écoulement doit être arrêté lorsque l'eau est parvenue au bas de la poudre.

Dans la préparation des alcoolés composés par simple macération, il faut mettre en contact successif avec l'alcool les substances médicamenteuses les moins solubles, c'est à dire que la durée de leur macération doit être en raison inverse de leur solubilité dans ce véhicule. On comprendra aisément que les plus solubles venant à saturer d'abord l'alcool, rendraient son action plus faible sur les moins solubles.

Teinture d'absinthe, ou alcoolé d'absinthe.

℞ Sommités sèches de grande absinthe .   32 grammes (1 once).
Alcool à 21 degrés Cart. . . . .   250 grammes (8 onces).

Après avoir incisé l'absinthe, on la met dans un matras avec l'alcool et on fait digérer au soleil ou dans une étuve à + 30° pendant six jours. On passe ensuite avec expression et on filtre.

Teinture d'aloès ou alcoolé d'aloès.

℞ Aloès succotrin ou des Barbades . . .   32 grammes (1 once).
Alcool à 33° degrés Cart. . . . . . .   250 grammes (8 onces).

On pile l'aloès, on le fait digérer pendant huit jours dans l'alcool et on filtre.

Pour l'usage journalier de la médecine vétérinaire on emploie de l'alcool à 22°, on broie l'aloès avec l'alcool dans un mortier de marbre, et l'on filtre le solutum peu de temps après sa préparation.

Usages. La teinture d'aloès est d'un usage fréquent, dans la médecine vétérinaire, dans le pansement des plaies blafardes et dont la suppuration est de mauvaise nature.

Teinture de gentiane, alcoolé de gentiane.

℞ Poudre de racine de gentiane. . . . .   32 grammes (1 once).
Alcool à 22 degrés . . . .   125 grammes (4 onces).

On fait macérer pendant six jours, on passe avec expression le marc et on filtre.

Teinture de gentiane ammoniacale, ou alcoolé de gentiane ammoniacale.

℞ Racine de gentiane incisée . . . . . .   125 grammes (4 onces).
Sesqui-carbonate d'ammoniaque. . . .   32 grammes (1 once).
Alcool à 22 degrés Cart. . . . .   2 litres.

On introduit toutes ces substances dans le matras et on

laisse macérer pendant quatre jours ; on passe le macératum et on filtre.

Teinture stomachique, ou alcoolé de gentiane et d'écorces d'oranges.

℞ Racine de gentiane séchée et incisée. . . 125 grammes (4 onces).
   Écorces d'oranges amères . . . . 64 grammes (2 onces).
   Safran . . . . 16 grammes (4 gros).
   Alcool à 20 degrés Cart. . . . . 2 litres.

On fait macérer toutes ces substances dans l'alcool pendant huit jours, on passe avec expression et on filtre le macératum.

Alcoolé de camphre aqueux, eau-de-vie camphrée.

℞ Camphre . . . . 32 grammes (1 once).
   Alcool à 22 degrés Cartier . . . . . . 2 litres.

Après avoir placé le camphre dans un mortier de marbre,
on l'humecte avec quelques gouttes d'alcool pour le diviser
par trituration et on y verse peu à peu l'alcool pour le dissoudre entièrement. Si le solutum est troublé par quelques
corpuscules on le passe à travers un filtre de papier.

L'eau-de-vie camphrée est résolutive et défensive. On en
fait fréquemment usage, en frictions, dans les efforts des
articulations, dans les engorgements récents, suites de violences extérieures et dans les lassitudes et fatigues des
membres, pour prévenir les mollettes.

Teinture de camphre, ou alcoolé de camphre concentré.

℞ Camphre . . . . 32 grammes (1 once).
   Alcool à 36 degrés Cart . . . . 224 grammes (7 onces).

On dissout dans l'alcool le camphre préalablement réduit
en poudre par le moyen indiqué dans la précédente formule.

Cet alcool camphré est un violent défensif. Il est rarement employé à cause de sa cherté. Cependant il produit d'excellents effets dans les douleurs articulaires des membres, dans les engorgements récents des tendons et dans les dilatations des capsules synoviales connues sous le nom de mollettes.

Teinture de cantharides, ou alcoolé de cantharides, eau-de-vie camphrée.

℞ Poudre de Cantharides. . . . . 32 grammes (1 once).
Alcool à 22°. . . . . 250 grammes (8 onces).

On fait digérer à une douce chaleur ou à l'exposition du soleil pendant huit jours, en remuant de temps en temps le matras ou sont placés la poudre et l'alcool; on passe ensuite avec expression et on filtre le produit de la digestion.

La teinture de cantharides, employée en frictions cutanées, est un irritant énergique qui détermine rapidement la formation de vésicules séreuses sur la peau. On en fait usage dans les distensions de l'articulation de l'épaule, qu'on a nommées *écarts*, dans le lombago, dans les douleurs articulaires.

Teinture de cantharides composée, ou alcoolé de cantharides et d'euphorbe.

℞ Poudre de cantharides. . . . . 32 grammes (1 once).
Poudre d'euphorbe. . . . . 8 grammes (2 gros).
Alcool à 22°. . . . . 192 grammes (6 onces).

Cette teinture se prépare par digestion comme la précédente.

Usages. On l'emploie aux mêmes usages que la précédente.

Teinture d'iode, ou alcoolé d'iode.   95

℞ Iode . . . . 52 décigrammes (1 gros ½).
Alcool à 36°. . . . . 32 grammes (1 once).

On fait dissoudre l'iode pulvérisé en le mettant en contac

avec l'alcool dans un flacon bouché à l'émeril, ou en le triturant dans un mortier de verre avec l'alcool.

Usages. Cette teinture d'iode est peu employée à l'intérieur ; on lui préfère l'iodure de potassium. Cependant on pourrait l'administrer comme fondante à la dose de 4 à 8 grammes (1 à 2 gros) dans 1 décilitre d'eau.

Teinture du docteur Ranque contre la météorisation, dite ranki ou alcoolé de menthe et de piment camphré.

℞ Sommités de menthe poivrée. . . . . . . 1 poignée.
Camphre . . . . 16 grammes (4 gros).
Sassafras . . . . 4 grammes (1 gros).
Alcool à 18 degrés . . . . 1 litre.

On laisse macérer dans un matras bouché pendant vingt-quatre heures, on passe, et on y dissout le camphre.

Cet alcoolé s'emploie à la dose de trois à quatre cuillerées pour les grands animaux contre les météorisations. Il est peu employé et mérite peu de l'être.

Alcoolé nitrique ou azotique.

Esprit de nitre dulcifié, acide nitrique alcoolisé.

℞ Acide nitrique à 35 degrés. . . . . . . 32 grammes (1 once).
Alcool à 36 . . . . 96 grammes (3 onces).

On mêle les deux liquides dans un matras, et après la mixtion on place dans un flacon bouché à l'émeril qu'on débouche de temps en temps pour laisser dégager les gaz provenant de la réaction lente de l'acide sur les éléments de l'alcool ; il se forme par la suite un peu d'éther hyponitreux qui reste en solution dans l'alcool.

Usages. Cet alcoolé s'emploie souvent comme antiseptique dans les maladies qui s'accompagnent d'altération du sang.

Teinture de myrrhe, ou alcoolé de myrrhe.

℞ Myrrhe. . . . . 100 grammes (3 onces).
Alcool à 18 degrés Cartier. . . . . . . 1000 grammes (2 livres).

On met la myrrhe en morceaux dans le matras avec l'alcool, et on laisse macérer pendant vingt-quatre heures; on filtre ensuite le macératum.

Usages. Cette teinture est employée avec succès pour opérer la cicatrisation des plaies chez les chiens ; elle exerce à la fois une action excitante et adhésive qui la rend préférable à la teinture d'aloès dans beaucoup de cas.

Cette teinture est aussi excellente dans le pansement des plaies qui ont besoin d'être excités.

Teinture d'opium, ou alcoolé d'opium.

℞ Extrait aqueux d'opium . . . . 32 grammes (1 once).
   Alcool à 22 degrés Cartier. . . . . . 352 grammes (11 onces).

On met l'extrait d'opium dans un flacon, on y verse l'alcool et on fait dissoudre par l'agitation ; lorsque la solution est opérée on filtre pour séparer le dépôt insoluble.

Teinture de quinquina ou alcoolé de quinquina.

℞ Écorce de quinquina jaune. . . . . . 32 grammes (1 once).
   Alcool à 22 degrés. . . . . 125 grammes (4 onces).

Après avoir concassé l'écorce de quinquina dans un mortier de fer, on la met dans un matras, et on verse dessus l'alcool qu'on laisse macérer sur cette écorce pendant six jours en agitant de temps en temps ; on décante le solutum alcoolique, et on le filtre à travers un papier.

En raison du prix élevé du quinquina et de la grande quantité qui est employée en médecine vétérinaire pour l'usage externe, on peut sans inconvénient augmenter de moitié la dose d'alcool.

Cette teinture s'administre avec de grands avantages à l'intérieur dans les maladies septiques accompagnées de faiblesses et de taches pétéchiales, dans la pourriture du mouton, et dans l'anhémie du chien. On en fait aussi

usage avec succès dans le pansement des plaies gangréneuses.

Teinture tonique composée, dite elixir contre les indigestions, d'après M. Lebas, ou alcoolé d'aloès composé.

℞ Aloès des Barbades · . . . .
　Racine de gentiane sèche . . . . ᾱᾱ 32 grammes (1 once) .
　Racine de rhubarbe . . . .
　Écorce d'oranges . . . .
　Safran gâtinais . . . . ·　16 grammes (4 gros) .
　Extrait de pavot . . . . ·　32 grammes (1 once) .
　Éther sulfurique . . . . ·　96 grammes (3 onces).
　Alcool à 22 degrés . . . . ·　1 litre.　·

On pulvérise l'aloès, on incise la gentiane, la rhubarbe
et les écorces d'orange, et on les place avec le safran dans
un matras ou un bocal en verre avec une partie de l'alcool.
D'un autre côté, on dissout l'extrait d'opium dans l'autre
portion d'alcool et on l'ajoute à la première partie; après six
jours de macération, on décante, on exprime le marc, et
après avoir filtré le produit de la macération on y fait dissoudre l'éther sulfurique.

Nous avons supprimé de cette formule la thériaque,
parce que nous pensons que les propriétés attribuées à cette
teinture dépendent bien plus des substances énoncées ci-
dessus que de celle de la thériaque, dont le crédit en médecine n'est plus aussi généralement admis.

Alcoolé sulfurique, eau de Rabel, acide sulfurique alcoolisé.

℞ Acide sulfurique hydraté à 66 degrés. . . . . 32 grammes (1 once).
　Alcool pur à 36 degrés Cartier. . . . . 96 grammes (3 onces).

On introduit l'alcool dans un matras, on y verse peu à
peu l'acide, en opérant le mélange, afin de répartir le calorique qui devient libre au moment de la combinaison et
éviter la fracture du vase. On bouche le matras, et lorsque
le liquide est refroidi et éclairci par suite d'un dépôt de

sulfate de plomb que contenait l'acide sulfurique du commerce, on le décante et on l'enferme dans des flacons bouchés à l'éméril.

Usages. L'eau de Rabel est un excellent antiseptique ; on la donne en solution à l'intérieur à la dose de 16 à 32 grammes (1/2 once à 1 once) pour les grands animaux.

Teinture de savon, ou alcoolé de savon simple.

℞ Savon blanc de Marseille sec et râpé.. . 125 grammes (4 onces).
  Alcool à 27 degrés Cart. . . . . 500 grammes (1 livre).

On fait dissoudre à froid dans un matras et on filtre le solutum.

Usages. Cette préparation s'emploie comme défensive dans les distensions récentes des articulations, et dans les engorgements récents suite de violences extérieures.

Alcoolé de savon animal composé.

Baume Opodeldoch.

℞ Savon de graisse de veau, sec et râpé. . 125 grammes (4 onces).
  Camphre . . . . 96 grammes (3 onces).
  Essence de romarin . . . . 24 grammes (6 gros).
  — de thym . . . . 8 grammes (2 gros).
  Ammoniaque à 22 degrés . . . . 32 grammes (1 once).
  Alcool à 36° . . . . 1536 grammes (3 livres).

Après avoir mis le savon avec l'alcool dans un matras on le fait dissoudre au bain-marie, on y ajoute le camphre pulvérisé, et lorsque la solution est faite on mélange exactement les essences, l'ammoniaque, et on filtre le liquide chaud à travers un papier au dessus de flacons à large ouverture.

Cet alcoolé composé est à demi-solide et demi-transparent, il présente dans sa masse des cristallisations étoilées de stéarate de soude ; on l'emploie en frictions sur les articulations douloureuses et dans les entorses du boulet.

Des teintures éthérées ou éthérolés.

On a donné ce nom aux médicaments liquides formés par la macération des substances médicamenteuses dans l'éther sulfurique.

Ces composés pharmaceutiques se préparent de la même manière que les alcoolés, par solution directe ou par contact prolongé dans l'éther. Aucun éthérolé n'est employé en médecine vétérinaire.

Des vins médicinaux ou œnolés.

Les vins médicinaux, appelés *œnolés* dans le nouveau langage pharmaceutique, sont des médicaments qui résultent de l'action dissolvante du vin sur une ou plusieurs substances organiques.

Les vins que l'on emploie doivent être choisis purs et généreux, tantôt rouges et tantôt blancs, suivant la nature des principes qui doivent être dissous.

On les prépare de plusieurs manières :

1° Par mixtion d'une teinture alcoolique à du vin : (Parmentier);

2° Par solution directe ;

3° Par macération prolongée plus ou moins de temps ;

4° Par fermentation.

Ils sont distingués en simples et en composés, suivant le nombre des substances qui entrent dans leur composition.

Leur préparation s'effectue le plus ordinairement à froid dans un matras bouché pour éviter l'acidification du vin à l'air ; le temps de la macération varie suivant la densité des substances et leur solubilité dans les principes du vin. Lorsque l'opération est terminée, on passe le solutum avec expression pour séparer le résidu, et on filtre le liquide trouble à travers un papier.

Les vins médicinaux étant altérables, on n'en prépare que peu à la fois, et l'on doit les conserver dans des bouteilles bouchées avec soin, qu'on place à la cave.

Les vins médicinaux préparés par solution directe sont peu nombreux, et leur confection est si simple que nous n'entrerons dans aucun développement à leur égard.

Vin émétique, ou œnolé d'émétique, ou vin antimonié.

♃ Tartrate de potasse et d'antimoine. .   2 grammes (40 grains).
Vin blanc alcoolé. . . . . 1000 grammes (2 livres).

On dissout l'émétique pulvérisé dans le vin blanc, et l'on filtre.

Vins médicinaux par macération ou contact prolongé.

Les vins préparés par ce mode sont les plus employés en médecine; ceux dont on fait usage dans la médecine des animaux sont les suivants :

Vin d'absinthe, œnolé d'absinthe.

♃ Feuilles sèches d'absinthe.. . . . . . . 32 grammes (1 once).
Vin blanc généreux . . . . 1 litre.
Alcool à 31 degrés. . . . . 32 grammes (1 once).

Après avoir incisé les feuilles d'absinthe, on les place dans un matras et on les arrose avec l'alcool; au bout de vingt-quatre heures, on ajoute le vin et on fait macérer le tout pendant deux jours. On passe avec expression ce liquide et on le filtre.

Usages. Ce vin se donne à la dose de 2 à 3 centilitres aux moutons qui sont atteints d'hydrohémie ou cachexie aqueuse.

Vin [aromatique.

℞ Espèces aromatiques. . . . . 125 grammes (4 onces).
 Vin rouge alcoolisé . . . . 1 litre.

On fait macérer pendant six jours dans un matras ou une bouteille qu'on tient bouchée ; on passe avec légère expression et l'on filtre.

Usages. Ce vin se donne aux chevaux qui sont dans un état anhémique avec engorgement des membres et pâleur des conjonctives. Il fait obtenir des résultats satisfaisants.

Vin chalibé ou martial (CODEX) œnolé de tartrate de potasse et de fer.

℞ Limaille de fer pure. . . . . 32 grammes (1 once).
 Vin blanc généreux . . . . 1 litre.

On fait macérer dans un matras le vin sur la limaille pendant six jours, en remuant de temps en temps, on décante et on filtre.

Ce vin présente une légère teinte noirâtre résultant d'un peu de tannate de fer formé aux dépens de l'acide tannique que contient le vin. Il renferme en outre du prototartrate de fer et de potasse, du malate et un peu d'acétate de fer, produits par suite de la dissolution d'une petite quantité de fer.

Suivant Parmentier, on obtiendrait un composé identique et plus constant dans ses propriétés, en ajoutant 32 grammes de tartrate de potasse et de fer à 1 litre de vin blanc, agitant le mélange et le filtrant.

Usages. Ce vin s'emploie dans la cachexie aqueuse du mouton et dans l'anhémie de tous les animaux.

Vin de colchique, œnolé de colchique.

℞ Bulbes de colchique. . . . . 32 grammes (1 once).
 Vin blanc généreux. . . . . 500 grammes (1 livre).

Après avoir incisé les bulbes par tranches minces, on les fait macérer dans le vin pendant deux jours ; on passe et l'on filtre.

On prépare de la même manière le vin scillitique ou œnolé de scille.

Usages. Ce vin est un puissant diurétique ; on en fait usage dans les hydropisies abdominales, dans les œdèmes des membres et dans les eaux aux jambes que l'on cherche à dessécher par des préparations astringentes.

Vin d'opium composé, ou œnolé d'opium et de safran.

Laudanum liquide de Sydenham.

2' Opium choisi. . . . . 64 grammes (2 onces).
Safran. . . . . 32 grammes (1 once).
Cannelle . . . . 4 grammes (1 gros).
Girofle . . . . 4 grammes (1 gros).
Vin de Malaga ou vin blanc généreux. . ½ litre.

On coupe en tranches minces l'opium, on incise le safran, on concasse la cannelle et le girofle, et on place toutes ces substances dans un matras avec le vin. Au bout de quinze jours de macération, on passe avec expression et l'on filtre. D'après les proportions rapportées ci-dessus, on estime que 20 gouttes de ce laudanum, qui pèsent approximativement 8 décigrammes, équivalent à 0,05 centigrammes d'extrait d'opium, ou 1 grain.

Le laudanum se trouble peu de temps après sa préparation par suite d'une partie de la matière colorante du safran qui se précipite ; on doit alors le filtrer pour la séparer.

Usages. Le laudanum s'emploie assez fréquemment en médecine vétérinaire à cause de son prix élevé. Cependant on en fait encore usage pour calmer des douleurs vives en l'associant à d'autres préparations calmantes. Nous lui préférons l'extrait d'opium.

Vin d'opium préparé par fermentation (CODEX) ou œnolé d'opium (H. et G).

Laudanum ou gouttes de Rousseau.

℞ Opium . . . . 125 grammes (4 onces).
Miel . . . . 375 grammes (12 onces).
Eau. . . . . 1875 grammes (60 onces).
Levure de bierre . . . . 1 gramme (20 grains).

On délaie séparément le miel et l'opium pulvérisé dans l'eau chaude, on mélange les liqueurs et on y ajoute la levure. On place le tout dans un matras qu'on expose dans une étuve à une température de + 25 à + 30 degrés centigrades pendant un mois au moins, jusqu'à ce que la fermentation déterminée par la décomposition du sucre de miel soit achevée.

A cette époque on filtre la liqueur et on l'évapore au bain-marie pour la réduire à 384 grammes; on laisse refroidir et on ajoute au produit 125 grammes d'alcool à 36°, et après vingt-quatre heures de contact, on filtre la liqueur.

Vingt gouttes de ce vin d'opium pèsent 1,1 gramme et contiennent 3 grains d'extrait d'opium, ou 5 centigrammes environ par 7 gouttes.

Usages. Nous préférons ce vin d'opium au précédent, parce qu'il est plus calmant et moins irritant.

Vin de quinquina, œnolé de quinquina.

℞ Ecorce de quinquina jaune, concassée. 64 grammes (2 onces).
Alcool à 22 degrés Cart. . . . . . . 125 grammes (4 onces).
Vin rouge généreux . . . . 1000 grammes (2 livres).

On place l'écorce de quinquina concassée dans un vase avec l'alcool, et après vingt-quatre heures, on verse le vin et on fait macérer pendant huit jours en agitant de temps en temps; on passe ensuite avec expression et l'on filtre.

On prépare extemporanément le vin de quinquina, d'après les observations de Parmentier, en ajoutant à un litre de vin rouge 64 ou 125 grammes de teinture de quinquina, et filtrant pour séparer le dépôt formé.

Les vins rouges très colorés, peu acides et astringents, au goût, doivent être rejetés de cette préparation ; car en raison du tannin qui y existe, ils précipitent une partie de la quinine contenue dans le quinquina.

Ce vin de quinquina s'emploie dans les mêmes circonstances que la teinture. (Voyez Teinture, page 552.)

Des vinaigres médicinaux ou oxéolés.

Les vinaigres médicinaux ou oxéolés résultent de l'action dissolvante du vinaigre de vin sur les substances médicamenteuses organiques. Ils sont distingués en *oxéolés simples* et en *oxéolés composés*, suivant le nombre des substances qui en forment la base.

On les prépare tous par contact prolongé ou macération à froid, comme un grand nombre de vins médicamenteux ; le vinaigre d'Orléans de bonne qualité doit être employé seul à leur préparation. On a proposé d'ajouter à quelques oxéolés de l'alcool pour mieux les conserver ; mais cette addition est rejetée par plusieurs pharmacologistes.

Il faut les conserver comme les vins médicinaux, dans des vases bouchés et dans un lieu frais.

Vinaigre camphré, ou oxéolé de camphre (CODEX).

℞ Camphre. . . . . 32 grammes (1 once).
Vinaigre très fort . . . . 1250 grammes (2 livres ½).

On pulvérise par trituration dans un mortier de verre le camphre en l'humectant d'un peu d'alcool ou d'acide acétique concentré ; on le délaie ensuite dans le vinaigre et on verse le tout dans un flacon. Après quelques jours de contact, on filtre le solutum.

Usages. Le vinaigre camphré s'emploie dans les mêmes circonstances que l'eau-de-vie camphrée. Ce vinaigre produit même des effets plus prompts, plus sûrs et plus efficaces.

Vinaigre d'opium, ou oxéolé d'opium.

℞ Opium choisi	32 grammes	(1 once).
Vinaigre très fort.	192 grammes	(6 onces).
Alcool à 34° Cart.	125 grammes	(4 onces).

On broie dans un mortier de verre ou de porcelaine l'opium avec le vinaigre; on ajoute l'alcool et on laisse macérer pendant huit jours. Après ce temps, on passe avec expression et l'on filtre au papier.

Usages Ce vinaigre est un calmant excellent, soit à l'intérieur, soit à l'extérieur. On peut en faire usage à la dose de 5 à 10 gouttes à l'intérieur. A l'extérieur, il calme rapidement les parties frappées de douleurs.

Vinaigre scillitique, ou oxéolé de scille.

℞ Squammes sèches de scille. .	32 grammes	(1 once).
Vinaigre rouge très fort . . .	384 grammes	(12 onces).

Après avoir incisé les squammes de scille, on les fait macérer dans un matras pendant quinze jours, en agitant de temps en temps; on passe ensuite avec expression et on filtre le macératum.

Dans quelques formules on additionne le vinaigre d'un huitième d'alcool à 22 degrés; mais cela est inutile quand on emploie du vinaigre très fort.

Ce vinaigre est un puissant diurétique. Il détermine la résorption des liquides épanchés dans les séreuses avec une grande rapidité.

Le vinaigre de colchique se prépare de la même manière

que celui de scille. Il jouit des mêmes avantages que le vinaigre scillitique. La dose de l'un et de l'autre est de 10 à 16 grammes à l'intérieur dans 1 litre 1/2 d'eau miellée.

Vinaigre sternutatoire (Mathieu).

℞ Sulfate acide d'alumine et de potasse .
   Sulfate de zinc. . . . .
   Poivre d'Espagne • . . . .
   Huile volatile de térébenthine . . . . .
} āā 32 grammes (1 once).

   Camphre. . . . . 8 grammes.
   Fort vinaigre de Bourgogne. . . . . . 1 litre.

Réduisez en poudre les substances solides ; unissez-les au vinaigre et à l'huile volatile de térébenthine, faites macérer pendant huit à dix heures; bouchez bien la bouteille et remuez fortement le tout avant la prise de la dose pour l'usage.

M. Mathieu, vétérinaire à Épinal, a fait usage de ce vinaigre avec beaucoup de succès dans la broncho-pneumonite des bêtes à cornes (forme du début de la péripneumonie). Trois fois le jour et au moment où la bête est à jeun, on introduit une petite cuillerée à café de ce vinaigre dans l'une ou l'autre des narines. Immédiatement après , de grosses larmes s'écoulent des yeux , et des ébrouements forts et successifs débarrassent les malades des mucosités, des fausses membranes qui obstruent les bronches et les cavités nasales. Nous avons fait usage de ce vinaigre, et nous en avons obtenu des résultats curatifs très satisfaisants.

Des oxymels ou oxymellites.

Sous ce nom on connaît en pharmacie les composés résultant de la solution du miel dans le vinaigre ordinaire, ou dans un vinaigre médicinal ou oxéolé.

Leur préparation est simple et se rapproche beaucoup

de celle des sirops et des mellites ; on les divise en oxymellites simples et en oxymellites composés.

Oxymel simple, ou oxymellite simple.

℞ Miel du Gâtinais . . . .   1000 grammes (2 livres).
   Vinaigre de vin blanc . . . . .   500 grammes (1 livre).

On fait cuire dans une bassine de cuivre à un feu doux le
miel avec le vinaigre, jusqu'à ce que le liquide ait pris la
consistance d'un sirop et qu'il marque bouillant 31 degrés.
On enlève alors l'écume et l'on passe à la chausse.

Oxymel scillitique, ou oxymellite de scille.

℞ Oxymel scillitique . . . .   1000 grammes (2 livres).
   Miel blanc . . . .   2000 grammes (4 livres).

On fait cuire ces deux substances ensemble en consistance de sirop, suivant la méthode rapportée pour l'oxymel
simple.

L'oxymel colchique se prépare de la même manière.

Usages. Ces deux oxymels jouissent des mêmes propriétés que les vinaigres dont nous avons parlé. Ils sont moins
actifs, mais aussi moins irritants. Leur dose est de 32 à 160
grammes (1 à 5 onces) pour les grands animaux, et 4 à 16
grammes (1 à 4 gros) pour les petits.

Oxymellite de cuivre, appelé autrefois onguent égyptiac.

℞ Miel commun . . . .   1000 grammes (2 livres).
   Vinaigre de bonne qualité . . .   500 grammes (1 livre).
   Sous acétate de cuivre. . . . .   500 grammes (1 livre).

On met dans une bassine de cuivre rouge les trois substances, et on fait bouillir, à feu doux, en agitant continuellement jusqu'à ce que le mélange, qui se boursoufle
beaucoup, ait acquis la consistance du miel, et contracté
une couleur rouge briqueté ; alors on retire le vase du feu

et on conserve le produit dans un pot de faïence ou de grès.

Dans cette préparation, l'acétate de cuivre qui s'est formé dans les premiers instants par le contact du vinaigre et du sous-acétate, se trouve bientôt décomposé par les éléments du miel. Il se produit un dégagement abondant de gaz acide carbonique qui fait boursoufler considérablement la masse ; de l'acide acétique est mis en liberté et se vaporise par la chaleur ; enfin il reste pour produit un mélange de cuivre métallique très divisé, d'une petite quantité d'acétate de cuivre non décomposé, et de miel altéré par l'action du feu.

Le gonflement de la masse pendant l'opération oblige de se servir d'une bassine beaucoup plus grande que le mélange des substances ne semblerait l'exiger.

Cet oxymellite exposé à l'air se couvre d'une couche verdâtre de deuto-acétate de cuivre formé par l'action de l'oxygène de l'air.

Usages. L'onguent égyptiac est un excellent dessiccatif qu'on emploie particulièrement pour dessécher les plaies du sabot de tous les animaux, desquelles suinte un liquide séro-purulent.

On l'emploie aussi avec avantage pour tarir l'écoulement des eaux aux jambes des chevaux.

Des huiles médicinales ou elæolès.

Les huiles médicinales, appelées aujourd'hui élæolès (de ελαιον, huile), sont des médicaments liquides résultant de l'action dissolvante des huiles fixes sur une ou plusieurs substances médicamenteuses.

Les principes dont les huiles fixes peuvent se charger sont les parties odorantes des végétaux, les matières huileuses et résineuses, certains principes colorants, etc., etc.

Leur préparation s'effectue tantôt par macération, tantôt par digestion. On se sert d'huile d'olives pure, qui se conserve assez longtemps sans s'altérer, et ne s'épaissit pas à l'air comme les huiles de graines. Les plantes fraîches sont assez souvent employées pour obtenir les élæolès, alors il est nécessaire de les soumettre à une légère coction dans l'huile pour vaporiser l'eau de végétation qui s'opposerait à la dissolution des principes solubles.

La conservation des huiles médicinales doit s'effectuer dans des vases de grès ou de verre bouchés exactement, qu'on place dans des endroits frais et obscurs.

Huile de camomille, ou élæolé de camomille.

℞ Fleurs sèches de camomille . . .   64 grammes (2 onces).
   Huile d'olives. . . . .   500 grammes (1 livre).

On fait digérer les fleurs dans l'huile pendant deux heures dans un vase de faïence couvert et à la chaleur du bain-marie, en remuant de temps en temps avec une spatule; on passe avec forte expression et on filtre.

Cette huile est peu usitée.

Huile camphrée, ou élæolé de camphre.

℞ Camphre. . . . .   64 grammes (2 onces).
   Huile d'olives. . . . . • . . . .   500 grammes (1 livre).

On réduit d'abord le camphre en poudre par trituration dans un mortier de marbre par les procédés connus, et on le divise peu à peu dans l'huile; lorsque la dissolution est opérée, on la filtre à travers un papier joseph, et on la conserve dans des vases bien bouchés.

Usages. L'huile camphrée est calmante. On en fait usage pour diminuer les douleurs articulaires, tendineuses et synoviales.

Huile de cantharides, élæolé de cantharides.

℞ Cantharides en poudre grossière .   125 grammes (4 onces).
   Huile d'olives . . . .   2000 grammes (4 livres).

On fait digérer pendant six heures dans un vase fermé, à la chaleur du bain-marie, on passe avec expression et on filtre.

Usages. L'huile cantharidée est employée dans les mêmes circonstances que l'alcool cantharidé. (Voyez cette préparation, page 550.)

Huile de mucilage, ou élæolé de fenugrec (H. et G.)

Ce composé, d'après les anciens formulaires, est un mixte de mucilage de guimauve et de lin uni à de l'huile chargée du principe aromatique des semences de fenugrec ; mais comme les mucilages de racine de guimauve et de graine de lin ne fournissent rien à l'huile, on a conseillé avec raison, comme pouvant remplacer ce produit, l'huile de fenugrec. Néanmoins nous consignons ici l'ancienne recette.

℥ Semences de fenugrec contusées. . . ⎫
— de lin contusées. . . . . ⎬ ãã 64 grammes (2 onces).
Racines de guimauve contusées. . ⎭
Eau chaude. . . . . 640 grammes (20 onces).

On fait digérer pendant vingt-quatre heures, en agitant de temps en temps ; on passe le digestum avec forte expression et on y ajoute :

Huile d'olives . . . . 128 grammes (7 onces).

On place sur le feu ce mélange dans un vase vernissé, et on fait bouillir en remuant continuellement, jusqu'à ce que la totalité de l'eau soit évaporée ; on passe alors le produit à travers une toile.

On remplace aujourd'hui ce composé par un digestum de semences de fenugrec dans huit parties d'huile d'olives.

Usages. Cette huile, qui est légèrement dessiccative, est bonne pour déssécher les gerçures qui se forment pendant l'hiver dans les plis du genou, du jarret et du paturon des chevaux.

Huile narcotique dit baume tranquille, élæolé des solanées composé (H. et G.)

℞ Feuilles récentes de belladone. . . ⎞
     —   de jusquiame . . ⎟
     —   de morelle. . . . ⎟
     —   de mandragore. . ⎬ ãã 125 grammes (4 onces).
     —   de nicotiane . . . ⎟
     —   de stramoine. . . ⎠
     —   de pavots blancs. .   250 grammes (8 onces).
Huile d'olives . . . .   3000 grammes (6 livres).

Après avoir pilé les plantes on les met dans une bassine avec l'huile, et on les fait bouillir en les remuant continuellement jusqu'à disparition de l'humidité; on passe alors le produit liquide coloré en vert brunâtre, on exprime le résidu fortement, et on verse l'huile encore chaude sur les substances suivantes :

℞ Sommités séchées d'absinthe. . . . ⎞
     —   de romarin. . . . . . . ⎟
     —   de sauge. . . . . ⎬ ãã 64 grammes (2 onces).
     —   de thym. . . . . ⎟
     —   de menthe poivrée. . . . ⎠
Fleurs de lavande. . . . . ⎠

On laisse macérer pendant quinze jours, on passe ensuite avec expression, et l'on filtre.

Usages. Le baume tranquille est un excellent calmant, mais peu employé aujourd'hui : on lui préfère d'autres préparations plus simples.

Huile de jusquiame, élæolé de jusquiame.

℞ Feuilles fraîches de jusquiame . . .   500 grammes (1 livre).
   Huile d'olives . . . .   1000 grammes (2 livres).

Après avoir contusé les feuilles de jusquiame dans un mortier de marbre, on les fait digérer dans l'huile à uné douce chaleur pendant vingt-quatre heures ; on passe avec expression, et l'on fait bouillir pendant quelques minutes le produit avec une nouvelle quantité de feuilles de jusquiame : l'huile qu'on obtient est clarifiée par le repos ou par le filtre avant de l'employer.

Usages. Cette huile est très calmante, on l'emploie souvent dans le pansement des plaies suite de l'opération de la névrotomie.

Huile soufrée, ou élæolé de soufre.

℞ Soufre sublimé et lavé . . . . .   64 grammes (2 onces).
Huile d'olives . . . .   250 grammes (8 onces).

On fait chauffer ensemble les deux substances à une douce chaleur jusqu'à ce que le soufre soit en partie dissous, et on retire le vase du feu. Par le refroidissement une partie du soufre se sépare, on décante alors le produit liquide qui le surnage et se trouve saturé de soufre.

Usages. Cette huile est employée dans le traitement de la gale récente.

Des médicaments préparés par réaction chimique, ou combinaison des corps simples ou composés entre eux.

Les médicaments qui sont placés dans cette dernière division sont en très grand nombre : beaucoup se rencontrent tout formés dans le règne minéral, et en sont extraits par des procédés particuliers dont l'étude fait partie de la chimie proprement dite ; d'autres sont produits par combinaison des corps entre eux dans des circonstances dont l'exposition rentre encore dans le domaine de cette science ; aussi renvoyons-nous ceux qui voudraient acquérir ces connaissances, aux ouvrages spéciaux qui en traitent et qu'ils ont dû nécessairement étudier avant de commencer l'étude de la pharmacie théorique et pratique.

Nous indiquerons ici sommairement les médicaments minéraux simples ou composés, et ceux du règne organique qui sont extraits ou préparés par réaction chimique.

Corps simples métalloïdes. Chlore, iode, brôme, soufre, phosphore.

Corps composés métalloïdes. Oxacides. Acide sulfurique, sulfureux, acide azotique ou nitrique.

Hydracides. Acide hydrochlorique, hydrosulfurique, hydrocyanique.

Composé métalloïde alcalin. Ammoniaque ou hydrogène azoté.

Corps composés métalliques. Oxacides. Acide arsénieux, acide antimonique.

Oxydes. Protoxyde de potassium, de sodium, de calcium, hydrates de ces oxydes.

—Oxydes de fer, protoxyde, deutoxyde et tritoxyde.

—Peroxyde de manganèse.

—Protoxyde de zinc.

—Protoxyde et deutoxyde de plomb.

—Deutoxyde de mercure.

—Deutoxyde de cuivre.

—Chlorures de sodium, d'antimoine, de mercure (proto et deuto), de zinc, d'or.

—Iodures de potassium, de plomb, de mercure (proto et deuto).

—Bromure de potassium.

—Sulfures de potassium, de calcium, de fer, d'antimoine, de mercure.

—Cyanures de potassium, de mercure.

—Oxysulfure d'antimoine, anhydre et hydraté.

Sels à base d'oxydes de potassium, de sodium, de calcium, de fer, de zinc, de cuivre, de plomb, de mercure, d'argent.

Sels à base d'ammoniaque. Carbonate, hydrochlorate et acétate.

Acides et bases organiques. Principes immédiats neutres.

Sels métalliques à acides or-
ganiques. — Acétates, tartrates simples et doubles.

Sels organiques à base alcaline
végétale. — Sels de morphine, de strychnine, de quinine, etc.
Produit de la fermentation. Alcool.
Produit de la décomposition de l'alcool
(éther, ses diverses espèces).
Produit pyrogéné du ligneux. Créosote.
—des matières animales. Huile empyreumatique animale.

La plupart des médicaments compris dans cette liste ne
sont point préparés par les pharmaciens-vétérinaires qui
les tirent des fabriques des produits chimiques où on les
confectionne en grand et à un prix peu élevé ; toutefois il
est essentiel qu'ils sachent en distinguer les qualités et la
pureté, soit à leurs caractères physiques, soit à leurs propriétés chimiques.

Deux préparations chimiques d'un grand emploi peuvent
être faites avec avantage par les pharmaciens-vétérinaires :
ce sont l'acétate d'ammoniaque et le sous-acétate de plomb
ou extrait de saturne.

Acétate d'ammoniaque ou esprit de Mindérerus.

Ce médicament, employé autrefois sous ce dernier nom,
n'était autre que l'acétate d'ammoniaque impur préparé
avec le vinaigre distillé et le sous-carbonate d'ammoniaque
provenant de la distillation de la corne de cerf. On le forme
aujourd'hui par le procédé suivant :

℞ Acide acétique à 3° (vinaigre de bois).   1000 grammes (2 livres).
Carbonate d'ammoniaque. . . . . .   quantité suffisante.

On chauffe légèrement l'acide acétique dans une capsule
de porcelaine, et on y ajoute peu à peu le carbonate d'ammoniaque jusqu'à ce qu'il y en ait un léger excès, recon-

naissable à l'odeur faible et au papier rouge de tournesol qui devient bleu : on filtre le produit, et on le conserve : il marque alors 5° à l'aréomètre.

On prépare aussi en saturant le même acide par une solution aqueuse d'ammoniaque, mais il est moins concentré que le premier.

Usages. Voy. *Acétate d'ammoniaque* (Ire Part., p. 202.)

Acétate de chaux.

℞ Acide acétique pur et faible (vinaigre distillé) . . . .   q. s.
Craie pulvérisée . . . .   q. s.

On met dans une terrine non vernissée le vinaigre et on y projette peu à peu de la craie, jusqu'à ce que le liquide ne rougisse plus le papier de tournesol ; on filtre le liquide pour le séparer de l'excès de craie employée, et on fait évaporer jusqu'à pellicule dans une chaudière, pour obtenir l'acétate de chaux cristallisé par refroidissement.

Acétate de mercure (Proto).

℞ Proto-nitrate de mercure cristallisé .   50 grammes (1 once ½).
Eau distillée. . . . .   250 grammes (8 onces).

On ajoute à l'eau distillée 4 à 8 grammes (1 à 2 gros) d'acide nitrique, avant d'y faire dissoudre le proto-nitrate de mercure ; on décante le solutum et on y verse un solutum concentré d'acétate de potasse, jusqu'à ce qu'il ne s'y forme plus de précipité blanc micacé de proto-acétate de mercure. Ce sel est ensuite recueilli sur un filtre, lavé à l'eau froide et séché à l'étuve ; il se présente en petites lames blanches, micacées, douces au toucher ; on doit le conserver à l'abri de la lumière.

Acétate de morphine.

℞ Morphine pure. . . . .   50 grammes (1 once ½).
Acide acétique pur et faible. . . .   quantité suffisante.

Après avoir pulvérisé la morphine, on la délaie dans une petite quantité d'eau et on la dissout à l'aide d'une douce chaleur dans l'acide acétique. La dissolution est ensuite évaporée jusqu'à siccité dans une capsule de porcelaine ; le résidu qui provient de cette opération est réduit en poudre et doit être conservé dans un flacon sec et bien bouché.

Acétate de plomb tribasique (sous-acétate) ou Extrait de Saturne.

On préparait autrefois ce sel en sursaturant à chaud de protoxyde de plomb une certaine quantité de vinaigre de vin blanc. Ce procédé peut encore être mis en pratique dans beaucoup de circonstances pour l'usage de la médecine vétérinaire, mais il est préférable d'avoir recours au procédé suivant, que l'on suit généralement dans les pharmacies et qui donne un produit toujours pur.

℞ Acétate de plomb cristallisé .   300 grammes (10 onces).
Litharge porphyrisée . . . .   100 grammes (3 onces).
Eau distillée . . . .   900 grammes (1 livre 13 onces).

On fait bouillir le tout dans une bassine de cuivre, en remuant continuellement jusqu'à ce que la litharge soit dissoute et que la solution marque bouillante 30° à l'aréomètre de Baumé ; on filtre alors, et on conserve dans des vases bouchés pour éviter la décomposition de ce sous-sel par l'acide carbonique de l'air.

On prépare encore à froid ce sous-sel d'une manière plus économique pour l'usage de la médecine vétérinaire, en faisant réagir à la température ordinaire dans un grand bocal 300 gram. (10 onces) d'acétate de plomb, 100 gram. (3 onc.) de litharge porphyrisée, 1,800 gram. (3 liv. 9 onc.) d'eau ordinaire, remuant de temps à autre avec une spatule de bois, et filtrant la liqueur au bout de vingt-quatre heures de macération. Le solutum de sous-acétate de plomb préparé par cette méthode marque 22° à l'aréomètre de Baumé.

Usages. Voy. *Sous-acétate de plomb* (Ire Part., p. 108.)

Acétate de potasse.

♃ Acide acétique pur marquant 3° à l'aréomètre. . . .   q. s.
Carbonate de potasse.. . . . .   q. v.

On sature peu à peu l'acide acétique par le carbonate de potasse pulvérisé, et lorsque la saturation est effectuée, on filtre le produit et on l'évapore dans une bassine d'argent ou dans des capsules de porcelaine.

Acétate de soude.

Ce sel se prépare comme le précedent, en substituant le carbonate de soude au carbonate de potasse. La dissolution qui en provient doit être évaporée seulement jusqu'à ce qu'elle marque 32° degrés à l'aréomètre, et on laisse cristalliser par refroidissement.

Acide acétique concentré.

Vinaigre radical.

♃ Acétate de cuivre cristallisé. . . . .   q. s.

On dessèche cet acétate après l'avoir pulvérisé et on l'introduit dans une cornue de grès lutée, à laquelle sont ajustés une alonge et un ballon tubulé; on chauffe ensuite progressivement jusqu'à ce qu'il ne passe plus rien à la distillation.

Le produit qu'on obtient est coloré en vert par une petite quantité d'acétate de cuivre; on le purifie par une nouvelle distillation dans une cornue de verre; l'acide préparé par ce procédé marque de 10 à 11 degrés à l'aréomètre.

Acide hydrochlorique.

Cet acide, ainsi que le suivant, se prépare rarement

dans les pharmacies, on l'emploie ordinairement tel que le commerce le présente, ou bien on le purifie par une nouvelle distillation.

Il s'obtient en grand de la décomposition du chlorure de sodium par l'acide sulfurique hydraté.

Sa solution concentrée fume à l'air et marque 22° à l'aréomètre.

Acide nitrique ou azotique.

On l'extrait de la décomposition en grand du nitrate de potasse par l'acide sulfurique. Dans le commerce, il se présente impur et marquant de 34 à 36° à l'aréomètre.

On le purifie en précipitant le chlore qu'il contient par le nitrate d'argent et le soumettant ensuite à une nouvelle distillation.

Acide sulfurique hydraté.

Cet acide, que les arts produisent en grande quantité et à bas prix, se prépare en faisant brûler dans des chambres de plomb un mélange de nitrate de potasse et de soufre; il se présente sous l'aspect d'un liquide oléagineux, incolore et inodore, qui, dans son plus grand état de concentration, doit marquer 66 degrés à l'aréomètre de Baumé.

Alun calciné.

℞ Alun du commerce cristallisé en masse. . .   quantité suffisante.

On le met au fond d'un creuset un peu grand de terre non vernissée, et on le chauffe modérément. Ce sel fond d'abord dans son eau de cristallisation, se boursoufle et se transforme peu à peu de la circonférence du creuset au centre en une masse blanche légère, spongieuse, qui est l'alun calciné. Cette calcination étant opérée, on laisse refroidir le creuset et on détache avec une spatule le produit qu'on doit pulvériser et conserver dans un flacon bouché.

Dans cette opération il importe de ne pas élever la température au rouge naissant qui décomposerait le sulfate d'alumine et formerait un produit inerte.

Usages. L'alun calciné est un léger caustique. On l'emploie pour ronger de gros bourgeons qui nuisent à la cicatrisation des plaies. On en fait souvent usage pour changer la nature de quelques plaies blafardes qui menacent de s'ulcérer.

Ammoniaque liquide.

Alcali volatil.

℞ Hydrochlorate d'ammoniaque. .   1000 grammes (2 livres).
 Chaux éteinte à l'eau . . . . .   1000 grammes (2 livres).

Après avoir pulvérisé le sel ammoniac, on le mêle rapidement à la chaux et on introduit aussitôt le mélange dans une cornue de grès lutée, à laquelle est adapté un gros tube recourbé qui communique avec un appareil de Woulf. Le premier flacon de cet appareil ne contient qu'une petite quantité d'eau et les autres en contiennent environ les trois quarts du poids du sel employé. La cornue, placée dans un fourneau à réverbère, est chauffée jusqu'à ce qu'il ne se dégage plus de gaz ammoniac. Le deuxième flacon de l'appareil contient la solution concentrée d'ammoniaque, qui doit marquer 22 degrés au pèse-liqueur et être conservée dans un flacon bouché à l'émeril. C'est sous cet état de concentration que cette solution est employée en pharmacie.

Carbonate d'ammoniaque (Sesqui).

℞ Hydrochlorate d'ammoniaque. .   500 grammes (1 livre).
 Carbonate de chaux. . . . . .   500 grammes (1 livre).

On mêle exactement ces deux sels desséchés et préalablement réduits en poudre, et on calcine le mélange dans une cornue de grès lutée. On dispose la cornue dans un fourneau à réverbère en adaptant à son col un récipient horizontal en terre, qu'on refroidit avec des linges mouillés pour déterminer la condensation du sel sur les parois internes.

Ce sel se présente dans le commerce en morceaux blancs, d'une épaisseur d'un centimètre à un centimètre et demi. On le conserve dans des cruches en grès ou des flacons bien bouchés.

Carbonate de potasse neutre.

℞ Bi-tartrate de potasse . . . . .   1000 grammes (2 livres).
Nitrate de potasse. . . . . . .   500 grammes (1 livre).

On mêle ces deux sels réduits en poudre, et on projette par partie le mélange dans une chaudière de fonte dont le fond a été rougi au feu. Par suite de la déflagration il en résulte une masse noire formée de charbon et carbonate de potasse; on lessive avec de l'eau chaude, on filtre pour séparer le charbon, et on évapore la liqueur jusqu'à siccité dans une chaudière de fonte.

Chlore.

℞ Acide hydro-chlorique du commerce. .   400 grammes (13 onces).
Peroxyde de manganèse. . . . . . .   100 grammes   (3 onces).

On introduit ces deux substances dans un ballon et on chauffe peu à peu. Lorsqu'on veut faire absorber le gaz par de l'eau on adapte au col du ballon un bouchon qui laisse passer deux tubes, l'un en S, par lequel on verse l'acide, et l'autre, recourbé à angle droit, va se rendre au fond du premier flacon d'un appareil de Woulf.

Le dégagement de ce gaz peut encore être produit par un mélange de sel marin et de peroxide de manganèse sur lequel on verse de l'acide sulfurique étendu d'eau. (Voy. *Fumigations de chlore,* page 510).

Chlorite de chaux ou hypochlorite.

℞ Acide hydrochlorique. . . . . . 4000 grammes (8 livres).
Peroxyde de manganèse pulvérisé. 1000 grammes (2 livres).
Chaux éteinte. . . . . 1330 grammes (2 li .10 onc.)

On place l'acide et le peroxyde de manganèse dans un ballon, comme dans la préparation du chlore rapportée cidessus; seulement le gaz qui se dégage vient pénétrer au moyen d'un tube à la partie supérieure d'une caisse carrée en bois, dans laquelle on dispose en couches sur des planches percées de trous, de distance en distance, la chaux éteinte.

Chlorite de potasse ou hypochlorite.

Ce sel se prépare en faisant passer du gaz chlore en excès dans un solutum contenant 1/10 de son poids de carbonate de potasse.

Chlorite de soude ou hypochlorite.

On le prépare comme celui de potasse, mais il est préférable de le former par décomposition de l'hypochlorite de chaux, par le carbonate de soude, d'après la formule suivante :

℞ Carbonate de soude cristall. . . .   200 grammes (6 onces).
Hypochlorite de chaux sec . . .   100 grammes (3 onces).
Eau de rivière . . . . 4500 grammes (9 livres).

On fait dissoudre l'hypochlorite de chaux dans l'eau, on ajoute ensuite au solutum le carbonate de soude pulvérisé et on agite jusqu'à ce que le sel soit dissous. Le précipité de carbonate de chaux est ensuite séparé par la filtration, et la liqueur filtrée est conservée dans des vases bouchés et à l'abri de la lumière dans un lieu frais.

Chlorure d'antimoine (Protochlorure).

Beurre d'Antimoine.

℞ Bi-chlorure de mercure pulvérisé. . 3000 grammes (6 livres).
Antimoine en poudre . . . . . . 1000 grammes (2 livres).

On mélange exactement ces deux substances et on les introduit dans une cornue de grès qu'on chauffe graduellement après avoir ajusté au col de la cornue une alonge à large ouverture qui se rend dans un ballon. Le protochlorure d'antimoine va se condenser et se solidifier dans ces vases d'où on le retire ensuite en le faisant fondre et le coulant.

Deutochlorure de mercure ou Bichlorure de mercure.

Sublimé corrosif.

℞ Deuto-sulfate de mercure. . . . . 500 grammes (1 livre).
Sel marin décrépité (chlorure de sodium). 500 grammes (1 livre).

Après avoir pulvérisé le deutosulfate de mercure dans un mortier de verre on le mêle au sel également réduit en poudre, et on chauffe graduellement jusqu'au rouge obscur ce mélange dans un ballon à fond plat, enfoui en partie dans un bain de sable. Le bichlorure de mercure se sublime à la voûte du ballon et s'y condense en une masse blanche, demi-transparente et cristalline.

Protochlorure de mercure par sublimation.

℞ Mercure . . . . 500 grammes (1 livre).
Acide sulfurique. . . . . 600 grammes (19 onces).
Sel marin décrépité. . . . . . . 550 grammes (17 onc. ½).

On chauffe le mercure et l'acide sulfurique dans une chaudière en fonte jusqu'à ce que le protosulfate de mercure qui s'est formé soit complètement desséché ; on y ajoute après le refroidissement le sel marin pulvérisé et on sublime le mélange dans des ballons au bain de sable.

Le protochlorure de mercure préparé par ce procédé ne peut être employé qu'après avoir été porphyrisé et lavé à l'eau pour lui enlever le deutochlorure qu'il contient en petite quantité.

Éther sulfurique.

℞ Alcool à 36°. . . . .   1000 grammes (2 livres).
  Acide sulfurique à 66° B.. . . .   1000 grammes (2 livres).

On mélange peu à peu dans une cornue l'acide à l'alcool en agitant continuellement, et on distille ensuite à une douce chaleur, en condensant le produit dans un ballon tubulé ajouté à l'alonge. Lorsque le liquide distillé est égal aux 2/5 de l'alcool employé, on arrête l'opération, et après le refroidissement de l'appareil, on le recueille pour le purifier. Ce produit renferme de l'éther, de l'alcool, de l'huile douce de vin et un peu d'acide sulfureux ; on l'agite avec quelques morceaux de potasse caustique, et après vingt-quatre heures de contact, on le distille au bain-marie dans un alambic ordinaire, en fractionnant les produits.

L'éther ainsi préparé renferme toujours de l'alcool et un peu d'eau ; c'est sous cet état qu'on l'emploie cependant en médecine ; il marque alors 56° à l'aréomètre.

Hydrochlorate de morphine.

Muriate de Morphine.

Ce sel se prépare comme l'acétate de morphine, en dissolvant la morphine dans l'acide hydrochlorique étendu d'eau, et en évaporant la dissolution à une douce chaleur, jusqu'à ce qu'elle ait acquis la consistance d'un sirop. Par son exposition dans un lieu frais, l'hydrochlorate de morphine cristallise en aiguilles blanches soyeuses, disposées en étoiles ou en mamelons.

Iodure d'arsenic.

℞ Iode. . . . .   100 grammes (3 onces).
  Arsenic pulvérisé.. . . . . . .   16 grammes (½ once).

On mélange exactement ces deux corps et on les introduit dans une fiole qu'on chauffe au bain-marie ; lorsque la matière est fondue, on retire du feu et on laisse refroidir.

L'iodure ainsi préparé est solide, de couleur rouge brique, et présente une cassure cristalline.

Proto-iodure de mercure.

Ce proto-iodure a d'abord été préparé en versant un solutum d'iodure de potassium dans un solutum de protonitrate de mercure légèrement acide, mais on a substitué à ce procédé le suivant :

2 Mercure . . . .   100 grammes (3 onces).
  Iode. . . . .   62 grammes (2 onces).
  Alcool à 36°. . . . .   quantité suffisante.

On triture avec un pilon de verre dans une capsule de porcelaine le mercure et l'iode, en y ajoutant un peu d'alcool pour former une pâte, et on continue la trituration jusqu'à ce que le mercure ait entièrement disparu. La masse de proto-iodure de mercure formé est ensuite desséchée dans une étuve à l'abri de la lumière et doit être conservée dans des vases opaques pour éviter sa décomposition.

Deuto-iodure de mercure.

2 Iodure de potassium . . . . .   100 grammes (3 onces).
  Deuto-chlorure de mercure . .   80 grammes (2 onces ½).

On fait dissoudre séparément l'iodure et le chlorure dans une très grande quantité d'eau et on verse le solutum de chlorure de mercure dans celui d'iodure, on recueille le précipité de deuto-iodure de mercure sur un filtre, on le lave exactement et on le fait sécher à l'étuve.

Iodure de potassium.

2 Iode. . . . .   100 grammes (3 onces).
  Limaille de fer. . . . .   50 grammes (1 once ½).
  Eau distillée . . . .   500 grammes (1 livre).
  Carbonate de potasse. . . . .   quantité suffisante.

On fait chauffer, dans une bassine de fonte, l'eau avec la limaille de fer et l'iode, en agitant continuellement jusqu'à ce que la liqueur, de brune qu'elle était, soit devenue incolore ; on filtre alors pour séparer l'excès de limaille, et on verse dans la liqueur un solutum de carbonate de potasse jusqu'à ce qu'il ne se forme plus de précipité blanc verdâtre de carbonate de fer. Le solutum aqueux d'iodure de potassium formé est évaporé à siccité dans une chaudière, le résidu redissous dans quatre à cinq fois son poids d'eau est filtré et concentré dans une capsule de porcelaine ; l'iodure se dépose par refroidissement en cristaux blancs cubiques.

Nitrate d'argent fondu.

Pierre infernale.

℞ Acide nitrique pur à 33° . . . . .   500 grammes (1 livre)
   Argent fin en grenaille. . . . . .   250 grammes (½ livre).

On met l'acide et l'argent dans un ballon et on fait chauffer à une douce chaleur jusqu'à dissolution complète, on évapore cette dernière dans une capsule de porcelaine jusqu'à réduction de moitié et on laisse cristalliser le nitrate qu'on décante de l'eau mère. Lorsque le sel est bien égoutté et sec, on le fait fondre dans un creuset d'argent ou de porcelaine, recouvert de son couvercle, et on coule la matière liquéfiée dans une lingotière cylindrique, légèrement graissée et chaude.

Le nitrate d'argent fondu se présente sous forme de petits cylindres très cassants, de la grosseur d'un tuyau de plume ; on les conserve dans des flacons remplis de graine de lin pour éviter qu'ils ne se brisent par l'agitation.

Protonitrate de mercure cristallisé.

℞ Mercure. . . . .   250 grammes (8 onces).
   Acide nitrique à 35° . . . .   250 grammes (8 onces).

On met le mercure et l'acide dans un ballon qu'on chauffe modérément ; lorsque la dissolution est opérée on l'abandonne à elle-même dans une capsule de porcelaine, et le protonitrate cristallise. On recueille les cristaux de ce sel et on les laisse égoutter dans un entonnoir en verre. Ce nitrate doit être conservé dans des flacons bien bouchés.

Deutonitrate acide de mercure liquide.

℞ Mercure. . . . . 250 grammes (8 onces).
Acide nitrique à 35°. . . . . 250 grammes (8 onces).

On fait dissoudre à chaud le mercure dans l'acide nitrique et on évapore la dissolution jusqu'à ce qu'elle soit réduite aux trois quarts de son poids primitif.

Oxides de fer.

Deutoxyde de fer (Ethiops Martial).

℞ Limaille de fer. . . . . quantité suffisante.

On met dans une terrine de grès la limaille, on l'humecte avec de l'eau d'une manière uniforme, on tasse bien ce mélange qu'on abandonne à lui-même en le remuant de temps en temps. La masse s'échauffe et se dessèche, ensuite on y ajoute un peu d'eau et on remue de nouveau en l'abandonnant à l'air; au bout de trois jours on triture la masse dans un mortier de fer et on lave sur un tamis de crin pour enlever l'oxyde et le séparer de la limaille de fer, on laisse reposer l'eau et on la décante pour recueillir l'oxyde sur une toile serrée. Ainsi obtenu on se hâte de le mettre à la presse et de le dessécher ensuite.

Tritoxide ou peroxide de fer.

Safran de mars astringent (Colcothar).

℞ Protosulfate de fer cristallisé . . . . . quantité suffisante.

On dessèche le sel dans une chaudière de fonte et on calcine le résidu dans un creuset de terre jusqu'à ce qu'il ne se dégage plus de vapeurs blanches; on retire du feu le creuset et on traite le résidu par l'eau bouillante pour le laver. Le tritoxyde lavé est recueilli sur un filtre et ensuite séché.

Peroxyde de fer hydraté.

℞ Limaille de fer. . . . .   100 grammes (3 onc.).
  Acide nitrique à 35° du commerce.   400 grammes (12 onces ½).

On place la limaille de fer dans une terrine de grès et on y verse peu à peu l'acide nitrique, qui la dissout avec une vive effervescence et un dégagement très abondant d'acide hyponitrique et de deutoxide d'azote; on ajoute ensuite de l'eau pour dissoudre le tritonitrate de fer formé et le séparer de la limaille non attaquée, et on précipite la dissolution par un léger excès d'ammoniaque. Le précipité d'hydrate de peroxyde de fer est lavé par décantation et reçu ensuite sur une toile serrée sur laquelle on le laisse égoutter après l'avoir lavé à l'eau chaude. Cet hydrate doit être conservé à l'état de pâte dans des flacons bien bouchés ou dans des bocaux fermés par une vessie mouillée.

Deutoxide de mercure.

Oxide rouge de mercure.

℞ Mercure. . . . .   100 grammes (3 onces).
  Acide nitrique à 35". . . . . . .   100 grammes (3 onces).

On place sur un bain de sable, dans un matras à fond plat, le mercure et l'acide, et on chauffe peu à peu, tant pour opérer la dissolution que pour évaporer à siccité le produit. Lorsque le nitrate est desséché, on élève la température pour le décomposer jusqu'à ce qu'il ne se dégage plus de vapeurs rutilantes d'acide hyponitrique, et qu'on commence à apercevoir à la naissance du col du matras un léger sublimé grisâtre de mercure.

Oxyde de magnésium (Magnésie).

Magnésie calcinée.

♃ Carbonate de magnésie artificiel. . . . quantité suffisante.

On réduit en poudre ce sel et on en remplit un creuset de terre qu'on couvre de son couvercle, et qu'on calcine ensuite dans un fourneau jusqu'au rouge naissant; on reconnaît que la calcination est terminée lorsqu'une partie de la matière du creuset étant refroidie, se dissout sans effervescence dans l'acide sulfurique faible.

On doit conserver la magnésie calcinée dans des flacons bouchés.

Protoxide de potassium hydraté.

Potasse caustique à la chaux, Pierre à cautère.

♃ Carboante de potasse impur. . .   1000 grammes (2 livres).
  Chaux vive . . . .   500 grammes (1 livre).
  Eau commune. . . . . 12000 grammes (24 livres).

On éteint la chaux avec une portion de l'eau; d'une autre part on fait dissoudre le carbonate de potasse dans le reste de l'eau, on y ajoute peu à peu la chaux éteinte délayée dans une petite quantité d'eau, et on fait bouillir dans une chaudière de fonte pendant une demi-heure; lorsqu'une portion de la liqueur filtrée ne précipite plus l'eau de chaux, on la filtre à travers une toile tendue pour séparer le carbonate de chaux, qu'on lave avec soin. Les liqueurs réunies aux eaux de lavage sont alors évaporées rapidement à siccité dans une bassine d'argent, on chauffe plus fortement le résidu pour le faire fondre et on le coule ensuite dans une autre bassine froide, ou sur un marbre légèrement huilé.

Oxysulfure d'antimoine hydraté.

Kermès minéral.

♃ Carbonate de soude cristallisé . .   640 grammes (1 livre ¼).
  Protosulfure d'antimoine. . . .   40 grammes (1 once).
  Eau de rivière. . . . . 6400 grammes (13 livres).

On fait bouillir pendant une heure ce mélange dans une bassine de fonte en remuant de temps en temps. On filtre la solution bouillante dans des terrines préalablement échauffées et on laisse refroidir lentement. Le kermès se dépose en flocons légers, d'une couleur brune marron ; on le recueille sur une toile serrée ou sur un filtre et on achève de le laver avant de le sécher.

L'eau mère du kermès saturée par l'acide acétique faible laisse déposer un produit jaune orangé, qui est le *soufre doré d'antimoine*, ou un deuto-sulfure d'antimoine hydraté.

Oxysulfure d'antimoine hydraté, préparé par la voie sèche.

Ce procédé qui fournit une beaucoup plus grande quantité de kermès que le précédent, donne un produit moins beau, mais plus économique pour l'usage de la médecine vétérinaire.

♃ Sulfure d'antimoine.	500 grammes	(1 livre).
Carbonate de potasse	1000 grammes	(2 livres).
Soufre sublimé	30 grammes	(1 once).

On fait fondre ces trois substances mélangées dans un creuset de terre, et lorsque la masse est en fusion on la coule dans un mortier de fer où on la réduit en poudre après son refroidissement. On fait ensuite bouillir cette poudre avec 10 kilogrammes (20 livres) d'eau et on filtre la liqueur bouillante qui, en refroidissant, laisse déposer le kermès. On recueille ce produit comme il a été rapporté dans la formule précédente.

Sulfates métalliques.

Les sulfates à base d'oxydes de cuivre, de fer, de magnésium, de potassium, de sodium et de zinc, sont des produits que l'on tire du commerce de la droguerie, on ne les forme pas dans les laboratoires de pharmacie, mais souvent on les purifie par une nouvelle cristallisation.

Sulfate de quinine bibasique.

♃ Quinine impure . . . .   quantité suffisante.

On la fait dissoudre à chaud dans de l'eau contenant 1/15 de son poids d'acide sulfurique, et lorsque la liqueur n'est plus sensiblement acide on y ajoute une petite quantité de charbon d'os en poudre, on fait bouillir quelques instants et on filtre rapidement. Par le refroidissement le sulfate de quinine cristallise en longues aiguilles blanches, soyeuses, qu'on sèche à l'étuve après les avoir laissé égoutter dans les vases où la cristallisation s'est opérée.

Sulfures d'arsenic.

Ces deux composés ne se préparent pas dans les pharmacies, on les obtient par la voie du commerce.

Trisulfure de potassium.

Sulfure de potasse , Foie de soufre.

♃ Soufre sublimé . . . .   500 grammes (1 livre).
   Carbonate de potasse sec . . . .   500 grammes (1 livre).

On mêle exactement ces deux substances dans un mortier de fer et on place le mélange dans un ballon à fond plat qu'on chauffe sur un bain de sable jusqu'à fusion tranquille. On laisse refroidir le ballon et on le brise pour en retirer le produit fondu.

On prépare plus économiquement ce sulfure pour l'usage de la médecine vétérinaire, en chauffant dans une marmite de fonte fermée par un couvercle de fonte, un mélange de deux parties de potasse et une partie de fleurs de soufre; on agite de temps en temps, et quand la matière est fondue on la coule sur une plaque de tôle légèrement huilée. Le produit refroidi est alors cassé en morceaux qu'on doit conserver à l'abri de l'air dans des vases bien bouchés.

Tartrate de potasse neutre.

Sel végétal.

℞ Bi-tartrate de potasse pulvérisé .   500 grammes (1 livre).
Eau. . . . .   2000 grammes (4 livres).
Carbonate de potasse. . . . . .   quantité suffisante.

On fait chauffer l'eau dans une bassine de cuivre étamé, on y projete la crême de tarte en agitant continuellement avec une spatule, et on y ajoute peu à peu le carbonate de potasse jusqu'à ce qu'il ne se produise plus d'effervescence. La liqueur filtrée est alors concentrée jusqu'à 45° et abandonnée dans une étuve pour obtenir le tartrate cristallisé.

Bitartrate de potasse.

Crême de tartre.

Ce sel ne se prépare pas, on purifie en grand le tartre brut que l'on trouve en si grande quantité dans le commerce.

Bitartrate de potasse soluble.

Crême de tartre soluble , Tartro-borate de potasse (H. et G.)

℞ Bitartrate de potasse . . . . .   500 grammes (1 livre).
Acide borique cristallisé . . . .   125 grammes (4 onces).
Eau. . . . .   3000 grammes (6 livres).

On fait chauffer ces trois substances dans une bassine d'argent ou de cuivre étamé et on évapore le liquide jusqu'à ce qu'il devienne très épais et consistant ; on le divise alors sur des assiettes de porcelaine qu'on porte à l'étuve pour en opérer la dessiccation complète. Le produit sec est ensuite pulvérisé et enfermé dans des flacons bien bouchés.

Tartrate de potasse et de fer.

Tartre Martial (Codex).

℞ Bi-tartrate de potasse . . . . . . 100 grammes (3 onces).
Eau. . . . . 600 grammes (19 onces).
Peroxyde de fer hydraté . . . . quantité suffisante.

On fait chauffer la crême de tartre pulvérisée avec l'eau dans une bassine de cuivre étamé, et lorsque la liqueur est en ébullition on y ajoute du peroxyde de fer jusqu'à ce qu'il refuse de s'en dissoudre. Le produit filtré est ensuite évaporé à siccité à une douce chaleur.

Tartrate de potasse et d'antimoine.

Émétique.

Ce tartrate double se préparait autrefois en faisant bouillir dans l'eau un mélange de bitartrate de potasse et de verre d'antimoine pulvérisé, aujourd'hui on le prépare par le procédé suivant :

℞ Oxychlorure d'antimoine . . . . . . 1000 grammes (2 livres).
Bi-tartrate de potasse pulvérisé . . 1450 grammes (3 livres).
Eau de rivière . . . . 10000 grammes (20 livres).

On mêle ensemble l'oxychlorure et le bitartrate et on projette ce mélange dans une bassine d'argent contenant l'eau en ébullition, on agite sans discontinuer pendant 25 à 30 minutes, et après avoir concentré la liqueur à 25 degrés, on la décante et on la fait cristalliser par refroidissement. L'eau mère de ces premiers cristaux étant saturée par de la craie et concentrée à 25 degrés, fournit encore des cristaux, qu'on purifie par une nouvelle cristallisation.

Tartrate de potasse et de soude.

Sel de Seignette.

℞ Bitartrate de potasse simple . . 100 grammes (3 onces).
Eau commune . . . . 500 grammes (1 livre).
Carbonate de soude pulvérisé . . quantité suffisante.

On fait chauffer l'eau avec le bitartrate dans une chaudière de cuivre étamé, en agitant de temps en temps, et on y projette le carbonate de soude jusqu'à ce que l'excès d'acide du bitartrate soit saturé, on filtre alors et on évapore jusqu'à 40 degrés de l'aréomètre pour obtenir le sel cristallisé par refroidissement.

Principes sur l'art de formuler.

En médecine on donne le nom de *formule* à l'exposé méthodique des substances qui doivent entrer dans un médicament composé, avec indication de la dose de chacune d'elles, de la forme pharmaceutique, et souvent de la manière dont le médicament doit être administré. La connaissance des règles établies à cet égard et leur application constituent l'*art de formuler*.

Les formules, suivant le nombre des substances qui entrent dans un médicament, sont *simples* ou *composées*.

Le but qu'on se propose dans l'association ou le mélange de diverses substances médicamenteuses est 1° d'augmenter l'action thérapeutique, 2° de diminuer ou même de prévenir l'action trop irritante d'un médicament, 3° d'obtenir à la fois les effets de plusieurs médicaments, 4° de produire quelquefois des effets différents des substances médicamenteuses prises isolément, 5° de donner au médicament une forme appropriée.

Lorsqu'on a choisi les substances qui doivent faire partie d'une formule, on écrit lisiblement en français ou en latin, en toutes lettres, les noms et les doses des différentes substances, en plaçant chacune de ces dernières sur une même ligne, et les disposant les unes au dessous des autres dans l'ordre où elles doivent être mélangées. L'indication du mode particulier de préparation et d'administration est placée à la suite, puis on date et on signe l'ordonnance après l'avoir relue avec attention.

Dans les formules composées on distingue :

1° La *base* ou la substance principale qui doit produire la médication ;

2° Les substances secondaires qui en sont les *auxiliaires* ou les *adjuvants*, destinées à faciliter ou à accélérer l'action de la base ;

3° Le *correctif*, dont l'emploi a toujours pour objet de masquer l'odeur ou la saveur désagréable de l'une ou de l'autre des substances médicamenteuses, **ou** de diminuer leur trop grande activité ;

4° L'*intermède* destiné à produire la mixtion entre elles de plusieurs substances ;

5° Enfin l'*excipient* ou la substance qui détermine la forme et la masse totale du médicament.

Une formule peut être composée d'une ou de plusieurs substances sans être pour cela moins composée et moins active ; le seul point essentiel dans sa confection, c'est que tout y soit écrit et disposé suivant les préceptes exposés ci-dessus.

On se sert encore aujourd'hui de *signes abréviatifs* pour exprimer les quantités des substances qui entrent dans une formule. Ces signes, qui correspondent aux anciens poids, peuvent être employés en substituant à leur valeur d'autrefois celle qui leur est donnée dans le système décimal.

Nous les indiquons ici avec leur valeur décimale.

Le signe ℞ ou ℣ placé en tête de chaque formule veut dire recipe ou prenez.

℔ . . . . . . livre . . . . . . ou	500 grammes.
℥ . . . . . . once . . . . . . ou	32 grammes.
ℨ . . . . . . gros . . . . . . ou	4 grammes.
℈ . . . . . scrupule. . . . . ou	1 gramme ½.
Gr. ou ℊ . . grain . . . . . . ou	0,05 gramme.

Fasc. . . . . fascicule ou brassée.
Man. ou M. . . . . manipule ou poignée.
Pugil. ou P. . . . . pugile ou pincée.
Nº 1, 2, etc. . . . . nombre de morceaux ou parties.
Ana ou ãã . . . . de chaque.
P. E. . . . . parties égales.
Q. S. . . . . quantité suffisante.
Q. V. . . . . quantité voulue.
F. S. A. . . . . *fiat secundum artem*, ou faites selon l'art.

Pour exprimer plusieurs livres ou plusieurs onces on ajoute à la droite des signes des chiffres romains ainsi :

℔ ij . . . . signifie 2 livres ou 1000 grammes.
℔ iv . . . . 4 livres ou 2000 grammes.
℥ iij . . . . 3 onces ou   96 grammes.
℥ viij . . . . 8 onces ou 250 grammes.
℈ iv . . . . 4 gros ou   16 grammes.
g j . . . . 1 grain ou 0,05 grammes.
g ij . . . . 2 grain ou 0,10 grammes.

FIN.

APPENDICE.

———◦◦◦———

Teinture utérine, pour hâter l'expulsion du délivre chez les vaches

d'après *Caramija.*

℞ Alcool à 35 degrés . . . . 2 kilogrammes (4 livres).
Sabine pulvérisée . . . . 250 grammes (8 onces).
Thériaque . . . . 190 grammes (6 onces).
Cumin pulvérisé. . . . . 125 grammes (4 onces).
Essence de Rue . . . . 80 grammes (2 onces ½).
Essence de sabine . . . . 80 grammes (2 onces ½).

On met les quatre premières substances dans un matras et on les laisse exposées pendant un mois à une douce chaleur. Au bout de ce temps on les passe avec expression et on ajoute à la teinture les essences de rue et de sabine. On conserve dans un flacon bouché à l'émeril.

En ajoutant à cette teinture un peu de seigle ergoté, on pourrait tirer bon parti de la propriété contractile que possède cette substance sur l'utérus.

Mode d'administration. La dose est depuis 64 grammes jusqu'à 125 (2 à 4 onces), administrée dans une bouteille de vin blanc ou rouge. Quand on veut continuer l'administration pendant plusieurs jours, il est prudent de n'en donner qu'à la dose de 64 gram. chaque fois.

Onguent antipsorique. Formule 1.

℞ Pommade mercurielle double. . . 2 kilog. 375 gram. (4 liv. 12 onces).
Térébenthine. . . . . 1 kilog. 64 gram. (2 livres 2 onces).
Précipité rouge (oxyde rouge de
mercure) . . . . 32 grammes (1 once).

Quand on veut rendre l'onguent moins actif, on y ajoute de l'axonge.

Onguent antipsorique. Formule 2.

℞ Saindoux. . . . . 500 grammes (1 livre).
  Fleur de soufre. . . . . 125 grammes (4 onces).
  Pommade mercurielle. . . . . 125 grammes (4 onces).
  Huile de laurier. . . . . 96 grammes (3 onces).
  Euphorbe pulvérisée . . . . 96 grammes (3 onces).
  Ellébore pulvérisée. . . . . 96 grammes (3 onces).
  Staphisaigre pulvérisée . . . . 64 grammes (2 onces).

On mélange ces différentes substances dans un mortier
pour en former une pâte bien triturée. Cette pommade
réussit surtout très bien dans les gales invétérées.

Onguent antipsorique. Formule 3.

℞ Axonge. . . . . 3 kilog. 500 grammes (7 livres).
  Pommade mercurielle double. 500 grammes (1 livre).
  Huile de laurier . . . . . . 500 grammes (1 livre).
  Euphorbe pulvérisée. . . . . 500 grammes (1 livre).
  Ellébore pulvérisée . . . . . 250 grammes (8 onces).
  Cantharides pulvérisées . . . 64 grammes (2 onces).

Faites un onguent d'après les règles de l'art.

Electuaire diascordium.

Vulgo diascordium.

Cet électuaire qui est très rarement employé, figurant
encore dans quelques préparations pharmaceutiques anciennes, nous avons dû en rapporter la formule ici.

℞ Feuilles sèches de Scordium . . . 48 grammes (1 once ½).
  Fleurs de roses rouges. . . . . . 16 grammes (½ once).
  Racines de bistorte . . . . 16 grammes (½ once).
  — de gentiane. . . . . . . 16 grammes (½ once).
  — de tormentille. . . . . . 16 grammes (½ once).
  Semences d'épine vinette . . . . . 16 grammes (½ once).
  Gingembre. . . . . 8 grammes (2 gros).
  Poivre long . . . . 8 grammes (2 gros).
  Cassia lignea . . . . 16 grammes (½ once).
  Cannelle . . . . 16 grammes (½ once).
  Dictame de Crète . . . . 16 grammes (⅓ once).
  Styrax calamite. . . . . 16 grammes (½ once).

Galbanum . . · . . . . , . .	16 grammes (½ once).
Gomme arabique	16 grammes (½ once).
Bol d'Arménie	64 grammes (2 onces).
Extrait d'opium	8 grammes (2 gros).
Miel rosat..	1000 grammes (2 livres).
Vin d'Espagne	250 grammes (8 onces).

Après avoir pulvérisé toutes les substances sèches, on les mêle ensemble et on les ajoute peu à peu au miel qui a été préalablement mélangé avec le vin dans lequel on a fait dissoudre l'extrait d'opium. Cet électuaire doit être conservé dans un pot pour l'usage.

Thériaque.

Electuaire opiacé polypharmaque (H. et G.).

Cet électuaire, qui a été si en crédit parmi les anciens médecins, n'est plus employé que rarement de nos jours ; cependant, comme dans quelques formules particulières, certains vétérinaires prescrivent encore ce médicament, nous avons dû en rapporter ici la préparation.

Dans la composition de cet électuaire il entre 69 drogues ou substances médicamenteuses, dont un grand nombre ne sont pas isolément employées en médecine vétérinaire ; toutefois nous exposerons la formule telle qu'elle a été publiée dans l'origine.

Agaric blanc.	12 parties.
Scille séche	12
Iris de Florence.	12
Cannelle fine.	12
Cassia lignéa.	8
Spicanard.	8
Racine d'acore vrai.	6
— de costus.	6
— de gingembre	6
— de quintefeuille.	6
— de rhapontic.	6
— de valériane fine	6
— de nard celtique.	4

(♃ 1°...)

		parties.
1°	Racine de méum.	4
	— de gentiane	4
	— d'aristoloche.	2
	— d'asarum.	2
	Bois d'aloès	2

2°	Sommités de scordium.	12
	Roses rouges.	12
	Safran	8
	Stœchas arabique.	6
	Schœnanthe.	6
	Dictame de Crète.	6
	Malabrathrum.	6
	Marrube blanc.	6
	Calament.	6
	Chamædrys.	4
	Chamæpitys.	4
	Millepertuis.	4
	Pouliot.	4
	Marum.	2
	Petite centaurée	2

3°	Semences d'ers.	36
	Poivre long	24
	Semences de navet sauvage.	12
	Amome en grappes.	8
	Poivre noir	6
	Poivre blanc.	6
	Persil de Macédoine.	6
	Cardamome.	4
	Carpobalsamum	4
	Ammi	4
	Anis.	4
	Fenouil.	4
	Thlapsi.	4
	Daucus de Crète	2

4°	Opium	24
	Mie de pain desséchée.	12
	Vipères sèches.	12
	Suc de réglisse.	12
	— d'acacia.	4
	— d'hypociste.	4
	Gomme arabique.	4
	Styrax calamite.	4

<table>
<tr><td rowspan="9">4°. .</td><td>Sagapénum . . . .</td><td>4 parties.</td></tr>
<tr><td>Myrrhe. . . . .</td><td>8</td></tr>
<tr><td>Oliban . . . .</td><td>6</td></tr>
<tr><td>Galbanum. . . . .</td><td>2</td></tr>
<tr><td>Opopanax. . . . .</td><td>2</td></tr>
<tr><td>Castoréum . . . .</td><td>2</td></tr>
<tr><td>Bitume de Judée. · . . . .</td><td>2</td></tr>
<tr><td>Terre sigillée. . . . .</td><td>4</td></tr>
<tr><td>Proto-sulfate de fer desséché . . . .</td><td>4</td></tr>
<tr><td rowspan="4">5°. .</td><td>Baume de la Mecque. . . . .</td><td>12</td></tr>
<tr><td>Térébenthine de Chio . . . .</td><td>6</td></tr>
<tr><td>Miel blanc. . . . .</td><td>1386</td></tr>
<tr><td>Vin d'Espagne . . . .</td><td>68</td></tr>
</table>

On pulvérise séparément les bois, les racines, les écorces, les sommités, les fleurs, les fruits, les gommes, les résines, les gommes résines, les extraits et les substances minérales, et on en compose 4 poudres suivant les indications rapportées sur les numéros 1, 2, 3 et 4 ; on les mêle ensemble par trituration pour en former la poudre unique qu'on désigne sous le nom de *poudre thériacale* et on l'ajoute aux trois premières substances comprises dans le cinquième paragraphe et qu'on a fait liquéfier dans une large bassine avant d'opérer la mixtion, et sur la fin on y mélange le vin.

On a évalué, d'après la proposition rapportée ci-dessus, que 4 grammes (1 gros) de thériaque contiennent 5 centigrammes d'opium (ou 1 grain correspondant à 1/2 grain) d'extrait aqueux d'opium.

Solutum escharotique contre le piétin.

℞ Vinaigre blanc d'Orléans. . . · . · 755 grammes (1 livre 9 onces).
Deuto-sulfate de cuivre . . . · . 100 grammes (3 onces).
Acide sulfurique à 66° . . . . . 125 grammes (4 onces).

On pulvérise le deutosulfate de cuivre qu'on fait dissoudre dans le vinaigre à froid et on ajoute ensuite peu à peu l'acide sulfurique.

Usages. Après avoir décollé la corne du pied du mou-

ton avec la feuille de sauge, on trempe par ses barbes une
petite plume dans la liqueur, on la passe sans crainte à
plusieurs reprises sur la partie malade, et sans autre précaution l'on met l'animal en liberté. D'après M. Véret,
vétérinaire à Doullens, une seule application de ce médicament suffit presque toujours pour obtenir une cure ra-
dicale au bout de deux ou trois jours, même lorsque le
sabot est décollé ; une seconde application devient nécessaire seulement lorsque la plaie saigne ou que l'animal se
blesse en marchant sur la paille.

Mixtion unguentacée contre les tumeurs aux jarrets des chevaux.

2/ Goudron de bois . . . .   80 grammes (2 onces ½).
   Alcool à 33°. . . . .   16 grammes (½ once).
   Potasse perlasse . . . .   4 grammes (1 gros).

On pulvérise la potasse, on la délaye dans l'alcool et on
ajoute le goudron qu'on y incorpore par l'agitation.

Mellite d'aloès, Miel aloétique.

2/ Aloès des Barbades pulvérisé. . . . .   64 grammes (2 onces).
   Miel commun. . . . .   250 grammes (½ livre).
   Eau de rivière. . . . .   500 grammes (1 livre).

Faites macérer l'aloès dans l'eau pendant quarante-huit
heures, en remuant de temps en temps ; passez le macératum à travers un blanchet pour séparer le dépôt, ajoutez-y
le miel et faites cuire jusqu'à ce qu'il marque 35 degrés
bouillant. Ce mellite étant refroidi doit être passé à travers un blanchet et conservé dans des bouteilles qu'on tient
bouchées.

Ce mellite, que nous proposons pour opérer la purgation
des chiens, devrait être essayé sur ces animaux à la dose
du sirop de nerprun.

TABLE DES MATIÈRES

Suivant l'ordre adopté dans l'ouvrage.

Quatrième section.

Cinquième section.

TROISIÈME CLASSE.

Première section.

QUATRIÈME CLASSE.

Première section.

Deuxième section.

Deuxième partie.

DE LA PHARMACIE ET DE SON BUT.

CHAPITRE 1.

FIN.

FIN.

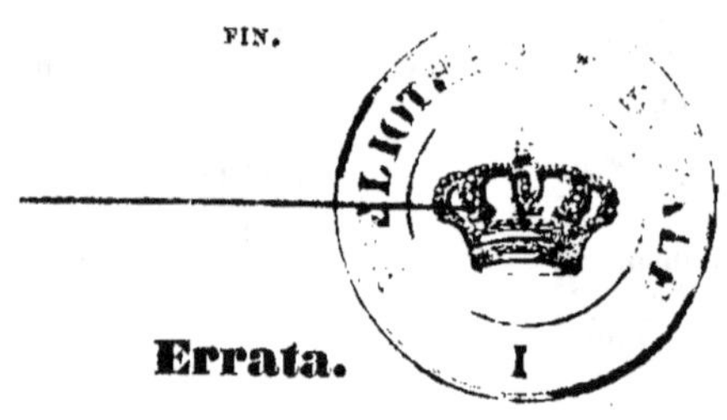

Errata.

Page	ligne	
75	28,	au lieu de *produit immédiat*, lisez : principe immédiat.
93	1,	au lieu de *vcive*, lisez : vive.
94	29,	au lieu de *sréfrigérants*, lisez : réfrigérants.
136	3,	au lieu de *narticoco* âcres, lisez : narcotico âcres.
136	32,	au lieu de *belladonna*, lisez : belladona.
156	29,	au lieu de *rubifians*, lisez : rubéfiants.
317	9,	au lieu de 1⁒25, lisez : 1,25.
319	4,	au lieu de *myroxyllum*, lisez : myroxylum.
328	5,	au lieu de *hydrosulfuriquées*, lisez : hydrosulfuriques.
334	10,	au lieu de *perse*, lisez : per se.
348	19,	au lieu de *teinture citrine*, lisez : teinture utérine.
381	13,	au lieu de *porphyriation*, lisez : porphyrisation.
408	25,	au lieu de *curcubites*, lisez : cucurbites.
422	11,	au lieu de *imité d'après l'analyse*, lisez : imitée.
464	5,	au lieu de *sulfuratum*, lisez : sulfuretum.
502	22,	au lieu de 32 *grammes*, lisez : 64 grammes.